宁波市医疗卫生高端团队重大攻坚项目（No.2023020713）

绿色防控新策略：
大蒜精油与麦蛾防控的奥秘

马 敏　杨凤连◎主编

长江出版传媒　湖北科学技术出版社

图书在版编目(CIP)数据

绿色防控新策略 ： 大蒜精油与麦蛾防控的奥秘 / 马敏，杨凤连主编. -- 武汉 ： 湖北科学技术出版社，2025. 5. -- ISBN 978-7-5706-4297-7

Ⅰ. S433.4

中国国家版本馆 CIP 数据核字第 2025JQ7946 号

责任编辑：王小芳　袁瑞旌

责任校对：陈横宇　　封面设计：曾雅明

出版发行：湖北科学技术出版社

地　　址：武汉市雄楚大街 268 号（湖北出版文化城 B 座 13-14 层）

电话：027-87679468　　邮编：430070

印　　刷：武汉精艺彩广告印务有限公司　　邮编：430048

787 毫米×1092 毫米　1/16　18.75 印张　400 千字

2025 年 5 月第 1 版　　2025 年 5 月第 1 次印刷

定　　价：68.00 元

《绿色防控新策略：大蒜精油与麦蛾防控的奥秘》

主　编　马　敏　杨凤连
副主编　闫文晗　Sakhawat Shah（沙坷）
编　者（按姓氏笔画排序）
马　敏　闫文晗　李梦颖　杨凤连
何　昕　张泽波　Sakhawat Shah（沙坷）

前　　言

在致力于粮食仓储害虫防治研究的多年历程中，我们深刻感受到麦蛾防治任务的复杂与艰巨。面对传统防治方法所引发的诸多问题，寻找一种绿色、高效的防控策略成为了我们团队的共同追求。经过多年的探索与实践，我们整理了研究成果，并汇编成册，从而诞生了这本关于麦蛾绿色防控的专著。

在技术转化的过程中，我们持续探索创新，成功研发了大蒜精油纳米胶囊颗粒。这一产品通过简易、高效且成本经济的工艺流程，实现了对活性成分的有效缓释。这不仅大幅增强了防治效果，而且从根本上消除了化学农药的潜在危害。作为绿色防控领域的一次创新实践，我们期望它能为相关工作提供有益的参考。

需要指出的是，本书中的研究尚有许多不足之处。受限于研究条件和水平，部分机制和机理的研究深度尚显不足，技术应用场景亦需进一步拓展。例如，大蒜精油纳米胶囊在不同仓储环境下的稳定性，以及其与其他防治手段的协同效应等问题，均需更多的研究来加以验证。

本书的完成是团队成员共同努力的结果，也得益于众多同行的协助与指导。在此，我们向所有关心和支持这项研究的人士致以衷心的感谢。我们深知，麦蛾绿色防控之路充满挑战，任务艰巨。我们希望本书能起到抛砖引玉的作用，激发更多关于绿色防控的思考与探索。鉴于编者的水平有限，书中可能存在疏漏与不足之处，我们诚挚地请求各位专家和读者提出宝贵意见。

编　者

2025 年 5 月

目　录

第一章　麦蛾防控——大蒜精油微胶囊保护剂的研究

导　论

随着粮食产量的增长，农户家庭储粮逐年增加并已成为我国粮食储存的主要组成部分。据有关部门统计，全国农村储粮已占粮食总产量的60%～70%，不仅缓解了国库储粮的紧张状况，而且为农民改善生活、以丰补歉、发展养殖业提供了方便(易军萍，2009)。但传统的农户储粮方法已很难适应当前的储粮系统所发生的变化：因农户的储粮设施比较简陋、缺乏，使得虫、螨、霉危害的损失可达6%～9%(程人俊等，2009)；因储粮品种和储粮因子的改变，使得储粮害虫群落结构发生了变化(李章晓，2007)；因农户缺乏相关的保粮护粮技术知识，滥用或不合理使用化学杀虫剂，不仅使得害虫抗药性急剧增长，而且化学农药的毒性和残留正在危及使用者及其食用者的身体健康、食品和环境安全等(尹文雅等，2002)。因此，提高农户家庭储粮技术和寻求有效防治储粮害虫的新方法已刻不容缓。

目前储粮害虫防治最主要、最有效、最经济的方法和手段是采用化学防治，而化学防治所导致的严重“3R”问题，即农药残留(residue)、有害生物再度猖獗(resurgence)及生物抗药性(resistance)，也使得我们不得不减少甚至放弃化学合成农药的使用。

在环境保护日益得到重视的今天，为实现农业可持续发展，寻求一种环保型的“绿色杀虫剂”已迫在眉睫。而植物次生代谢物(如植物精油)杀虫剂以其独特的优势，符合当前绿色储粮技术的发展趋势，满足现代食品安全消费为主流的观念，因此成为当今植物保护工作者的关注热点。

大蒜是人们常用的调味品，对人体无任何副作用，从大蒜中提取的大蒜精油因具有较强的抗菌、抗病毒(Namazi，2008；Li et al.，2009；Sfaxi et al.，2009)及杀虫活性(Kimbaris et al.，2009)而受到广泛关注。然而，大蒜精油的易挥发性使得其杀虫活性的持续期很短(Yang et al.，2009；Yang et al.，2010a)，从而限制了其在储粮害虫防治方面的应用。因此，研制一种能减缓大蒜精油有效组分挥发速率，从而有效延长大蒜精油作用持续期的有效剂型，将具有很大的实际生产应用价值。

一、国内外研究现状

（一）农户家庭储粮害虫种类及危害

凡是危害储存粮食、粮食成品及副产品等各种害虫及螨类统称为储粮害虫。我国常见的农户家庭储粮害虫有 60 多种，经常发生并造成危害的有 14 种（尹文雅等，2002）。其中危害仓库谷类的害虫有 11 种、豆类害虫有 3 种。11 种危害谷类的害虫是玉米象、米象、谷象、谷蠹、麦蛾、锯谷盗、赤拟谷盗、长角扁谷盗、大谷盗、印度谷螟和腐嗜酪螨；3 种豆类害虫是绿豆象、豌豆象和蚕豆象。不同粮种其害虫种类亦不同。其中鞘翅目害虫是危害最为严重的种类，其次是鳞翅目害虫。

粮食在储藏过程中，储粮害虫的危害是影响储粮安全的最主要因素。农户家庭的储粮设施因比较简陋，因虫害而引起的损失则更为惨重。据调查统计报道，在被调查的农户家庭储粮的损耗率可达 8.9%，而因虫灾损失的农户占被调查农户的 94%（易军萍，2009）。储粮害虫对储粮造成的损失，除了重量损失外，其危害还会增加虫蚀粒，降低发芽率，降低粮食营养价值，虫尸、虫粪造成严重污染，甚至导致储粮发热、霉变、变色变味，大大降低储粮的商品价值和食用价值；此外，在粮食贸易中，特别是国际贸易中，因储粮害虫危害而造成的重量损失、品质损失，可以造成信誉损失。这些因虫害而造成的损失将直接影响农民的经济收入。因此，设法减少粮食储藏期间的损失，既相当于开辟了“无形粮田”，也相当于为农业上的增产提供了保障。

（二）农户家庭储粮害虫防治方法现状及特点

在常规的粮食储藏过程中，储粮害虫的防治技术在一定程度上直接反映了储粮水平。随着科学技术的发展，农户家庭储粮技术也在不断研究和实践中得以更新、发展和完善。因受经济条件等因素的影响，千百年来的中国农户一般采用物理机械防治法来防治储粮害虫，如日晒杀虫法、风筛除虫法、草木灰压盖法、密闭储粮法等，但因在防治过程中对一些设施设备要求比较高以及防治技术水平较低等原因而致使虫害并未减轻。其后，随着 20 世纪 40 年代人工合成化学药剂的问世，备受广大农户消费者所信赖的则是具有高效杀虫活性的化学防治，如当前普遍使用氯化苦、磷化氢、溴甲烷等熏蒸剂以及马拉硫磷、杀螟硫磷、甲基毒死蜱等防护性杀虫剂。然而，由于高毒化学熏蒸剂的长期单一及不科学合理的使用，如因储粮设备的密闭条件差或杀虫气体分布不均匀等原因易造成人员伤亡，盲目提高熏蒸剂剂量，致使储粮害虫对药剂的抗性日益发展蔓延。另外，尽管化学防护剂具有优异的预防害虫感染和抑制害虫种群的作用，以及防治费用较低等特点，但其造成的严重“3R”问题正日益突出。

基于现有的粮食熏蒸剂和防护剂所面临的问题，促使人们不断探索化学药剂的替代方法和改进其应用技术，积极开拓思路，研究和开发与环境相容性好，且高效、低毒防治储粮害虫的新农药、新剂型，对于粮食安全和储粮有害生物的持续控制具有重要的意义。

（三）农户家庭储粮害虫防治新方法的兴起

自20世纪80年代联合国世界环境与发展委员会的报告《我们共同的未来》提出后，“可持续发展”的理念和总原则已得到世界各国和社会各界的广泛支持和接受，并且人们的生存理念也正在围绕保持健康、保护生态环境、实现可持续发展而发生着深刻的变化。

我国政府为了实现可持续发展的战略目标，相继出台了相关的政策和措施，大力推动绿色事业的发展，如推行“绿色食品”认证制度、启动“无公害食品行动计划”、颁布“有机食品认证管理方法”等。目前，粮食仓储行业作为绿色食品生产链中的储运环节，也正在大力推广“绿色储粮”。一些粮食仓储行业正在积极探索采用二氧化碳气调储粮、低温或准低温储粮。尽管气调防虫法符合当前人们对食品卫生日益提高的要求，但因为它对气密条件的要求非常严格、处理时间很长、成本费用高等原因，它的推广应用速度将受到很大限制，尤其是对于普通农户家庭来说则更加困难。在这种情况下，利用植物次生代谢物质开发储粮害虫防护剂已成为广大科研工作者和广大农民朋友们所关注的热点之一（操海群等，2000；胡刚等，2001）。

植物次生代谢物是指植物产生的、与其基本生命活动无关，但对昆虫或其他动植物之间的关系起重要作用的非营养性微量代谢产物。植物次生物质常具有植物特征性气味，一般是由几十至几百种化合物组成的复合物，通常含有低分子量的萜烯类、生物碱、类黄酮、甾体、酚类、独特的氨基酸和多糖等。

利用植物次生物质防治储粮害虫，在我国具有很悠久的历史。早在公元前11世纪，《周礼》中就有了记载“以莽草熏之”“以嘉草攻之”，讲述利用襄荷、毒八角来熏杀粮食害虫。《齐民要术》中记载了“麦一石，艾一把”的防虫经验。自20世纪70年代以来，利用植物次生物质防治储粮害虫，国内外有不少相关的试验性研究和报道，且已取得了很大进展（Rajendran and Sriranjini，2008）。据统计，目前所利用的防治储粮害虫的植物原料已超过400种，而效果好的主要有大蒜、蛇床子、苦皮藤、山苍子、黄杜鹃花、瑞香狼毒、苦楝籽、鱼藤、薄荷、菖蒲、肉桂、黑胡椒、猪毛蒿、高良姜、艾蒿、除虫菊、花椒、花生油、菜籽油、米糠油等。

大蒜是百合科多年生宿根草本植物，它的特种风味物质具有诸多的保健功能和良好的经济开发前景。大蒜精油是从大蒜中抽提出的含140多种天然物质的混合物，其抗菌、杀虫活性成分主要是其中具有挥发性气味的含硫化合物（Sowbhagya et al.，2009）。目前有关大蒜精油的研究范围相当广泛，包括其主要活性成分的鉴定及其在抗菌、抗肿瘤方面的功效分析（Amagase，2006）、精油的最有效抽提方法（Dvais，

2005)等,而且大蒜精油中的一种有效成分大蒜素已经商品化并应用于临床、保健和禽畜养殖业中(Dvais,2005)。近年来,研究表明大蒜精油及其活性成分对储粮害虫如赤拟谷盗 *Tribolium castaneum* (Herbst) (Wong et al. ,2005)、杂拟谷盗 *Tribolium confusum* 及印度谷螟 *Plodia interpunctella* (Hubner) (Isikber et al. ,2009)、玉米象 *Sitophilus zeamais Motschulsky* (Arammilewa et al. ,2006)、腐食酪螨 *Tyrophagus putrescentiae* (Schrank)和纳氏皱皮螨 *Suidasia nesbitti* (Gulati,2007)等均具有不同的熏蒸、趋避或杀卵杀幼虫、抑制害虫种群发生的药效。

大蒜及其抽提物,虽然在储粮害虫防治方面体现出了较强的应用潜力,但是其自身存在的缺陷亦亟须克服。这些物质具有较强的挥发性,在空气中易受光和热的影响而变质。而且,将大蒜提取物直接应用于食品加工、粮食保护必然会引起食品风味的变化。因此,寻求一种大蒜提取物的最佳剂型势在必行,这样既可保持其生物活性又可有效减缓其活性组分的挥发,还可避免其因外界因素引起的氧化变质,提高储存、运输和应用的方便性。另外,在研发稳定高效剂型的同时,必须考虑到产品应用成本的问题。只有找到一种经济实用、简单易行的植物次生物质剂型,才能在广大农户家庭中进行广泛推广和应用。

二、农药剂型的研究进展

农药工业 20 多年来获得迅速发展,新农药品种不断开发,满足了增加作物产量和品质的要求。可是开发一个性能优越、安全和环保性高的农药新品种若没有适宜的剂型及与其相应的适用制剂,必然会丧失了其商品的存在价值和应用价值。当前,世界各国都很重视农药新剂型的研究开发和改进,因为任何农药活性组分(如除草剂、杀虫剂和杀菌剂等)在农业上获得成功应用,是决定于它加工正确和适用的剂型;同时,具有优良性能的农药剂型也确保了对作物及对非靶标作物种类的安全性(付国辉等,2004)。因此,当前已经逐步兴起的农药新剂型的研制主要以高效、安全、经济和方便为目标。

农药剂型一般以制剂的物理性状而定名,如粉剂、可湿性粉剂、乳油、悬浮剂和粒剂等。迄今为止,国际上使用的农药剂型约有 90 种,常用的仅有 10 余种,主要剂型为粉剂、颗粒剂、可溶液剂、乳油、可湿性粉剂、可溶粉剂、悬浮剂、水乳剂、微乳剂、可溶粒剂、水分散粒剂、微囊悬浮剂、种子处理剂等(朱国念等,2000)。尽管剂型种类很多,但其是朝着水基性、粒状、缓释、多功能省力化的方向发展。尤其是近年来,在控制释放技术上的重大进展推动了更新颖的农药剂型加工技术,以期克服传统剂型的诸多不足,微胶囊技术即是控制释放技术中最重要的进展(付国辉等,2004)。

微胶囊技术是指以高分子材料为载体,利用高分子材料特有的物理化学特性,通过化学、物理或物理化学的方法,将固体颗粒、液体微滴或气体作为胶囊的芯料,在其外部形成一层连续且极薄包衣的包裹过程(Bertolini et al.,2001)。自从20世纪50年代产生微胶囊以来,微胶囊技术已经在各个领域得到了广泛的应用,如医药保健、食品、纺织品、香料、饲料等(Sozer and Kokini,2009)。微胶囊农药是将农药活性物质包裹于高分子材料里面,形成一种半透膜的微型胶囊。自20世纪70年代产生了第一个微胶囊农药甲基对硫磷微胶囊产品以来,全球特别是那些发达国家在农药微胶囊制剂领域研究开发十分活跃,已制成的微胶囊剂有杀螟硫磷、甲基对硫磷、除虫菊酯、二嗪磷、毒死蜱、甲草胺等二十多个品种(华乃震,2008)。

农药微胶囊制剂已是当前农药新剂型中技术含量最高的一种,是当今农药剂型发展的重要方向之一。微胶囊农药和其他农药剂型相比,具有很明显的特点,例如乳油是由溶剂、乳化剂等组成的均匀稳定单相液体,水剂也是单相液体,粉剂和粒剂是固体混合均匀后得到的产品,即使水乳剂和悬浮剂等,也是液/液两相或液/固两相,而微胶囊悬浮剂是将原药溶液包覆在壁材中,再分散于水中形成液/固/液三相,微胶囊粉剂是分散在固体填料中形成液/固/固三相。从应用情况来看,普通的农药制剂被应用后,有效组分直接与作物或靶标生物接触,而微胶囊农药的有效组分和靶标生物之存在一层保护层:高分子材料,它使农药有效组分和周围环境隔离,保护活性组分免受环境影响,具有屏蔽味道、颜色、气味、改变物质密度、体积、状态或表面性能,隔离活性组分,降低挥发性和毒性,控制可持续释放等多种性能(刘建飞等,2007)。

微胶囊化方法很多,大致将其分为物理法、物理机械法和物理化学法。微胶囊化生产方法的选择主要依据于微胶囊的芯料和壁材的理化性质、粒子的平均粒径、应用场所、控制释放的原理、生产规模及成本等因素。适用于农药工业规模化生产的方法主要有界面聚合法、原地聚合法、凝聚相分离法和喷雾微胶囊法等。

界面聚合法是利用在两个非互溶相的界面上而不是在某一个单相区内进行的反应。这是一种生产工艺较为简单、加工农药活性组分最常用和使用最多的微胶囊方法。在界面聚合法的两相体系中,反应发生在油-水界面上,得到一种微胶囊农药颗粒分散在水中的悬浮液,并最终可加工成微囊悬浮剂型。

原地聚合法也是经常使用制备微胶囊悬浮剂的一种方法。据报道,该种聚合法有两种方式可进行,一种是聚胺和醛类聚合法,另一种是异氰酸酯水解法。这两种聚合法工艺过程类似于界面聚合法,但生产需要的时间更长。

凝聚相分离法是利用两种带相反电荷的水溶性聚合物,围绕一个水不溶的农药活性组分在其周围形成囊壁反应,生成的水中不溶凝聚物并从第二相中分离出来。这种制备微胶囊工艺较方便、快速、效果好、设备要求较低。但在实际生产中,此法工艺可操作性不好,因为其生产过程难于控制,尤其是凝聚过程很难完全包上颗粒。

喷雾微胶囊法是利用空气而不是用一种液体作为连续相来生产微胶囊。该微胶囊法生产的胶囊颗粒相对于上述方法的颗粒要大得多,一般微胶囊颗粒平均大小为10～150μm。

上述几种生产农药微胶囊的方法在不同应用层面虽然很盛行,但若将其应用于植物精油的微胶囊生产法则呈现出其不同的弱点,如喷雾微胶囊法在喷雾过程中使用的高温不适用于植物精油的微胶囊制作,因为植物精油的熔点均较低,若采用此方法,必使得具有挥发性的植物精油损耗大。而界面聚合法、原地聚合法和凝聚相分离法因工艺过程复杂,步骤繁多,并涉及工艺放大等技术问题而使得其实际生产费用较高。因此,寻求一种简单易行、生产成本低且不损耗植物精油有效组分的微胶囊包载技术尤为重要。

三、本章节的目的与意义

粮食是人类赖以生存的最基本生活资料,是国民经济发展的基础。农户家庭粮食安全储备是保障国家粮食安全、提高农民生活质量的重要组成部分。鉴于当前储粮害虫对农户家庭储粮安全危害的严重性,本章拟从植物中提取高效低毒的、有特异活性的植物次生物质,利用植物次生物质开发储藏粮食防护剂,运用最新的纳米技术:利用熔融分散法,以聚乙二醇(polyethylene glycol,PEG)为植物精油的载体,构建一种速溶性植物精油纳米胶囊颗粒,应用透射电子显微镜等对该剂型的形貌进行表征,利用气相色谱-质谱联用仪(gas chromatography-mass spectrometer,GC-MS)对包载前后的精油组分变化进行分析,以期了解该胶囊的物理化学特性及其稳定性能;最后将该剂型应用于储粮害虫的防治,观察其生物活性和防虫控虫有效持续期,并评价其在实仓模拟中的防虫护粮效果。

主要研究内容如下。

(1) 大蒜精油组分分析及其生物活性的检测。应用 GC-MS 技术分析大蒜精油的主要化学组分并检测其主要化学组分的生物活性。

(2) 大蒜精油纳米分散体胶囊的构建。利用熔融分散法,以 PEG 为大蒜精油的载体,构建一种速溶性纳米胶囊颗粒,并表征纳米胶囊的物理形态特征。

(3) 大蒜精油纳米分散体胶囊的生物活性检测。检测大蒜精油纳米分散体胶囊在自然条件下和实仓模拟下对储粮害虫的生物活性,并监测其杀虫持续期。

(4) 大蒜精油纳米分散体胶囊保粮护粮的实仓模拟及实仓应用研究。室内模拟农户储粮的条件检测大蒜精油纳米分散体胶囊的保粮护粮效果;同时在湖北省 3 个地市农户家庭进行实仓应用。

(5) 大蒜精油纳米分散体胶囊的急性毒性试验。应用动物模型实验,在无特定病原体(specific pathogen free,SPF)级昆明种小鼠上检测大蒜精油纳米分散体胶囊的毒性试验,评估大蒜精油纳米胶囊的应用安全性。

本章节研究成果可为解决当前植物次生物质防治储粮害虫所面临的缺陷提供理论依据,并为农户家庭储粮害虫的常规防治开辟一条新的途径。

第一节　大蒜精油组分分析及其主要组分生物活性测定

植物精油具有取材广泛、在环境中残留低、对人类无毒性等特点。按化学成分可分为四大类:①萜类衍生物,包括单萜、倍半萜和二萜衍生物类,如茴香醇、α-桉叶醇、广藿香酮等;②芳香族化合物,主要有两类衍生物,其中一类是萜源衍生物,如α-姜黄烯等,另一类是苯丙烷类衍生物,如桂皮醛;③脂肪族化合物,如香茅精油中的异戊醛;④含氮、含硫类化合物,这类化合物中含硫较多,存在于具有辛辣刺激的植物精油中,如存在于大蒜中的大蒜素、二烯丙基三硫化合物,存在于柠檬中的吡咯(董玉山等,1999)。

目前植物精油已被作为绿色环保杀虫剂应用于储粮害虫的防治研究,并取得了较好的防虫护粮效果。大蒜是人们常用的调味品,对人体无任何副作用,从大蒜中提取的大蒜精油因具有较强的抗菌、抗病毒(Sfaxi et al.,2009)及杀虫活性(Yang et al.,2010b)而受到广泛关注。尽管当前已有较多文献报道大蒜精油的成分分析(Park et al.,2006; Kimbaris et al.,2009),但精油的成分随植物生长环境、采集时间、采集部位等不同而异(陈业高,2004)。

因此,为明确大蒜精油的有效杀虫活性成分,首先对其化学成分进行了 GC-MS 分析,以了解精油的主要化学成分,为进一步的研究提供理论依据。

一、材料与方法

(一) 供试虫源

供试昆虫米象 *Sitophilus oryzae*、赤拟谷盗 *Tribolium castaneum* 和麦蛾 *Sitotroga cerealella* 均由华中农业大学资源昆虫研究所提供,在实验室内人工饲养繁殖后供试。

饲养条件:米象用整粒小麦饲养,在广口瓶的内壁顶部涂上滑石粉以防止成虫从瓶口爬出;赤拟谷盗饲养于碎麦片、燕麦和酵母粉按质量为 3∶3∶1 混合而成的饲料中。成虫产卵 1 周后将成虫筛去,其后代在温度为(28±1)℃,相对湿度为(75±5)%的恒温培养箱中继续培养,待成虫大量出现后 1～3 周内,挑取发育健康的成虫作为供试虫源;麦蛾在温度(28±1)℃,相对湿度为(75±5)%的恒温培养箱中,用含水量为 14%左右的小麦纯化饲养 3 代。成虫羽化后,选取当天羽化的健康成虫供试。所用小麦、燕麦片和酵母粉均购买于当地超市。使用前将小麦在干燥箱中 60℃下处理

2～3 小时,以杀死可能携带的虫卵,然后将其含水量调至 14%左右备用。

(二) 供试材料

大蒜精油(garlic essential oil,GEO)购买于广州高尚美精细化工有限公司,纯度≥80%,于 4℃冰箱内保存。二烯丙基硫醚(diallyl sulfide,DS,≥90%)和二烯丙基二硫醚(diallyl disulfide,DD,≥90%)单体购买于 Sigma 公司,二烯丙基三硫醚(diallyl trisulfide,DT,≥90%)购买于济南德高生物科技有限公司,以上 3 种单体均于 4℃冰箱内避光保存。试验所用稻谷购买于华中农业大学试验基地,没有接触过任何农药的污染。试验前均于 60℃烘箱内处理 2～3 小时,以杀死可能携带的虫卵,然后将其含水量调至 14%左右备用。

(三) 试验方法

1. 大蒜精油组分的 GC-MS 分析

气相色谱的条件为:HP-5MS(30m×0.25mm×0.25μm)(Agilent J & W Scientific,USA),初始柱温 60℃,在 60℃保持 1min,再以 5℃/min 的升温速度升至 240℃,并在 240℃保持 10min,进样口温度 250℃,进样量 1μl,分流比 1∶50。载气(氦气,99.99%)的速度为 1ml/min;质谱条件为:EI 离子源,电子能量 70eV,离子源温度为 200℃,接口温度为 230℃,扫描范围 29～400amu,扫描速度 10 次/s,电子倍增电压 2400V。在质谱数据库(The Wiley Registry of Mass Spectra Data)(第六版)中对每种化合物进行分子结构的鉴定。

2. 大蒜精油及其主要组分对米象和赤拟谷盗的熏杀活性

称取若干份 100g 稻谷,装入 1000ml 的广口瓶内,用微量移液枪分别取大蒜精油及其单体 4 μl 和 8 μl 滴入装有 100g 稻谷的广口瓶内,用手摇匀,而后再投入已饥饿 24h 的试虫各 50 头,盖上瓶盖,将广口瓶置于黑暗培养箱[温度 27℃,湿度(75±5)%]进行熏杀,不做任何处理的作为对照,5 次重复,每隔 24h 观察其死亡虫数并记录。

3. 大蒜精油及其主要组分对麦蛾成虫的熏蒸活性

用微量移液器分别取 0.5,1.0,1.5,2.0 和 2.5μl/L 精油进行熏蒸处理。先将 120 头刚羽化(♀∶♂=1∶1)的成虫放入容量为 1000ml 的广口瓶中,再将定量的精油滴在熏蒸盒(d=2.5cm,h=1.5cm)底部的滤纸上,然后用尼龙纱布将盒包好,迅速置于广口瓶内并盖上瓶盖,用保鲜膜将瓶口密封。将广口瓶置于黑暗培养箱[温度 27℃,湿度(75±5)%]进行熏蒸,不做任何处理的作为对照,5 次重复,每隔 12h 记录其死亡数。

(四) 数据处理

本实验组中所得数据采用 SPSS13.0 和 Microsoft Excel 分析软件进行单因素方差分析和多重比较。

二、结果与分析

(一) 大蒜精油化学组分分析

利用 GC-MS 技术，对大蒜精油进行了分析，其总离子流图如图 1-1 所示。大蒜精油经 GC-MS 分析，共检出了 19 个组分，鉴定了其中 16 个组分，占精油总离子流出峰面积的 93.06%。其主要组分为二烯丙基硫醚(DS，占 15.14%)、二烯丙基二硫醚(DD，占 36.67%)、二烯丙基三硫醚(DT，占 42.33%)。

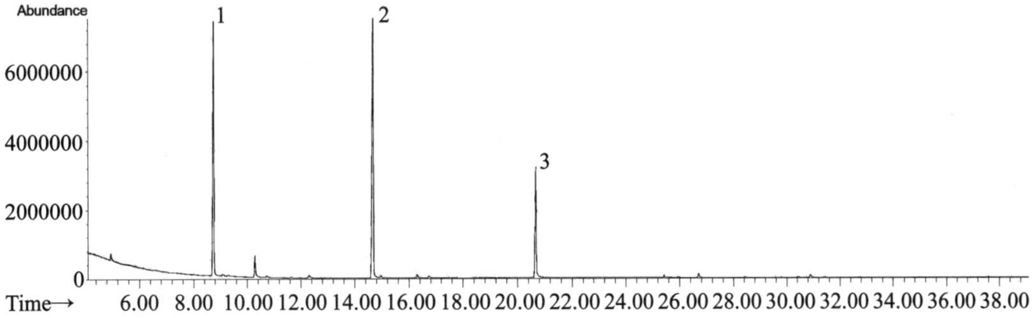

图 1-1　大蒜精油的 GC-MS 总离子流图

(图中 1、2 和 3 分别代表二烯丙基二硫醚、二烯丙基三硫醚和二烯丙基硫醚)

(二) 大蒜精油及其主要化学组分对米象和赤拟谷盗成虫毒力

为了明确大蒜精油及其主要化学组分 DS、DD、DT 的杀虫活性，测定了其对米象和赤拟谷盗成虫的熏杀作用。

熏杀作用试验结果(表 1-1)表明，大蒜精油及其主要化学组分对米象和赤拟谷盗成虫的活性均是随着处理浓度的增大和处理时间的延长而逐渐提高。3 种单体中，DT 的活性最强，DS 最弱。DT 在 4 μl/L 的浓度处理条件下，第三天赤拟谷盗成虫的死亡率可达 100%，DD 在 7 天内可达到 100%，而 DS 在 7 天内的活性则为 80%左右。这表明大蒜精油中有效活性组分可能是 DT 和 DD。在整个处理观察期内，结果表明不论是大蒜精油还是单体的活性增长幅度均是随着处理时间的延长而逐渐下降，其中，米象处理组表现得更为明显。

表 1-1 大蒜精油及其主要组分对储粮害虫成虫的熏杀活性

害虫	浓度(μl/L)	精油及其主要组分	校正死亡率(%)						
			1d	2d	3d	4d	5d	6d	7d
赤拟谷盗	4	GEO	23.3±5.27*a*	54.0±2.79*a*	100.0±0.0*a*	——	——	——	——
		DS	7.1±0.71*b*	19.8±2.77*b*	32.3±2.01*b*	42.3±1.98*a*	55.5±1.23*a*	67.9±3.11*a*	79.8±3.56*a*
		DD	15.0±0.98*c*	32.3±1.47*c*	63.7±0.97*c*	89.3±2.33*b*	92.8±3.22*b*	99.1±2.00*b*	100.0±0.0*b*
		DT	31.3±3.80*a*	74.0±2.79*d*	100.0±0.0*a*	——	——	——	——
	8	GEO	55.3±3.80*a*	88.0±4.47*a*	100.0±0.0*a*	——	——	——	——
		DS	14.9±1.11*b*	29.8±2.17*b*	50.2±1.49*b*	70.2±3.21*a*	81.3±3.44*a*	92.7±1.13	99.3±1.91
		DD	29.1±2.03*c*	49.0±3.33*c*	79.1±3.11*c*	97.3±3.12*b*	100.0±0.0*b*	——	——
		DT	69.3±2.79*d*	98.0±1.83*d*	100.0±0.0*a*	——	——	——	——
米象	4	GEO	11.3±3.14*a*	17.2±2.44*a*	26.7±3.01*a*	34.5±2.11*a*	41.3±1.91*a*	50.2±1.35*a*	53.2±1.47*a*
		DS	1.3±0.19*b*	5.13±0.77*b*	10.2±2.11*b*	15.7±1.87*b*	19.5±1.76*b*	22.1±1.32*b*	25.2±1.11*b*
		DD	5.2±2.15*b*	10.6±0.57*b*	17.3±3.41*b*	25.3±2.33*c*	29.1±1.22*c*	32.1±1.13*c*	36.5±1.09*c*
		DT	13.2±1.55*a*	19.9±2.56*a*	30.1±1.19*a*	40.1±2.71*a*	47.3±1.43*a*	52.3±1.42*a*	55.9±1.04*a*
	8	GEO	20.1±4.12*a*	27.4±1.93*a*	37.1±4.01*a*	44.7±3.02*a*	50.2±1.47*a*	57.8±1.33*a*	60.2±1.12*a*
		DS	6.3±1.17*b*	11.3±0.99*b*	17.9±3.01*b*	22.1±1.19*b*	26.1±2.03*b*	30.2±1.43*b*	33.1±1.21*b*
		DD	10.2±2.45*b*	17.1±2.76*b*	23.3±1.51*b*	29.0±1.73*b*	34.2±2.10*b*	39.3±1.72*b*	42.1±2.03*b*
		DT	22.1±1.33*a*	30.1±1.54*a*	40.5±1.71*a*	47.8±1.72*a*	57.1±1.53*a*	65.3±1.74*a*	67.1±1.65*a*

注:表中 GEO、DS、DD 和 DT 分别代表大蒜精油、二烯丙基硫醚、二烯丙基二硫醚和二烯丙基三硫醚;上表中同一种浓度的不同处理组在同列数据后具相同字母者表示经 SPSS13.0 ANOVA 法分析在 0.05 水平上差异不显著。

(三)大蒜精油及其主要化学组分对麦蛾成虫的熏蒸作用

经大蒜精油及其主要化学组分对赤拟谷盗和米象成虫的毒力测试后,发现二烯丙基二硫醚和二烯丙基三硫醚是大蒜精油活性组分,因此,为了更进一步确认此两种化合物的杀虫谱,本项目还测试了大蒜精油及其两种活性组分对麦蛾成虫的熏蒸活性。结果显示,大蒜精油的两种单体对麦蛾成虫的熏蒸活性与大蒜精油相当(表 1-2),其致死中浓度分别为 1.33μl/L(GEO),1.02μl/L(DD)和 0.99μl/L(DT)。

表 1-2 大蒜精油及其主要化学组分对麦蛾成虫的熏蒸活性(24h)

精油及其主要组分	回归方程 $Y=a+bX$	卡方值 χ^2(P)	LC_{50}(μl/L)	LC_{50} 95%置信限
GEO	$Y=-0.3068+3.0940X$	17.783(0.337)	1.33	1.17~1.49
DD	$Y=-0.0231+3.5187X$	11.988(0.745)	1.02	0.88~1.14
DT	$Y=0.3029+3.8414X$	13.671(0.632)	0.99	0.87~1.11

注:表中 GEO、DD 和 DT 分别代表大蒜精油、二烯丙基二硫醚和二烯丙基三硫醚。

三、小结与讨论

通过利用 GC-MS 技术分析了大蒜精油含有的化学组分，结果显示二烯丙基硫醚、二烯丙基二硫醚和二烯丙基三硫醚是其主要化学组分。同时，通过生物活性检测，发现二烯丙基三硫醚和二烯丙基二硫醚是大蒜精油的主要活性组分，其对米象、赤拟谷盗具有较强的熏杀活性，且对麦蛾成虫亦具有很强的熏蒸活性。该结果为将来大蒜精油有效活性组分先导化合物的合成提供了理论依据。

另外，根据生物活性测定结果分析，我们发现尽管大蒜精油及其有效活性组分具有很强的毒杀或熏蒸活性，但它的强挥发性必将影响到其在生产实际中的应用。因此，为了更好地利用大蒜精油的强生物活性并克服它的易挥发性，寻求一种大蒜精油的有效剂型非常必要。

第二节　大蒜精油纳米分散体胶囊的制备及其形态学表征

大蒜是人们常用的调味品，对人体无任何副作用，从大蒜中提取的大蒜精油因具有较强的抗菌、杀虫活性而受到广泛关注。然而，大蒜精油的易挥发性使得其杀虫活性的持续期很短（Yang et al.，2010a），从而限制了其在储粮害虫防治方面的应用。因此，研制一种能减缓大蒜精油有效成分挥发，从而能有效延长大蒜精油作用持续期的有效剂型，将具有很大的实际生产应用价值。

目前，农药纳米胶囊制剂是当前农药新剂型发展的重要方向之一（Dayan et al.，2009）。国内外对农药纳米胶囊剂的制备方法较多，常用的有喷雾干燥法、复凝聚法与界面聚合法等，喷雾干燥法应用最为广泛，但喷雾过程中使用的高温使得具有挥发性的植物精油损耗大；而复凝聚法与界面聚合法因工艺过程复杂，步骤繁多，并涉及工艺放大等技术问题而使得其实际生产费用较高（张永斌，2010）。因此，寻求一种简单易行、生产成本低且不损耗植物精油有效成分的纳米胶囊包载技术尤为重要。

为此，本章采用熔融分散法，以良好生物相容性的聚乙二醇 PEG 作为大蒜精油的载体，制备一种新型的纳米分散体胶囊，利用 GC-MS 等相关分析方法分析精油包载前后的组分变化并表征纳米胶囊的形貌。

一、材料与方法

（一）试验材料

聚乙二醇 PEG6000 购买于上海卓康化学有限公司。大蒜精油购买于广州高尚美精细化工有限公司,纯度≥80%,于4℃冰箱内保存。

(二)试验方法

1. 大蒜精油纳米胶囊的制备

采用熔融分散法制备大蒜精油的聚乙二醇纳米分散体胶囊。称取100g PEG6000,将其加热至60~70℃溶解后,用玻璃棒不断搅拌,并以引流的方式向融化的PEG6000中加入不同量的大蒜精油(2.5、5.0、7.5和10.0ml),形成均匀的精油-聚乙二醇共融物,自然冷却后,研磨粉碎,过60、100、200目筛后,即获得包载大蒜精油的纳米胶囊。

2. 大蒜精油纳米分散体胶囊中精油含量测定

精油标准曲线的绘制:用无水乙醇将大蒜精油稀释为7个浓度梯度,而后利用紫外一可见分光光度计(U-3010,HITACHI)进行波长扫描找出最大吸收波长,以无水乙醇作为对照,按浓度测定上述标样的吸光度,作浓度对吸光度的线性回归方程。

称取若干份包载有不同量的大蒜精油纳米胶囊各0.1g,分别于密闭的离心管内用2ml的无水乙醇溶解并置于40℃的水浴锅内加热5~6小时。而后用紫外分光光度计在最大吸收波长下测定其吸光度,根据回归方程求出胶囊中精油的量。纳米胶囊中精油含量根据下列方程计算:

$\%LE=[A\times B/C]\times 100$,其中$A$是指包载于0.1g中的精油量(通过回归方程而得),B是指PEG的总量(100g),C是滴加到100g PEG中精油的原始量(2.5、5.0、7.5和10.0ml)。每次试验重复3次。

3. 大蒜精油纳米分散体胶囊的形态表征

将制备好的大蒜精油纳米胶囊取适量溶于无水乙醚,利用超声分散法将其分散10分钟,形成均匀的纳米分散体溶液。而后取少量的溶液放入动态散射粒度分析仪(LB-550,日本),对该纳米胶囊的粒度分布进行分析。取少量的纳米分散体溶液滴到formvar被膜的铜网上,吸附1分钟,滤纸吸干后用2%磷钨酸(pH=6.7)负染色1分钟。于室温条件下晾干后,在H-7650型透射电镜下观察(80kV),Gatan 832型CCD拍摄图像。

4. 包载前后大蒜精油组分分析

分别取刚包载1天和包载5个月后的大蒜精油纳米分散体胶囊0.1g,溶于少量的蒸馏水和1ml的无水乙醚,应用常规萃取法提取包载在胶囊中的大蒜精油。利用气相色谱一质谱联用技术分析包载前及包载后两个不同时间段的大蒜精油组分。气相色谱的条件为:HP-5MS(30m×0.25mm×0.25μm)(Agilent J & W Scientific, USA),初始柱温60℃,在60℃保持1分钟,再以5℃/min的升温速度升至240℃,并在 240℃保持 10 分钟，进样口温度 250℃，进样量 1μl，分流比 1∶50。载气（氦气，99.99%）的速度为 1ml/min；质谱条件为：EI 离子源，电子能量 70eV，离子源温度为 200℃，接口温度为 230℃，扫描范围 29～400amu，扫描速度 10 次/s，电子倍增电压 2400V。在质谱数据库（The Wiley Registry of Mass Spectra Data）（第六版）中对每种化合物进行分子结构的鉴定。每个样品重复 3 次。

5. 数据分析

本实验组中所得数据采用 SPSS13.0 进行单因素方差分析和多重比较。

二、结果与分析

（一）大蒜精油纳米分散体胶囊的制备及其包载率

聚乙二醇对人体无毒无害，亦无致癌、致畸等不良副作用，是中国药典及英美等许多国家药典收载的药用辅料，并且近年来聚乙二醇在医药、工业、食品等领域上的应用范围不断扩大。聚乙二醇之所以受到学者们的青睐，是因为聚乙二醇的化学结构，该化合物分子中每 1U 内有 2U 的螺旋线，精油的分子量较低，当聚乙二醇与精油迅速固化时形成间质性固态液，在螺旋线间质空间中能包载多量的精油分子，并且该分子化学性质稳定，不与精油发生作用，不会破坏精油的结构性质和其特征气味。本项目采用熔融分散法制备大蒜精油的纳米胶囊，在制备过程中，因为 PEG 的熔点较低（60℃），因此，在制作 PEG 与精油共熔物时不会导致精油中低沸点分子的损耗，保存了精油分子种类的完整性；另外，所得的共熔物形成迅速，制备时间短，且制成的胶囊较疏松、易粉碎，且制作工艺简单、生产成本低。

精油的包载率是衡量胶囊载体好坏的关键因素。利用紫外－可见分光光度计进行波长扫描，发现大蒜精油在 325nm 的情况下吸收值最大，并且绘制出在该波长条件下的浓度对吸光度的线性回归方程：$y=1.1305x+0.7102$，$R^2=0.9689$。表 1-3 表明精油的包载率与加入 100g PEG 的精油量成正相关性，即随着精油量的增大其包载率逐渐增大，在 1∶10 的条件下，PEG 对大蒜精油的包载率可达 80%。

表 1-3　大蒜精油纳米胶囊中的精油含量与包载率

精油与 PEG 之比	精油包载量每 100g PEG	精油包载率%±SE%
2.5ml/100g	0.99±0.00	39.79±5.25
5ml/100g	2.98±0.01	59.54±3.23
7.5ml/100g	5.20±0.02	69.39±3.07
10ml/100g	8.01±0.05	80.46±4.94

(二) 大蒜精油纳米分散体胶囊形态表征

经熔融分散法而制备的大蒜精油纳米胶囊外表呈球形，颗粒分散性很好，没有团聚（图 1-2）。大蒜精油纳米胶囊在刚刚包载及包载 5 个月后的粒径分布见图 1-3，图中显示纳米胶囊在两个不同储藏期间，其纳米粒度分布峰为单峰曲线分布，并且粒径大小分布较稳定，平均粒度大小分别为（233±108）nm（刚包载）和（235±105）nm（包载 5 个月）。

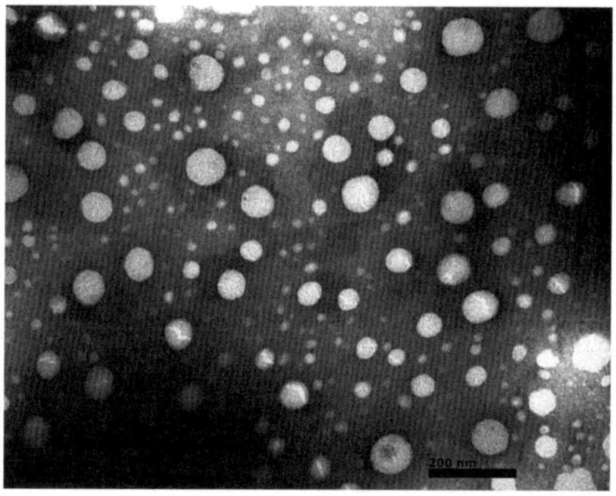

图 1-2　大蒜精油纳米胶囊的透射电镜图

另外，比较图 1-2 和图 1-3 的粒径大小，前者的粒径要小于后者，这可能是因为在透射电镜内观察样品时，电镜内的温度超过了 PEG 的熔点（60℃），溶解了部分 PEG 而使得胶囊的周径有所减小。

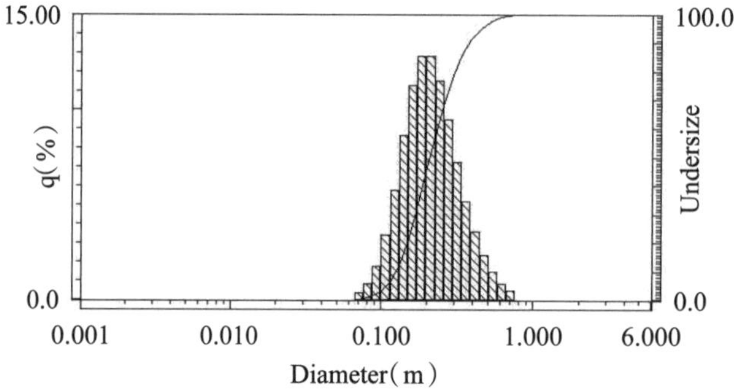

A

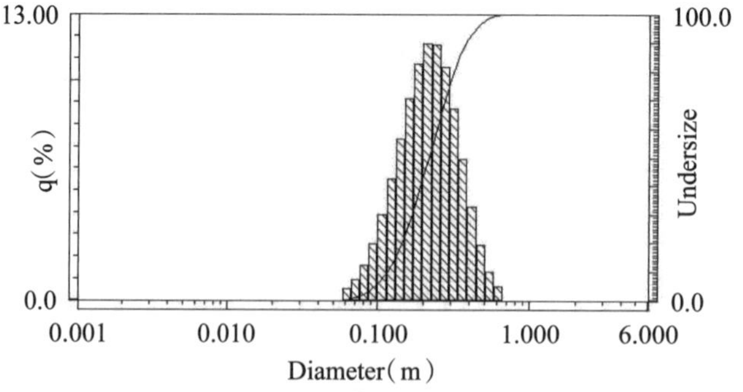

B

图 1-3　大蒜精油纳米胶囊粒度分布图

A. 刚刚包载的纳米粒度分布图；B. 包载 5 个月后的纳米粒度分布图

（三）纳米胶囊包载前后大蒜精油的组分分析

利用气相色谱-质谱（GC-MS）联用仪分析了大蒜精油在制备成聚乙二醇纳米胶囊前后其组分的变化情况，结果见图 1-4。对比图 1-4A、B、C 三个图谱，发现本项目制备的纳米胶囊不会影响精油组分的大变化，主要组分仍是二烯丙基硫醚、二烯丙基二硫醚和二烯丙基三硫醚，且这三种主要组分在精油中的含量变化幅度不大；另外，在三个不同测量时间内，未见有任何衍生物的图谱出现。该结果进一步证实了大蒜精油纳米胶囊的稳定性。

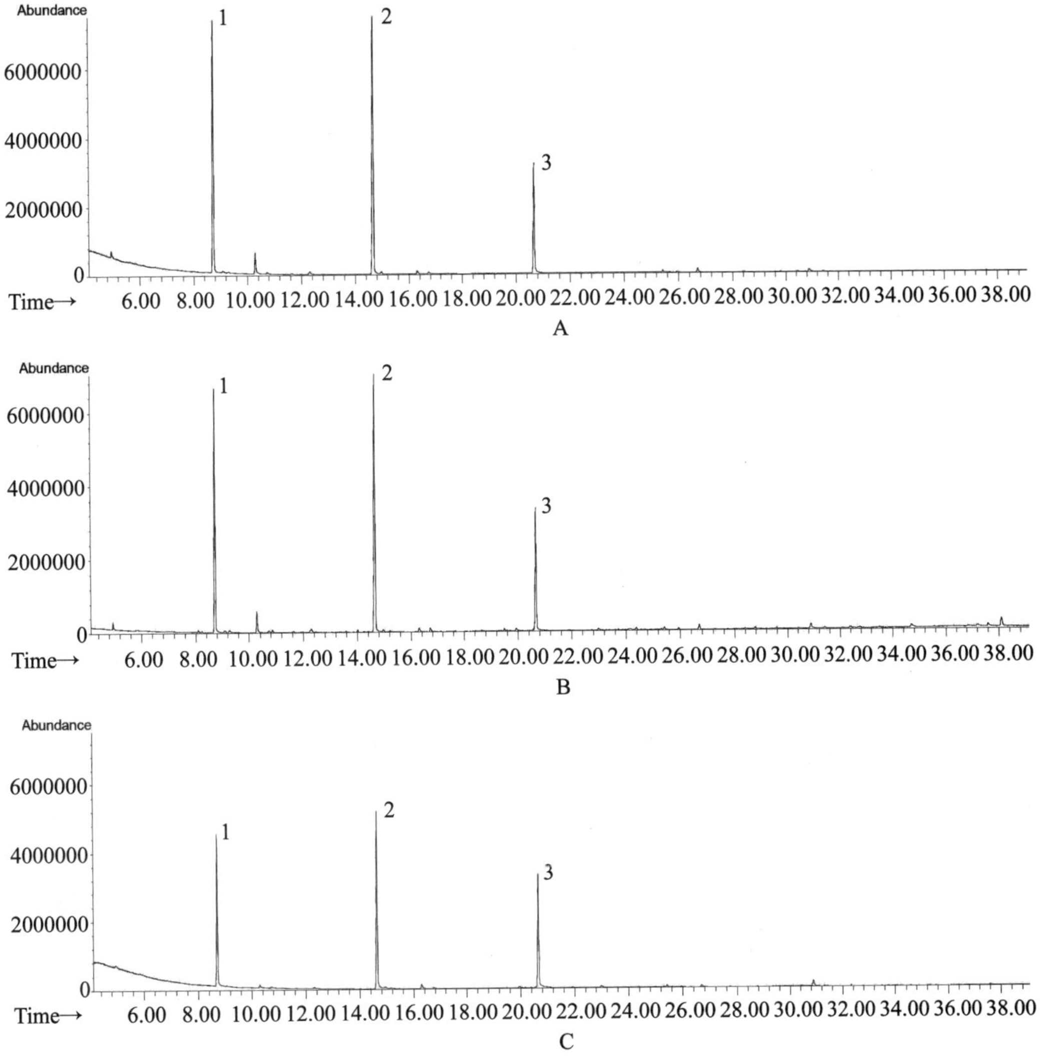

图 1-4 大蒜精油纳米胶囊中大蒜精油 GC-MS 分析图

A. 未包载的大蒜精油组分分析图；B. 刚包载的大蒜精油组分分析图；

C. 包载 5 个月后的大蒜精油组分分析图

表 1-4 表明二烯丙基二硫醚和二烯丙基三硫醚在 3 个不同时间内的含量逐渐降低,但仅在包载后 5 个月与包载前的含量差异显著,而二烯丙基硫醚的含量逐渐升高,与未包载前的含量相比差异显著。这可能是在包载后,随着时间的推移,高分子量的多硫化合物易降解为低分子量的含硫化合物。

表 1-4　大蒜精油包载前后主要化学组分含量分析

处理	二烯丙基二硫醚	二烯丙基三硫醚	二烯丙基硫醚
包载前的大蒜精油	34.68±0.42*a*	41.75±0.99*a*	15.75±0.53*a*
刚刚包载的大蒜精油	32.31±0.65*a*	39.83±1.24*ab*	18.43±0.73*b*
包载 5 个月后的大蒜精油	26.67±0.34*b*	37.40±0.59*b*	25.66±0.76*c*
F	68.026	4.957	56.284
n	2,8	2,8	2,8
Sig.	<0.0001	0.054	<0.0001

注:表中同一列中带有相同字母的平均值差异不显著($P<0.05$,DMRT)。

三、小结与讨论

纳米胶囊的包载技术很多,现常用的制备精油微胶囊的方法主要有喷雾干燥法、挤压法、复凝聚法与界面聚合法等,其中喷雾干燥法应用最为广泛,但在喷雾过程中的高温易使得低沸点的植物精油挥发;尽管挤压法是目前最受推崇的香精香料的微胶囊化方法,可以避免香精香料的挥发,但它的硬糖颗粒的物性限制了它在某些食品体系中的应用;而复凝聚法与界面聚合法工艺过程复杂,步骤繁多,并涉及工艺放大等技术问题而使得其实际生产费用较高。因此,寻求一种简单易行、生产成本低且不损耗植物精油有效组分的纳米胶囊包载技术尤为重要。

本项目所采用的熔融分散法生产工艺简单、流程短,胶囊的整个制备过程对工艺技术要求不高,生产成本很低;而且,最为重要的是它可以很好地降低了精油中低沸点的物质组分的损耗。

据文献报道,衡量纳米胶囊包载成功受许多因素影响,其中最为重要的是聚合物的分子结构、极性以及聚合物与被包载物之间最佳混合比。本项目利用聚乙二醇的特殊分子结构和化学性质,将其与大蒜精油以 10∶1 的最佳比例成功制备了精油包载率较高的纳米颗粒;并且比较并分析了该胶囊在储藏 5 个月后的纳米粒度分布及其主要化学组分的含量,结果证明了该胶囊非常稳定,在包载 5 个月后其纳米粒径大小改变很小,颗粒分散性亦很好,主要化学组分种类并未改变,仅在含量上有所改变。

由此证明了该种工艺简单、生产成本低、绿色环保的制备精油纳米胶囊方法的可行性。

第三节　大蒜精油纳米分散体胶囊生物活性的检测

为了更进一步验证本研究所制备的纳米分散体胶囊的生物活性，本章节采用拌粮熏蒸法，以储粮害虫赤拟谷盗成虫及储粮表面常见青霉为研究对象，分别检测其生物活性，杀虫持续期及其保粮护粮效果；同时测定了纳米胶囊对粮食品质的影响。研究结果将为生产实践提供理论依据。

一、材料与方法

(一) 试验材料

试验虫源及其饲养方法同本章第一节(一)。稻谷来源同本章第一节(二)。

(二) 试验方法

1. 大蒜精油纳米分散体胶囊杀虫活性测定

采用拌粮熏蒸法。实验分两组：一组是大蒜精油的直接应用，称取若干份已被不同剂量大蒜精油处理(160、320、480 和 640mg/kg)的 100g 稻谷(含有 2%碎米)置于 250ml 的广口瓶中，用尼龙纱布和保鲜膜将所有瓶口封好；另一组则是包载后的大蒜精油纳米胶囊的应用，称取若干份已被不同剂量纳米胶囊处理(2000、4000、6000 和 8000mg/kg，相当于 160、320、480 和 640mg/kg 未包载的精油量)的 100g 稻谷(含有 2%碎米)置于 250ml 的广口瓶中，用尼龙纱布和保鲜膜将所有瓶口封好。处理后的稻谷分别在常温下保存 1 天(0 个月)、1 个月、2 个月、3 个月、4 个月和 5 个月，并对处理过的稻谷进行毒力测定分析。

具体测定过程为：向每个装有被处理稻谷的广口瓶中投入已饥饿 24 小时的赤拟谷盗成虫 60 头，而后用尼龙纱布和保鲜膜将所有瓶口封好，将其分别置于温度为(28±1)℃，相对湿度为(75±5)%的人工气候箱中进行熏杀，5 天后检查试虫的死亡情况(用毛笔尖触及试虫，以触角无反应者为死亡标准)。以不做任何处理的稻谷作为对照。每处理重复 3 次。

2. 大蒜精油纳米分散体胶囊杀菌抑菌的活性试验

称量大蒜精油纳米胶囊 1g 将其均匀拌入装有 1kg 稻谷的广口瓶中，往瓶中投已饥饿 24 小时的赤拟谷盗成虫 100 头，盖好瓶盖将其放入常温条件下，5 个月后观察稻谷外观及试虫的死亡情况。往未做任何处理的装有 1kg 稻谷的广口瓶中投已饥饿 24 小时的赤拟谷盗成虫 100 头，以此作为对照处理组。

分离纯化稻谷上长出的青霉，将其作为杀菌试验的菌源。在培养皿的盖上洒上薄薄的一层（1.57×10^{-3} g/cm^2）大蒜精油纳米胶囊，将接有青霉的马铃薯葡萄糖琼脂（potato dextrose agar，PDA）培养皿反扣在培养盖上，观察青霉的生长情况。培养皿盖上未放入大蒜精油纳米胶囊的处理组作为对照。每个试验重复 3 次。

3. 稻谷脂肪酸值的测定

按照中华人民共和国国家标准《谷物制品脂肪酸值测定法》GB/T 15684。检测方法如下：在室温条件下用无水乙醇提取定量稻谷中的脂肪酸，而后用标准氢氧化钾溶液滴定，计算定量的稻谷中所含有的脂肪酸值。试验所用的稻谷处理方法同本章第三节，取大蒜精油或大蒜精油纳米胶囊处理后贮存不同时间的未被虫危害的稻谷作为提取脂肪酸之用。

判定依据：《稻谷储存品质判定规则》GB/T20569—2006。籼稻谷的储存品质指标：脂肪酸值（KOH/干基）≤30.0mg/100g 为宜存；脂肪酸值（KOH/干基）≤37.0mg/100g 为轻度不宜存；脂肪酸值（KOH/干基）>37.0mg/100g 为重度不宜存。

4. 稻谷粮食发芽率的测定

按照中华人民共和国国家标准《粮食、油料检验种子发芽试验》GB/T 5520—85。稻谷处理方法同本章第三节，取储存不同时间、发育完好且未被虫危害处理过的和未被处理过的稻谷 100 颗，在常温下（25℃）先用自来水浸泡 10h，再分别将其装入已垫有吸水纸的培养皿中（Φ=15cm），观察其发芽情况。定期向培养皿底部的吸水纸洒少量的自来水以保持稻谷发芽时所需要的湿度。每次试验重复 3 次。

5. 数据分析

本实验组中所得数据采用 SPSS13.0 和 Microsoft Excel 分析软件进行单因素方差分析和多重比较。

二、结果与分析

（一）大蒜精油纳米分散体胶囊对赤拟谷盗成虫的活性

大蒜精油原液及其包载后的杀虫活性结果见表 1-5。由表 1-5 可看出，稻谷在处理初期，供试的大蒜精油原油与纳米胶囊的高浓度处理对赤拟谷盗成虫的控制效果相近，而其他两个浓度的处理效果明显强于相应浓度的纳米胶囊，这主要是由于纳米胶囊中大蒜精油活性组分的释放较慢所致。然而，随着稻谷处理时间的延长，包载后大蒜精油的杀虫效果明显强于未被包载的大蒜精油杀虫效果。在处理的第二个月和第三个月后，640mg/kg 的大蒜精油纳米胶囊处理后的试虫死亡率分别可达 100%和 98%，而经相同浓度处理的大蒜精油原油处理组的试虫死亡率则只有 62%和 32%。并且随着处理时间的延长，这两种不同处理组的杀虫活性差异越来越显著。截至 5 个月后，在 640mg/kg 的剂量处理条件下，大蒜精油纳米分散体胶囊处理组的试虫死亡率仍处于 80%以上，而未被包载的大蒜精油的处理组的试虫死亡率仅为 11%（表 1-5）。

表 1-5　大蒜精油及其纳米胶囊对赤拟谷盗成虫的熏杀致死活性(means±SE)

时间段（月）	大蒜精油纳米胶囊处理		大蒜精油处理		方差分析[a]	
	剂量[b]（mg/kg）	校正死亡率（%）	剂量（mg/kg）	校正死亡率（%）	F（df=1,5）	Sig.
0	2000	25.0±0.96	160	54.4±1.51	280.661	0.000
	4000	71.1±1.47	320	92.2±1.47	103.150	0.001
	6000	95.0±0.96	480	100.0±0.00	26.892	0.007
	8000	100.0±0.00	640	100.0±0.00	—[c]	—
1	2000	26.7±0.96	160	37.8±2.42	18.160	0.013
	4000	69.4±2.00	320	52.8±1.47	45.050	0.003
	6000	92.8±0.55	480	76.7±1.67	84.190	0.001
	8000	100.0±0.00	640	81.1±1.47	165.068	0.000
2	2000	27.8±0.55	160	20.6±1.47	21.158	0.010
	4000	66.1±1.47	320	31.7±1.93	202.132	0.000
	6000	91.7±1.93	480	50.0±0.96	374.40	0.000
	8000	100.0±0.00	640	62.2±2.42	242.996	0.000
3	2000	27.2±1.47	160	10.0±0.96	96.016	0.001
	4000	66.7±0.96	320	19.4±1.47	723.009	0.000
	6000	86.1±2.00	480	29.4±2.11	400.308	0.000
	8000	98.3±0.96	640	36.7±1.93	821.070	0.000
4	2000	21.1±1.47	160	1.7±0.96	122.510	0.000
	4000	58.9±1.47	320	7.8±0.55	1058.617	0.000
	6000	74.4±2.00	480	14.4±1.47	583.777	0.000
	8000	92.8±2.42	640	21.7±0.96	743.959	0.000
5	2000	12.2±1.47	160	0.6±0.56	55.111	0.002
	4000	43.3±0.96	320	4.4±1.47	490.335	0.000
	6000	46.1±2.00	480	8.3±0.96	288.910	0.000
	8000	84.4±2.00	640	11.1±0.96	1245.880	0.000

注：[a]指表中同行平均校正死亡率经大蒜精油纳米胶囊和大蒜精油处理后试虫死亡率之间的方差分析结果。[b]是指每千克稻谷中所含有的大蒜精油纳米胶囊的用量。表中大蒜精油纳米胶囊剂量 2000，4000，6000 和 8000mg/kg 分别相当于 160，320，480 和 640mg/kg 的纯大蒜精油的量。[c]是指无法进行方差分析的一组数据。

另外,将表 1-5 试虫死亡数的数据利用 Excel 2003 进行线性拟合,可更直观地发现这两个不同处理组杀虫活性变化趋势的差异:大蒜精油原油的杀虫活性是随着稻谷保存时间的延长,其杀虫活性降低的速度非常快,在稻谷处理的 6 个月内,经不同浓度处理后的杀虫活性经回归拟合后的斜率分别为 0.0903、0.0962、0.0896、0.0563、0.0417、0.0222;而大蒜精油纳米胶囊的杀虫活性拟合后的斜率则为 0.8798、0.9034、0.9285、0.0116、0.0115、0.011,见图 1-5。

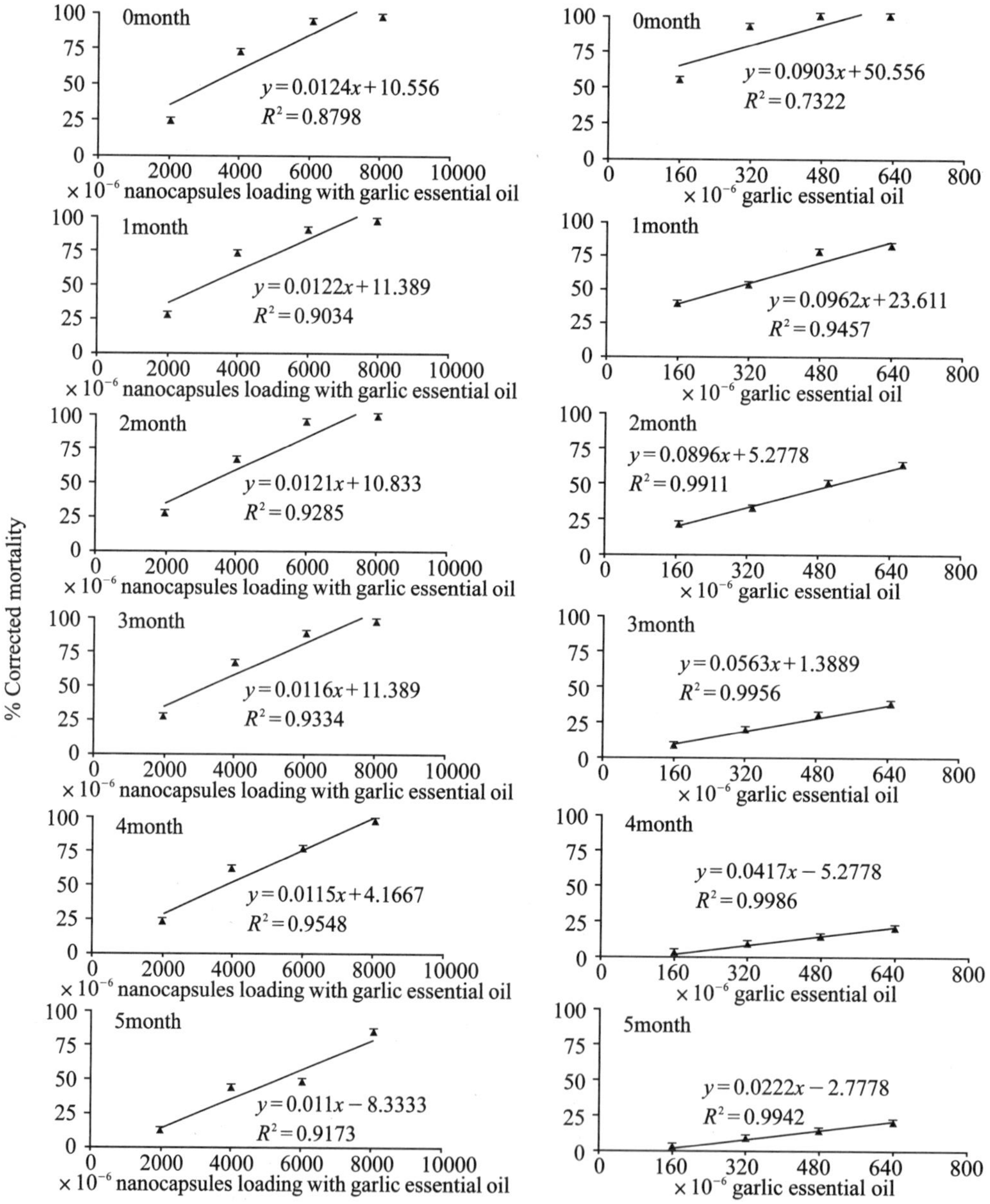

图 1-5 赤拟谷盗成虫每个月经大蒜精油和大蒜精油纳米胶囊熏杀 5 天后的死亡率

注:每个月进行一次杀虫活性检测,图中实线是来源于表 1-5 试虫死亡数的线性拟合,图中小三角形表示平均值及其误差($n=3$)。

从结果分析看来，应用熔融分散法制备的以 PEG 为载体的大蒜精油纳米分散体胶囊杀虫剂有良好的缓释性，延长了药剂的持续期，对赤拟谷盗有更好的防治效果。因此，本大蒜精油纳米分散体胶囊在储粮害虫的防治等农业技术领域方面有着非常广阔的应用前景。

（二）大蒜精油纳米分散体胶囊杀菌抑菌的活性

经 1g 纳米胶囊处理 5 个月后的稻谷（1kg），尽管有部分稻谷出现了被危害的情况，但经检查并无存活的成虫，且稻谷颗粒外观仍表现出一定的光泽，未见有任何霉状物质长出；然而，未经纳米胶囊处理的稻谷，投入的试虫未见有死亡，但稻谷表面出现了被危害的情况，且稻谷颗粒上亦长有很多青霉状的物质，稻谷表面已失去了其常有的色泽，且有股强烈的霉味（图 1-6）。这可能是投入的试虫自身或其排泄物所携带的微生物，前者因为有大蒜精油纳米胶囊具有较强的杀菌抑菌活性而未出现霉状物的生长，而后者则不然。

A　　　　　　　　　　B

图 1-6　大蒜精油纳米分散体胶囊保粮效果

A. 拌有大蒜精油纳米胶囊的稻谷颗粒；B. 未做任何处理的稻谷颗粒

为了验证大蒜精油纳米胶囊的杀菌抑菌活性，我们将进一步分离纯化稻谷上长出的青霉状物，进一步观察大蒜精油纳米胶囊的生物活性。结果显示，大蒜精油纳米胶囊具有很强的杀菌抑菌活性，在 7 天内，经浓度 1.57×10^{-3} g/cm^2（转化为大蒜精油原油的浓度 1.25×10^{-3} ml/cm^2）的大蒜精油纳米胶囊处理后的青霉未能长出，而对照则有青霉菌长出（图 1-7）。从本试验的结果可看出，大蒜精油纳米胶囊的抑菌作用方式是熏蒸作用，因为抑菌试验操作并未让大蒜精油纳米胶囊直接接触青霉菌源。该试验结果更进一步证明了该胶囊应用于小型农户储粮环境的实用性：仅需少量的使用量，不仅可有效减少害虫的危害，又可有效抑制有害微生物的生长，最终起到保粮护粮的作用。

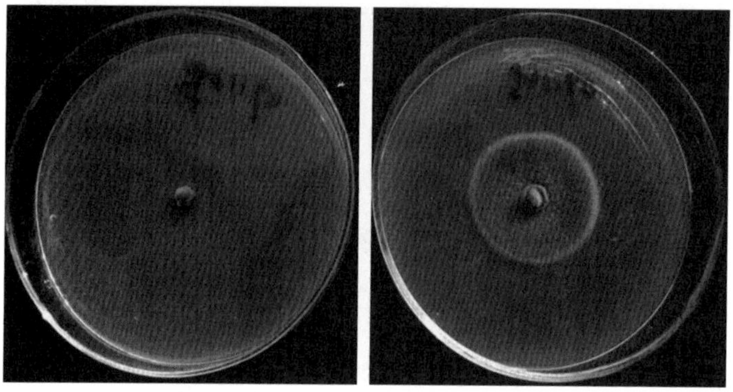

A　　　　B

图 1-7　大蒜精油纳米分散体胶囊抑制青霉活性

A. 大蒜精油纳米胶囊处理后的青霉生长情况;B. 未做任何处理的青霉生长情况

(三) 大蒜精油纳米分散体胶囊对稻谷脂肪酸的影响

根据《谷物制品脂肪酸值测定法》GB/T 15684 测定了稻谷脂肪酸值的变化情况。从测定结果可知(表 1-6),稻谷不做任何处理,在正常的储存情况下其脂肪酸值会随着储存时间的延长而升高。根据稻谷的脂肪酸值的变化趋势和《稻谷储存品质判定规则》GB/T20569—2006,稻谷在短时间内(1 年)还是比较适宜保存的,其脂肪酸值不会超过 30mg KOH/100g。在较高的使用浓度条件下,利用大蒜精油原油去防粮护粮,则不利于稻谷的储存:在 640mg/kg 的条件下,处理初期稻谷的脂肪酸值就到达 33mg KOH/100g,尽管随后有所降低,但在处理 5 个月时其脂肪酸值仍然处于 27.4mg KOH/100g,与大蒜精油纳米胶囊处理的测定值比较差异显著,后者的脂肪酸值为 22.3mg KOH/100g,与对照组差异不显著。

该结果说明了尽管大蒜精油可以在短时间内防虫控虫,但它会使得稻谷的脂肪酸值有大幅度的改变,因此不利于农户保粮护粮,相反,大蒜精油纳米胶囊则较适用于农户的保粮护粮。

表 1-6　大蒜精油纳米胶囊对稻谷脂肪酸值的影响

处理	浓度(mg/kg)	脂肪酸值(mg KOH/100g)			
		处理后 1 周	1 个月	3 个月	5 个月
大蒜精油纳米胶囊	480	12.5±0.41*a*	12.9±0.46*a*	15.5±0.47*a*	19.5±0.35*a*
	640	13.8±0.42*a*	15.8±0.87*b*	17.8±0.66*a*	22.3±1.44*a*
大蒜精油	480	21.5±1.08*b*	23.7±0.80*c*	19.8±0.79*a*	19.5±1.40*a*
	640	33.0±1.01*c*	33.7±1.27*d*	27.8±1.15*b*	27.4±0.95*b*
空白对照	0	13.1±0.36*a*	14.4±0.71*ab*	16.9±0.38*a*	20.8±1.16*a*

注:表中同列数据后具相同字母者表示经 Duncan's 多重比较在 0.05 水平差异不显著;大蒜精油纳米胶囊的浓度是转换为大蒜精油原油的浓度,相当于 6000 和 8000mg/kg 纳米胶囊的量。

（四）大蒜精油纳米分散体胶囊对稻谷发芽率的影响

利用拌粮法，检测了大蒜精油纳米胶囊对稻谷发芽率的影响，并根据《粮食、油料检验 种子发芽试验》GB/T 5520—85 的评价标准，结果发现大蒜精油原油在处理的前一个月内因为使用较高的浓度（640mg/kg），会降低稻谷的发芽率，与对照相比差异显著；其后，随着被处理稻谷储存时间的延长，可能由于大蒜精油有效组分的挥发，而使得被处理稻谷的发芽率有所升高，与对照差异不显著。然而，大蒜精油纳米胶囊在整个处理的时间内，在与大蒜精油原油相当的浓度处理条件下均不会影响稻谷的发芽率，与对照差异不显著。见表 1-7。

试验结果表明，在整个处理观察期内大蒜精油纳米胶囊对粮食的保护性能明显优于大蒜精油原油。因此，大蒜精油纳米胶囊保粮护粮的应用潜力更大。

表 1-7 大蒜精油纳米胶囊对稻谷发芽率的影响

处理	浓度（mg/kg）	发芽率（%）			
		处理后 1 周	1 个月	3 个月	5 个月
大蒜精油纳米胶囊	480	96.7±0.89*a*	96.3±0.65*a*	96.0±1.00*a*	96.3±1.20*a*
	640	95.7±0.67*a*	94.3±1.45*a*	96.0±0.57*a*	94.0±1.17*a*
大蒜精油	480	95.0±1.15*a*	95.3±0.89*a*	96.0±1.15*a*	96.7±0.88*a*
	640	89.7±0.67*b*	90.3±0.89*b*	92.3±1.45*a*	95.3±1.45*a*
空白对照	0	94.7±0.75*a*	94.1±0.70*a*	95.2±0.58*a*	94.0±1.00*a*

注：表中同列数据后具相同字母者表示经 Duncan's 多重比较在 0.05 水平差异不显著；大蒜精油纳米胶囊的浓度是转换为大蒜精油原油的浓度，相当于 6000 和 8000mg/kg 纳米胶囊的量。

三、小结与讨论

利用植物次生物质防治储粮害虫的报道很多，主要是因为植物次生物质自身所带有的生物活性，使得其在试验应用过程中表现了较强的应用潜力。但在其试验阶段中，植物次生代谢物质自身所表现的缺陷也不可忽视：如植物次生物质的强挥发性导致其保粮护粮的持续期大打折扣，另外，植物次生物质自身所带有的芳香性气味被应用于食品保护方面可能会影响食品的味道和消费者的品尝口味。因此，为了利用植物次生物质“绿色杀虫剂”的优点并克服其自身存在的缺点，寻求一种植物次生物质的有效剂型从而能缓慢释放植物次生物质的挥发性物质，并有效降低其对食品自身的气味的影响，最终达到扬长避短的目的。

本项目利用纳米胶囊技术，成功包载了大蒜精油纳米胶囊，并将其应用于储粮害虫的防治，结果显示利用胶囊包载技术不仅未降低大蒜精油的生物活性，而且还可有效延长大蒜精油的杀虫持续期，稻谷在被 640mg/kg 处理 5 个月后，其杀虫活性仍然处于 80%以上，并且从被保护稻谷的外观色泽、脂肪酸值含量以及发芽率的测量结果显示，大蒜精油纳米胶囊具有较好的保粮护粮效果。另外，根据大蒜精油纳米胶囊的杀菌活性结果发现，在较低的使用剂量的情况下，该剂型亦具有较强的杀菌抑菌活性，可有效地抑制稻谷表面的微生物的生长从而保持稻谷的品质。

第四节　大蒜精油纳米分散体胶囊保粮护粮的实仓模拟及实仓应用研究

大量的研究证明植物精油对储粮害虫表现出显著的活性，然而其并未得到广泛推广应用的原因主要是植物精油固有的缺点限制了它的研发进程。植物精油易受外界环境条件（如温度、湿度、光照等）的影响，因此稳定性不高，并且其活性成分含量低，给生产带来了困难。现使用最多、最成功的是将其制成乳油，但乳油的加工需要大量的有机溶剂，易污染环境，因此为了最大限度地发挥植物精油的优点，开发出在实践中具有推广价值的植物精油制剂，必须研究开发无毒的剂型。因此，基于当前的研究状况，本研究所制备了一种包载率高且操作简单易行的胶囊制作方法，结果显示了该纳米胶囊在储粮害虫防治方面具有极为广阔的应用前景。为了更进一步验证该胶囊的实际应用潜力，使得大蒜精油的有效剂型能被广泛推广应用，并最终有效解决生产实际中存在的虫害问题，本文还进行了实仓模拟及实仓应用的研究。

一、材料与方法

（一）试验材料

实仓模拟中所用的试验虫源及其饲养方法同本章第一节（一）。稻谷来源同本章第一节（二）。饲养印度谷螟的饲料为市场购买的小麦，饲养条件同饲养赤拟谷盗。

实仓应用中所用的材料为农户自行储藏的稻谷、小麦、豆类、大米等往年储粮。大蒜精油纳米胶囊为本实验室制备，分别将其装入食用透气包装袋内，5g/袋。试验地点：湖北省孝感市 153 农户（15 万 kg 左右），荆州市 136 农户（13 万 kg 左右），宜昌市 105 农户（10 万 kg 左右）。

（二）试验方法

1. 实仓模拟

模拟农户储存粮食的条件[温度(28±2)℃，相对湿度(50±5)%]，用编织袋分别装好精致大米、稻谷、面粉，每袋12.5kg。整个实验分为4个不同的处理组：未做任何处理的实验组且投入试验虫源，用大蒜精油纳米胶囊处理的实验组且投入相应量的试验虫源，未做任何处理的实验组且不投试验虫源，用大蒜精油纳米胶囊处理的实验组且不投试验虫源。

稻谷的处理方法如下：按照600mg/kg的处理浓度将大蒜精油纳米胶囊分别与12.5kg的稻谷充分混匀，而后接虫的处理组按照每千克2头虫的比例，在每袋需接虫稻谷处理组接虫25头：赤拟谷盗、米象成虫，而后将塑料袋口封闭，在其塑料袋外分别再套上一层塑料袋，袋口用透明胶再次封闭。

精致大米和面粉的处理方法：称取若干份大蒜精油纳米胶囊（每份0.1g），每份用保鲜膜包好，按照1000mg/kg的处理浓度处理精致大米和面粉。包装后的大蒜精油纳米胶囊投放到精致大米和面粉的位置大致分为3层：上、中、下，每层分别投装入保鲜膜的大蒜精油纳米胶囊30、55和40份。而后接虫的处理组按照每千克2头虫的密度，在每袋需接虫的大米和面粉接虫25头：米象成虫（大米）、赤拟谷盗幼虫（面粉）、印度谷螟幼虫（面粉），最后将塑料袋口封闭，在其塑料袋外分别再套上一层塑料袋，袋口用透明胶再次封闭。每处理各设3个重复。每月扦样检查虫口密度和储粮品质，按下面公式计算虫口抑制率。

$$\text{虫口抑制率}(\%)=\frac{\text{对照成虫数}-\text{处理成虫数}}{\text{对照成虫数}}\times 100$$

2. 实仓应用

用塑料编织袋分别装好大米、稻谷、小麦、黄豆，每袋50kg。

处理方法如下：按照600mg/kg的浓度处理稻谷、小麦、黄豆和大米，在每个塑料袋内投入装有大蒜精油纳米胶囊的透气袋6包，均衡分布于塑料袋的不同部位（上、中、下）。而后将塑料袋口封闭，在其塑料袋外分别再套上一层塑料袋，袋口用透明胶再次封闭。未做任何处理的塑料编织袋作为处理对照组。

每月扦样检查虫口密度和储粮品质，按下面公式计算虫口抑制率。

$$\text{虫口抑制率}(\%)=\frac{\text{对照成虫数}-\text{处理成虫数}}{\text{对照成虫数}}\times 100$$

3. 数据分析

本实验组中所得数据采用SPSS13.0分析软件进行单因素方差分析和多重比较。

二、结果与分析

大蒜精油纳米胶囊保粮护粮的实仓模拟试验结果见表1-8～表1-13。结果表明在使用1000mg/kg的浓度条件下和在投虫应用试验组中，该粮食保护剂对精致大米和面粉均具有良好的保护作用:在处理 20 天时,虫口抑制率可达 89%和 100%,而在处理 80 天后虫口减退率则均可达到 100%;同时,在 600mg/kg 浓度处理条件下,该粮食保护剂对稻谷中的赤拟谷盗具有很强的抑制效果,在处理的 20 天时,虫口减退率就达到 100%,并且一直维持到处理的第 80 天,而对米象的抑制效果稍差些,在处理的第 80 天内,虫口减退率一直维持在 87%左右。

表 1-8　大蒜精油纳米胶囊在实仓模拟中对米象成虫活性(精致大米)

处理方式	浓度(mg/kg)	观察时间(d)	虫口抑制率%	大米色泽气味
投虫试验	1000	20	89.4±5.26*a*	正常
		50	100.0±0.00*b*	正常
		80	100.0±0.00*b*	正常
	0	20	—	正常
		50	—	正常
		80	—	有霉味

表 1-9　大蒜精油纳米胶囊在实仓模拟中杀虫活性(面粉)

处理方式	浓度(mg/kg)	观察时间(d)	虫口抑制率%		面粉色泽气味
			赤拟谷盗	印度谷螟	
投虫试验	1000	20	100.0±0.00*a*	100.0±0.00*a*	正常
		50	100.0±0.00*a*	100.0±0.00*a*	正常
		80	100.0±0.00*a*	100.0±0.00*a*	正常
	0	20	—	—	正常
		50	—	—	正常
		80	—	—	少量结团

表 1-10　大蒜精油纳米胶囊的实仓模拟杀虫活性(稻谷)

处理方式	浓度(mg/kg)	观察时间(d)	虫口抑制率%		稻谷色泽气味
			赤拟谷盗	米象	
投虫试验	600	20	100.0±0.00*a*	79.1±2.31*a*	正常
		50	100.0±0.00*a*	88.5±4.02*b*	正常
		80	100.0±0.00*a*	87.3±3.33*b*	正常
	0	20	—	—	正常
		50	—	—	有霉味
		80	—	—	有霉味

表 1-11　大蒜精油纳米胶囊的实仓模拟杀虫活性(稻谷)

处理方式	浓度(mg/kg)	观察时间(d)	虫口密度(头)			稻谷色泽气味
			赤拟谷盗	麦蛾	米象	
未投虫试验	600	20	—	—	—	正常
		50	—	—	—	正常
		80	—	—	—	正常
	0	20	0	3.3±1.53*a*	3.7±0.56*a*	正常
		50	0	13.7±2.52*b*	9.0±2.03*b*	有霉味
		80	0	22.3±3.51*c*	15.3±1.53*c*	有霉味

表 1-12　大蒜精油纳米胶囊的实仓模拟杀虫活性(大米)

处理方式	浓度(mg/kg)	观察时间(d)	虫口密度(头)			大米色泽气味
			赤拟谷盗	米蛾	米象	
未投虫试验	1000	20	—	—	—	正常
		50	—	—	—	正常
		80	—	—	—	正常
	0	20	0	0	0	正常
		50	0	2.3±1.53*a*	1.0±1.00*a*	正常
		80	0	11.0±4.01*b*	2.3±2.08*a*	少量结团

表 1-13　大蒜精油纳米胶囊的实仓模拟杀虫活性(面粉)

处理方式	浓度(mg/kg)	观察时间(d)	虫口密度(头)			面粉色泽气味
			赤拟谷盗	麦蛾(幼虫)	米象	
未投虫试验	1000	20	—	—	—	正常
		50	—	—	—	正常
		80	—	—	—	正常
	0	20	0	0	0	正常
		50	0	3.3±1.53*a*	0	正常
		80	0	6.3±2.65*b*	0	少量结团

另外,从未投虫试验处理组也可看出大蒜精油纳米胶囊具有较好的保粮护粮效果,在整个观察时间内,经大蒜精油纳米胶囊处理的精致大米、稻谷和面粉均未检查到害虫的发生,粮食的品质未见有明显的变化;而未经大蒜精油纳米胶囊处理的对照处理组则检查到不同数量的害虫,并且被保护的粮食色泽气味均发生不同程度的变

化：如对照处理组的稻谷在观察的第 50 天时就可闻到霉味，且精致大米和面粉在处理的第 80 天时可见其有不同程度的结团现象。

大蒜精油纳米胶囊保粮护粮的实仓应用结果见表 1-14。结果表明在使用 600mg/kg 浓度的处理条件下，该粮食保护剂对稻谷大、大米、小麦和黄豆均具有很好的保护作用：在处理第 6 个月，除了黄豆处理组的虫口抑制率为 87%之外，其他几种粮食的虫口抑制率均达 100%。在整个观察处理期间，所抽查的黄豆危害比较严重，无论是处理组还是对照组，可能是农户在收割后对其储藏防护不够重视所导致。然而其他几种被处理的储藏粮食危害的程度与对照处理组相比则较轻，由此可见大蒜精油纳米胶囊的保粮护粮效果较显著，其应用前景较好。

表 1-14　大蒜精油纳米胶囊实仓应用活性分析

粮食	处理浓度(mg/kg)	虫口抑制率/月(%)					
		第 1 个月	第 2 个月	第 3 个月	第 4 个月	第 5 个月	第 6 个月
黄豆	600	61.0±5.79	77.5±3.24	85.0±4.20	90.0±3.40	84.9±5.31	87.8±4.57
稻谷	600	90.0±7.21	84.5±5.45	97.7±2.21	100.0±0.00	100.0±0.00	100.0±0.00
小麦	600	77.7±8.03	85.5±4.07	98.9±1.33	100.0±0.00	100.0±0.00	100.0±0.00
大米	600	82.1±7.69	86.7±6.47	89.5±3.07	96.7±2.11	100.0±0.00	100.0±0.00

三、小结与讨论

大蒜精油纳米胶囊经 80 天的实仓模拟试验，结果表明无论在预先投虫观察试验组还是在未投虫观察试验组中，该粮食保护剂均具有良好的保粮护粮作用。另外，根据模拟试验的结果可初步验证了该粮食保护剂的适用场所：适宜在密闭的环境条件下。为了更进一步验证实仓模拟试验的可行性，本文还对湖北省 3 个地市 394 农户存粮经大蒜精油纳米胶囊处理 6 个月后检测，结果亦表明该粮食保护剂对稻谷、小麦、大米及黄豆均具有较好的保粮护粮作用，其防虫护粮效果可在 87%以上。

第五节　大蒜精油纳米分散体胶囊的急性毒性试验

产品安全性是药剂推广应用必须考虑的重要问题之一。尽管已有众多文献报道植物精油具有“在环境中残留低、对人类无毒性”等特点（Corzo-Martínez et al.，2007），但将其应用于储粮保护方面至今仍未见有检测其残留量或急性毒性的报道。

为了更进一步验证大蒜精油纳米分散体胶囊在实际应用中的可行性，本文还检测了其对昆明种小鼠的急性毒性试验，以期为该胶囊的实际应用提供保障。

一、材料与方法

大蒜精油纳米胶囊为本实验室制备，粉末状。

（一）受试动物

SPF 级昆虫种小鼠，(20±1.0)g，雌雄各半，由湖北省疾病预防控制中心提供。染毒前经健康观察 4 天，符合试验要求。

（二）试验环境

温度 12～22℃，湿度 40%～70%，自然光照。小鼠盒装饲养（3 只/组），饲料为湖北省医学实验动物中心加工的全价颗粒饲料，饮水为高压灭菌水。动物自由进食饮水。

（三）急性经口试验方法

1. 剂量分组

小鼠编号后按体重序号随机分组，见表 1-15。

表 1-15　大蒜精油纳米分散体胶囊经口剂量分组表

性别	动物数量（只）	剂量（mg/kg）	体重范围（g）
雌	6	5000	19.0～20.3
雄	6	5000	19.3～20.6

2. 染毒方法

染毒前 12～15 小时动物禁食不禁水，次晨称重后按剂量一次经口灌胃染毒（0.5ml），染毒 2 小时后动物恢复自由进食。灌胃染毒的大蒜精油纳米胶囊剂量配置为溶液方法：称取 0.1g 胶囊将其用蒸馏水溶解混匀，备用。

3. 中毒表现及死亡观察

染毒后即刻进行连续观察老鼠的表现，在处理的前 6 小时内，每小时观察一次，而后在 1～14 天内，每天观察两次，记录老鼠中毒表现及死亡情况，必要时对老鼠解剖进行肉眼病理观察。

二、结果与分析

中毒症状及死亡情况：染毒后在连续观察的14天内，老鼠无明显中毒症状，且无死亡发生。经数据转化分析，计算该纳米胶囊对雌性和雄性小鼠急性经口剂量 LD_{50} 均大于5000mg/kg。结果见表1-16。

表1-16　大蒜精油纳米胶囊对昆明种小鼠急性经口毒性

性别	剂量（mg/kg）	动物数量（只）	死亡数（只）	LD_{50} 及95%可信限（mg/kg）
雌	5000	6	0	>5000
雄	5000	6	0	>5000

三、小结

依照我国《农药登记毒理学试验方法》GB15670—1995中急性毒性分级评价标准，本次试验结果表明：大蒜精油纳米胶囊对SPF级昆明种小鼠雌性和雄性急性经口剂量LD50均大于5000mg/kg，属微毒级。

第六节　总结与创新

一、总结

（一）大蒜精油组分分析及其主要组分生物活性测定

利用气质联用仪（GC-MS）确定了大蒜精油的主要组分为二烯丙基硫醚（占15.14%）、二烯丙基二硫醚（占36.67%）、二烯丙基三硫醚（占42.33%），其中二烯丙基三硫醚和二烯丙基二硫醚是其主要活性组分，其对米象、赤拟谷盗具有较强的毒杀活性，且对麦蛾成虫亦具有很强的熏蒸活性。

（二）大蒜精油纳米分散体胶囊的制备及其形态学表征

经熔融分散法制备的大蒜精油纳米胶囊不仅生产工艺简单、流程短，胶囊的整个制备过程对工艺技术要求不高，生产成本很低，而且所制备的胶囊外表呈球形，颗粒分散性好，没有团聚，粒径达到纳米结构，有效组分稳定，包载 5 个月后的大蒜精油有效组分与包载前大蒜精油有效组分没有发生显著性变化。

（三）大蒜精油纳米分散体胶囊生物活性的检测

大蒜精油纳米分散体胶囊杀虫剂有良好的缓释性，在保持 80%杀虫率的情况下，可有效地将该粮食保护剂的持续期延长至 5 个月，其护粮持续期远远大于大蒜精油原油的保粮护粮作用期。并且，在该粮食保护剂保粮护粮期间，其并不影响储藏粮食的外观色泽、脂肪酸值含量以及发芽率。

（四）大蒜精油纳米分散体胶囊保粮护粮的实仓模拟及实仓应用研究

在实仓模拟的 80 天及实仓应用的 6 个月内，大蒜精油纳米胶囊粮食保护剂在密闭的环境条件下对储藏粮食具有很好的防虫、杀菌的护粮效果。

（五）大蒜精油纳米分散体胶囊的急性毒性试验

大蒜精油纳米分散体胶囊对 SPF 级昆明种小鼠雌性和雄性急性毒性试验表明急性经口剂量 LD_{50} 均大于 5000mg/kg，该粮食保护剂属微毒级。

二、创新

（一）技术创新

1. 剂型加工方法的创新

首次利用熔融分散法，以 PEG6000 为载体，成功研制出了绿色粮食保护剂：大蒜精油纳米胶囊。不仅克服了常规的植物精油胶囊制作中的缺点，有效地保护了植物精油有效组分的完整性，而且大大改进了常规胶囊生产时的烦琐工艺生产流程，使其生产工艺简单化，生产流程短，并且对工艺技术要求不高，大大节约了生产的应用成本。

2. 应用范围扩大

将大蒜精油纳米胶囊用食用透气袋包装，不仅适用于保护初级农产品，也可直接应用于经加工后的储藏粮食，如精制大米、面粉、面条、花生、豆类等。

（二）内容创新

1. 选材新颖

大蒜精油是从大蒜中直接提取的混合物，对人类安全无毒，将其应用于储藏粮食的保护既符合当前绿色储粮技术的发展趋势,又满足现代食品安全消费为主流的观念。

2. 研究系统且实用性强

运用GC-MS鉴定分析了大蒜精油的主要活性组分并明确了对储粮害虫的作用方式和作用机理,这为大蒜精油有效活性组分先导化合物的合成提供了理论依据;首次将绿色粮食保护剂大蒜精油纳米胶囊成功应用于储粮害虫的防治,不仅克服了当前植物次生物质易挥发性的缺点,大大延长了植物精油的生物活性持续期,而且还有效地降低了大蒜精油的强烈刺激性气味。

大蒜精油纳米胶囊与国内外当前使用的粮食保护剂相比,具有安全、高效、对环境友好的特点,在储粮害虫的防治等农业技术领域方面有着非常广阔的应用前景。

(杨凤连　马　敏)

参考文献

[1] 操海群,岳永德,花日茂,等.植物源农药研究进展(综述)[J].安徽农业大学学报,2000,27(1):40-44.

[2] 陈业高.植物化学成分[M].北京:农业出版社,2004.

[3] 程人俊,周远,兰波,等.植物精油防治储粮害虫研究进展[J].粮油食品科技,2009,17(2):26-28.

[4] 董玉山,傅建熙,许平安,等.植物精油研究进展[J].河南林业科技,1999,19(4):24-26.

[5] 付国辉,夏红英,段先志.微胶囊技术在农药剂型中的应用[J].江西化工,2004(1):10-13.

[6] 胡刚,徐汉虹,胡林.储粮害虫熏蒸剂和防护剂的研究概况[J].安徽大学学报(自然科学版),2001,25(4):94-101.

[7] 华乃震.农药剂型的进展和动向(中)[J].农药,2008,47(3):157-160,163.

[8] 李章晓.关于我国粮食储备问题的相关讨论及对策研究[J].法制与社会,2007(11):631.

[9] 刘建飞,夏红英,唐衍玲.我国农药新剂型的研究进展[J].江西化工,2007(3):41-45.

[10] 刘绍华.栽培条件对椒样薄荷油质量的影响[J].天然产物研究与开发,2001,13(3):55-57.

[11] 易军萍.农户家庭储粮现状及改进措施[J].粮食仓储科技通讯,2009(1):38-39.

[12] 尹文雅,王小平,周程爱.仓储害虫的危害及化学防治现状[J].湖南农业科学,2002(6):54-56.

[13] 张永斌.我国微胶囊化农药评述[J].中国农药,2008(2):36-39.

[14] 朱国念,吴金涛,刘乾开,等.氟虫腈在模拟稻田生态系中降解途径的研究[J].农药学报,2000,6(2):52-56.

[15] AMAGASE H. Clarifying the real bioactive constituents of garlic [J]. Journal of Nutrition, 2006, 136(3):716-725.

[16] ARAMMILEWA ST, EKRAKENE T, AKINNEYE JO. Laboratory evaluation of four medicinal plants as protectants against the maize weevil, Sitophilus zeamais (Mots) [J]. African Journal of Biotechnology, 2006, 5 (21): 2032-2036.
[17] BERTOLINI AC, SIANI AC, GROSSO CRF. Stability of monoterpenes encapsulated in gum Arabic by spray-drying [J]. Journal of Agricultural and Food Chemistry, 2001, 49 (2): 780-785.
[18] CORZO-MARTíNEZ M, CORZO N, VILLAMIEL M. Biological properties of onions and garlic [J]. Trends in Food Science & Technology, 2007, 18(12):609-625.
[19] DAYAN FE, CANTRELL CL, DUKE SO. Natural products in crop protection [J]. Bioorganic & Medicinal Chemistry, 2009, 17(12): 4022-4034.
[20] DVAIS SR. An overview of the antifungal properties of allicin and its breakdown products:the possibility of a safe and effective antifungal prophylactic [J]. Mycoses, 2005, 48(2): 95-100.
[21] GULATI R. Potential of garlic as grain protectants against Tyrophagus putrescentiae Schrank and Suidasia nesbitti Hughes in wheat [J]. Systematic and Applied Acarology, 2007, 12 (1): 19-25.
[22] ISIKBER AA, OZDER N, SAGLAM O. Susceptibility of eggs ofTribolium confusum, Ephestia kuehinella and Plodia interpunctella to four essential oil vapors [J]. Phytoparasitica, 2009, 37 (3): 231-239.
[23] KIMBARIS AC, KIOULOS E, KOLIOPOULOS G,et al. Coactivity of sulfide ingredients: a new perspective of the larvicidal activity of garlic essential oil against mosquitoes [J]. Pest Management Science, 2009, 65 (3): 249-254.
[24] LI T, ITO K, SUMI S,et al. Protective effect of aged garlic extract (AGE) on the apoptosis of intestinal epithelial cells caused by methotrexate [J]. Cancer Chemotherapy and Pharmacology, 2009, 63 (5): 873-880.
[25] NAMAZI H. The role of garlic in the prevention of ischemia-reperfusion injury: a new mechanism [J]. Molecular Nutrition and Food Research, 2008, 52 (6): 739-740.
[26] PARK IK, CHOI KS, KIM DH,et al. Fumigant activity of plant essential oils and components from horseradish (Armoracia rusticana), anise (Pimpinella anisum) and garlic (Allium sativum) oils against Lycoriella ingenua (Diptera : Sciaridae) [J]. Pest Management Science, 2006, 62 (8): 723-728.
[27] RAJENDRAN S, SRIRANJINI V. Plant products as fumigants for stored-product insect control [J]. Journal of Stored Product Research, 2008, 44(2): 126-135.
[28] SFAXI IH, FERRARO D, FASANO E, et al. Inhibitory effects of a manganese superoxide dismutase isolated from garlic (Allium sativum L.) on in vitro tumoral cell growth [J]. Biotechnology Progress, 2009, 25 (1): 257-264.
[29] SOWBHAGYA HB, PURNIMA KT, FLORENCE SP, et al. Evaluation of enzyme-as-

sisted extraction on quality of garlic volatile oil [J]. Food Chemistry, 2009, 113(4): 1234-1238.

[30] SOZER N, KOKINI JL. Nanotechnology and its applications in the food sector [J]. Trends Biotechnology, 2009, 27(2): 82-89.

[31] WONG KKY, SIGNAL FA, CAMPION SH, et al. Citronella as an insect repellent in food packaging [J]. Journal of Agricultural and Food Chemistry, 2005, 53 (11): 4633-4636.

[32] YANG FL, ZHU F, LEI CL. Garlic essential oil and its major component as fumigants for controllingTribolium castaneum (Herbst) in chambers filled with stored grain [J]. Journal of Pest Science, 2010b, 83(3): 311-317.

[33] YANG FL, LI XG, ZHU F, et al. Structural Characterization of Nano-dispersion Particles Loaded with Garlic Essential Oil and Their Insecticidal Activity against Tribolium castaneum (Herbst) (Coleoptera: Tenebrionidae) [J]. Journal of agricultural and food chemistry, 2009, 57(21): 10156- 10162.

[34] YANG FL, LIANG GW, XU YJ, et al. Diatomaceous earth pretreatment enhances effectiveness of garlic, Allium sativum, essential oil against stored-product pests [J]. Journal of stored products research, 2010a, 46(2): 118-123.

第二章　大蒜精油活性物质抑制麦蛾产卵作用的研究

导　论

粮食储藏期间容易受到各种生物和非生物因素的影响，其中储粮害虫是危害粮食安全的主要因素之一。常见的储粮害虫有麦蛾 *Sitotroga cerealella Olivier*、米象 *Sitophilus oryzae* Linnaeus、赤拟谷盗 *Tribolium castaneum* Herbst 等（Ashamo and Akinnawonu，2012）。

因麦蛾在生态上与人类密切相关，这使得该害虫很容易通过国际的粮食进出口进行扩散传播。随着我国粮食的增产和农户储粮量的增加，麦蛾造成的损失也日趋严重，在局部地区仅麦蛾危害造成的损失即可占谷物总损失量的 40%以上（Yang et al.，2012）。

目前，化学防治仍然是储粮害虫的最主要防治措施，但化学农药的大量使用已使麦蛾产生抗药性，且麦蛾幼虫在谷粒内取食危害，导致杀虫剂无法直接接触虫体从而减弱了杀虫效果（Boshra，2007）；并且，因化学农药的不合理使用还可能引起环境污染和食品安全等一系列问题。因此，为了减少传统合成农药使用所带来的副作用，寻找有效的害虫防治措施已迫在眉睫。

一、大蒜精油

大蒜精油是从大蒜中抽提出的含 140 多种天然物质的混合物，其抗菌、杀虫活性成分主要是其中具有挥发性气味的含硫化合物。已有研究表明大蒜活性物质对日本白蚁 *Reticulitermes speratus* Kolbe（Park and Shin，2005）和淡色库蚊 *Culex pipiens* L.（Kimbaris et al.，2008）等重要害虫具有较强的熏蒸和杀卵活性。大蒜精油低毒和与环境相容性好的特性，决定了其在储粮昆虫行为调控剂的研究和应用领域有着极为广阔的前景。

Yang 等（2012）研究发现大蒜精油及其主要活性物质对麦蛾具有显著的产卵忌避作用。大蒜精油活性物质抑制麦蛾产卵的原因可能有两种：一是大蒜精油活性物质干扰了雌雄虫之间的化学通信，导致其无法交配或交配率下降从而降低麦蛾的产卵量;二是通过影响昆虫的生理状态例如精子的形成、精子的活性、卵子的形成、排卵以及卵子受精,进而导致了产卵量的下降。但有关大蒜精油活性物质对麦蛾生殖行为的影响尚未明确。

麦蛾对环境温度适应力强,且危害范围广,化学药剂防治效果较差,故更需要一种安全高效、持久稳定的防治方法来保证粮食的安全储藏。鉴于大蒜精油安全、环保和生物活性高的特点,利用大蒜精油活性物质调控麦蛾的行为可为研发麦蛾的防治方法提供新的思路。

二、害虫的行为调控

近年来,行为调控作为害虫防治的主要策略之一,已逐渐被认可并引起广大科研工作者的关注。行为调控即"运用某些物质刺激或阻止昆虫的行为以达到改变昆虫行为的目的"(Foster and Harris,1997)。行为调控作为害虫防治策略之一具有显著的优势:对非靶标昆虫的影响较小;且如果行为调控针对的是与昆虫生存或者是繁殖至关重要的行为(例如交配行为),那么害虫产生抗性的进化过程就会比较缓慢(Evenden and Haynes,2001)。

成虫从羽化后直至产卵,其中涉及了觅食、求偶、交配等重要行为,这些环节易受到各种因素的影响,把握并利用影响这些行为的因子就有可能使昆虫丧失繁殖后代的能力。近年来,交配干扰、诱杀剂的使用、取食干扰、产卵忌避等行为调控控制害虫的方法已成为害虫生物防治的研究热点,这些方法可有效地控制靶标害虫或增强天敌对害虫的控制效果。

(一) 产卵忌避

将非寄主植物的次生化合物喷洒在寄主植物或者被保护对象上,可对害虫产生抑制性刺激,抑制其在寄主上产卵,起到控制害虫种群的作用。在众多的植物种类中,葱属、香茅属、罗勒属以及桉属植物的植物精油常被作为忌避剂所应用,并且已从这些植物提取物中分离出了对昆虫具有忌避作用的单体物质,如二烯丙基三硫醚(Yang et al.,2012)、a-蒎烯、柠檬烯、香茅醇、莰酮、百里香酚(Nerio et al.,2010)。

1. 产卵行为

产卵行为对于鳞翅目昆虫显得极其重要。由于刚孵化的幼虫移动能力相对较弱,因此其取食很大程度上依赖于母代对产卵场所的选择。雌虫产卵场所的选择是决定种群增殖、虫口密度和分散的主要因素。因此,引诱或者是抑制昆虫产卵的这些感官线索对于鳞翅目昆虫的生存至关重要。

怀卵雌虫在产卵之前需经过一系列的搜索、定位、偶遇、降落以及对产卵场所的评估，最终确定产卵场所，以上所有过程很大程度上依赖于雌虫搜索到的特定感官线索（Renwick and Chew，1994）。鳞翅目昆虫依赖其触角、跗节、喙以及雌虫腹部产卵器上的感觉器官来感知外界的信号。当昆虫在植物上降落时，它们会接触并感知场所的理化特性进而决定该场所是否适合产卵。最终昆虫的感觉器官将其感知到的信息（例如来自于相关寄主的信号，或者是卵、其他昆虫以及信息素等非寄主的信号）输入到昆虫的中枢神经系统，并做出决定是否产卵（Renwick and Chew，1994）。雌虫对产卵场所的评估很大程度上与雌虫的生理状态有关，如其日龄以及活跃度。

2. 产卵忌避的研究进展

有研究发现，为了避免种内或种间竞争，雌虫在选择好的寄主植物上产卵时会同时分泌一类标记性化学物质，这类物质被统称为昆虫产卵的忌避信息素（万先萌等，2010）。Messina 等（1987）发现四纹豆象的雌虫有避免将卵产在已有同种卵粒的寄主种子上的行为，这种行为可能是由一种“产卵标记物”（可溶性乙醚）调控的，当雌虫触角上的感器感知到这种产卵标记物的存在时就会避免将卵产在该寄主上。昆虫产卵忌避信息化学物质是影响整个产卵过程最为关键的生物因素（万先萌等，2010）。

目前，已有大量研究表明有些植物如巴豆属 *Croton*（Santos et al.，2014）、立比草 *Lippia sidoides*（de Lima et al.，2013）、麝香木 *Tetradenia riparia* Hochst 等植物的提取物中具有抑制昆虫产卵的活性成分，这些成分对昆虫有显著的产卵忌避活性。研究证明花椒 *Zanthoxylum bungeanum* Maxim（Ge and Weston，1995）和大蒜 *Allium sativum*（Yang et al.，2012）的提取物对麦蛾雌虫可以起到显著的产卵忌避作用。

（二）交配干扰

20 世纪 60 年代，即有学者提出可以运用化学合成的性信息素或者其他的调控行为化合物来干扰昆虫两性之间的化学信号通信。交配干扰即运用化学合成性信息素或是其他的行为调控剂对昆虫的交配行为进行干扰，导致昆虫无法完成交配或使交配成功率下降，从而达到抑制害虫种群和预防害虫为害的目的（Stelinski et al.，2009）。

1. 交配行为

昆虫交配行为是整个生活史中一个极为重要的环节，对生物种群的繁衍起着重要作用。交配行为是一个依赖于同种生物两性之间共同配合的复杂行为适应过程，这个过程涉及了两性行为和生理活动的协调一致，同时还需与复杂环境相适应。

交配过程中雄虫通过多次交配来增加其产生后代的可能，雌虫则通过尽可能多地产出可发育的卵来增加其生殖的成功率。雌虫在交配过程中不仅仅能够获得足够多的有活力的精子（Yasui，1998），同时在很多昆虫种类中发现多次交配可以增强雌虫的适应能力（Vahed，1998）。首先，交配的功能不仅仅是雄虫提供精子给雌虫，更重要的是在此过程中，雄虫会将大量对雌虫生殖行为有影响的附属物质传送到了雌虫的体内(Klowden,1999)。其次,雌虫在交配率的进化中也起着积极的作用,雌虫多次交配现象的存在可能正说明了一次或者是较少的交配不足以使雌虫取得最大的繁殖成功率。

雌虫一生中所产生的后代数量主要和雌虫的寿命、产卵率和产卵活性有关,所有的这些因素有可能经过多种途径受到交配行为的影响(Arnqvist and Nilsson,2000)。昆虫两性间的求偶和交配极易受到外界中各种生物和非生物因素(如气候、食物因素以及化学农药等因子)的影响(穆兰芳等,2005)。因此对害虫的预防和控制可从昆虫交配行为方式入手,选择一些干扰交配行为或阻抑交配行为的方法来达到害虫防治的目的。

2. 交配干扰主要机制和研究进展

目前,有关昆虫交配干扰的机制主要包括:①影响昆虫外围神经系统。持续暴露在高浓度的合成性信息素的环境中,导致昆虫触角上的受体和中枢神经系统无法辨别出求偶雌虫所释放的化学物质,或是对周围环境中化学合成物质的反应激烈程度远远强于后者。有实验研究证明提前释放人工合成或天然的性信息素成分可减少或抑制雄虫对性信息素的反应(Bartell and Lawrence,1973)。②迷惑雄虫。当环境中弥漫着合适比例的化学合成性信息素或其他行为调控剂时,可使处于性兴奋阶段的雄虫被迷惑。但当雌虫的密度较大时,即使是雄虫被迷惑了仍然有很大的概率对雌虫进行准确定位,许多交配干扰的实验都证明了这种密度效应的存在。③雌虫性信息素成分或含量的改变。夜行性蛾类昆虫的化学通讯和生殖行为很大程度上依赖于种特异的性信息素,成分独特的性信息素或者是特殊的释放周期赋予了不同物种独特的性信息素交流的特异性。当雄虫所感知的物质的比例发生变化甚至是仅仅变为一种化学物质的时候,性信息素通讯可能会受到抑制。研究发现亚致死剂量的溴氰菊酯通过影响雌虫的求偶及性信息素的滴度进而干扰了亚洲玉米螟雌雄虫之间的化学通讯(Yang and Du,2003)。一旦求偶行为以及性信息素滴度或者成分发生改变,最终均会影响到种群的繁衍(万先萌等,2010)。

三、本章节的目的与意义

本章以麦蛾为研究对象,研究大蒜精油活性物质对麦蛾繁殖能力、交配行为及求偶行为、性信息素分泌量的影响,为大蒜精油活性物质调控麦蛾生殖行为的研究提供理论依据。

探究大蒜精油活性物质抑制麦蛾产卵的原因对于合理应用植物源物质、提高对害虫的控制效果具有重大的研究意义;同时亦为开发麦蛾的“行为调节剂”提供靶标和研究思路。

第一节　大蒜精油活性物质对麦蛾繁殖能力的影响

植物精油能显著影响靶标害虫的行为和生理。大量研究发现植物精油对昆虫有显著的产卵忌避作用(Ge and Weston,1995;Yang et al.,2012; de Lima et al.,2013; Santos et al.,2014),同时对昆虫的生殖能力能造成一定的影响。例如,经过一种菖蒲精油熏蒸处理,可以造成谷斑皮蠹 *Trogoderma granarium* 雌虫卵泡的退化,进而造成生殖能力的下降(Kaul et al.,1977);红蝽 *Dysdercus koenigii* 经菖蒲精油处理后,也可导致其成虫卵巢和卵泡囊的发育受到抑制(Bhaskar et al.,1976)。

大蒜精油是从大蒜中提取的一种次生代谢物质,其主要化学成分是硫化物,如二烯丙基硫醚、二烯丙基二硫醚和二烯丙基三硫醚(Park and Shin,2005)。Yang 等(2012)研究发现大蒜精油及其主要活性成分对麦蛾具有较好的熏蒸活性,且对麦蛾具有显著的产卵忌避活性。

本章节研究目的在于确定两种大蒜精油活性物质处理麦蛾的亚致死浓度,并观察在此浓度处理下麦蛾的生殖能力的变化,为后期研究大蒜精油活性物质对麦蛾交配行为的影响奠定基础。

一、材料与方法

(一) 供试昆虫

挑选健康无虫孔的麦粒,将麦蛾成虫放入培养笼中,在温度(28±1)℃,相对湿度(75±5)%,光周期 14L∶10D 的条件下进行饲养麦蛾。挑取有虫麦粒,单粒放置于指形管中培养,此后逐日检查,挑取 1 日龄麦蛾,区别雌雄备用。

(二) 供试药剂

二烯丙基二硫醚(diallyl disulfide,DD)、二烯丙基三硫醚(diallyl trisulfide,DT)均购于成都西亚化工股份有限公司,纯度 98%;丙酮购于国药集团化学试剂有限公司。

(三) 测定指标与方法

1. 毒力测定

分别取二烯丙基二硫醚和二烯丙基三硫醚 10、8、6、4、2 和 1μl 用丙酮稀释至 1ml,然后吸取 10μl 滴于黏在 1L 广口瓶瓶盖的滤纸条上,置室内自由挥发 2min 后盖上盖子对麦蛾进行熏蒸处理。每瓶中放入 10 对一日龄未交配麦蛾，置于温度（28±1）℃，相对湿度（75±5）%，光照 14L：10D，温室内培养，4 天后记录麦蛾死亡数量。丙酮处理作为对照，每个处理重复 3 次。

2. 麦蛾卵和精包形态的观察

（1）麦蛾卵形态的观察。用滤纸搜集交配雌虫和未交配雌虫所产下的卵，观察卵的形态和颜色并拍照。

（2）麦蛾精包形态的观察。取已交配的雌虫，在显微镜下解剖，观察麦蛾的精包形态并拍照。

3. 大蒜精油活性物质对麦蛾生殖能力的影响

将 10 对一日龄未交配麦蛾分别用亚致死浓度的大蒜精油活性物质处理，处理方法同本章第一节一（三）1，4d 后记录麦蛾的死亡率，解剖雌虫统计精包数，同时搜集雌虫所产卵粒，一天后统计总产卵量和有活性的卵的数量（Ayertey，1975）。前期实验发现丙酮处理和空白处理之间不论在产卵量、交配次数以及所产卵粒的活性方面都不存在差异，后续实验均采用丙酮处理作为对照。每个处理重复 5 次。

（四）数据处理

毒力测定数据利用 SPSS 19.0 数据统计分析软件进行 Probit 回归分析，产卵量、精包数以及受精率数据采用 T 检验分析和 GraphPad Prism 5 作图。

所得死亡率用 Abbott 公式进行校正：死亡率（%）=（死亡虫数/试虫总数）×100%

校正死亡率（%）=（处理组死亡率—对照组死亡率）/（1—对照组死亡率）×100%

二、结果与分析

（一）毒力测定

表 2-1 显示，两种主要的大蒜精油活性物质（DD 和 DT）的毒力回归方程分别为 $Y=5.567+4.209X$，$Y=3.703+2.491X$。DD 和 DT 对麦蛾的亚致死浓度 LC_{20} 分别为 0.030μl/L 和 0.015μl/L，选择这两个浓度作为后续实验中对麦蛾的处理浓度。

表 2-1　两种大蒜精油活性物质的毒力回归方程

供试药剂	毒力回归方程	LC_{20}（95%置信区间）（μl/L）	相关系数
二烯丙基二硫醚	$Y=5.567+4.209X$	0.030（0.025—0.034）	0.956
二烯丙基三硫醚	$Y=3.703+2.491X$	0.015（0.011—0.018）	0.962

（二）麦蛾卵和精包的形态观察

图 2-1 表明一日龄的有活力和无活力的卵粒在形态和颜色上并没有差异，均为乳白色的椭圆形卵粒，但二日龄的两种卵粒颜色不同。有活力的卵粒发育到二日龄时即转变为粉红色，而未交配雌虫所产卵粒在二日龄时仍为乳白色。因此，后续实验将通过 2 天后卵粒的颜色来判断卵的活力。

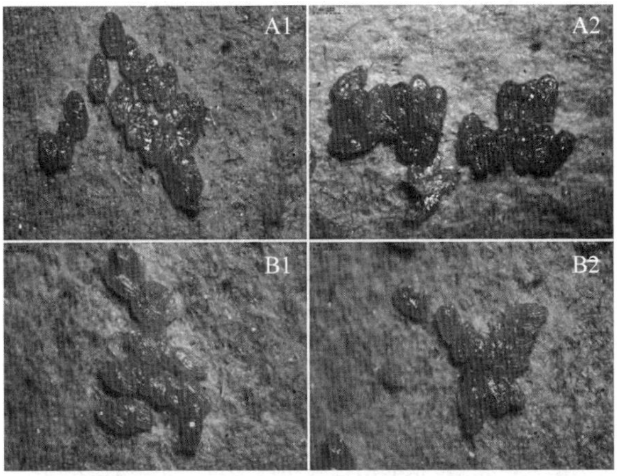

图 2-1　交配麦蛾和未交配麦蛾雌虫所产卵粒的形态特征

A. 交配雌虫所产卵粒，A1：1 日龄；A2：2 日龄。B. 未交配雌虫所产卵粒，B1：1 日龄；B2：2 日龄

图 2-2 所示为麦蛾的交配囊和精包。未交配的麦蛾雌虫交配囊囊体瘪而皱褶，而刚交配过的雌虫交配囊囊体鼓起，并有乳白色的光泽。麦蛾雌虫每交配一次，体内就会产生一个精包，因此后续实验通过统计精包颈的数量来计算麦蛾的交配次数。

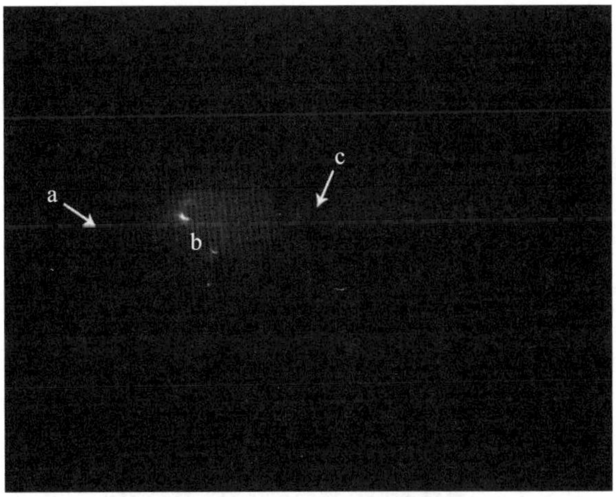

图 2-2　麦蛾交配囊及精包

a. 交配囊囊体；b. 精包；c. 精包颈

(三) 大蒜精油活性物质对麦蛾繁殖能力的影响

1. 大蒜精油活性物质对麦蛾产卵量的影响

如图 2-3 所示,两种亚致死浓度的大蒜精油活性物质处理麦蛾后,麦蛾的产卵量均显著下降($P<0.05$)。对照组麦蛾产卵量可达(1 085.60±49.90)个,而经 DD 和 DT 处理后麦蛾产卵量分别为(885.40±32.93)个,(797.00±8.17)个,其中 DT 处理组的产卵量与对照组差异达到了极显著水平($P<0.001$)。

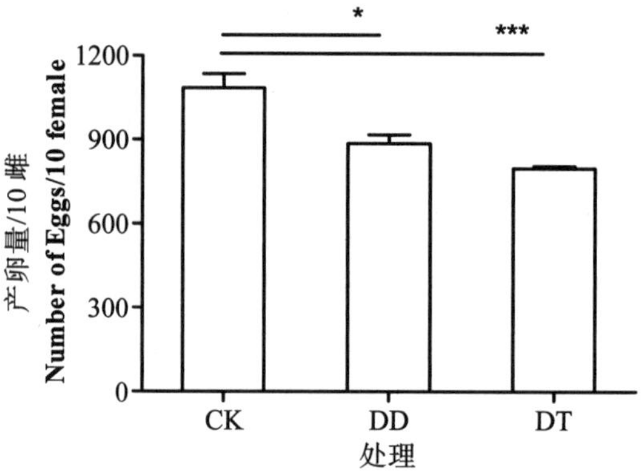

图 2-3 大蒜精油活性物质对麦蛾产卵量的影响

注:图中 CK 表示对照组,DD 表示二烯丙基二硫醚处理组,DT 表示二烯丙基三硫醚处理组;* 表示 $P<0.05$,*** 表示 $P<0.001$(t 检验)。

2. 大蒜精油活性物质对麦蛾交配次数的影响

麦蛾雌虫体内的精包数代表其交配次数。从图 2-4 可以看出,经 DD 和 DT 处理后,麦蛾的交配次数均受到了显著抑制,其中 DD 和 DT 处理组的麦蛾平均交配次数分别为(2.25±0.07)次/雌和(2.10±0.10)次/雌,其与对照组(2.69±0.13)次/雌的差异均达显著水平。

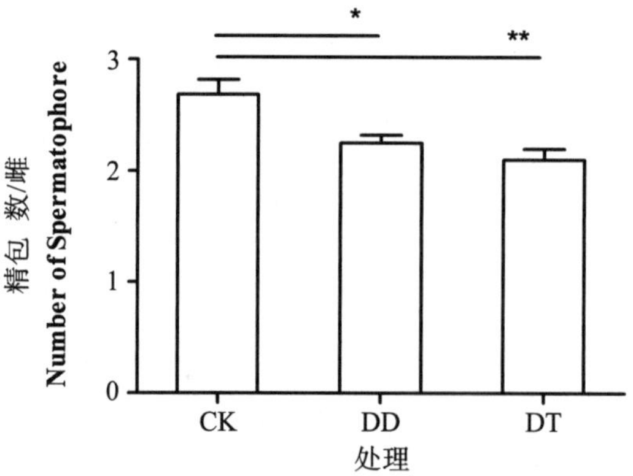

图 2-4 大蒜精油活性物质对麦蛾交配次数的影响

注:图中 CK 表示对照组,DD 表示二烯丙基二硫醚处理组,DT 表示二烯丙基三硫醚处理组;* 表示 $P<0.05$,*** 表示 $P<0.001$(t 检验)。

3. 大蒜精油活性物质对麦蛾卵受精率的影响

经两种大蒜精油活性物质处理后，麦蛾雌虫所产活力卵的比例与交配次数及产卵总量有相同的变化趋势。图 2-5 可见，对照组活力卵占总产卵量的 99.07%±0.22%，但经 DD 和 DT 处理后雌虫所产活力卵的数量占总产卵量的比例分别下降到 96.63%±0.25%和 95.98%±0.40%，与对照组相比差异显著（$P<0.05$）。

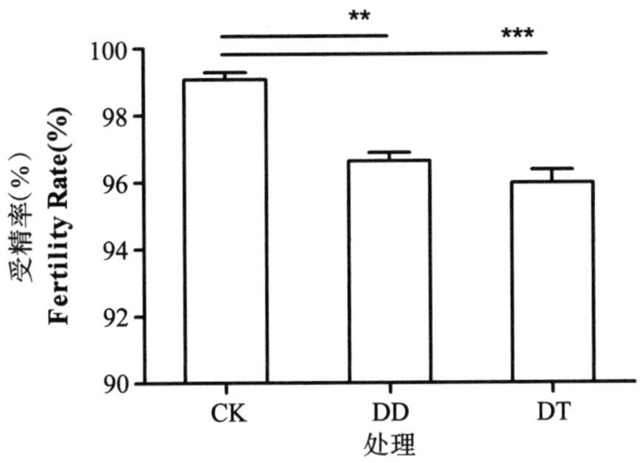

图 2-5　大蒜精油活性物质对麦蛾所产卵的受精率的影响

注：图中 CK 表示对照组，DD 表示二烯丙基二硫醚处理组，DT 表示二烯丙基三硫醚处理组；* 表示 $P<0.05$，*** 表示 $P<0.001$（t 检验）。

三、小结与讨论

亚致死浓度的大蒜精油活性物质可以抑制麦蛾的产卵，该结果进一步验证了我们前期的研究结果（Yang et al.，2012），同时我们在实验中还发现大蒜精油活性物质处理麦蛾后，害虫的交配次数和雌虫卵受精率均有所下降，这可能是大蒜精油活性物质造成麦蛾产卵量下降的原因之一。

昆虫的多次交配现象在很多种类中均有发现，大多数是同一雌虫与不同的雄虫进行多次交配，但也有同一雌虫与同一雄虫进行多次交配的现象（Arnqvist and Nilsson，2000；Liu et al.，2010）。多次交配可给昆虫带来许多的益处，例如，对昆虫的繁殖能力以及产卵量等方面的影响（Ridley，1988）。

有研究报道，两种蟋蟀（*Gryllus velitisa* 和 *G. lineaticeps*）多次交配的个体与仅交配一次的个体相比，存活的时间更长并可产生更多的后代（Burpee and Sakaluk，1993；Wagner et al.，2001）。同样，在小地老虎 *Agrotis ypsilon* 中也发现了类似的现象，0 次交配的无产卵量，3 次交配的产卵量最大（向玉勇 2007）。有研究亦发现多次交配可以增加大猿叶虫 *Colaphellus bowringi* 的繁殖能力（Liu et al，2010），猜测可能是因为雌虫通过多次交配获得了更多的精子。值得一提的是，大猿叶虫完成一次完整的交配所产生的活力卵仅仅占总产卵量的43.11%(Liu et al,2010)。麦蛾雌雄虫均存在多次交配的现象,并且雌雄虫均可以和同一个或者是不同的异性进行多次交配。经大蒜精油活性物质处理后,麦蛾的交配次数显著减少,但是,产卵量下降是否由交配次数减少引起,仍需要进一步的实验来验证。

第二节 大蒜精油活性物质对麦蛾交配行为和求偶行为的影响

昆虫的成功交配依赖于同种生物两性之间共同的配合。大多数昆虫的交配行为具有24h的节律性,研究特定昆虫交配节律可以帮助我们更好地理解昆虫的交配行为。研究证明交配持续时间的缩短会对昆虫的繁殖能力造成一定的影响(Edvardsson and Canal,2006)。但还没有更多的关于精油物质对昆虫交配行为影响的报道。

本章节研究目的在于明确两种大蒜精油活性物质对麦蛾交配节律、求偶节律、求偶率以及交配持续时间的影响,探索其造成麦蛾产卵量下降的原因。

一、材料与方法

(一) 供试虫源

饲养方法同本章第一节。

(二) 供试药剂

同本章第一节。

(三) 试验设计与方法

1. 大蒜精油活性物质对麦蛾交配节律和交配率的影响

将10对一日龄未交配麦蛾放入1L的广口瓶中,分别滴加总量10μl,浓度0.015μl/L的DT和0.03μl/L的DD于滤纸条上,置室内自由挥发2min后盖上盖子对麦蛾进行熏蒸处理。进入暗期后每半个小时观察并记录交配麦蛾的对数。以丙酮处理作为对照。连续观察4天,每个处理观察5组(前期实验观察到麦蛾仅在暗期交配,故仅在暗期进行观察)。

$$交配高峰期\ T = \sum (Ti \times Ni)/Ni$$

式中,T——暗期中交配高峰期,Ti——每隔30min一次的观察时间,Ni——该次观察中所见的交配成虫数。

将 10 对一日龄未交配麦蛾放入 1L 的广口瓶中，分别用 0.015μl/L 的 DT 和 0.03μl/L 的 DD 熏蒸处理，处理方法同上。每个处理 12 组，分别在处理后 1、2、3、4 天时每天搜集 3 组雌虫并解剖统计精包数。丙酮处理作为对照。

2. 大蒜精油活性物质对麦蛾求偶节律和求偶率的影响

将单头一日龄处女雌蛾放入体积 1L 的广口瓶中，分别将总量 10μl，浓度 0.015μl/L 的 DT 和 0.03μl/L 的 DD 滴加在广口瓶盖上的滤纸条上，置室内自由挥发 2min 后盖上盖子对麦蛾进行熏蒸处理。进入暗期后每半个小时观察并记录求偶的雌虫只数(红光灯观察)。以丙酮处理作为对照，10 只雌虫为一组，每个处理观察三组，连续观察 4 天，分别统计每天求偶的雌虫只数。麦蛾雌虫求偶标准：雌蛾腹部末端上扬，同时露出黄褐色的产卵器及腺体。

3. 大蒜精油活性物质对麦蛾交配持续时间的影响

将单对一日龄未交配麦蛾雌雄虫放入体积 1L 的广口瓶中，处理方法同上。进入暗期后观察并记录每对麦蛾交配的起止时间，连续观察 4 个暗期(红光灯观察)。以丙酮处理作为对照，15 对麦蛾为一组，每个处理观察三组。

(四) 数据处理

利用 SPSS 19.0 数据统计分析软件进行独立样本 T 检验方法分析、协方差分析和 One-Way ANOVA 分析，利用 GraphPad Prism 5 作图。

二、结果与分析

(一) 大蒜精油活性物质对麦蛾交配节律和交配率的影响

图 2-6 所示为 DT 熏蒸处理 4 天内麦蛾的交配节律：A 图是第一个暗期内麦蛾的交配节律，图表明进入暗期前 4h 内，处理组的交配率略高于对照组，且在第 2h 时存在显著差异($P<0.05$)。随后处理组交配率一直低于对照组，且在进入暗期后 7、8、9h 的交配率与对照相比差异达到显著水平($P<0.05$)；B 图是处理第二天时麦蛾的交配节律，如图所示在进入暗期后前 2h 对照组和处理组均无麦蛾交配，随后对照组的交配率一直高于处理组，且在进入暗期后的 7、8h 时差异显著($P<0.05$)；C 图为处理第三天时麦蛾的交配节律，第三天与前两天相比，麦蛾交配潜伏期延长，在进入暗期前四小时内均无麦蛾交配，且趋势与第二天的趋势相似，对照组的交配率高于处理组，且在进入暗期后的 7、8h 时差异显著($P<0.05$)；D 图为第四天时麦蛾的交配节律，处理组和对照组均是进入暗期 4h 之后才观察到有麦蛾的交配，处理组麦蛾的交

配率在整个观察期内均低于对照处理组,且暗期 7h 时两者之间差异显著($P<0.05$)。

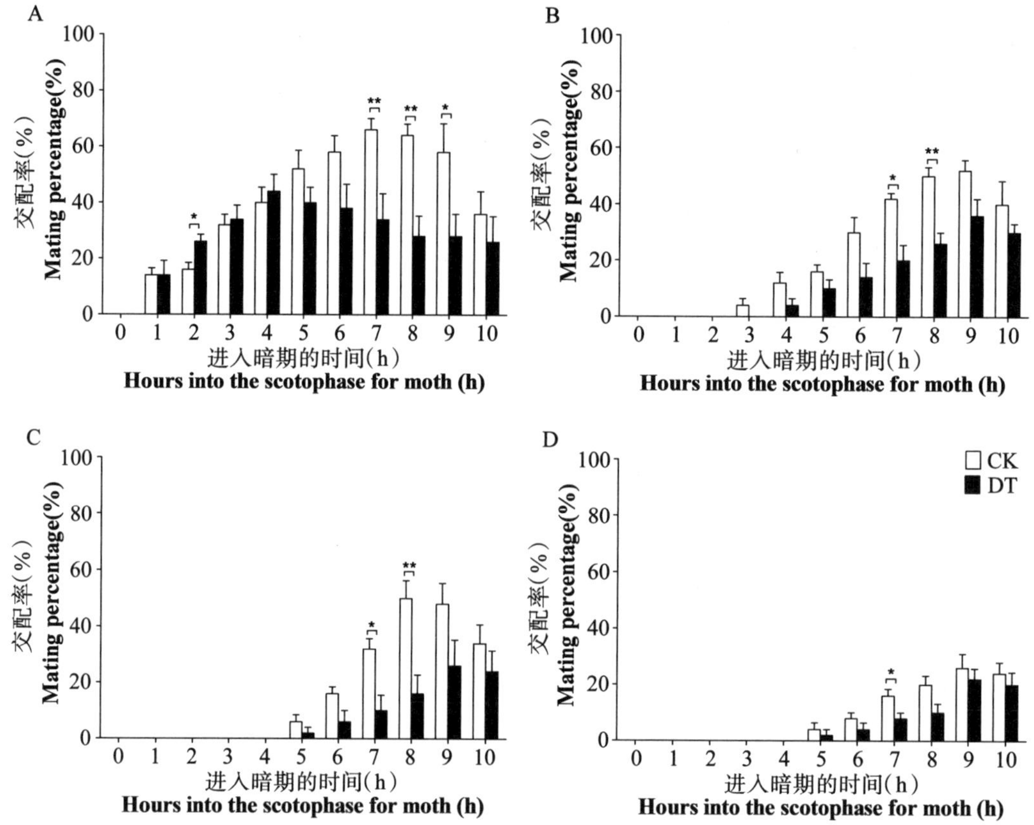

图 2-6　二烯丙基三硫醚对麦蛾交配节律的影响

A. 处理后第一天暗期;B. 处理后第二天暗期;C. 处理后第三天暗期;D. 处理后第四天暗期

注:图中 CK 表示对照组,DT 表示二烯丙基三硫醚处理组;* 表示 $P<0.05$,** 表示 $P<0.01$(t 检验)。

表 2-2 所示为 DT 处理麦蛾后 4 天内其交配高峰的变化:处理后第一天麦蛾的交配高峰与对照相比显著提前($P<0.05$);随后几天,处理组的交配高峰与对照相比均有所推后,且处理组第二、三天的交配高峰与对照组相比差异显著($P<0.05$)。

表 2-2　二烯丙基三硫醚处理对麦蛾交配高峰的影响

处理	交配高峰(进入暗期的时间)			
	第一天	第二天	第三天	第四天
对照组	6.20±0.15	7.53±0.10	8.01±0.14	8.20±0.05
二烯丙基三硫醚	5.32±0.30*	8.04±0.17*	8.76±0.25*	8.62±0.23

注:图中数据后标 * 表示经 t 检验的差异显著($P<0.05$)。

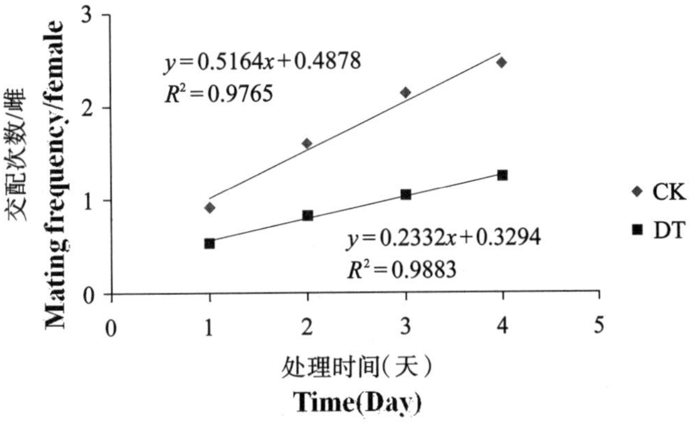

图 2-7 二烯丙基三硫醚对麦蛾交配次数的影响

注:图中 CK 表示对照组,DT 表示二烯丙基三硫醚处理组。

麦蛾雌雄虫均有多次交配的习性,DT 处理对麦蛾每天的平均交配次数均有影响,且是一个持续的影响过程。从图 2-7 中可看出处理天数和麦蛾的交配次数大致呈线性关系,随着观察天数的增加,处理组和对照组交配次数均呈增加趋势。DT 处理组第一天的麦蛾平均交配次数为(0.53±0.07)次/雌,而对照组的平均交配次数可达(0.86±0.05)次/雌,两组之间差异达极显著水平($P<0.01$)。随后进行协方差分析,发现处理组斜率显著低于对照组($P<0.01$)。即 DT 处理四天内麦蛾交配次数增加缓慢,该结果表明 DT 抑制了麦蛾交配次数的增加率。

如图 2-8 所示,A 图为经 DD 处理后第一个暗期时麦蛾的交配节律,进入暗期前 4h 内,两组之间并无显著差异,随后处理组交配率一直低于对照组,且在进入暗期后 7、8h 时与对照相比差异达到显著水平($P<0.05$)。处理第二天进入暗期后前 2h 对照和处理组均无麦蛾交配(B 图),随后对照组的交配率一直高于处理组,且在进入暗期后的 5、6、7、8、9h 时差异显著($P<0.05$)。第三天与前两天相比麦蛾交配潜伏期延长,在进入暗期后的前 4h 内均未观察到有麦蛾交配(C 图),且趋势与第二天的趋势相似,对照组的交配率高于处理组,在进入暗期后的 6、8h 时差异显著($P<0.05$)。D 图为处理后第四天暗期时麦蛾的交配节律,对照组在进入暗期后第 5h 时观察到有交配的麦蛾,处理组麦蛾交配的时间晚于对照组,并且其交配率一直低于对照组,暗期 7h 时与对照相比差异显著($P<0.05$)。

亚致死浓度的 DD 对麦蛾交配高峰的影响趋势与 DT 相似。表 2-3 显示,麦蛾经 DD 处理后第一个暗期麦蛾的交配高峰略有提前,随后 3 天中处理组麦蛾的交配高峰与对照相比略有推迟,但与对照组相比均无显著差异($P>0.05$)。

表 2-3 二烯丙基二硫醚处理对麦蛾交配高峰的影响

处理	交配高峰(进入暗期的时间)			
	第一天	第二天	第三天	第四天
对照组	6.20±0.15	7.53±0.10	8.01±0.14	8.20±0.05
二烯丙基二硫醚	5.89±0.15	7.80±0.15	8.27±0.17	8.74±0.27

注:图中数据经 t 检验无差异显著($P>0.05$)。

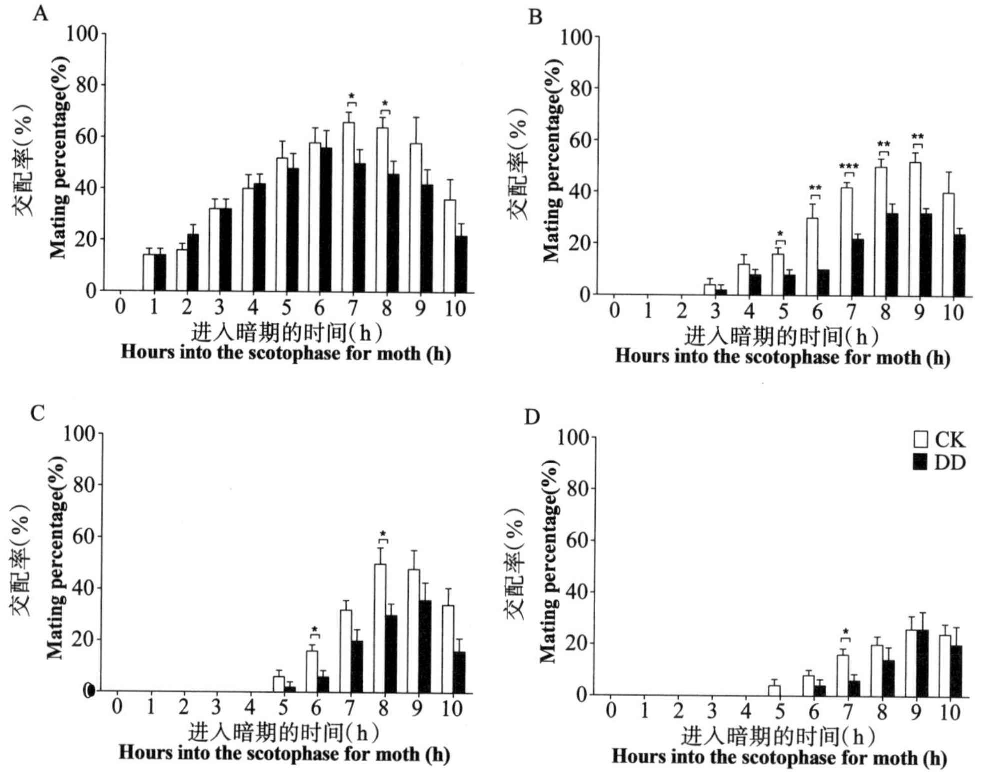

图 2-8　二烯丙基二硫醚对麦蛾交配节律的影响

A. 处理后第一天暗期;B. 处理后第二天暗期;C. 处理后第三天暗期;D. 处理后第四天暗期

注:图中 CK 表示对照组,DD 表示二烯丙基二硫醚处理组;* 表示 $P<0.05$,** 表示 $P<0.01$,*** 表示 $P<0.001$(t 检验)。

同样,DD 对麦蛾每天的平均交配次数也产生了一定影响。用 SPSS 软件进行协方差分析,结果表明,处理组斜率显著低于对照组,即处理组麦蛾的交配次数增加缓慢($P<0.01$)。DD 处理后第一天麦蛾的平均交配次数为(0.80±0.04)次/雌,这与对照组[(0.86±0.05)次/雌]相比并无显著性差异。(图 2-9)

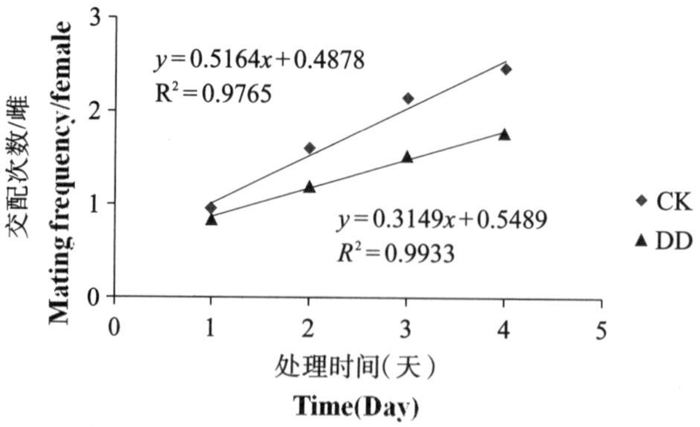

图 2-9　二烯丙基二硫醚对麦蛾交配次数的影响

注:图中 CK 表示对照组,DD 表示二烯丙基二硫醚处理组。

(二) 大蒜精油活性物质对麦蛾求偶节律和求偶率的影响

DT 处理后的第一个暗期内(图 2-10A),前 3 个小时处理组麦蛾的求偶率均高于对照组,且在 2h 时存在显著性差异($P<0.05$),随后处理组的求偶率呈现下降趋势,对照组求偶率继续保持增长,至 8h 时才有所下降。6、7、8、9h 时对照组的求偶率显著高于处理组($P<0.05$)。处理后第二个暗期内(图 2-10B),对照组在进入暗期后 2h 时即观察到有雌虫的求偶,而处理组雌虫求偶开始的时间晚于对照组,且其求偶率始终是低于对照组,在 5、6、8h 时差异达到显著性($P<0.05$)。处理后第三和第四个暗期(图 2-10C,D),雌虫求偶的情况和第二个暗期的结果类似:对照组雌虫求偶开始的时间较处理组早,且对照组求偶率高于处理组。

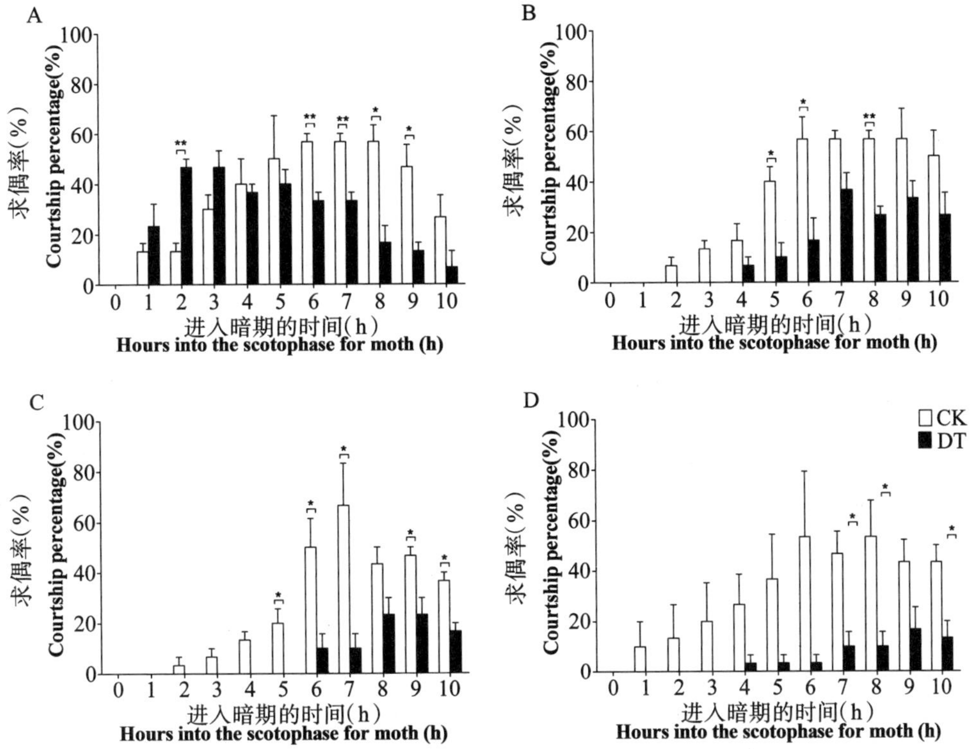

图 2-10　二烯丙基三硫醚对麦蛾雌虫求偶节律的影响

A. 处理后第一天暗期;B. 处理后第二天暗期;C. 处理后第三天暗期;D. 处理后第四天暗期

注:图中 CK 表示对照组,DT 表示二烯丙基三硫醚处理组;* 表示 $P<0.05$,** 表示 $P<0.01$(t 检验)。

如图 2-11 所示为 DT 对麦蛾雌虫求偶率的影响:随着处理天数的增加,雌虫求偶率呈下降趋势,第一天的求偶率显著高于后 3d 的求偶率($P<0.05$),而整个观察期内对照组雌虫的求偶率无显著变化($P>0.05$)。处理后第一天,对照组雌虫求偶率为 86.67%±3.33%,DT 处理组为 86.33%±3.33%,两者并无显著性差异($P>0.05$)。但是处理后 2～4 天内,处理组和对照组求偶率之间差异极显著($P<0.01$),对照组

雌虫求偶率均超过 80%,但处理组求偶率小于 50%,且第四天的求偶率仅为 16.67% ±8.82%。

如图 2-12 所示,DD 处理雌虫后,第一天雌虫的求偶节律与对照相比并没有显著改变;处理后第二天,处理组雌虫开始求偶的时间略晚于对照组,且各时段的求偶率均低于对照组,5、8h 时两组之间有显著性差异($P<0.05$);第 3、4 天处理组和对照组各个时段观察到的雌虫的求偶率之间并无显著差异($P>0.05$)。

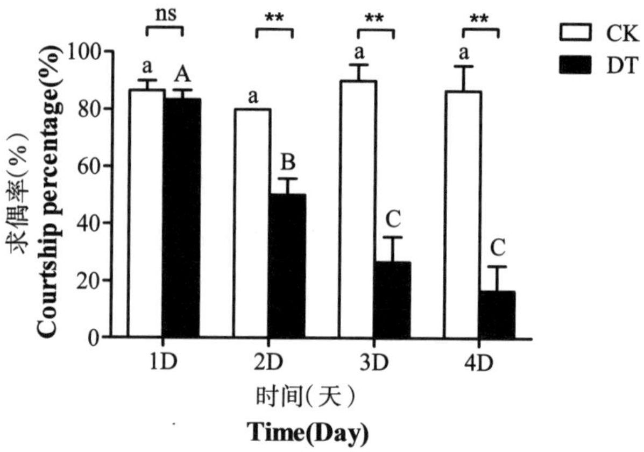

图 2-11 二烯丙基三硫醚对麦蛾雌虫求偶率的影响

注:图中 CK 表示对照组,DT 表示二烯丙基三硫醚处理组;** 表示 $P<0.01$,ns 表示无显著差异(t 检验);相同字母(小写字母标注对照组,大写字母标注二烯丙基三硫醚处理组)表示相同处理求偶率无显著差异($P<0.05$,DMRT)。

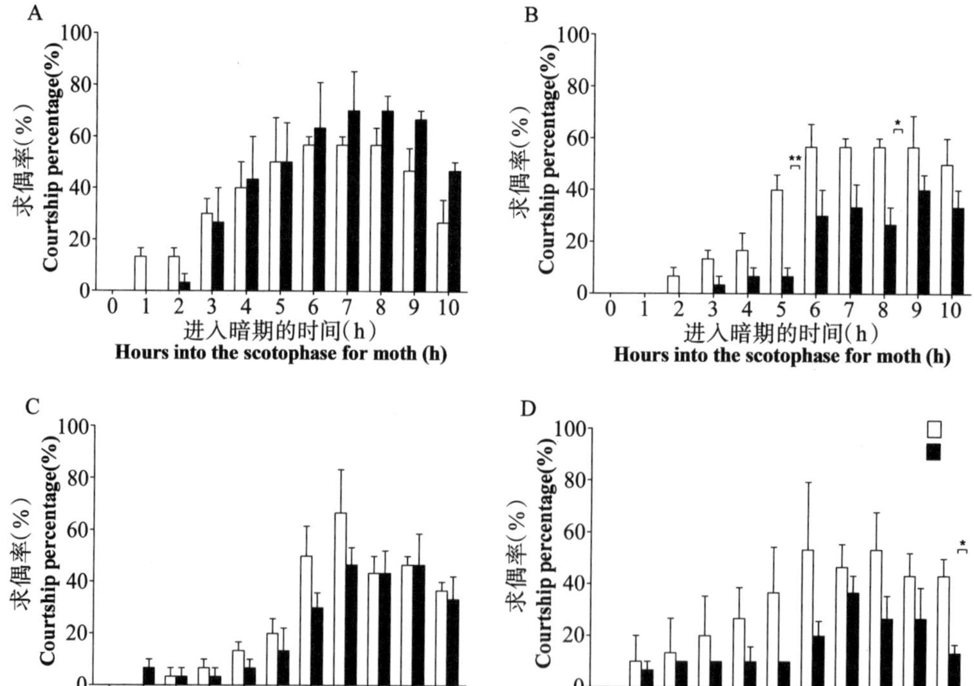

图 2-12 二烯丙基二硫醚对麦蛾雌虫求偶节律的影响

A 处理后第一天暗期;B 处理后第二天暗期;C 处理后第三天暗期;D 处理后第四天暗期

注:图中 CK 表示对照组,DD 表示二烯丙基二硫醚处理组;* 表示 $P<0.05$,** 表示 $P<0.01$(t 检验)。

如图 2-13 示，DD 处理后雌虫求偶率的变化趋势与 DT 处理后一致：即随着处理天数的增加求偶率呈下降趋势，DD 处理后第四天的求偶率显著低于处理后第一天的求偶率（$P<0.05$）。处理前 3 天，对照组和 DD 处理组之间并无显著性差异（$P>0.05$），仅第四天时处理组求偶率显著低于对照组（$P<0.05$）。

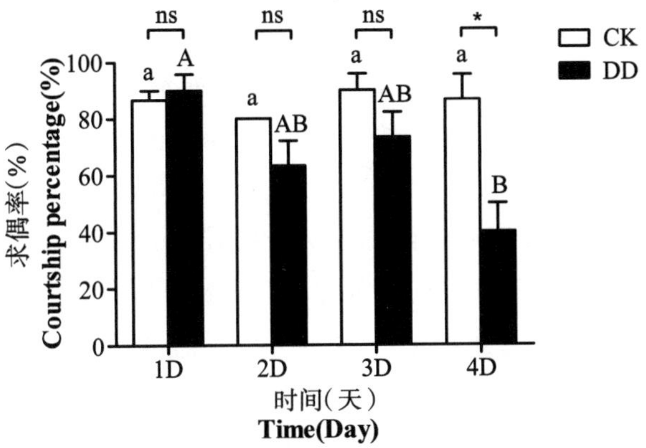

图 2-13　二烯丙基二硫醚对麦蛾雌虫求偶率的影响

注：图中 CK 表示对照组，DD 表示二烯丙基二硫醚处理组；* 表示 $P<0.05$，ns 表示无显著差异（t 检验）；相同字母（小写字母标注对照组，大写字母标注二烯丙基二硫醚处理组）表示相同处理求偶率无显著差异（$P<0.05$，DMRT）。

（三）大蒜精油活性物质对麦蛾交配持续时间的影响

如表 2-4 所示，不论是对照组还是处理组，交配持续时间均随着处理天数的增加而缩短，且处理后第一天观察到的交配持续时间最久。DT 处理后第一天的交配持续时间为（3.59±0.40）h，显著低于对照组［（4.58±0.25）h］（$P<0.05$），而 DD 组交配持续时间为（4.48±0.26）h，与对照组并无显著性差异（$P>0.05$）。随着处理天数的增加，对照组与处理组麦蛾的交配持续时间均有所减短，仅处理后第二天 DD 处理组交配持续时间显著短于对照组（$P<0.05$），其他处理组和对照组之间并无显著差异。DT 处理组在处理后第三天和第四天均未观察到麦蛾的交配。

表 2-4　大蒜精油活性物质对麦蛾交配持续时间的影响

处理	交配持续时间（h）			
	第一天	第二天	第三天	第四天
对照组	4.58±0.25	2.39±0.24	2.30±0.22	2.36±0.20
二烯丙基二硫醚	4.48±0.26	1.82±0.13*	2.06±0.24	1.82±0.30
二烯丙基三硫醚	3.59±0.40*	2.25±0.32	—	—

注：表中数据后标 * 表示经 t 检验的差异显著（$P<0.05$）。

三、小结与讨论

动物的交配行为是其产生后代最重要和基础的过程。昆虫交配行为一般具有节律性,但不同种类昆虫的交配节律可能存在一定的差异。有些昆虫主要是在光期进行交配,如 *Cheilomenes sexmaculatala*(Singh,2007)和 *Parocneria orienta* Chao(张坤胜等,2012)。而有些种类主要是在暗期进行交配活动,例如 *Plutella xylostella*(Wang et al. ,2005)和 *Leptoglossus clypealis*(Wang and Millar,2000)等。蛾类昆虫大多是在暗期进行求偶和交配。

两种亚致死浓度的大蒜精油活性物质对麦蛾雌虫的求偶节律以及求偶率都有不同程度的影响,其中 DT 造成的影响更为显著。DT 处理后第一天,在进入暗期后前 4h 内,刺激了麦蛾的交配和雌虫的求偶,且交配高峰显著提前,但是随着处理时间的增加,处理组不论是麦蛾的交配率还是雌虫的求偶率均小于对照组。大蒜精油活性物质干扰了麦蛾的交配和求偶,而求偶行为涉及性信息素的分泌和释放,而 DT 是否影响了麦蛾性信息素的分泌,尚需要进一步的实验来验证。

一般情况下,交配持续时间和交配次数二者之间呈负相关性,即随着交配次数的增加,交配持续时间缩短,这种现象在大猿叶虫中得到了证实(Liu et al. ,2010),我们在麦蛾中也发现了这一现象。但是在 *C. subinnotatus* 中发现首次交配持续时间平均为 31min,这显著短于第四次平均交配持续时间(56min)(Mbata et al. ,1997)。

经 DT 处理后第一天,麦蛾的交配持续时间显著缩短。已有多篇文献报道了交配持续时间与昆虫繁殖能力之间关系。通常情况下,产卵量和交配持续时间正相关,即交配持续时间较长的雌虫所产生的后代数显著多于持续时间较短的雌虫,这一结论在部分昆虫中得到了验证(Edvardsson and Canal, 2006; Tsubaki and Sokei, 1988),并且持续时间较长的交配可以使雌虫产生高活力的卵,而短时间的交配后产生的卵活力较弱,甚至没有活性(Omkar and Ahmad,2005)。研究发现大猿叶虫 *C. bowringi* 和印度柞蚕 *Antheraea mylitta* 雌虫交配持续时间的长短对其产卵量并没有显著的影响(Dash et al. ,1993; Liu et al. ,2010)。但是,大猿叶虫雌虫所产活力卵的数量随着交配持续时间的延长而显著增加,可能是由于较长的交配持续时间可以使更多的精子传送到雌虫体内进而增加卵受精的成功率(Omkar et al. ,2005)。虽然 DT 对麦蛾的交配持续时间造成了一定的影响,但是麦蛾交配持续时间和麦蛾产卵量以及卵活力之间的关系尚不明确,因此还需要进一步的实验来探究。

第三节　二烯丙基三硫醚对麦蛾性信息素分泌量的影响

化学信息素普遍被用于昆虫种间和种内的交流，例如求偶、产卵、聚集、驱散、选择寄主等行为。夜行性蛾类昆虫很大程度上依赖于种特异的性信息素来完成其两性间的化学通信和生殖行为。昆虫性信息素是由雌性或雄性的体壁特化而成的外分泌组织所分泌的一种微量化学信号，这种物质可以引起异性的性行为反应，使两性昆虫靠近并达到交配的目的。虽然昆虫中存在着其他的感知模式，但是化学信号在两性间的吸引和识别中起到了重要的作用（Hölldobler，1984）。

性信息素的独特成分或者其特殊的释放周期赋予了不同物种性信息素交流的特异性。例如，鳞翅目羽蛾科的 *Platyptilia carduidactyla* Riley 和 *P. williamsii* Grinnell 性信息素的主要组分相同，但是却通过不同的释放周期来保证种间的生殖隔离（Haynes and Birch，1986）。研究表明，昆虫性信息素的释放呈现出昼夜的节律性，为了实现交配的节律性，性信息素的合成和释放必须与其同步（Rafaeli and Klein，1994）。同时有些昆虫通过调节性信息素的释放量来控制其交配的频率和次数（Oku and Yasuda，2010），一旦求偶行为或性信息素滴度发生改变，最后均会影响到种群的繁衍（万先萌等，2010）。

Vick 等（1974）成功分离并鉴定了麦蛾雌虫性信息素的主要成分，同时设计出合成该组分的方法，但至今并未有相关研究报道其性信息素腺体存在的部位及形态。

上一节已经明确了 DT 对麦蛾雌虫求偶节律以及求偶率确实造成了影响，本章节进一步探究 DT 对麦蛾雌虫性信息素分泌量的影响。

一、材料与方法

（一）供试虫源

饲养方法同本章第一节。

（二）供试药剂和实验器材

二烯丙基三硫醚购于成都西亚化工股份有限公司，纯度 98%；丙酮；正己烷（色谱纯）、无水乙醇、二甲苯、盐酸、氨水、中性树胶，均购于国药集团化学试剂有限公司；苏木素染液、伊红染液，购于谷歌生物。

脱水机,型号 JJ-12J,包埋机,型号 JB-P5,武汉俊杰电子有限公司;病理切片机,型号 RM2016,上海徕卡仪器有限公司;组织摊片机,型号 KD-P,浙江省金华市科迪仪器设备有限公司;倒置荧光显微镜,型号 NIKON ECLIPSE TI-SR;成像系统,型号 NIKON DS-U3。

(三) 雌虫性信息素腺体组织切片

1. 组织石蜡包埋切片实验步骤

将麦蛾雌虫性信息素腺体固定于4%多聚甲醛24h以上。固定好后,将组织放于脱水盒内,随后依次放入75%、85%、90%、95%和100%的酒精,醇苯,二甲苯中脱水。脱水后将组织浸入蜡中进行包埋。随后将蜡块置于石蜡切片机上切片,片厚4μm,最后将切片放进60℃烘箱内烤片。

2. HE 染色

将切片依次放入二甲苯Ⅰ(20min)—二甲苯Ⅱ(20min)—无水乙醇Ⅰ(10min)—无水乙醇Ⅱ(10min)—95%酒精(5min)—90%酒精(5min)—80%酒精(5min)—70%酒精(5min)—蒸馏水洗。随后切片依次入 Harris 苏木素染 3~8min,伊红染液中染色 1~3min。将切片依次放入 95%酒精、无水乙醇、二甲苯中各 5min,直至透明状。最后将切片从二甲苯里拿出来稍晾干,用中性树胶封片。

(四) 性信息素粗体物的提取

1. 试虫来源

一日龄未交配雌蛾。

2. 雌虫性腺粗提物的提取

在进入暗期时将一日龄处女蛾放入 1L 广口瓶中,用亚致死浓度(0.015μl/L)的DT 熏蒸处理,处理方法同本章第二节。分别在处理后 2、7、8、9h 提取雌虫性腺粗提物。丙酮处理作为对照,每个处理重复 3 次。

采用浸泡法对雌虫性信息素进行提取,提取方法如下:采集处于求偶期的处女雌蛾,用镊子轻轻挤压雌蛾腹部,迫使其完全伸出性信息素腺体,用手术剪剪下雌虫腹部 8、9 节节间膜,将其放入预先装有 100μl 正己烷的样品瓶内,室温下静止浸提30min。试验采用正己烷对 20 头雌性进行取样。信息素腺体浸提结束后,过滤浓缩至 5μl/头,最后封口置入-40℃冰箱中保存备用。

(五) 信息素组分鉴定

据有关文献报道,利用安捷伦气相色谱-质谱联用仪 GC-MS(7890A-5975C),带分流进样装置，毛细色谱柱为极性柱 DB-WAX(30m×0.25mm×0.25mm)对粗提物进行分析鉴定。升温程序：初始温度 50℃(保持 3min)，以 20℃/min 升温至 230℃(保持 10min)。GC-MS 工作条件：离子源为 EI 源，离子源温度为 230℃，电子能量为 70eV，接口温度为 250℃，载气为氦气(99.999%)，气流速度为 1.0ml/min，且不分流进样。样品通过其出峰保留时间与 NIST 数据库进行比对，推测出化学物质种类后，与标准样品出峰保留时间进行比对后确定。

(六) 数据处理

利用 SPSS 19.0 数据统计分析软件进行独立样本 *t* 检验方法分析，利用 GraphPad Prism 5 作图。

二、结果与分析

(一) 麦蛾雌虫性信息素腺体形态和位置

如图 2-14 所示，麦蛾雌虫 8、9 节节间膜背面有一个可折叠的囊状结构。

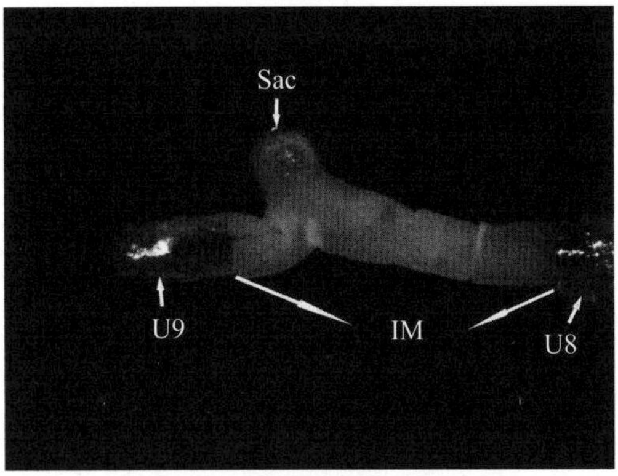

图 2-14　麦蛾雌虫腹部末端

(U8, U9 腹部第 8 节，第 9 节；IM 腹部 8，9 节节间膜；Sac 囊状结构)

查阅文献后我们推测麦蛾性信息素腺体是折叠在节间膜中的一个囊状结构，组织切片显示了囊状结构缢缩在节间膜中的情况(图 2-15A)，当挤压雌虫腹部，囊状结构露出时，组织切片如图 2-15B 所示。但尚不能通过组织切片的方法确定麦蛾雌虫性信息素腺体的具体范围，因为通过切片看出麦蛾囊状结构的细胞形态和周围的节间膜细胞之间并没有显著差异。

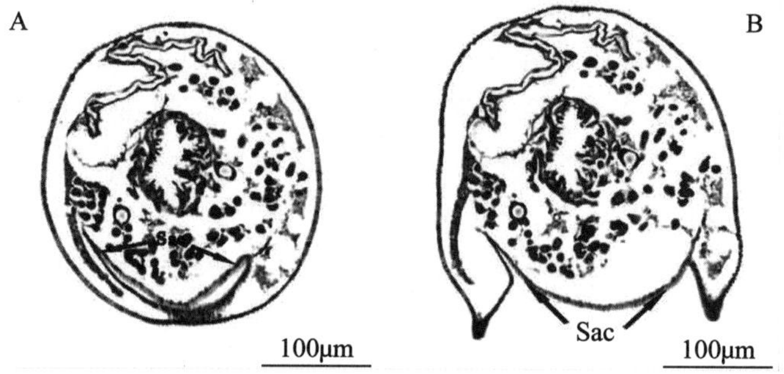

图 2-15　麦蛾雌虫性信息素腺体组织切片(Sac 囊状结构,纵切)
A. 囊状结构折叠在节间膜中;B. 囊状结构伸出

(二) 麦蛾雌虫性信息素腺体粗提物物质鉴定

图 2-16 所示为麦蛾 8、9 节节间膜粗提物的气象色谱图,在 12.4min 有一个色谱峰。

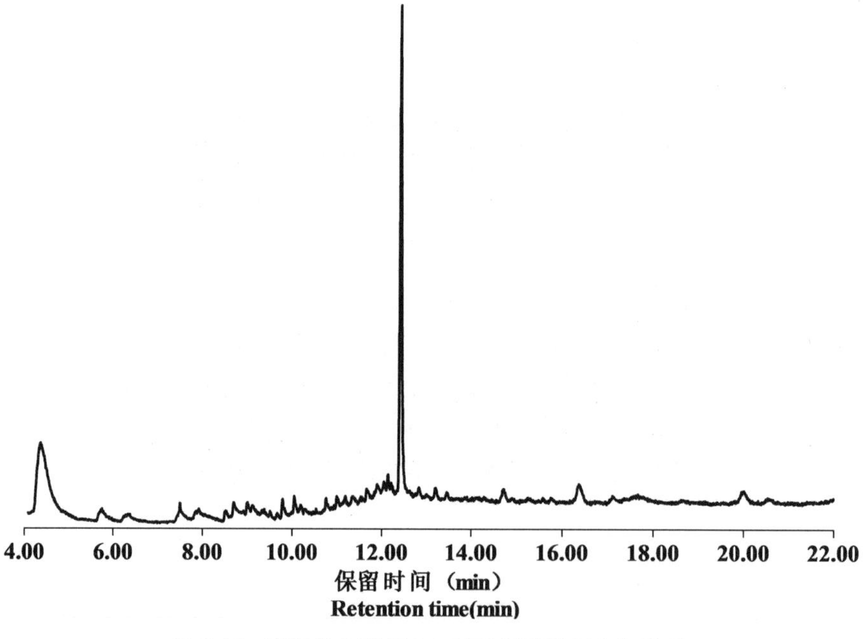

图 2-16　麦蛾雌虫腹部 8、9 节节间膜粗提物色谱图

图 2-17A 所示为麦蛾 8、9 节节间膜粗提物中保留时间为 12.4min 的物质的质谱图,将其与 NIST 谱库中的顺一7,反-11-十六碳二烯-1-醇醋酸酯(7Z11E-16Ac)(图 2-17B)比对,相似度可达 99%。即所提取的 8、9 节节间膜粗提物中含有麦蛾性信息素的主要成分。

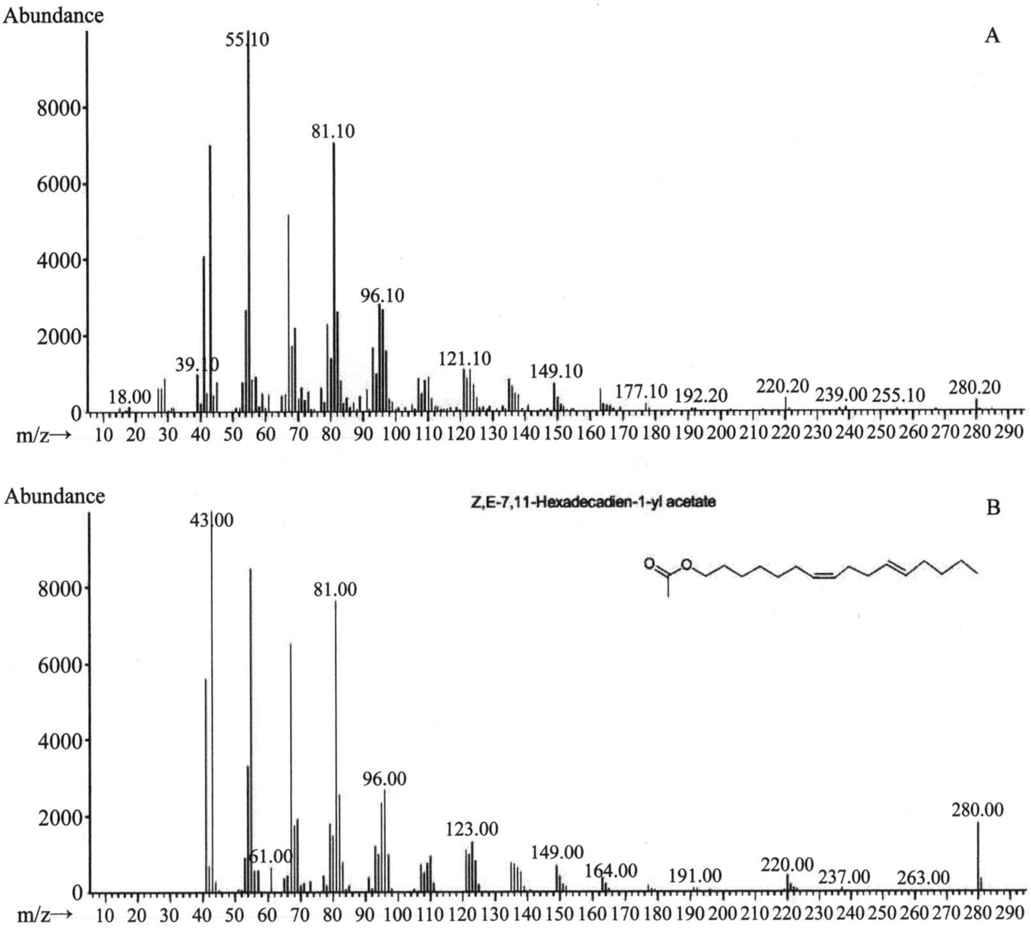

图 2-17 麦蛾雌虫腹部 8、9 节节间膜粗提物质谱图

A. 节间膜粗提物质谱图(保留时间 12.4min);

B. NIST 谱库中 7Z11E-16Ac(麦蛾性信息素主要成分)的标准质谱图

(三) DT 对麦蛾性信息素分泌量的影响

如图 2-18 所示亚致死浓度 DT 处理麦蛾雌虫 2h 后,处理组性腺粗提物中性信息素含量略高于对照组;处理后 7、8h 后,性腺粗提物中性信息素含量低于对照组,且在第 8h 时对照组和处理组性信息素的分泌量之间差异显著($P<0.05$)。

三、小结与讨论

本章节通过光学显微镜、组织切片以及 GC-MS 的方法明确了麦蛾性信息素腺体的具体位置,同时初步探究了 DT 对麦蛾性信息素分泌量的影响。

为了准确、高效的提取麦蛾的性信息素,我们首先确定了麦蛾雌虫分泌性信息素腺体的具体部位。在麦蛾雌虫羽化后不久即可观察到其求偶行为,通过对麦蛾求偶行为的观察,发现雌虫求偶时腹部略向上方翘起,腹部第Ⅷ-Ⅸ节外伸,节间膜外露。用手指轻轻挤压雌虫腹部即可看到腹部末端Ⅷ-Ⅸ节节间膜背面上鼓起呈囊状。

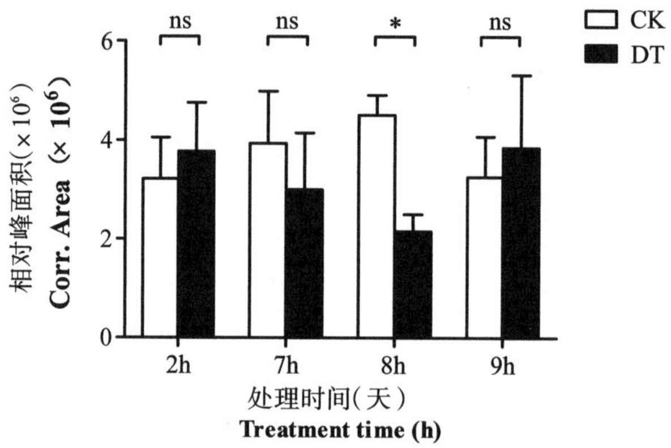

图 2-18　二烯丙基三硫醚对麦蛾性信息素分泌量的影响

注:图中 CK 表示对照组,DT 表示二烯丙基三硫醚处理组;

* 表示 $P<0.05$,** 表示 $P<0.01$(t 检验)。

鳞翅目性信息素腺体一般是位于节间膜上特化的表皮细胞,但是腺体的具体范围变化较大。麦蛾性信息素腺体是一个可外翻的囊状结构,具有这种形态的腺体的昆虫还有麦蛾科其他的昆虫,例如马铃薯麦蛾 *Phthorimaca operculella*(Adeesan et al.,1969)和棉红铃虫 *P. gossypiella*(Jefferson et al.,1971)以及其他科的昆虫 *Cameraria ohridella*(Raspotnig et al.,2003),*Ostrinia nubilalis*(Ma and Roelofs,2002)等。折叠的囊状结构是鳞翅目昆虫最主要的一类性腺结构,在其他种类的昆虫中还发现了其他类型的腺体构造,例如在 *Yponomeuta latreille*(Povel,1994)中腺体位于腹部的侧面,在 *Heliothinae zea* (Raina et al.,2000)中性腺是位于腹部的一个环状的结构。在部分昆虫中已经证实了性信息素腺体是一类膨大的表皮细胞(Percy,1974;Raspotnig et al.,2003),但是麦蛾性腺组织切片结果显示腺体细胞的大小和形状同节间膜细胞之间并无差别,这种现象在棉红铃虫(麦蛾科)中亦有报道(Jefferson et al.,1971)。

实验中发现亚致死浓度的 DT 对麦蛾性信息素滴度造成了一定的影响。有研究报道亚致死剂量的杀虫剂处理雌虫后,可以影响腺体内性信息素的滴度(Clark and Haynes,1992;Yang and Du,2003),分析可能是这些杀虫剂对雌虫的 PBAN 及类似因子活性和激素水平产生了影响的原因(Yang and Du,2003)。因此我们猜测,DT 可能是通过影响麦蛾雌虫性信息素合成通路上的某些酶或者激素的活性进而影响到了性信息素滴度,最终影响了雌虫的求偶行为。

第四节　总结与展望

一、总结

本章以储粮害虫麦蛾为研究对象，研究了两种大蒜精油活性物质（DD 和 DT）在亚致死浓度下对麦蛾繁殖能力、交配行为及求偶行为、性信息素分泌量的影响，为大蒜精油活性物质调控麦蛾生殖行为的研究提供理论依据。本章的主要研究结果如下。

（1）确定了 DD 和 DT 两种活性物质对麦蛾的亚致死浓度（LC_{20}）分别为 0.030μl/L 和 0.015μl/L。而且，两种亚致死浓度的大蒜精油活性物质可导致麦蛾产卵量下降、交配次数减少，卵受精率下降，且与对照相比差异均达显著水平。研究结果表明，两种大蒜精油活性物质的亚致死浓度可致使麦蛾繁殖能力的下降。

（2）阐明了大蒜精油活性物质在亚致死浓度下对麦蛾交配节律和交配次数、雌虫求偶节律和求偶率以及交配持续时间的影响，其中 DT 的效果较为显著。两种大蒜精油活性物质处理后对麦蛾交配节律、求偶节律均产生了影响。处理后第一天，在进入暗期后的前几个小时内，DT 刺激了麦蛾的交配和雌虫的求偶，且交配高峰显著提前，但是随着处理时间的增加，麦蛾的交配率和雌虫的求偶率都显著低于对照组。同时 DT 对雌虫的求偶率和交配持续时间均有显著影响，这可能是造成麦蛾产卵量下降的原因之一。

（3）初步明确了麦蛾雌虫性信息素分泌腺体位于腹部 8、9 节节间膜上，是一个可折叠的囊状结构，但腺体的具体范围尚不能确定。同时，通过 GC-MS 初步明确 DT 处理 8h 后麦蛾雌虫性信息素分泌量与对照相比显著降低，该结果与其对麦蛾雌虫求偶节律的影响具有一致性。

二、展望

由于时间原因，DT 对麦蛾性信息素影响的实验进展较仓促，仅初步探究了对性信息素分泌量的影响，且未达到理想效果，这些都需要后续实验的重复和补充。

实验中初步探究了亚致死浓度 DT 对麦蛾性信息素分泌量的影响，但是实验误差较大，且未能获得麦蛾性信息素主要成分的标样。同时实验设计中并没有涉及 DT 处理后对雌虫性信息素释放量影响的研究，以上原因造成实验并没有完整而系统地研究 DT 对麦蛾性信息素的影响。因此有必要再对该实验进行改进和补充，并结合分子生物学技术来验证行为学实验结果。

大蒜精油活性物质造成麦蛾产卵量下降的原因并非单一的,后续建议从生理调节方面(如精子的形成、精子的活性、卵子的形成、卵子受精等)着手,进一步阐明大蒜精油活性物质抑制麦蛾产卵的作用机制。

(杨凤连　马　敏)

参考文献

[1] 穆兰芳,董双林,杨智化. 杀虫剂亚致死剂量对昆虫性信息素通讯系统影响的研究进展[J]. 植物保护学报,2005,32(2):201-206.

[2] 万先萌,刘伟,魏洪义,等. 蛾类昆虫的生殖行为[J]. 生物灾害科学, 2010,33(1):3-7,11.

[3] 向玉勇. 小地老虎性信息素的提取、鉴定及相关生物学研究[D]. 贵州大学,2007.

[4] 张坤胜,杨伟,卓志航,等. 蜀柏毒蛾生殖行为及性信息素产生与释放节律[J]. 昆虫学报, 2012,55(1):46-54.

[5] ADEESAN C, TAMHANKAR A, RAHALKAR G. Sex pheromone gland in the potato tuberworm moth, *Phthorimaea operculella* [J]. Annals of the Entomological Society of America, 1969,62:670-671.

[6] ARNQVIST G, NILSSON T. The evolution of polyandry: multiple mating and female fitness in insects [J]. Animal Behaviour, 2000,60:145-164.

[7] ASHAMO MO, AKINNAWONU O. Insecticidal efficacy of some plant powders and extracts against the Angoumois grain moth, *Sitotroga cerealella* (Olivier) (Lepidoptera: Gelechiidae) [J]. Archives of Phytopathology and Plant Protection, 2012, 45 (9): 1051-1058.

[8] AYERTEY J. Egg laying by unmated females of *Sitotroga cerealella* (Lepidoptera: Gelechiidae) [J]. Journal of Stored Products Research, 1975,11(3-4):211-215.

[9] BARTELL R, LAWRENCE LA. Reduction in responsiveness of males of *Epiphyas postvittana* (Lepidoptera) to sex pheromone following previous brief pheromonal exposure [J]. Journal of Insect Physiology, 1973,19(4):845-855.

[10] SAXENABP, KOUL O, TIKKU K. Non-Toxic protectant against stored grain insect pests [J]. Bulletin of Grain Technology, 1976(14):190-193.

[11] BOSHRA SA. Effect of high-temperature pre-irradiation on reproduction and mating competitiveness of male *Sitotroga cerealella* (Olivier) and their F-1 progeny [J]. Journal of Stored Products Research, 2007,43(1):73-78.

[12] BURPEE DM, SAKALUK SK. Repeated matings offset costs of reproduction in female crickets [J]. Evolutionary Ecology, 1993,7(3):240-250.

[13] CLARK DC, HAYNES KF. Sublethal effects of cypermethrin on chemical communication, courtship, and oviposition in the cabbage looper (Lepidoptera: Noctuidae) [J].

Journal of Economic Entomology, 1992,85(5):1771-1778.

[14] DASH A, MISHRA C, NAYAK B, et al. Effect of mating duration on oviposition rate and hatchability of the indian tasar silk moth *Antheraea mylitta* (Saturniidae) in different seasons [J]. Journal of research on the Lepidoptera, 1993(32):75-78.

[15] DE LIMA GPG, DE SOUZA TM, DE PAULA FREIRE G, et al. Further insecticidal activities of essential oils from *Lippia sidoides* and *Croton* species against *Aedes aegypti* L. [J]. Parasitology Research, 2013(112):1953-1958.

[16] EDVARDSSON M, CANAL D. The effects of copulation duration in the bruchid beetle *Callosobruchus maculatus* [J]. Behavioral Ecology, 2006,17(3):430-434.

[17] EVENDEN M, HAYNES K. Potential for the evolution of resistance to pheromone-based mating disruption tested using two pheromone strains of the cabbage looper, *Trichoplusia ni* [J]. Entomologia Experimentalis et Applicata, 2001, 100(1):131-134.

[18] FOSTER SP, HARRIS MO. Behavioral manipulation methods for insect pest-management [J]. Annual Review of Entomology, 1997,42(1):123-146.

[19] GE X, WESTON PA. Ovipositional and feeding deterrent from Chinese prickly ash against angoumois grain moth (Lepidoptera: Gelechiidae) [J]. Journal of Economic Entomology, 1995,88(6):1771-1775.

[20] HÖLLDOBLER B. Communication during foraging and nest-relocation in the African stink ant, *Paltothyreus tarsatus* Fabr. (Hymenoptera, Formicidae, Ponerinae) [J]. Ethology, 1984,65(1):40-52.

[21] HAYNES KF, BIRCH MC. Temporal reproductive isolation between two species of plume moths (Lepidoptera: Pterophoridae) [J]. Annals of the Entomological Society of America, 1986,79(1):210-215.

[22] JEFFERSON RN, SOWER LL, RUBIN RE. The female sex pheromone gland of the pink bollworm, *Pectinophora gossypiella* (Lepidoptera: Gelechiidae) [J]. Annals of the Entomological Society of America, 1971,64(1):311-312.

[23] KAUL O, TIKKU K, SAXENA BP. Follicular regression in *Trogoderma granarium* due to sterilizing vapours of *Acorus calamus* L. Oil [J]. Current Science, 1976(46):724-725.

[24] KLOWDEN MJ. The check is in the male: male mosquitoes affect female physiology and behavior [J]. Journal of the American Mosquito Control Association, 1999,15(2):213-220.

[25] LIU XP, HE HM, KUANG XJ, et al. Mating behavior of the cabbage beetle, *Colaphellus bowringi* (Coleoptera: Chrysomelidae) [J]. Insect Science, 2010,17(1):61-66.

[26] MA PWK, ROELOFS WL. Sex pheromone gland of the female European corn borer moth, *Ostrinia nubilalis* (Lepidoptera, Pyralidae): ultrastructural and biochemical evidences [J]. Zoological Science, 2002,19(5):501-511.

[27] MBATA GN, SHU S, RAMASWAMY SB. Rhythmicity of mating and oviposition in *Callosobruchus subinnotatus* (Pic)(Coleoptera: Bruchidae) [J]. Journal of Insect Behavior, 1997,10(3):409-423.

[28] MESSINA FJ, BARMORE JL, RENWICK JAA. Oviposition deterrent from eggs of *Callosobruchus maculatus*: Spacing mechanism or artifact? [J]. Journal of Chemical Ecology, 1987,13(1):219-226.

[29] NERIO LS, OLIVERO-VERBEL J, STASHENKO E. Repellent activity of essential oils: a review [J]. Bioresource Technology, 2010,101(1):372-378.

[30] OKU K, YASUDA T. Effects of age and mating on female sex attractant pheromone levels in the sorghum plant bug, *Stenotus rubrovittatus* (Matsumura) [J]. Journal of Chemical Ecology, 2010(36):548-552.

[31] OMKAR, AHMAD P. Mating behavior of an aphidophagous ladybird beetle, *Propylea dissecta* (Mulsant) [J]. Insect Science, 2005,12(1):37-44.

[32] PARK IK, SHIN SC. Fumigant activity of plant essential oils and components from garlic (*Allium sativum*) and clove bud (*Eugenia caryophyllata*) oils against the Japanese termite (*Reticulitermes speratus* Kolbe) [J]. Journal of Agricultural and Food Chemistry, 2005,53(11):4388-4392.

[33] PERCY JE. Ultrastructure of sex-pheromone gland cells and cuticle before and during release of pheromone in female eastern spruce budworm, *Choristoneura fumiferana* (Clem.)(Lepidoptera: Tortricidae) [J]. Canadian Journal of Zoology, 1974,52(6):695-705.

[34] POVEL GDE. Morphology of the female sex pheromone gland of *Yponomeuta latreille* (Lepidoptera: Yponomeutidae) [J]. Netherlands Journal of Zoology, 1994(44):77-84.

[35] RAFAELI A, KLEIN Z. Regulation of pheromone production by female pink bollworm moths *Pectinophora gossypiella* Sanders (Lepidoptera: Gelechiidae) [J]. Physiological Entomology, 1994,19(2):159-164.

[36] RAINA AK, WERGIN WP, MURPHY CA, et al. Structural organization of the sex pheromone gland in *Helicoverpa zea* in relation to pheromone production and release [J]. Arthropod Structure & Development, 2000,29(4):343-353.

[37] RASPOTNIG G, SCHICHO R, STABENTHEINER E, et al. Morphology of female sex pheromone gland in the horse chestnut leafminer *Cameraria ohridella* (Lep., Gracillariidae) [J]. Journal of Applied Entomology, 2003,127(3):121-126.

[38] RENWICK JAA, CHEW FS. Oviposition behavior in Lepidoptera [J]. Annual Review of Entomology, 1994,39(1):377-400.

[39] RIDLEY M. Mating frequency and fecundity in insects [J]. Biological Reviews, 1988,63(4):509-549.

[40] SANTOS GKN, DUTRA KA, LIRA CS, et al. Effects of *Croton rhamnifolioides* es-

sential oil on *Aedes aegypti* oviposition, larval toxicity and trypsin activity [J]. Molecules, 2014,19(10):16573-16587.

[41] SINGH K. Rhythmicity in life events of an aphidophagous ladybird beetle, *Cheilomenes sexmaculata* [J]. Journal of Applied Entomology, 2007,131(2):85-89.

[42] STELINSKI LL, IL'ICHEV AL, GUT LJ. Efficacy and release rate of reservoir pheromone dispensers for simultaneous mating disruption of codling moth and oriental fruit moth (Lepidoptera: Tortricidae) [J]. Journal of Economic Entomology, 2009,102(1): 315-323.

[43] TSUBAKI Y, SOKEI Y. Prolonged mating in the melon fly, *Dacus cucurbitae* (Diptera: Tephritidae): competition for fertilization by sperm-loading [J]. Researches on Population Ecology, 1988,30(2):343-352.

[44] VAHED K. The function of nuptial feeding in insects: a review of empirical studies [J]. Biological Reviews,1998,73(1):43-78.

[45] VICK KW, SUHCF, SOWER LL, et al. (Z-E)-7,11-hexadecadien-l-ol Acetate: The sex pheromone of the Angoumois grain moth, *Sitotroga cerealella* [J]. Experientia, 1974,30(1):17-18.

[46] WAGNER JR WE, KELLEY RJ, TUCKER KR, et al. Females receive a life-span benefit from male ejaculates in a field cricket [J]. Evolution, 2001,55(5):994-1001.

[47] WANG Q, MILLAR JG. Mating behavior and evidence for male-produced sex pheromones in *Leptoglossus clypealis* (Heteroptera: Coreidae) [J]. Annals of the Entomological Society of America, 2000,93(4):972-976.

[48] WANG XP, FANG YL, ZHANG ZN. Effect of male and female multiple mating on the fecundity, fertility, and longevity of diamondback moth, *Plutella xylostella* (L.) [J]. Journal of Applied Entomology, 2005,129(1):39-42.

[49] YANG FL, ZHU F, LEI CL. Insecticidal activities of garlic substances against adults of grain moth, *Sitotroga cerealella* (Lepidoptera: Gelechiidae) [J]. Insect Science, 2012, 19(2):205-212.

[50] YANG ZH, DU JW. Effects of sublethal deltamethrin on the chemical communication system and PBAN activity of Asian corn borer, *Ostrinia furnacalis* (Güenee) [J]. Journal of Chemical Ecology,2003(29):1611-1619.

[51] YASUI Y. The genetic benefits of female multiple mating reconsidered [J]. Trends in Ecology & Evolution, 1998,13(6):246-250.

第三章　大蒜精油活性物质干扰麦蛾交配的分子机理研究

导　论

一、交配干扰技术在害虫治理中的研究进展

近年来，化学农药的过度使用和不合理使用导致了"3R"问题的出现，即抗药性(resistance)、再猖獗(resurgence)和残留(resiclue)。随着人们环保意识的逐渐增强，利用害虫行为调节机制研究开发的"昆虫行为调节剂"已成为害虫治理研究的重要方向，其中基于昆虫性信息素的交配干扰技术是当前最热门的研究领域之一。交配干扰技术是指应用人工化学合成性信息素等化学物质来干扰害虫雌雄虫交配，又称迷向法。昆虫性信息素一般是由雌虫在其体内合成并在求偶期间释放，用来吸引同种雄性昆虫的化学信息物质。将人工化学合成的性信息素弥散于田间、林间、仓库或其他害虫防治区域，使空气中到处弥漫着性信息素的气味，以破坏雌雄昆虫间的正常化学信息通信，使雄虫无法正确定位其配偶，致使雌雄成虫间的交配率大大下降，最终达到害虫治理的目的。

(一) 应用于交配干扰技术的化学物质

目前，在交配干扰技术中使用最多的化学物质是目标昆虫的性信息素。例如，(9Z,12E)-tetradecadienyl acetate 是多种螟蛾科昆虫的性信息素组分，对雄虫具有引诱活性，已被成功用来防治粉斑螟 *Ephestia cautella* (Levinson and Buchelos,1981)。东方丽金龟 *Anomala orientalis* 是美国新泽西州蓝莓园和草坪的主要根部害虫，Rodriguez-Saona 等(2014)利用其性信息素成分(Z)-7-tetradecen-2-one 来控制东方丽金龟的种群。人工合成的拟信息素或伪信息素的化学结构与天然信息素非常相似，同样对目标雄虫具有引诱效果，也可以用作交配干扰剂。这些人工合成的化合物是由天然信息素改造而来，主要通过引入支链，增减不饱和度，延长或缩短碳链等方式获得。另外，一些植物挥发物也对昆虫具有引诱作用，也可以用于交配干扰技术。例

如，植物源化合物梨酯 Ethyl (E,Z)-2,4-decadienoate 能够增强性信息素的交配干扰作用(Knight and Light,2014)；从火炬松(Pinus *taeda* L.)中提取的一种挥发性芳香化合物(4-烯丙基苯甲醚)，在田间实验中可以干扰美国南方松大小蠹 *Dendroctonus frontalis* 雄虫的交配行为(Hayes et al.,1994)。

(二) 交配干扰防治技术的应用及前景

早在 1960 年，美国学者 Beroza 就提出了利用昆虫性信息素干扰雌雄虫的正常交配来有效防治害虫。20 世纪 90 年代前，交配干扰技术就已经成功应用于一些植食性害虫的防治，如棉红铃虫 *Pectinophora gossypiella*，番茄茎麦蛾 *Keiferia lycopersicella* 和红醋栗透翅蛾 *Synanthedon tipuliformis* (Foster and Harris,1997)。另外，交配干扰技术还常用于果园害虫的防治。例如，Trimble 等(2001)利用毒死蜱结合性引诱剂防治加拿大尼亚加拉半岛桃园中的梨小食心虫 *Grapholita molesta*；Il'Ichev 等(2006)采用交配干扰技术有效控制了澳大利亚梨果园和核果园的梨小食心虫；Harari 等(2007)研究了性信息素交配干扰技术对葡萄园中的葡萄花翅小卷蛾 *Lobesia botrana* 和高粱斑螟 *Cryptoblabes gnidiella* 的控制效果。

由于昆虫性信息素具有种间特异性，安全无毒，强挥发等优点，交配干扰技术要比传统的化学防治方法更加安全，对环境更加友好。另外，Evende 和 Haynes(2001)研究发现基于昆虫性信息素的交配干扰能够延缓昆虫抗性的产生和发展。但是，交配干扰技术在害虫防治上的成功在很大程度上依赖于该害虫的生态条件，尤其当大量受孕雌虫从试验区域外迁徙进来往往会导致害虫控制的失败(Jones,1998)。交配干扰对害虫的防治效果还受防治区域和成虫密度大小的影响(Angeli et al,2007)。另外，很多昆虫的性信息素组分并不明确，雄虫对不同性信息素组分配比的行为反应也有着很大的变化，在田间应用中还要加强对剂量和剂型的研究。在实际应用中，采用交配干扰技术防治害虫需要大量的化学信息素，因此只有价格低廉，容易获得的化合物才有真正的应用价值。随着对昆虫性信息素研究的不断深入，交配干扰技术将会在害虫综合防治中发挥着不可忽视的作用，这对环境保护和农业可持续发展都具有重要的意义。

二、昆虫气味结合蛋白研究进展

昆虫对环境化学因子刺激的反应来自昆虫灵敏的嗅觉系统，昆虫的嗅觉在很多行为反应中起着非常重要的作用，如产卵，交配，寻找寄主和躲避天敌等。昆虫对气味分子的识别，有赖于昆虫整个嗅觉系统中各级神经元素对气味分子的信息编码(Hallem et al.,2006)。气味分子通过扩散作用从嗅觉感器的表皮孔进入到感器淋巴液中，迅速被其中的气味结合蛋白(odorant binding proteins,OBPs)结合使其免受气味降解酶(odorant degrading enzymes,ODEs)的降解,并将其运输到位于神经树突膜上的气味受体(odorant receptors,ORs)附近释放(Rützler and Zwiebel,2005)。在这个过程中,昆虫气味结合蛋白与气味分子结合是昆虫感受外界气味分子的第一步生化反应(Wang et al.,2003)。鳞翅目昆虫中,气味结合蛋白主要分为两大类:普通气味结合蛋白(general-odorant binding protein,GOBP)和信息素结合蛋白(pheromone-binding protein,PBP)。GOBP 的主要作用是溶解和运输周边的普通气味,如植物挥发性物质以及捕食者发出的气味等;PBP 则主要负责溶解并运输性外激素(Nakagawa et al.,2005)。另外,GOBP 根据序列相似性又可分为 GOBP1 和 GOBP2 两个亚类。迄今为止已在 20 多种鳞翅目蛾类中鉴定出了气味结合蛋白,并且对这些 OBPs 的生物化学特性、在虫体上的分布、生物合成和降解途径、蛋白分子结构进行了深入研究(Rützler and Zwiebel, 2005; Pelosi et al.,2006)。

(一) 气味结合蛋白的分子特征和三维结构

一般来说,传统的 OBPs 是一类小分子量、高度亲水的酸性蛋白,其相对分子量大小在 14～17kDa,等电点为 4.0～5.2。氨基酸序列在 120～150 个,N 端有一段 20 个氨基酸左右的信号肽,但在分泌过程中被切除,OBPs 最终被分泌到细胞外成为成熟蛋白质(Vogt,2005)。大多数 OBPs 包含 6 个保守的半胱氨酸残基,这也是昆虫 OBPs 的一个重要判别依据。OBPs 最先在感器细胞中表达,然后被这些细胞分泌到亲水性的感器淋巴液中,参与昆虫的气味识别(图 3-1)(Schultze et al.,2013)。

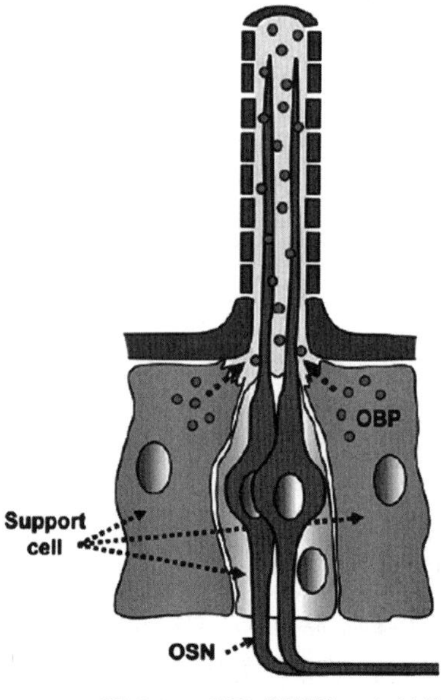

图 3-1 毛形感器的一般结构

(Schultze et al.,2013)

OSN 表示嗅觉感器神经元;

OBP 表示气味结合蛋白。

目前,已经有很多研究工作者采用 X 射线晶体衍射和核磁共振衍射技术等对 OBPs 的三维结构进行了研究。Sandler 等(2000)用 X 射线晶体衍射分析家蚕 Bombyx mori 的性信息素结合蛋白,发现 BmorPBP1 由 6 个 α-螺旋结构紧凑排列成一个疏水性结合腔,并通过 3 个二硫桥使三维结构更加稳定,其中 4 个 α-螺旋反向平行组成信息素结合腔,形状类似一个长颈烧瓶,在结合口袋的顶部有一个 α-螺旋结构起着类似瓶盖的作用,可以覆盖结合腔的入口。另外,BmorPBP1 在晶体中以二聚体形式存在,3 个二硫键桥接 6 个保守的半胱氨酸(cys1-cys3,cys2-cys5,cys4-cys6)(Leal et al.,1999)。据报道,蜜蜂 OBP(ASP2)也有同样的桥接模式(Briand et al.,2001)。尽管不同 OBPs 间表现出较高的序列差异性，但是其总体结构特征显得非常的保守。

（二）气味结合蛋白的表达模式

PBPs在昆虫触角的嗅觉感器中特异性表达，并且能够结合性信息素，证明它们在信息素识别中起着重要的作用（Vogt et al.，1989）。另外，PBPs和GOBPs的表达模式存在着性二态现象，表明不同的OBPs可能与识别不同气味的嗅觉感器类型相关。例如，烟草天蛾中PBP1和GOBP2表达于不同功能的嗅觉感器中（Vogt et al.，2002）。PBPs最初被认为只在雄虫中表达，但是目前发现PBPs虽然与雄虫中的信息素敏感型感器相关，但也同样在雌虫触角中表达。雌虫中PBPs的功能目前尚不明确，但是有研究工作者推测雌虫中的PBPs可能用于监测自身的信息素释放（Vogt et al.，2002）。另外，在某些鳞翅目昆虫中，尤其是夜蛾科，不同性别触角中PBPs的表达量基本没有区别（Vogt，2005）。

通过免疫组化和电子显微镜技术，PBPs，GOBP1和GOBP2的分布特点已在多种蛾类昆虫中报道（Maida et al.，2005）。PBPs主要分布在长毛型感器的淋巴液中，GOBP2主要分布于锥型感器，GOBP1通常同时分布于毛型感器和锥型感器（Zhang et al.，2001）。Galindo和Smith（2001）报道了果蝇*Drosophila*中34个OBPs的表达模式：其中9种OBPs只在嗅觉组织（触角和下颚须）中表达，另外9种OBPs可以同时在嗅觉和味觉组织中表达（翅和足），可见不同感器中的OBPs具有不同的气味识别特异性。

（三）气味结合蛋白的生理功能

昆虫的嗅觉感器一般为毛状或刺状，表皮具有小孔，内部有数个感觉神经元，神经树突伸到嗅觉感器的内腔，并浸没在亲水性淋巴液中（图3-1）。疏水性气味分子如信息素等通过扩散作用从表皮孔进入后需要通过淋巴液才能到达神经受体，引起神经反应，OBPs被认为在这个过程中起到重要的作用（图3-2）（Rützler and Zwiebel，2005）。Vogt和Riddiford（1981）在多音天蚕蛾*Antheraea polyphemus*中首次证明OBPs可以结合性外激素，后来也在其他多种昆虫中得到验证。但是直到1991年才第一次在昆虫体内得到证明OBPs可以溶解并运送气味分子到嗅觉神经元，是昆虫嗅觉系统不可缺少的组件，它们在运输过程中保护气味分子免受气味降解酶的降解（Van den Berg and Ziegelberger，1991）。有研究表明昆虫识别特异性气味分子主要取决于OBPs，而不是气味受体（Pophof，2002，2004）。Xu等（2005）在转基因果蝇中发现，当气味结合蛋白基因lush缺失时，果蝇对雄虫性信息素cVA失去了感知能力；但是将气味受体or67d错误表达于其他嗅觉神经元时，在LUSH存在下依旧能授予cVA敏感性（Ha and Smith，2006）。这些研究表明某些OBPs是配体的选择器或者过滤器，并且作为一种运输载体将配体运送到下游的气味受体上，这在昆虫敏锐的嗅觉中起着重要的作用。

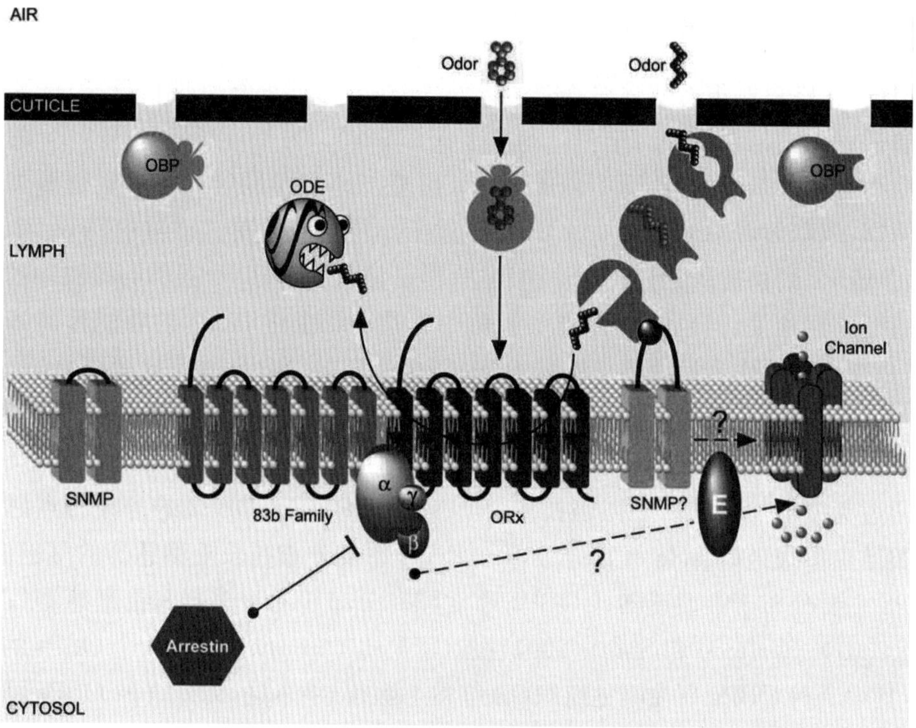

图 3-2 昆虫气味识别分子机制图解(Rützler and Zwiebel,2005)

OBP 表示气味结合蛋白;ODE 表示气味降解酶;SNMP 表示嗅觉神经元膜蛋白;OR 表示气味受体。

然而,一些研究表明 OBPs 在调解配体和气味受体的相互作用过程中并不是不可或缺的,气味分子可以直接刺激某些细胞系中的多种受体,不需要 OBPs 作为运输载体(Hallem et al.,2004)。相对于昆虫迅速的行为反应(毫秒),以上所描述的气味识别系统的反应速度(几秒)就显得慢多了(Pelosi et al.,2006)。这些研究表明对于某些配体来说,OBPs 不需要起载体作用,而是作为淋巴液中的增溶剂,昆虫嗅觉的特异性主要由下游的气味受体决定。

(四)气味结合蛋白的结合特性研究方法

作为一种由多基因家族表达的结合蛋白,昆虫 OBPs 显然具有惊人的结合活性。纵观 OBPs 结合试验历程,主要有 3 种方法来研究昆虫 OBPs 与不同配体的结合能力,每种方法都有各自的优势和缺陷(Pelosi et al.,2006)。

第一种方法可称之为放射性配体结合实验(radioligand binding assay)。昆虫的第一个气味结合蛋白(多音天蚕蛾信息素结合蛋白)就是通过氚标记信息素(E,Z)-6,11-hexadeca-dienyl 的方法来研究其结合能力的(Vogt and Riddiford,1981)。这种基于放射性配体的方法主要应用于放射性信息素结合或光亲和性研究。其优点是不需要纯化 OBPs,可直接观察昆虫体内的嗅觉结合特性;但是这种方法在电泳过程中会产生放射损失导致无法得到可靠结果。

荧光竞争结合实验(fluorescence competitive binding assay)是通过平衡条件下的荧光强度间接评估蛋白的结合能力,具有操作简单、安全、快速等特点,是目前研究OBPs结合特性的常用方法。Campanacci 等(2001)第一次采用 1-amino-anthracene(AMA)作为竞争结合实验的荧光探针,研究甘蓝夜蛾 MbraPBP1,多音天蚕蛾 Apol-PBP1 以及家蚕 BmorPBP 与多种信息素和脂肪酸的结合力。接着,Ban 等(2002,2003)选用 N-phenyl-1-naphthylamine (1-NPN) 为探针研究了沙漠蝗虫 *Schistocerca gregaria* 和东亚飞蝗 *Locusta migratoria* 的化学感应蛋白的结合能力。

另外一种结合方法由 Leal 等(2005)首次提出,称之为冷冻结合实验(cold binding assay)。该方法与前两种方法相比,有其独特的优势,即可以多种配体一起竞争从而删选出结合能力最好的配体,而且可以通过超滤将结合和游离的配体分开,再用 GC-MS 分析精确地计算出配体的结合浓度和游离浓度。但是这种方法操作烦琐,而且大多数配体都具有强挥发性,因此也会导致计算结果有很大的偏差。

三、本章节的目的与意义

麦蛾是我国三大重要储粮害虫之一,一年可发生多代。受害严重的粮食其重量损失可达 50%~70%,若不及时治理,我国储藏谷物将面临更为严重的威胁。目前,化学防治仍是防治储粮害虫的主要有效手段,但因麦蛾以幼虫钻蛀危害的特性大大降低了其防治效率,而且化学防治还存在着害虫抗性提高、化学残留和环境污染等问题,因此寻求一种安全有效的环境友好型的绿色谷物保护剂已迫在眉睫。

近年来,随着人们环保意识的逐渐增强,利用植物源杀虫剂防治害虫已成危害虫治理研究的重要方向。本课题组前期研究发现大蒜精油及其主要活性物质(二烯丙基二硫醚和二烯丙基三硫醚)对麦蛾具有显著的产卵抑制作用。但是,目前有关植物次生物质对昆虫产卵抑制的作用机制至今尚未明确。另外,第二章发现大蒜精油活性物质可显著降低麦蛾的交配率和交配频率,由此我们推测大蒜精油活性物质可能是通过干扰麦蛾的交配行为,从而抑制了雌蛾的产卵量。根据昆虫气味识别机制(昆虫气味结合蛋白识别和结合外界气味分子是昆虫感受外界气味分子的第一步生化反应),我们进一步推测麦蛾触角中的气味结合蛋白在大蒜精油活性物质对麦蛾的交配干扰行为反应中起着重要作用。因此,本研究的主要目的是从昆虫的嗅觉机制来阐明大蒜精油活性物质干扰麦蛾交配的作用靶标和分子机制。研究结果不仅有助于阐明麦蛾感受和识别环境中的气味物质并产生相应行为反应的分子机制,也将为研发安全高效的麦蛾防治方法提供新的靶标和理论依据。

第一节　大蒜精油活性物质对麦蛾嗅觉行为的影响

大蒜 *Allium sativum* L.（Garlic）属百合科葱属，是人们日常生活中很常见的食材，并且有很多的医用价值，如抑菌、降血糖、降血脂、抑制肿瘤等（Hahm and Singh，2014）。大蒜精油是从大蒜的鳞茎中提炼萃取的多组分混合物，其主要活性成分均为含硫化合物，如二烯丙基三硫醚、二烯丙基二硫醚以及烯丙基甲基三硫醚等（Ivanova et al.，2009）。很多研究报道大蒜精油及其主要活性成分对昆虫具有很强的毒杀、熏蒸、驱避、拒食和行为抑制活性（Kimbaris et al.，2009）。本课题组前期研究发现大蒜精油的两种主要活性成分二烯丙基二硫醚和二烯丙基三硫醚对麦蛾具有显著的产卵抑制活性（Yang et al.，2012）。然而，大蒜物质抑制麦蛾产卵的机制仍不清楚。另外，我们在第二章的研究中已发现，大蒜精油活性物质可显著降低麦蛾的交配率和交配频率，由此我们推测大蒜精油活性物质可能是通过干扰麦蛾的交配行为，从而抑制雌蛾的产卵量。蛾类昆虫的两性交流主要依赖于性信息素，这是一个双向的过程：雌虫在体内合成并释放性信息素；雄虫依靠其灵敏的嗅觉在远距离识别雌虫释放的性信息素并做出相应的行为反应（Roelofs and Carde，1977）。在这个过程中，昆虫的嗅觉起着不可忽视的作用。因此，本章节采用 Y 型嗅觉仪监测大蒜精油活性物质对麦蛾嗅觉行为的影响。

一、材料与方法

（一）供试昆虫

本研究所用麦蛾为本实验室长期饲养的虫系，于养虫笼（长×宽×高：30cm×30cm×30cm）内大量群养，并在养虫笼底部装约 3cm 厚的小麦作为食物。养虫室的温度为（28±1）℃，相对湿度为 75%±5%，光周期为 14L∶10D。挑取含有蛹的麦粒在指形管中单独饲养，待羽化后，取 1 日龄未交配的麦蛾分雌雄用于生物测试。

（二）主要试剂

（1）二烯丙基二硫醚（diallyl disulfide，DD，>99%），西亚试剂有限公司，中国。

（2）二烯丙基三硫醚（diallyl trisulfide，DT，>99%），西亚试剂有限公司，中国。

（3）人工合成麦蛾雌性信息素：顺 7，反 11-十六碳双烯-1-醇乙酸酯（7Z，11E-hexadecadien-1-ol acetate，HDA，≥98%），上海遐瑞医药科技有限公司，中国。

(三) 嗅觉反应生物测定

采用Y型嗅觉仪监测麦蛾对大蒜精油活性物质(二烯丙基二硫醚和二烯丙基三硫醚)和人工合成麦蛾雌性信息素的行为反应。Y型嗅觉仪内径为4cm,主臂长30cm,两臂长20cm,两臂夹角为120°。用医用硅胶管按顺序将空气泵、活性炭、蒸馏水、玻璃转子流量计、味源瓶和Y型管连接起来。将相同大小的滤纸分别放入两个味源瓶中,然后用移液器取10μl(预实验检测该剂量下的大蒜精油活性物质对麦蛾没有驱避作用)待测化合物滴加在处理瓶的滤纸上作为味源,另一瓶子不滴加任何试剂作为空白对照。嗅觉测试在空气洁净的实验室中进行,设置室内温度为(28±1)℃。打开空气泵的电源开关,使空气进入活性炭过滤,并通过蒸馏水湿润,进入味源瓶,然后携带气味从嗅觉仪的两臂进入。测试前,将两个流量计的气流速度均设置为600ml/min,并先通气15~30min。待气体充满Y型管后,将待测虫子放入主臂口,口上套上玻璃套子以免虫子从主臂口爬出。观察并记录10min内麦蛾对两个气味源的选择性,进入侧臂5cm以上并停留1min以上者为做出选择;若虫子在引入10min内没有做出选择,记为无反应。每测完5头虫需调换Y管两臂的方向,以消除管臂位置对行为的影响。每种气味检测完毕后用洗涤剂和乙醇依次清洗生测装置,以消除不同处理间残留气味的影响。每个处理测50头虫子,用过的虫子不再重复使用。采用驱避指数来评价麦蛾对供试样品的嗅觉反应(Ômura et al.,2002):

$$驱避指数(RI)=\frac{Nc-Nt}{Nc+Nt}$$

Nc 和 Nt 分别是对照组的虫数和处理组的虫数,RI>0表示供试气味物质对麦蛾具有驱避效果,数值越大说明驱避活性越强;RI<0表示供试气味物质对麦蛾具有引诱效果,而且数值越小说明引诱活性越强。

(四) 统计分析

嗅觉生物测定结果采用Fisher精确概率法(双尾)来检验差异显著性(显著性水平 $P<0.05$)(http://vassarstats.net/tab2×2.html)。

二、结果与分析

(一) 二烯丙基二硫醚对麦蛾嗅觉行为的影响

采用Y型嗅觉仪研究二烯丙基二硫醚对麦蛾雌雄虫嗅觉行为的影响,试验结果见图3-3。从图中可以看出在10μl剂量处理条件下,麦蛾雌虫(RI=0;$P>0.05$)和雄虫(RI=0.25;$P>0.05$)均对二烯丙基二硫醚没有显著的选择性,这说明在这个剂量下麦蛾对二烯丙基二硫醚无方向偏好。另外,10μl 剂量的人工合成雌性信息素对雄虫具有极显著的诱集效果(RI=-0.49;$P<0.001$),对雌虫具有极显著的驱避活性(RI=0.64;$P<0.000001$);但当相同剂量的人工合成雌性信息素与二烯丙基二硫醚同时存在时,前者对雄虫失去了显著的引诱作用(RI=-0.16;$P>0.05$)并且对雌虫失去了显著的驱避作用(RI=0.21;$P>0.05$)。

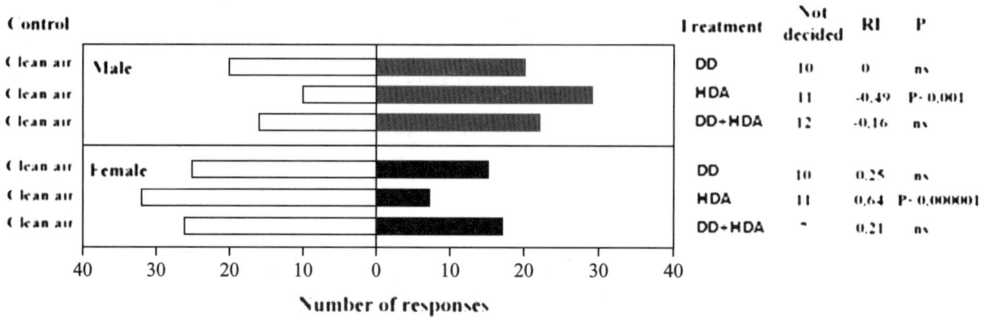

图 3-3　二烯丙基二硫醚对麦蛾雌雄虫的嗅觉行为影响

Clean air 表示空白对照,DD 表示二烯丙基二硫醚,HDA 表示麦蛾雌性信息素,Not decided 表示10min 内没有做出选择的虫数,RI 表示驱避指数;采用双尾 Fisher 精确概率法分析差异显著性($P=0.05$),ns 表示差异不显著。

(二)二烯丙基三硫醚对麦蛾嗅觉行为的影响

利用 Y 型嗅觉仪测定二烯丙基三硫醚对麦蛾雌雄虫嗅觉行为的影响。从图 3-4 中可以看出 10μl 剂量的二烯丙基三硫醚对麦蛾雌虫(RI=0.08;$P>0.05$)和雄虫(RI=0.03;$P>0.05$)均无显著的行为影响;10μl 剂量的人工合成雌性信息素对雄虫具有极显著的诱集效果(RI=-0.49;$P<0.001$),对雌虫具有极显著的驱避效果

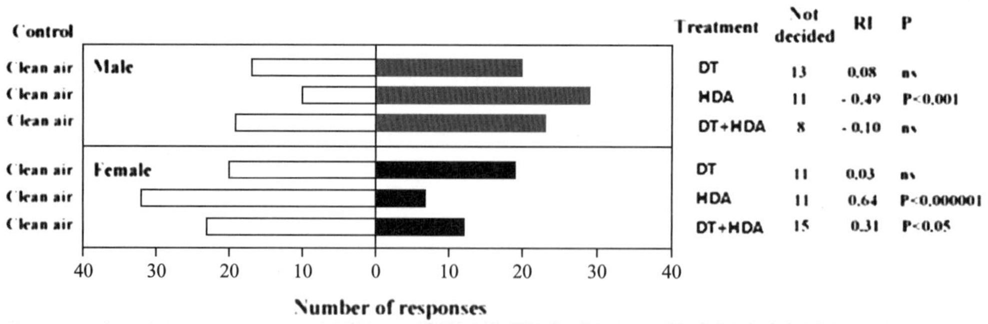

图 3-4　二烯丙基三硫醚对麦蛾雌雄虫的嗅觉行为影响

Clean air 表示空白对照,DT 表示二烯丙基三硫醚,HDA 表示麦蛾雌性信息素,Not decided 表示10min 内没有做出选择的虫数,RI 表示驱避指数;采用双尾 Fisher 精确概率法分析差异显著性($P=0.05$),ns 表示差异不显著。

（RI=0.64；$P<0.000001$）；但当同时加入 10μl 二烯丙基三硫醚时，人工合成性信息素对雄虫没有了显著的引诱活性（RI=−0.10；$P>0.05$），对雌虫的驱避率也大大地降低了（RI=0.31；$P<0.05$）。

三、小结与讨论

嗅觉在很多昆虫行为中起着重要的作用，包括交配、产卵、寻找寄主和避免天敌伤害等。在蛾类昆虫的求偶行为中，尤其是远距离的范围内，雌蛾能够在体内合成并释放性信息素来吸引雄虫，而雄虫通过敏锐的嗅觉系统来感知雌虫释放的性信息素并对其作出相应的求偶行为（Vogel et al.，2010）。另外，有文献报道，雌虫通过感受自身或者同类竞争者释放的性信息素来决定自身性信息的合成与释放量（Vogt，2005）。当雌虫感受到所在区域有高浓度的性信息素，会认为该区域有大量竞争者存在，从而调整自身性信息素的释放量，甚至选择离开该区域，寻找另外的求偶场所（Trematerra，1994）。因此，在交配求偶过程中，敏锐的嗅觉对雌虫和雄虫同样重要。基于性信息素的交配干扰技术是目前广受关注的害虫治理方法之一，主要是通过干扰害虫的嗅觉行为而达到抑制昆虫交配的效果（Roitberg，2007）。

本章节采用 Y 型嗅觉仪研究大蒜精油活性物质对麦蛾嗅觉行为的影响。研究结果显示当加入二烯丙基二硫醚或二烯丙基三硫醚时，人工合成雌性信息素对麦蛾雄虫的引诱活性和对雌蛾的驱避活性都显著地降低了，说明大蒜精油活性物质能够干扰麦蛾对性信息素的识别。该结果验证了我们前期的推测：大蒜精油活性物质可能是通过干扰麦蛾的交配行为，从而最终降低了麦蛾的产卵量。同样，有研究表明：从火炬松（Pinus taeda L.）中提取的一种挥发性芳香化合物（4-烯丙基苯甲醚），在田间实验中可以干扰美国南方松大小蠹 *Dendroctonus frontalis* 雄虫对其性信息素的反应（Hayes et al.，1994）。实际上，在自然环境中存在着各种不同的挥发物，这些挥发物可以在不同水平上影响昆虫对信息素的识别过程（Deisig et al.，2012）。很多研究表明植物挥发化合物可以促进多种蛾类雄虫对信息素的反应，例如棉铃虫 Helicoverpa armigera（Light et al.，1993），苹果蠹蛾 *Cydia pomonella*（Schmera and Guerin，2012），梨小食心虫 *Grapholitha molesta*（Varela et al.，2011）和小菜蛾 *Plutella xyllostella*（Reddy et al.，2002）等。相反，植物挥发物对信息素的抑制作用迄今大部分被人忽视了。

交配干扰技术通过干扰雌雄虫的正常交配，可以有效控制害虫的种群。在实际应用中，采用交配干扰技术防治害虫需要大量的化学信息素，因此只有价格低廉，容易获得的化合物才有真正的应用价值。大蒜精油及其主要活性物质比人工合成性信息素价格更加低廉，更容易获取，并且安全无毒，对环境无污染，在储粮害虫“行为调节剂”或“交配干扰剂”的研究和应用领域有着极为广阔的前景。

第二节　麦蛾触角感器的超微结构观察

昆虫在寻找寄主、食物、配偶和产卵场所以及逃避敌害、迁移等行为过程中,主要依赖于其灵敏的嗅觉(Skiri et al.,2005)。昆虫的触角是昆虫最主要的感觉器官,其上着生着数量众多、形态各异、功能不同的感器,大部分化学感器以毛状的形态着生于触角的鞭节。这些感器是昆虫与外界环境进行化学信息交流的最基本的结构单元,起着感知外界环境和传递信息的作用,它们和神经系统一起调节和控制昆虫的各种行为(丁旭坡等,2011)。明确昆虫触角感器的结构、形态、分布和种类有助于研究昆虫的嗅觉识别机制以及相应的嗅觉行为反应,为开发基于昆虫嗅觉的行为调控技术奠定基础;并且随着分子生物学的发展,昆虫触角感器中一些与气味识别相关的蛋白研究已成为热点,而这些研究建立在昆虫触角感器的研究基础之上。因此,有关昆虫触角感器的组织学、形态学和超微结构等方面的研究越来越受国内外研究工作者的关注(王桂荣等,2002;Ndomo-Moualeu,et al.,2014)。

迄今为止,鳞翅目中蚕蛾科,螟蛾科和夜蛾科等多种昆虫的触角感器超微结构已被大量研究(尹姣等,2004;Zhao et al.,2013)。但是关于麦蛾触角感器的研究尚未见报道,因此本章节利用扫描电镜对麦蛾触角感器的外部形态结构、分布和种类进行研究,并利用透射电镜对触角感器的内部结构进行观察,为更深入地了解其嗅觉系统奠定基础,为进一步探索麦蛾的生物防治方法提供科学的理论依据。

一、材料与方法

(一) 供试昆虫

同本章第一节。

(二) 主要试剂

乙醇、乙酸异戊酯、丙酮等	市售分析纯
戊二醛 Glutraldehyde	国药集团化学试剂有限公司,中国
锇酸 Osmic acid	Polysciences,USA
环氧树脂 pon812	北京中镜科仪技术有限公司,中国
醋酸铀	天津浩晟科技有限公司,中国
柠檬酸铅	天津浩晟科技有限公司,中国

(三) 主要仪器

CO_2临界点干燥仪:HITACHI HCP-2	HITACHI,Japan
离子溅射仪:JFC-1600	JEOL,Japan
扫描电子显微镜:HITACHI JSM-6390L	HITACHI,Japan
超薄切片机:Leica EM UC6	Leica,Germany
透射电子显微镜:HITACHI H-7650	HITACHI,Japan

(四) 扫描电镜样品制备

(1) 取样。选择个体健壮、触角完整的雌虫和雄虫各 20 头,用少量乙醚麻醉,于解剖镜下用镊子小心的取下完整的触角,放入 2.5%戊二醛溶液中。

(2) 固定。4℃条件下,将触角样品在 2.5%戊二醛溶液中固定 24h。

(3) 清洗。用 0.1M 磷酸缓冲液于超声波中清洗样品 2～3 次,每次 5s。

(4) 脱水。将样品依次经过 30%、50%、60%、70%、80%、90%、100%、100%的乙醇进行脱水,每次脱水时间为 15min。

(5) 置换。将脱水后的样品先后在乙醇与乙酸异戊酯体积比为 1∶1 和 1∶2 的混合液中各置换 10min,最后将样品放入纯乙酸异戊酯中。

(6) 干燥。用 CO_2临界点干燥仪干燥样品,用液体 CO_2 置换乙酸异戊酯,在达到临界状态后,将温度再升高 10℃,使液体 CO_2 气化,然后打开放气阀门,逐渐排出气体,样品即完全干燥。

(7) 喷金。将样品置于黑色导电双面胶上,在离子溅射仪上喷金 5min。

(8) 扫描电镜观察。将样品置于扫描电子显微镜下观察并拍照,加速电压为 20kV。

(9) 触角感器分类。参照 Schneider(1964)、Zacharuk(1985)和 Keil(1999)有关昆虫感器形态特征的描述对麦蛾触角感器进行分类。

(五) 透射电镜样品制备

(1) 取样。按扫描电镜样品制备的取样方法将触角剪下。

(2) 固定。4℃条件下,将样品于 2.5%戊二醛固定 24h;用 0.1mol/L 磷酸缓冲液清洗 3 次,每次 15min;1%锇酸固定液固定 2～3h;再用 0.1mol/L 磷酸缓冲液清洗 3 次,每次 15min。

(3) 脱水。将样品依次经过 30%、50%、60%、70%、80%、90%、100%、100%的丙酮脱水,每次脱水时间为 15min。

(4) 包埋。用 pon812 树脂与丙酮混合液渗透,包埋样品。

(5) 切片。包埋块聚合后,用超薄切片机进行切片 50～60nm。

(6) 双染色。用醋酸铀一柠檬酸铅染色液将样品各染色 30min。

(7) 透射电镜观察。将切片置于透射电镜下观察,操作电压为 80kV。

二、结果与分析

(一) 麦蛾触角的一般形态

雌蛾触角和雄蛾触角在外观上没有显著差异,都呈丝状,由柄节(scape)、梗节(pedicel)和鞭节(flagella)三个部分组成(图 3-5)。其中柄节甚长,梗节比较粗短,表面没有网纹结构,表面被狭长的鳞片所覆盖。不同个体鞭节节数略有不同,一般由 26～32 个亚节组成,表面有连续隆起的网纹结构,可分为腹面和背面。各种感器主要分布在触角的腹面,背面着生两排规则排列的覆瓦状鳞片,鳞片间亦有少数的感器。从触角的基部到末梢,每个鞭节向端部方向逐渐变细变长。端节顶部渐狭细,顶端不着生鳞片,形状类似珊瑚。

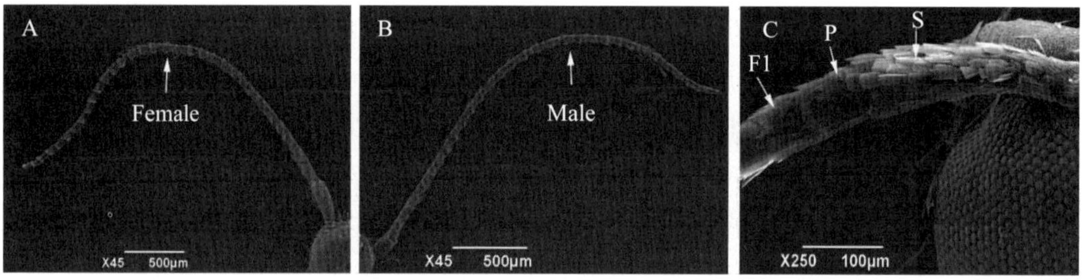

图 3-5 麦蛾雌雄触角的扫描电镜观察

A. 为雌虫触角;B. 为雄虫触角;C. 触角的基部部分,展示了柄节(S)、梗节(P)和第一鞭节(F1)

(二) 触角感器的种类、形态和分布

麦蛾触角上有 7 种感器,分别是毛形感器(sensilla trichoidea)、锥形感器(sensilla basiconica)、腔锥形感器(sensilla coeloconica)、栓锥形感器(sensilla styloconica)、耳形感器(sensilla auricillica)、鳞形感器(sensilla squamous)和 Böhm 氏鬃毛(Böhm bristles)。其中毛形感器、腔锥形感器、栓锥形感器和 Böhm 氏鬃毛根据其形态结构又可分为两种亚型。每种感器的形态和分布在雌雄虫间没有明显差异。

1. 毛形感器

毛形感器是麦蛾触角上数量最多的感器,呈毛状,全部分布在鞭节的腹面和侧面。根据其长短和表面刻纹可分为 STI 和 STII 两种类型。STI 型为长毛型感器,其基部不弯曲,近端部呈弧形弯曲,大多呈 30°～45°角生长,表面具有环纹或斜螺纹。

STI 型感器的形状和长度在雌雄中没有显著差异，但是在数量上雄虫明显多于雌虫。STII 型为短毛型感器，数量比 STI 型少，大多数近基部弯曲，端部不弯曲，表面具有明显的纵纹，无明显的性二态现象(图 3-6A，B)。用透射电镜观察毛形感器的横切面，结果显示它们具有相当厚的表皮壁，表皮壁中亲脂性孔道极少，形状似漏斗，但是通常无法观察到，感器淋巴液中分布数个神经树突(图 3-6C-E)。

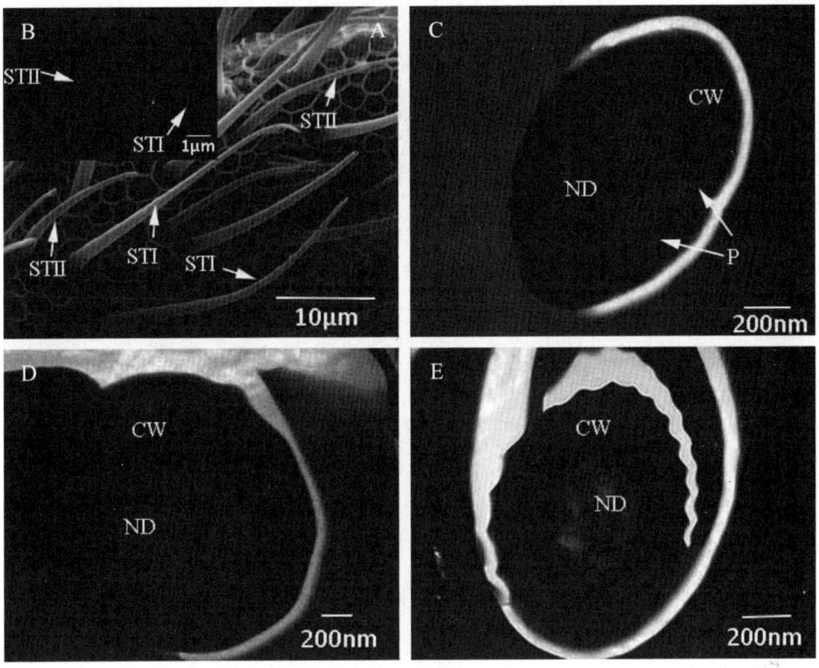

图 3-6 麦蛾触角毛形感器的扫描电镜(A，B)和透射电镜(C-E)观察

A. 为两种毛型感器的外观形态；B. 显示毛形感器的表面纹；

C、D. 为长毛形感器的内部结构；E. 为短毛形感器的内部结构

STI 表示长毛形感器；STII 表示短毛形感器；ND 表示神经树突；P 表示表皮孔；CW 表示表皮壁

2. 锥形感器

锥形感器在结构和形状上与长毛形感器相似，但是锥形感器在长度上较长毛形感器短，其基部具有突起的臼状窝，这是与毛形感器区分的主要特征。有些锥形感器基部呈弧形弯曲，而另一些却近乎垂直于触角表面(图 3-7A，B)。锥形感器表面具有环纹，并且有稀浅的纵向槽纹，在雌雄触角中无明显的区别(图 3-7C)。锥形感器主要分布在鞭节的腹面和侧面，但是每一鞭节的中部背面都固定长有 1-2 根锥形感器。其内部形态结构与毛形感器具有明显的差异：锥形感器的表皮壁很薄，其上分布着众多亲脂性孔道，感器淋巴液中可见许多神经树突(图 3-7D～F)。

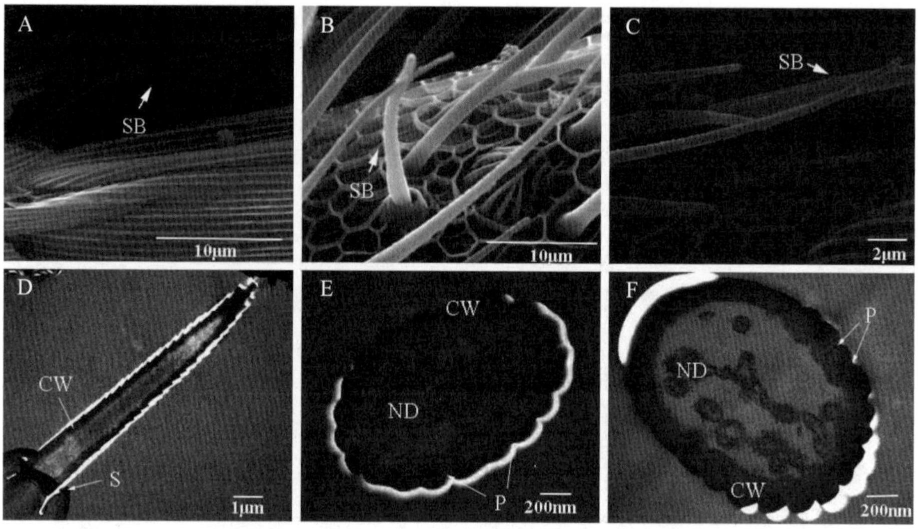

图 3-7　麦蛾触角锥形感器的扫描电镜(A-C)和透射电镜(D-F)观察

A、B. 为锥形感器的外观形态;C. 显示锥形感器的表面纹;D. 为锥形感器的纵切面;E、F. 为锥形感器的横切面。SB 表示锥形感器;CW 表示表皮壁;S 表示臼状窝;ND 表示神经树突;*P* 表示表皮孔。

3. 腔锥形感器

腔锥形感器分布于鞭节的腹面,可以根据有无缘毛分为 SCoI 和 SCoII 两种亚型,在雌雄虫中无明显差异。SCoI 形态似菊花,周围有 11～14 根带有纵向槽纹的缘栓,呈花瓣状;中间凹陷成浅腔,腔的中央有一根中心栓,其表面也有深刻的纵向槽纹(图 3-8A)。除端节外,每一鞭节的腹面长有 1～4 个 SCoI 型感器。SCoII 型同样着生于一个圆形的浅腔中,圆腔中间有直立的栓状突起,栓状突起同样有纵向槽纹,但周围没有缘毛(图 3-8B)。ScoII 型数量稀少,仅偶尔在个别触角上发现过。透射电镜显示腔锥形感器是典型的双壁感器,表皮上孔道众多,中间有 4 个神经树突。

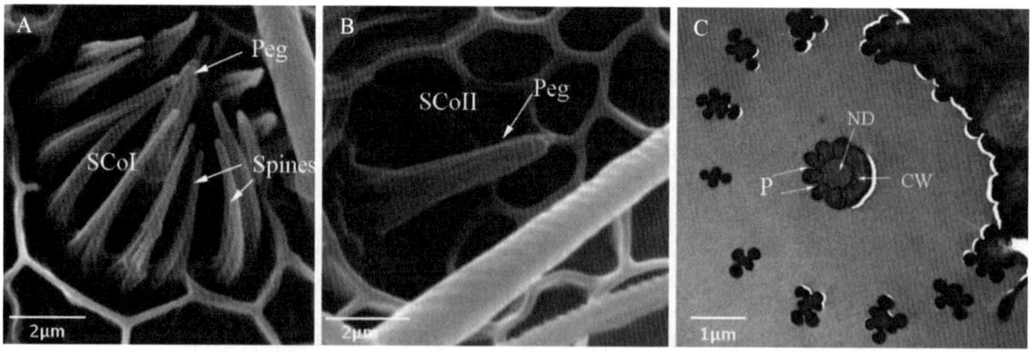

图 3-8　麦蛾触角腔锥形感器的扫描电镜(A,B)和透射(C)电镜观察

A、B. 两种腔锥形感器外观(SCoI 和 SCoII); C. 为 SCoII 感器的横切面
CW 表示表皮壁;ND 表示神经树突;P 表示表皮孔

4. 栓锥形感器

除端节外，在每一鞭节的前端分节处长有一个Ⅰ型栓锥形感器(SStI)。SStI感器呈拇指状，较粗大，表面有较浅的凹纹，端部有一个锥状突起，锥状突起的基部呈臼状窝，顶部一般膨大成小球状(图3-9A,B)。另外，在触角的末端着生着一个不同于分节处的栓锥型感器，即SStII，其表面呈珊瑚状，顶端有两个锥状突起，其基部被珊瑚结构覆盖(图3-9C)。两种栓锥型感器在不同性别中无明显的差异。

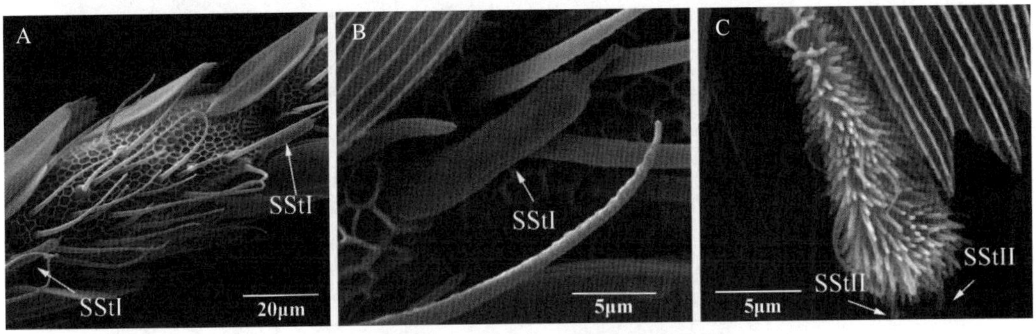

图3-9 麦蛾触角栓锥形感器的扫描电镜观察

A、B. 为栓锥形感器Ⅰ型(SStI)；C. 为栓锥形感器Ⅱ型(SStII)

5. 耳形感器

耳形感器没有臼状窝，呈兔耳形或者禾本科植物的心叶状，正表面凹陷，向内卷曲，表面有深浅不一的纵向槽纹，其基部向触角端部方向倾斜弯曲，几乎与触角表面平行，无明显的性二态现象(图3-10A)。从耳形感器的横切面上看，该类型感器的表皮非常薄，表皮壁上有许多孔道，感觉腔内分布许多神经树突(图3-10B)。

6. 鳞形感器

鳞形感器主要分布于柄节、梗节和各鞭节背面的鳞片中间，基部着生在一突起的臼状窝内。其表面结构与鳞片相似，但比一般鳞片狭小，在雌雄触角中没有明显的差异(图3-10C,D)。透射电镜显示鳞形感器表面有很多纵向的槽纹，但是表皮壁上没有亲脂性孔道(图3-10E)。

7. Böhm氏鬃毛

Böhm氏鬃毛像一根根短刺，倾斜于表皮生长，Schneider(1964)将这类感器归为一种刺形感器，但是它们比刺形感器要更短更尖，而且只成簇地分布在柄节或梗节的基部(图3-11)。根据其形态可分为BBI和BBII两种类型。BBI型生长在一个凹陷的基窝内，表面光滑，柄节和梗节的基部都有分布(图3-11B)。BBII型不具有基窝，直接从表皮上突出生长，基部表面不平滑，有些感器在端部分成两根刺，并且只分布在柄节基部(图3-11C)。

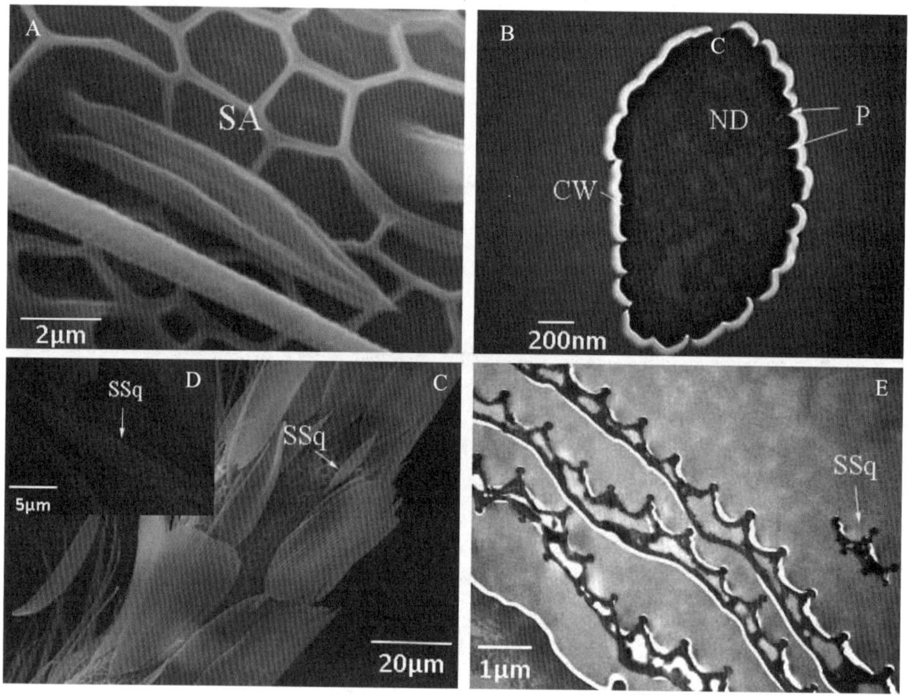

图 3-10 麦蛾触角耳形感器和鳞形感器的扫描电镜(A,C,D)和透射电镜(B,E)观察

(A)为耳形感器的外观形态;(B)为耳形感器的横切面;(C-D)为鳞形感器的外部形态;(E)为鳞形感器的横切面。SA 表示耳形感器;SSq 表示鳞形感器;CW 表示表皮壁;ND 表示神经树突;P 表示表皮孔。

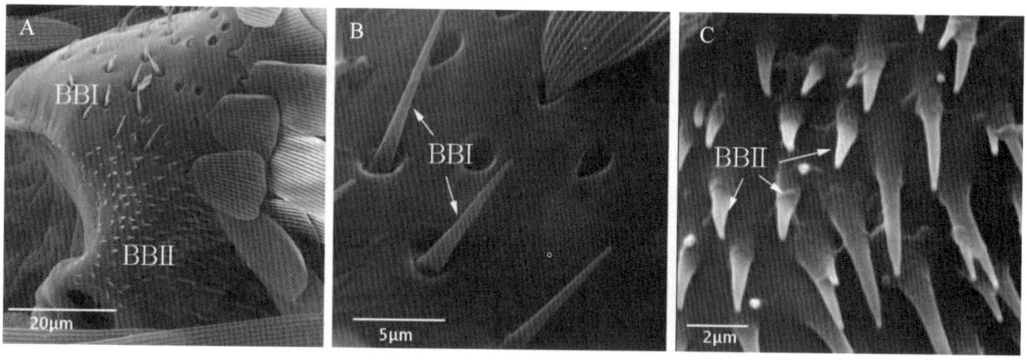

图 3-11 麦蛾触角 Böhm 氏鬃毛的扫描电镜观察

BBI 为 Böhm 氏鬃毛 Ⅰ 型;BBII 为 Böhm 氏鬃毛 Ⅱ 型

三、小结与讨论

本章节利用扫描电镜和透射电镜,观察麦蛾雌雄成虫触角感器的超微结构。在麦蛾触角中共发现 7 种类型的感器,分别是毛形感器、锥形感器、腔锥形感器、栓锥形感器、耳形感器、鳞形感器和 Böhm 氏鬃毛。由于感器分布位置的局限性和透射电镜切片的随机性，我们没有观察到栓锥形感器和 Böhm 氏鬃毛的内部结构。除了长毛形感器外，所有感器在雌雄触角上没有明显的区别。麦蛾触角感器形态与其他蛾类尤其是麦蛾科昆虫的触角感器十分相似(Moualeu et al.，2014；Sun et al.，2011)。昆虫触角感器的形态、构造、分布和数量都与其功能紧密相关(刘召等，2010)。

麦蛾触角上的长毛形感器显著多于其他类型的感器，而且雄虫触角上的长毛形感器显著多于雌虫，这种现象在其他昆虫中也普遍存在，如棉红铃虫 *Pectinophora gossypiella*(尹文英和郦一平，1980)和欧洲玉米螟 *Ostrinia nubilalis* (Cornford et al.，1973)，这种现象可能与其功能相关。在一些鳞翅目昆虫中，长毛形感器通常被认为是昆虫感受性信息素的主要器官(Dolzer et al.，2003)。麦蛾长毛形感器在数量上雄蛾多于雌蛾，在外观上具有毛长，表面有环纹，顶端弯曲等特点，并且在内部结构上具有表皮壁厚，表皮孔少且呈漏斗状，神经树突分布少等特点。以上特征都是性信息素感器的典型特征，因此我们推测麦蛾长毛形感器可能起着感受性信息素的作用。目前，短毛形感器的功能并不清楚，但是 Castrejón Gómez 等(2003)推测短毛形感器可能用来监测自身性信息素的释放。

麦蛾锥形感器的表皮壁很薄，表皮上有很多亲脂性孔道，感觉腔内有许多神经树突，与其他蛾类昆虫的锥形感器特征相似，如多音天蚕蛾 *Antheraea polyphemus* (Rogers et al.，2001b)和兴安落叶松鞘蛾 *Coleophora obducta* (Yang et al.，2009)，并且该感器在形态和数量上都不存在性二态现象，这些结果表明它们可能是嗅觉感器。事实上，已有文献报道普通气味结合蛋白主要存在于锥形感器中，它们对普通气味比较敏感，如寄主植物和捕食者发出的气味等(Maida et al.，2005；Chen et al.，2010)。

麦蛾触角中有两种腔锥形感器，一种有缘毛，形状似菊花，另一种周围没有缘毛。在烟草天蛾 *Manduca sexta* (Shields and Hildebrand，1999)，粘虫 *Mythimna separata* (Chang et al.，2015) 和草地螟 *Loxostege sticticalis*(尹姣等，2004)中也同时发现了这两种亚型。腔锥形感器具有双层表皮壁和大量的表皮孔，是典型的嗅觉感器(Shields and Hildebrand，1999)。但是也有文献报道它们可以作为湿度感器(Altner et al.，1983)，还可以感受二氧化碳等(Yang et al.，2009)。

麦蛾触角上的栓锥形感器只分布在鞭节的远端边缘，类似的分布在黄地老虎 *Agrotis segetum* (Hallberg，1981)，稻纵卷叶螟 *Cnaphalocrocisme dinalis* (Sun et al.，2011)和棉贪夜蛾 *Laphygma exigna* (Seada，2015)中也有发现。Faucheux (2011)认为栓锥形感器可能是温度和湿度受体。但是在豆荚小卷蛾 *Cydia nigricana* 中，这些感器被认为是接触性化学受体(Wall，1978)。

麦蛾耳形感器具有超薄的表皮壁，大量的气孔和神经树突。Anderson 等(2000)认为这些感器可能是用来感受植物挥发物，但是苹果蠹蛾 *Cydia pomonella* 中的耳形感器可以感受性信息素化合物(Ebbinghaus et al.，1997)。另外，Den Otter

等(1978)推测它们是一种物理感受器，可能具有接受声波的作用。

鳞形感器的外形与普通的鳞片相似，只是比普通鳞片更狭小。透射电镜显示这些感器没有表皮孔，表明它们不是嗅觉感器。在二化螟 *Chilo suppressalis* 中，鳞形感器被认为是一种机械感器(余海忠，2004)。褐点墨天牛 *Monochamus notatus* 鳞形感器可能作为风速受体(Dyer and Seabrook，1978)。

Böhm 氏鬃毛在某些昆虫中被归类为一种刺形感器，在麦蛾触角中只分布在柄节和梗节的基部，其分布特点与其他鳞翅目昆虫相似(Ndomo-Moualeu et al.，2014;)。有些研究表明 Böhm 氏鬃毛是一种机械感器，然而在某些蛾类昆虫中它们可以感受飞行过程中触角的位置和移动(Krishnan et al.，2012)。

总之，通过超微结构观察，我们对麦蛾触角的整体结构以及触角感器的形态、分布和种类有了详细的了解，这些结果将有利于我们更深入地了解麦蛾雌雄虫间化学信息交流机制，为进一步探索麦蛾的嗅觉行为提供理论依据。

第三节　麦蛾气味结合蛋白基因的克隆和表达模式分析

在本章第一节中研究发现大蒜精油主要活性物质(二烯丙基二硫醚和二烯丙基三硫醚)对麦蛾具有明显的嗅觉干扰作用。目前，很多研究表明位于昆虫触角嗅觉感器中的多种蛋白，如气味结合蛋白(odorant-binding proteins，OBPs)、气味降解酶(odorant degrading enzymes，ODEs)和气味受体(odorant recepters，ORs)等，参与了昆虫对外界气味分子的识别和转导过程(Fan et al.，2011)。环境中的气味分子通过扩散作用进入嗅觉感器表皮孔，首先被亲水性感器淋巴液中的气味结合蛋白结合，该可溶性蛋白是昆虫嗅觉系统的第一个功能组件，在昆虫与外界进行信息交流中起着重要的作用(Vogt and Riddiford，1981)。根据以上昆虫气味识别机制，我们推测麦蛾嗅觉感器中的气味结合蛋白在大蒜精油活性物质对麦蛾的行为干扰反应中起着重要的作用。鳞翅目昆虫的气味结合蛋白主要分为两大类，一类是信息素结合蛋白(pheromone-binding protein，PBP)，主要存在于长毛形感器中，负责溶解和运输性外激素；另一类是普通气味结合蛋白(general odorant-binding protein，GOBP)，主要负责溶解和运输环境中的普通气味如植物挥发性物质、捕食者发出的气味等(Nakagawa et al.，2005)。根据序列的相似度 GOBP 又可分两个亚类，即 GOBP1 和 GOBP2，其中 GOBP1 主要分布于长毛形感器和锥形感器中，GOBP2 大多仅分布在锥形感器中。因此，本章节的主要内容是克隆和分析麦蛾触角的气味结合蛋白基因(GOBP1、GOBP2 和 PBP)，并对其表达模式进行分析。

一、材料与方法

(一) 供试昆虫

同本章第一节。

(二) 主要试剂

RNA 小量提取试剂盒 RN07： 北京艾德莱生物科技有限公司,中国
TaqDNA 聚合酶： Takara,Japan
DH5α 感受态细胞： 北京全式金生物技术有限公司,中国
载体 pMD18-T vector： Takara,Japan
RACE 试剂盒： Takara,Japan
凝胶回收试剂盒:Axygen DNA 爱思进生物技术(杭州)有限公司,中国
PCR 引物： 上海生工生物工程有限公司,中国
PrimeScript RT reagent Kit With gDNA Eraser (Perfect Real Time):Takara, Japan
SYBR Premix Ex TaqII(Perfect Real Time):Takara,Japan

(三) 主要仪器设备

PCR 扩增仪:PCR Thermal Cycler Dice Takara,Japan
超纯水器:ELGA Purelab maxima GEN GENIUS,USA
凝胶成像仪:Gel Doc XR Plus Bio-Rad,USA
高速冷冻离心机:Eppendorf Centrifuge 5415D Eppendorf,Germany
制冰机:SANYO Sim-F124 SHIMADZU,Japan
水平式核酸电泳仪:DYY-6 北京市六一仪器公司,中国
压力蒸汽灭菌锅:LDZX-50KB 上海申安医疗器械公司,中国
超低温冰箱:MDF-U53V Sanyo,Japan
分析天平:AUY120 SHIMADZU,Japan
核酸蛋白测定仪:Biophotometer Eppendorf,Germany
实时荧光定量 PCR 仪:Bio-Rad CFX 96 Bio-Rad,USA

(四) 引物设计

比较已报道的鳞翅目昆虫气味结合蛋白基因(GOBP1、GOBP2 和 PBP)的氨基酸序列,根据保守区结合简并引物设计原则分别设计了 3 对简并引物,以获得麦蛾 GOBP1、GOBP2 和 PBP 基因的 cDNA 片段。运用 Primer premier 5.0 软件设计普通

PCR 的引物,利用 Beacon Designer 7 软件设计 qRT-PCR 引物。本章节所用到的引物见表 3-1。

表 3-1 麦蛾 OBPs 基因克隆和定量表达引物

引物名称	序列(5'～3')
Degenerate PCR	
GOBP1-F	GGAYGTCACNCTNGGNTTYG
GOBP1-R	GGNGCCCARTTNARYTTRTG
GOBP2-F	GTSATGAGCCAYGTNACN
GOBP2-R	YTTGAARCAVGCNGCNACYTT
PBP-F	ACNGGNTGYGCNATNATGTG
PBP-R	TCNGCNCCRTGYTTYWTNGC
GAPDH-F	TGYCTYGCDCCYCTBGCYAAR
GAPDH-R	RGCDGCRTCRAAGATNGANGA
Nested PCR	
5'GOBP1 Outer Primer	GTTAGGGAAGGACTTGACGAA
5'GOBP1 Inner Primer	ATGCGATGCGAGTCAGTCAGC
3'GOBP1 Outer Primer	ACAACCTGCTGACTGACTCGCATCGC
3'GOBP1 inner Primer	CGGAGCCCGATCACTGCTGGCGTATA
5'GOBP2 Outer Primer	ATCGCAGTCGTCTTTCAGGTCGT
5'GOBP2 Inner Primer	AGAATCTCACCATTAGGGAAGC
3'GOBP2 Outer Primer	CAGGAGGACACCCGCATCCATCATA
3'GOBP2 Inner Primer	TATGACGACCTGAAAGACGACTGCG
5'PBP Outer Primer	ATCTTCATACACCCGTCCTCAAT
5'PBP Inner Primer	AGGCTTCCATCAGGAGAGACCAG
3'PBP Outer Primer	TGGTCTCTCCTGATGGAAGCCTC
3'PBP Inner Primer	CCATTGAGGACGGGTGTATGAAGA
Quantitative real-time PCR	
ScerGOBP1-F	ATGAAGGATGTCACGCTGGGC
ScerGOBP1-R	AGGGAAGGACTTGACGAACGC
ScerGOBP2-F	GAGGACACCCGCATCCATCATA
ScerGOBP2-R	TTGAAGCAAGCGGACCACCT
ScerPBP-F	GGCAGAAATGTGGAAGATAACAGTAGTG
ScerPBP-R	GAGTCAGGCAGTTCCATCTCCTTCTTAC
ScerGAPDH-F	CCATCAAGCAAAAGGTAAGGGAGG
ScerGAPDH-R	TTGATGAGTGCGTGTCACCGAT

注:简并引物中字母表示:Y=C/T;R=A/G;S=G/C;W=A/T;B=G/T/C;V=G/A/C;D=G/A/T;N=A/T/G/C。

(五) RNA 提取

麦蛾触角细小，为了提高 RNA 提取效率，全部采用 RNA 小量提取试剂盒 RN07 提取样品总 RNA，实验步骤按照说明书进行：

(1) 取样。取约 50 头初羽化的麦蛾，在－20℃条件下冷冻处理 5～10min，在冰上将触角完整地剪下，立即放入盛有液氮的离心管中。研磨后，取 350μl 组织裂解液 RLT 于盛放样品的 1.5ml 离心管中，用手剧烈振荡 20s，使其充分裂解。

(2) 将裂解物在室温下 13,000r/min 离心 3min，将裂解物上清小心地转到一个新的离心管中。

(3) 加入等体积的 70%乙醇，立即吹打混匀。

(4) 将混合物加入一个吸附柱 RA 中，吸附柱放入收集管中，13,000r/min 离心 60s，弃掉废液。

(5) 加入 700μl 去蛋白液 RW1，室温旋转 30s，12,000r/min 离心 30s，弃掉废液。

(6) 加入 500μl 漂洗液 RW，12,000r/min 离心 30s，弃掉废液。加入 500μl 漂洗液 RW，重复一遍。

(7) 将吸附柱 RA 放回空收集管中，13,000r/min 离心 2min，尽量除去漂洗液，以免漂洗液中残留乙醇抑制下游反应。

(8) 取出吸附柱 RA，放入一个 RNase-free 离心管中，根据预期 RNA 产量在吸附膜的中间部位加 30～50μl RNase free water(事先在 70～90℃水浴中加热可提高产量)，室温放置 1min，12,000r/min 离心 1min。

(9) 用核酸蛋白测定仪测 RNA 浓度和质量。得到的 RNA 可马上用于反转录或分装后于－80℃贮存备用。

(六) 反转录

采用 Takara 公司的定量专用反转录试剂盒 PrimeScript RT reagent Kit With gDNA Eraser (Perfect Real Time)合成 cDNA 第一链，该试剂盒可以对 Total RNA 样品进行 DNaseI 处理，以除去残存的基因组 DNA。操作方法如下。

(1) 去基因组 DNA 反应体系。

5×gDNA Eraser Buffer	2μl
gDNA Eraser	1μl
Total RNA	0.5μg
RNase Free dH2O	up to 10μl

42℃ 2min，4℃保存。

(2) 反转录反应体系。

为了保证反应液的准确性，进行各项反应时，应先按反应数＋1 的量配制 Master

Mix,然后再分装到每个反应管中。

5×PrimeScript Buffer 2 (for Real Time)	4μl
PrimeScript RT Enzyme Mix I	1μl
RT Primer Mix	1μl
(1) 中的反应产物	10μl
RNase Free dH_2O	up to 20μl

37℃ 15min,85℃ 5s,-20℃保存。

(七) 简并 PCR 克隆 OBPs 基因片段

利用简并引物(GOBP1-F 和 GOBP1-R,GOBP2-F 和 GOBP2-R,PBP-F 和 PBP-R)克隆麦蛾 GOBP1、GOBP2 和 PBP 基因片段。

PCR 反应体系为 50μl:

cDNA 模板	2μl
上游引物(10μm)	2μl
下游引物(10μm)	2μl
10×PCR Buffer	5μl
dNTPs (2.5 mm each)	4μl
Taq (5U/μl)	0.25μl
ddH_2O	up to 50μl

PCR 反应条件:94℃ 5min;94℃ 30s,54℃ 30s,72℃ 60s,35 个循环;72℃延伸 10min。

(八) PCR 产物回收、连接转化和克隆测序

1. PCR 产物回收

PCR 产物经低熔点琼脂糖凝胶电泳后进行切胶,利用 Axygen 胶回收试剂盒说明书进行产物纯化,步骤如下。

(1) 低熔点琼脂糖凝胶电泳分离 PCR 产物。

(2) 紫外光下快速用刀片切下所需的 DNA 条带,琼脂糖凝胶块应尽可能小。

(3) 称量凝胶重量(提前记录 1.5ml EP 管的重量),设该重量为一个凝胶体积(100mg=100μl)。

(4) 加入 3 个凝胶体积的 Buffer DE-A,混合均匀后于 75℃水浴中温育 6~8min,直至凝胶完全熔化。

(5) 加入 0.5 个 Buffer DE-A 体积的 Buffer DE-B,混合均匀,如果 DNA 片段<400bp 则需加入 1 个凝胶体积的异戊醇。

(6) 将 DNA 制备管置于 2ml 离心管中(试剂盒内提供),再将以上混合液转移到

制备管中，12000r/min 离心 1min，弃滤液。

(7) 将制备管放回 2ml 离心管，加 500μl Buffer W1，12000r/min 离心 30s，弃滤液。

(8) 将制备管放回 2ml 离心管，加 700μl Buffer W2，12000r/min 离心 30s，弃滤液。

(9) 重复步骤(8)，离心 1min，弃滤液。

(10) 将制备管置回 2ml 离心管，12000r/min 离心 1min，静置 5min。

(11) 将制备管置于 1.5ml 离心管(试剂盒内提供)中，在制备膜中央加 25～30μl Eluent(提前预热至 65℃可以提高洗脱效率)，室温孵育 1min。

(12) 12000r/min 离心 1min 洗脱 DNA。

(13) 重复步骤(12)，回收完成后将产物 4℃保存或直接用于连接。

2. 产物连接

将回收产物连接至 pMD18-T 载体，步骤如下。

(1) 向 PCR 管中加入	pMD18-T Vector	1μl
	Insert DNA	3μl
	dH_2O	5μl

(2) 加入 5μl Solution I，混匀，16℃ 30min。

3. 细胞转化

转化反应步骤如下。

(1) 从－80℃冰箱中取 50μl 感受态细胞 DH5α 悬液，冰浴解冻。

(2) 加入质粒连接反应液 10μl，轻弹混匀，冰浴 30min。

(3) 取出离心管，于 42℃水浴 45～60s。

(4) 迅速置于冰上冷却 2～3min。

(5) 在离心管中加入 950μl LB 液体培养基(不含 Amp)，混匀后 180r/min 37℃振荡培养 1～2h，使细菌恢复正常生长状态，并表达质粒编码的抗生素抗性基因；

(6) 取上述菌液 100～200μl 涂布于含 Amp 的筛选平板上(含 40μl 20mg/ml X-gal，4μl 200mg/ml IPTG)，正面向上放置 1～2h，待菌液完全被培养基吸收后倒置培养皿，37℃培养 14h 左右观察蓝、白菌落。

LB 液体培养基(pH7.0)1L。

胰蛋白胨(TryPtone)	10g
酵母浸粉(Yeast extract)	5g
NaCl	10g
去离子水	定容至 1L

高压湿热灭菌 121℃，20min

LB 固体培养基(pH7.0)1L。

在液体培养基中加入 15g 的琼脂糖粉，高压湿热灭菌 121℃，20min。

4. 鉴定和序列

(1) 挑取 LB 培养基上的白色单菌落,接种于 Amp+LB 液体培养基中,37℃,180r/min 振荡培养 6~8h 至液体混浊。

(2) 以菌液为模板,通用引物 M13 为引物进行 PCR,产物经凝胶电泳鉴定后,挑取符合预测大小的菌液送华大基因测序。

(九) 3'和 5'RACE 克隆 OBPs 全长基因

根据(八)测序结果设计 Nested PCR 引物(表 3-1)。采用 Takara 公司的 3'和 5' RACE 试剂盒进行 3'和 5'RACE PCR 扩增。将 3'和 5'RACE PCR 产物经琼脂糖凝胶电泳并割胶纯化,克隆于 pMD18-T 载体内并测序(实验方法同(八))。将序列结果进行 Blast 比对分析、序列拼接获得 OBPs 基因全长,并进行生物信息学分析。

(十) 序列分析

运用 DNAMAN 软件进行序列拼接,在线软件(http://www.expasy.org)进行氨基酸等电点 pI、分子量 MW 及疏水性分析,信号肽预测由 SignalP 4.0 (http://www.cbs.dtu.dk/services/SignalP/) 完成。并将序列提交到 NCBI (http://www.ncbi.nlm.nih.gov/BLAST/)与 Genebank 中的序列进行 BLAST 比对分析。用 ClustalW2 和 MEGA 5.1 构建系统发育树。

(十一) 麦蛾 OBPs 基因的表达模式分析

1. 取样

分别取麦蛾卵、幼虫以及初羽化麦蛾雌雄成虫的触角、头(去触角)、躯干、翅和足。每个样品取 3 个重复,提取 RNA 进行反转录。

2. 内参基因扩增

麦蛾还未有报道的内参基因序列,因此先根据已报道的鳞翅目昆虫甘油醛-3-磷酸脱氢酶基因(glyceraldehyde-3-phosphate dehydrogenase,GAPDH)的氨基酸序列,设计简并引物(表 3-1)进行 RT-PCR 后克隆并获得麦蛾 GAPDH 基因全长。克隆方法同 OBPs 基因克隆。

3. 标准曲线的制作

取一反转录产物原液作倍比稀释,分别取 5^{-5}~5^{-1}共 5 个浓度梯度。以上述 5 个浓度梯度的反转录产物为模板,进行 qRT-PCR 扩增,每个浓度重复 3 次,采用两步法 PCR 反应程序分别制作用于检测 GOBP1、GOBP2、PBP 和 GAPDH 引物的标准曲线。

荧光定量 PCR 检测体系为 20μl。

SYBR Premix Ex TaqII (2×)	10μl
上游引物(10μm)	0.8μl
下游引物(10μm)	0.8μl
DNA 模板	2μl
dH_2O	6.4μl

两步法 PCR 扩增标准程序。

Stage1:预变性

95℃ 30s

1Cycle

Stage2:扩增反应

95℃ 5s

60℃ 30s

40Cycle

Stage3:融解曲线

55℃ 30s

每个循环增加 0.5℃,一直增加到 95℃。

81Cycle。

4. qRT-PCR 检测 OBPs 表达模式

利用 qRT-PCR 技术检测麦蛾 OBPs 基因在麦蛾成虫不同组织(触角、头、躯干、翅和足)和不同生长期(卵、幼虫和成虫)中的表达量。根据标准曲线选择 25×稀释 cDNA 模板,使 Ct 值在 15～35,每个样品重复操作 3 次,PCR 体系和程序同上。

5. 数据分析

相对表达量采用 $2^{-\triangle\triangle Ct}$法计算(Livak and Schmittgen,2001)。采用统计分析软件 SPSS 17.0 对不同组织间的相对表达量进行单因素方差统计分析(ANOVA),并采用 Tukey's HSD ($P<0.05$)检验其显著性。

二、结果与分析

(一) 麦蛾 OBPs 基因保守片段的克隆与分析

昆虫 OBPs 基因在不同物种中具有较高的同源性,因此根据已报道的鳞翅目昆虫气味结合蛋白(GOBP1、GOBP2 和 PBP)氨基酸序列,通过多重比对在保守区各设计一对简并引物,以克隆麦蛾 GOBP1、GOBP2 和 PBP 基因的 cDNA 片段。首先成功提取麦蛾触角总 RNA,琼脂糖凝胶电泳检测显示 28S,18S 和 5S 条带较为清晰,无拖尾现象,说明提取的 RNA 较为完整(图 3-12)。以触角 RNA 为模板合成第一链 cDNA,利用 PCR 扩增技术成功获得三个气味结合蛋白基因片段,其中 ScerGOBP1 为 318bp,ScerGOBP2 为 348bp,ScerPBP 为 245bp(图 3-13)。将各片段进行 Nucleotide BLAST,发现 ScerGOBP1 与黄地老虎 Agrotis segetum GOBP1 的 Identity 达 82%;ScerGOBP2 与甘蓝夜蛾 Mamestra brassicae GOBP2 的 Identity 达 82%;ScerPBP 与棉红铃虫 Pectinophora gossypiella PBP 的 Identity 达 80%。以上结果表明本研究所克隆得到的基因片段是气味结合蛋白基因。

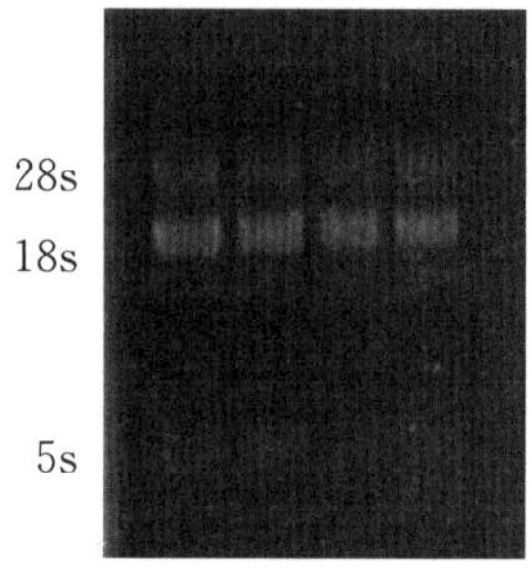

图 3-12 麦蛾触角 RNA 样品琼脂糖凝胶电泳图

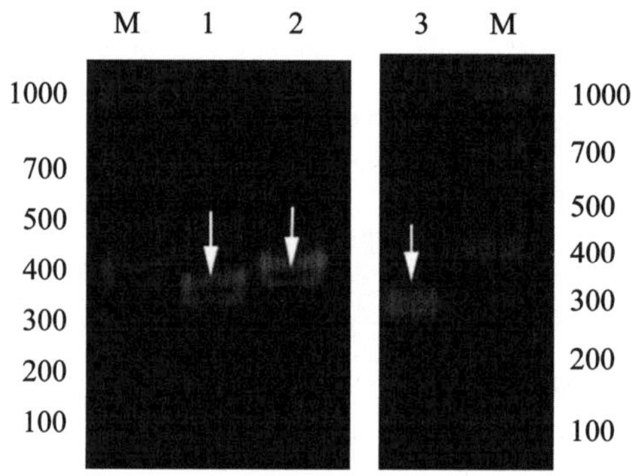

图 3-13 ScerOBPs 简并 PCR 产物

M 表示 DNA 分子质量标准 Marker DL1000;1 为 ScerGOBP1;2 为 ScerGOBP2;3 为 ScerPBP。白色箭头表示目标条带。

(二) 麦蛾 OBPs 基因全长克隆与分析

根据已经获得的 ScerOBPs 基因片段设计特异性引物,进行 3'和 5'RACE 扩增,并将获得的序列进行拼接,得到三个麦蛾气味结合蛋白基因的全长序列,分别为 ScerGOBP1(登录号:KF513152),ScerGOBP2(登录号:KF513150)和 ScerPBP(登录号:KF513151)。

ScerGOBP1 全长为 1235bp,开放阅读框 528bp,编码 176 个氨基酸,预测分子量为 20.1kDa,预测等电点 5.6(图 3-14)。ScerGOBP1 的 N-端 31 个氨基酸为信号肽,具有真核生物分泌蛋白的典型特征。成熟蛋白为 145 个氨基酸,预测分子量为 17.01kDa,预测等电点为 5.37。另外,将推测的氨基酸序列和其他鳞翅目昆虫的气味结合蛋白基因进行多重比对,发现有 6 个保守的半胱氨酸残基,其位置分别为 C50,C81,C85,C128,C139 和 C148(图 3-17)。对成熟 ScerGOBP1 进行疏水性分析发现总的疏水性平均系数 Grand average of hydropathicity (GRAVY)为−0.392,表明该蛋白为亲水性蛋白。将推导的 ScerGOBP1 氨基酸序列进行 BLAST 比对,发现 ScerGOBP1 与脐橙螟 *Amyelois transitella* AtraGOBP1 的同源性最高,Identity 达 77%;其次是斜纹夜蛾 *Spodoptera litura* SlitGOBP1,Identity 达 73%;与柞蚕 *An-*

theraea pernyi AperGOBP1 的 Identity 达 69％。

ScerGOBP2 全长为 626bp，开放阅读框 477bp，编码 159 个氨基酸，预测分子量为 18.1kDa，预测等电点为 5.45。ScerGOBP2 的 N 端 20 个氨基酸为信号肽，成熟蛋白为 139 个氨基酸，预测分子量为 15.97kDa，预测等电点为 5.09（图 3-15）。另外，ScerGOBP2 的 6 个保守半胱氨酸残基位置分别为 C37，C68，C72，C115，C126 和 C135（图 3-17）。对成熟的 ScerGOBP2 进行疏水性分析发现总的疏水性平均系数为－0.280，表明该蛋白为亲水性蛋白。将推导的 ScerGOBP2 氨基酸序列与其他鳞翅目昆虫气味结合蛋白基因进行序列比对，发现 ScerGOBP2 与草地螟 *Loxostege sticticalis* LstiGOBP2 的 Identity 高达 82％；与甘蓝夜蛾 *Mamestra brassicae* MbraGOBP2 的 Identity 为 80％；与棉铃虫 OBP2 与草地螟 Helicoverpa armigeraOBP2 与草地螟 HzeaGOBP2 的 Identity 为 78％。

```
1     gaaaaggatggcctagcatgtgacacgacttgacacgaggatttcgcaaggtggatatat

61    agcttgttttaactcgttatgtgctagtcgtgATGTCGTCAGCAGAGAGAACGCGGGTGT
1                                     M  S  S  A  E  R  T  R  V

121   CGACGACGGCGGTGTCGGTGGTGGCAGCATGCCTGCTGACGCTGCTGGTGCCGGGGCTGC
10    S  T  T  A  V  S  V  V  A  A  C  L  L  T  L  L  V  P  G  L

181   GAGCCACAGTGGACGTCATGAAAGACGTCACGCTGGGCTTCGGAGAGGCGCTGCAGCATT
30    R  A  T  V  D  V  M  K  D  V  T  L  G  F  G  E  A  L  Q  H

241   GCCGGGAGGAAAGCCAGCTAACCGAAGAGAAGATGGAGGAGTTCTTCCACTTCTGGCGCG
50    C  R  E  E  S  Q  L  T  E  E  K  M  E  E  F  F  H  F  W  R

301   AGGACTTCCGCTTCGACGCGCGCGAGCTCGGCTGCGCCATCAAGTGCATGAGCCACCACT
70    E  D  F  R  F  D  A  R  E  L  G  C  A  I  K  C  M  S  H  H

361   ACAACCTGCTGACTGACTCGCATCGCATGCACCATGAGAACACGCATGAGTTCGTCAAGT
90    Y  N  L  L  T  D  S  H  R  M  H  H  E  N  T  H  E  F  V  K

421   CCTTCCCTAACGGCGAGGTGCTGGCAGCGGAGATGGTGTCCATCATCCACGGGTGCGAGC
110   S  F  P  N  G  E  V  L  A  A  E  M  V  S  I  I  H  G  C  E

481   AGCAGCACCACTCGGAGCCCGACCACTGCTGGCGCATCCTGCGCGTGGCCGAGTGCTTCA
130   Q  Q  H  H  S  E  P  D  H  C  W  R  I  L  R  V  A  E  C  F

541   AGGTCACCTGCCTGCGCAGGAGTCTCGCGCCGACCATGGAGCTGCTGATGGCAGAGTTCA
150   K  V  T  C  L  R  R  S  L  A  P  T  M  E  L  L  M  A  E  F

601   TCATGGAGGCTGAGGGGAGCTAGtcaatagcaccatacgccacggtggtcaggccgcctt
170   I  M  E  A  E  G  S  *

661   cagacctaagcggactgtgaggcatcgtcctaatagaacgcgaatgcgcgatgcgagcga

721   attttactggtactcgaataggtgtcctaactgacaagcacgacgcggtcgagggacagc

781   tattggcgatggtcgcgtcgctcgcatttactatactatgtattaggacgatgcctcaca

841   gacagtacgctatacgtgatgcgtattgtcggcttaggtgtgaaggaaaacaacgacaac

901   aacgctcgctcaaaatagacggcgtacagtcagctttggtctgaaatctattcgtagcta

961   gaggatatcccgactatttggggtcttattagtagtattatgtctagttgacaataatgt

1021  aaatgaaataaaaaacatttagaaaatatgagattaaagttgtgtggaaggacagacga

1081  cagcagcacacaatatgatgacgaacaatgcgtgtgtattgataaatatttaaatatgta

1141  atacttaggtaggctagttcgttatttttaagctatgggtaaatgattaatggtttttgg

1201  aagaaataaacgcatatcacatcaaaaaaaaaaaa
```

图 3-14　麦蛾 GOBP1 核酸序列和推导的氨基酸序列

* 表示终止密码子；红色字体表示 6 个保守的半胱氨酸；下划线表示信号肽

ScerPBP 全长为 705bp，开放阅读框 495bp，编码 165 个氨基酸，预测分子量为 18.2kDa，预测等电点为 4.96（图 3-16）。N 端前 23 个氨基酸为信号肽，成熟蛋白为 142 个氨基酸，预测分子量为 15.55kDa，预测等电点为 5.01，总疏水性平均系数为－0.042。另外，6 个保守的半胱氨酸残基位置为 C42，C73，C77，C120，C130 和 C139（图 3-17）。将推导的 ScerPBP 氨基酸序列进行 BLAST 比对，结果表明 ScerPBP 与同属于麦蛾科的红铃虫 PgosPBP 同源性最高，Identity 达 83％；与桃透翅蛾 *Synanthedon exitiosa* SexiPBP 的 Identity 为 65％；与樟巢螟 *Orthaga olivacea* OachPBP 的 Identity 为 60％。

```
1      gaaaattctaggtgctctgttgttgaaagATGTTCCGTTGGTTGGTCTGTGGTCTTGTGT
1                                    M  F  R  W  L  V  C  G  L  V

61     TGGCTGCGGCGAGGGTCCGTGGTGATGCCGAGGTGATGAGCCATGTCACTGCTCACTTCG
11     L  A  A  A  R  V  R  G  D  A  E  V  M  S  H  V  T  A  H  F

121    GAAAGGCTCTTGACGAATGCCGAGAAGAGTCAGGCCTGACCCCGGAGATCATGGAAGAGT
31     G  K  A  L  D  E  C  R  E  E  S  G  L  T  P  E  I  M  E  E

181    TCCGCCACTTCTGGCGCGAGGACTTCGAAGTGGTTCACCGCGAGCTGGGCTGCGCCATCA
51     F  R  H  F  W  R  E  D  F  E  V  V  H  R  E  L  G  C  A  I

241    TCTGCATGTCCAACAAGTTCAGCTTACTCCAGGAGGACACCCGCATCCATCATATGAACA
71     I  C  M  S  N  K  F  S  L  L  Q  E  D  T  R  I  H  H  M  N

301    TGCATGACTATGTCAAGAGCTTCCCTAATGGTGAGATTCTGTCAGGCAAGATGGTAGAAT
91     M  H  D  Y  V  K  S  F  P  N  G  E  I  L  S  G  K  M  V  E

361    TACTCCACAACTGTGAGAAGATGTATGACGACCTGACAGACGACTGCGATCGCGTGGTCA
111    L  L  H  N  C  E  K  M  Y  D  D  L  T  D  D  C  D  R  V  V

421    AGGTGTCCGCTTGCTTCAAGGCGGGCGCCCAGAAAGCGGGCATCGCACCCGAAGTCGCCA
131    K  V  S  A  C  F  K  A  G  A  Q  K  A  G  I  A  P  E  V  A

481    TGATTGAAGCTGTCATGGAGAAATACTAActgggggtggaataaggaaattttatccaa
151    M  I  E  A  V  M  E  K  Y  *

541    aaaacttgatttttaaaattgtaagatttttttttggaattaattaaatcaccatcatg

601    aaatgaaaaaaaaaggaaaaaaaaaa
```

图 3-15　麦蛾 GOBP2 核酸序列和推导的氨基酸序列

* 表示终止密码子;红色字体表示 6 个保守的半胱氨酸;下划线表示信号肽

```
1      gaaaatacttgcattgctaaccaggaagagacaagaATGGCAGAAATGTGGAAGATAACA
1                                                  M  A  E  M  W  K  M  T

61     GTAGTGGTCCTGGTATACTTGGCGATAGACTCACGCGTCGAATCGTCCCAGGAGGTCATA
9       V  V  V  L  V  Y  L  A  M  D  S  R  V  E  S  S  Q  E  V  M

121    AAAACCATGTCGATAGGTTTCGCCCAAGCGTTGGATAGTTGTAAGAAGGAGATGGAACTG
29      K  T  M  S  M  G  F  A  Q  A  L  D  S  C  K  K  E  M  E  L

181    CCTGACTCCATCGACGTGGACTTCGCCAACTTCTGGAAAGAGGGCTACGAGATTACCAAC
49      P  D  S  I  D  V  D  F  A  N  F  W  K  E  G  Y  E  I  T  N

241    CGGTTCACCGGGTGCGCCATCATCTGCCTCTCCACCAAGCTGGACCTGGTCTCTCCTGAT
69      R  F  T  G  C  A  I  I  C  L  S  T  K  L  D  L  V  S  P  D

301    GGAAGCCTCCATCATGGCAACGCGCAGGACTTCGCTAAGAAACATGGAGCTGATGACGCC
89      G  S  L  H  H  G  N  A  Q  D  F  A  K  K  H  G  A  D  D  A

361    ATGGCAAAGCAGCTGATAGACATGATCCATGGTTGTGAGAAGTCAGCGCCGGCCATTGAG
109     M  A  K  Q  L  M  D  M  I  H  G  C  E  K  S  A  P  A  I  E

421    GACGGGTGTATGAAGATCCTGGCCATCGCCAAGTGCTTCAAGATGGAGATCCACAAGCTG
129     D  G  C  M  K  I  L  A  I  A  K  C  F  K  M  E  I  H  K  L

481    AACTGGGCTCCCACGGCTGAAGTCGTCATGGGAGAGATCCTGGCTGAAGCGTAGggcttt
149     N  W  A  P  T  A  E  V  V  M  G  E  I  L  A  E  A  *

541    aggtttgggaacgaatcttggatgtcaaagtctatttttatctgtatttattttgtcatt

601    gtgtatgttattgtgtttttttctatatctaccacattgtgttctatttcttgtttcttaa

661    actgtacaccttttttctaacatttattcagttcaaaaaaaaaaa
```

图 3-16　麦蛾 PBP 核酸序列和推导的氨基酸序列

* 表示终止密码子;红色字体表示 6 个保守的半胱氨酸;下划线表示推导的信号肽

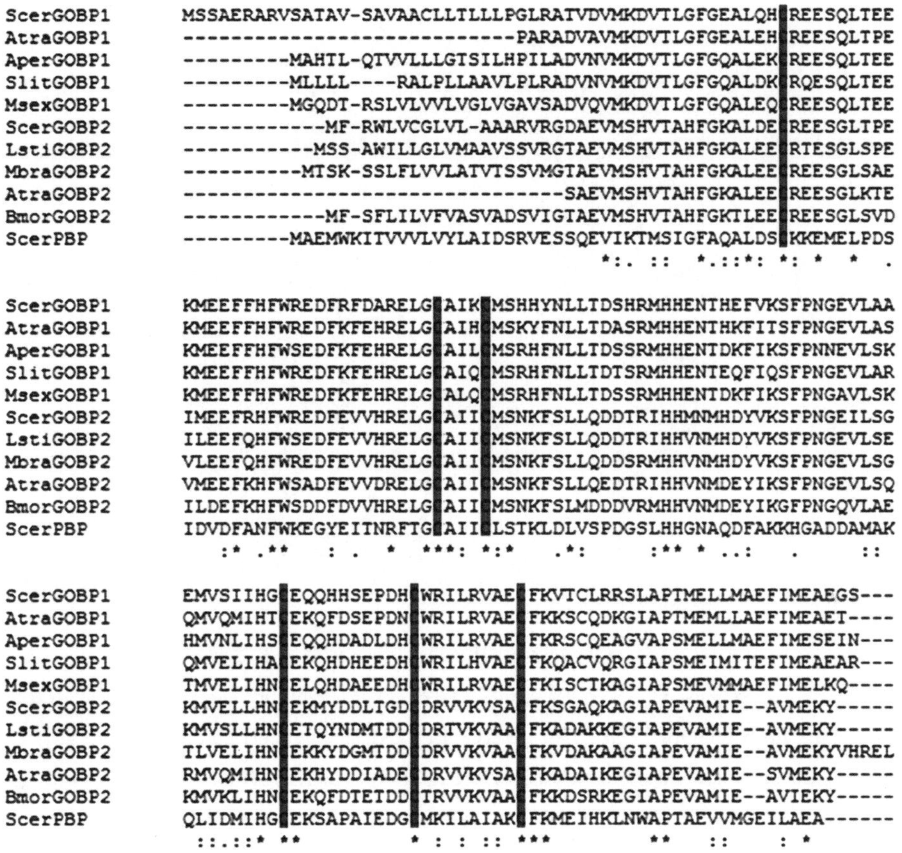

图 3-17　麦蛾 OBPs 氨基酸序列与其他鳞翅目昆虫 OBPs 多重比对

灰色阴影表示 6 个保守的半胱氨酸；多重比对所用到的序列分别是麦蛾 *Sitotroga cerealella*（ScerGOBP1，AII15787；ScerGOBP2，AII15785；ScerPBP，AII15786）；甘蓝夜蛾 *Mamestra brassicae*（MbraGOBP2，AAC05703.2）；脐橙螟 *Amyelois transitella*（AtraGOBP1，ACX47893.1；AtraGOBP2，ACX47894.1）；斜纹夜蛾 *Spodoptera litura*（SlitGOBP1，ABM54823）；烟草天蛾 *Manduca sexta*（MsexGOBP1，AAA29315）；草地螟 *Loxostege sticticalis*（LstiGOBP2，ABY75632）；家蚕 *Bombyx mori*（BmorGOBP2，CAA64445）；柞蚕 *Antheraea pernyi*（AperGOBP1，P87508.1）。

利用 Mega 5.0 构建鳞翅目昆虫 OBPs 的系统发生树（图 3-18），结果显示鳞翅目昆虫的气味结合蛋白可以分为 GOBPs 和 PBPs 两大类，而普通气味结合蛋白又可分为 GOBP1 和 GOBP2 两个分支。普通气味结合蛋白在不同物种中的序列相似度明显要比信息素结合蛋白高。ScerGOBP1 在系统发生上与家蚕 *Bombyx mori* 亲缘关系较近；而 ScerGOBP2 与螟蛾科昆虫的 GOBP2 在同一个小分支上，如稻纵卷叶螟 *Cnaphalocrocis medinalis*，草地螟和二化螟 *Chilo suppressalis*。ScerPBP 与红铃虫的 PBP 最为近缘，它们同属于麦蛾科昆虫。

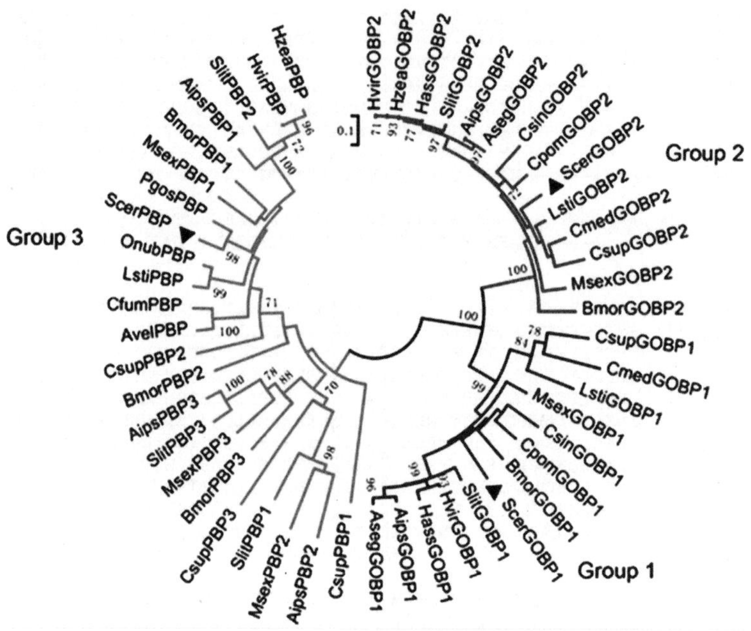

图 3-18　鳞翅目昆虫 OBPs 氨基酸序列系统发生分析

黑色三角表示麦蛾的三个 ScerOBPs 基因。系统发育树中的 OBPs 分别是:麦蛾 *Sitotroga cerealella*(ScerGOBP1,AII15787;ScerGOBP2,AII15785;ScerPBP,AII15786);荔枝细蛾 *Conopomorpha sinensis*(CsinGOBP1,AHY86493;CsinGOBP2,AKF16202);斜纹夜蛾 *Spodoptera litura*(SlitGOBP1,ABM54823;SlitGOBP2,AKI87961;SlitPBP1,AAY21255;SlitPBP2,AAZ22339;SlitPBP3,AKI87959),苜蓿夜蛾 *Heliothis viriplaca*(HvirGOBP1,AFI25167;HvirGOBP2,AFI25168;HvirPBP,AFI25170),二化螟 *Chilo suppressalis*(CsupGOBP1,ACJ07126;CsupGOBP2,ACJ07120;CsupPBP1,ADK66921;CsupPBP2,ACJ07123;CsupPBP3,ADL09140),稻纵卷叶螟 *Cnaphalocrocis medinalis*(CmedGOBP1,AFG72996;CmedGOBP2,AFG72997),草地螟 *Loxostege sticticalis*(LstiGOBP1,ACB47481;LstiGOBP2,ABY75632;LstiPBP,ACD67881),小地老虎 *Agrotis ipsilon*(AipsGOBP1,AFM36759;AipsGOBP2,AFM36760;AipsPBP1,AFM36756;AipsPBP2,AFM36757;AipsPBP3,AFM36758),黄地老虎 *Agrotis segetum*(AsegGOBP1,ABI24159;AsegGOBP2,ABI24161),棉铃虫 *Helicoverpa zea*(HzeaGOBP2,AAG54078;HzeaPBP,AAC36315),烟实夜蛾 *Helicoverpa assulta*(HassGOBP1,AAW65076;HassGOBP2,AAQ54909),苹果蠹蛾 *Cydia pomonella*(CpomGOBP1,AFP66957;CpomGOBP2,AFP66958),棉红铃虫 *Pectinophora gossypiella*(PgosPBP,AAF06141),欧洲玉米螟 *Ostrinia nubilalis*(OnubPBP,AAD39449),红带卷蛾 *Argyrotaenia velutinana*(AvelPBP,AAF06126),云杉卷叶蛾 *Choristoneura fumiferana*(CfumPBP,AAF06128),烟草天蛾 *Manduca sexta*(MsexGOBP1,AAA29315;MsexGOBP2,AAA29316;MsexPBP1,AAG50016;MsexPBP2,AAF16710;MsexPBP3,AAF16702),家蚕 *Bombyx mori*(BmorGOBP1,CAA64444;BmorGOBP2,CAA64445;BmorPBP1,AGR44761;BmorPBP2,CAL47308;BmorPBP3,CAL47309)。

(三) 麦蛾 OBPs 基因的表达模式分析

1. 内参基因 GAPDH 克隆

利用简并引物克隆得到长为 430bp 的 GAPDH 片段，经 BLAST 分析发现其与其他鳞翅目昆虫 GAPDH 基因的相似性达到 99%以上。再通过 3'和 5'RACE 扩增，将序列拼接获得麦蛾 GAPDH 基因全长 1330bp，并在 Genbank 登录，注册号为：KF513153。(图 3-19)

```
   1  GAAAATTTTT AAACTCCATC TTGTGGGGAG CGTACGTGTT GAGTGTCTTG TATTTGTTAC
  61  CTAATAAACT CAACCCGAAA ACATGTCGAA GATTGGAATC AACGGATTTG GCCGCATCGG
 121  GCGCCTGGTA CTCCGCGCCT CTATTGAGAA GGGTGCTCAG GTCGTTGCCA TCAACGACCC
 181  CTTCATTGGC CTGGACTACA TGGTCTACCT GTTCAAGTAC GACTCCACCC ACGGCCGTTT
 241  CAAGGGAACC GTTGAGGTCC AGGGTGACGC CCTCGTTGTC AACGGCAACA GAATCGCCGT
 301  CTTCTCTGAG AGGGACCCCA AGACCATTCC CTGGGGCAAG GCTGGTGCCG AATATATCGT
 361  AGAATCAACT GGCGTTTTCA CCACTATTGA TAAGGCCTCC GCTCATTTGG ATGGTGGTGC
 421  CAAGAAGGTC ATCATCTCGG CCCCCAGCGC TGATGCTCCC ATGTTCGTGG TTGGTGTCAA
 481  CCTTGAGGCT TACGATCCTT CTGCCAAGGT CATCTCCAAC GCCTCTTGCA CCACAAACTG
 541  CCTCGCTCCC CTCGCTAAGG TTATTCATGA CAACTTCGAG ATTGTCGAGG GTCTGATGAC
 601  CACTGTCCAC GCCACCACCG CCACGCAAAA GACCGTCGAT GGTCCCTCCG GCAAGCTATG
 661  GCGTGATGGA CGTGGAGCTC AGCAGAACAT CATTCCCGCC TCCACCGGCG CTGCTAAAGC
 721  TGTCGGTAAA GTCATTCCCG CTCTTAACGG CAAACTGACT GGTATGGCTT TCCGTGTACC
 781  CGTGGCCAAC GTATCCGTCG TTGACCTCAC TGTCCGCCTT GGCAAGCCTG CCAGCTACGA
 841  TGCCATCAAG CAAAAGGTAA GGGAGGCCGC CGAGGGCCCC TTGAAGGGAA TCCTTGGATA
 901  CACTGAAGAC CAAGTTGTAT CTTCTGACTT TATCGGTGAC ACGCACTCTT CCATCTTCGA
 961  CGCCGCTGCC GGCATCTCTC TAAACGACAA CTTCGTCAAG TTAATCAGCT GGTACGACAA
1021  TGAGTACGGT TATTCCAGCC GCGTCATCGA TCTTATCAAG TACATCCAAA CCAAGGACTA
1081  AATATCGATC TTCGTTTTAA GAGATATAAT TATTATGTTG TCGAGATTAT CGACCTTGTA
1141  CTAAGTTATT TTTAAGGATA GCTGTTTTAT AATCTAAATT ATTATGCTAC TTTGAGAGTA
1201  GTTGTTATGT ATGTGTTAAT CTTGTTCATC GTATGAGTAA TGTAATATCA GCGCAATTTA
1261  AATAACAACT GGAAATTATT GTAATAGAAA TATTATTACA TTAAAAAAAA AAAAAAAGAA
1321  AAAAAAAAAA
```

图 3-19 麦蛾 GAPDH 基因核苷酸全长

2. 标准曲线制作

利用 Beacon Designer 7 软件设计 qRT-PCR 引物(表 3-1)，设置 5 个梯度浓度进行标准曲线制作，以验证引物的特异性和扩增效率。由图 3-20 可知，ScerGOBP1、ScerGOBP2、ScerPBP 和 ScerGAPDH 的 Ct 值和相对浓度之间呈明显的线性关系，其相关系数均>0.99，说明线性关系良好。另外，E 值为 90%～110%，说明引物的扩增效率良好。从图 3-21 可以看出 4 个融解曲线图都只有一个单一的峰，说明引物具有较高的特异性。以上结果表明所设计的引物可以用来做定量分析。

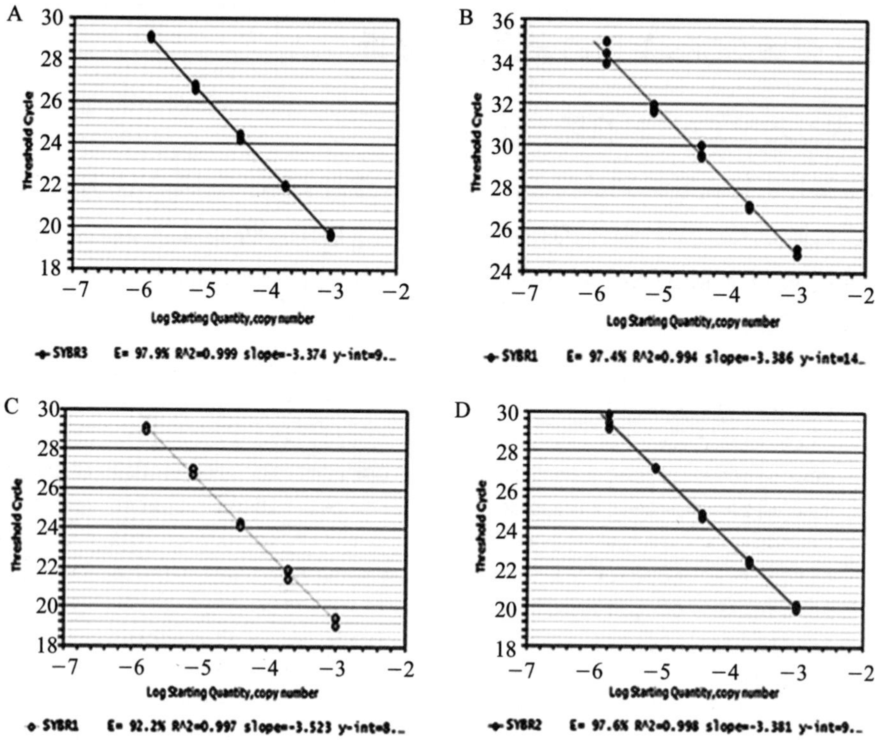

图 3-20　标准曲线图

(A)ScerGOBP1;(B)ScerGOBP2;(C)ScerPBP;(D)ScerGAPDH

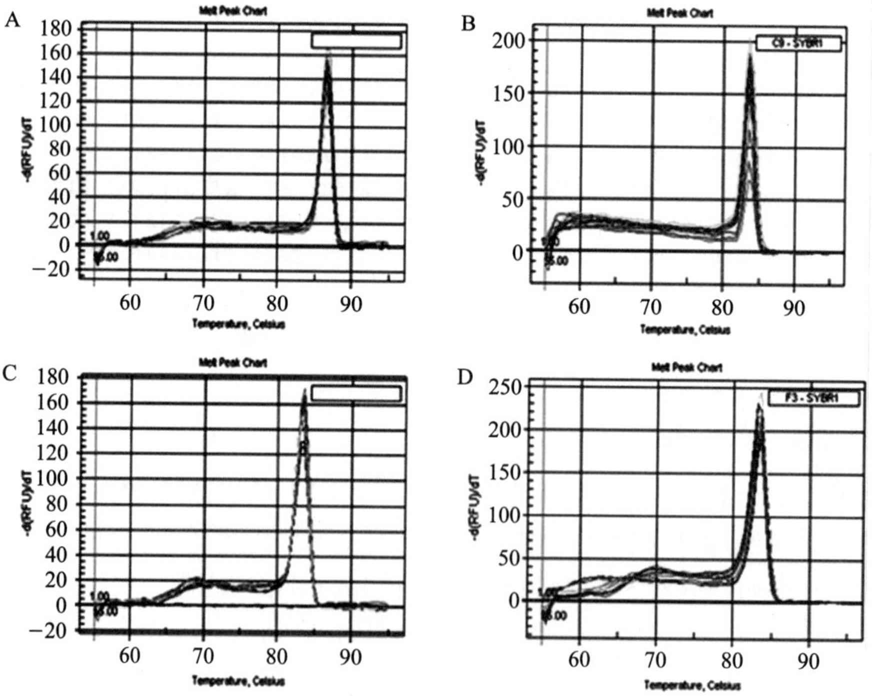

图 3-21　融解曲线图

(A)ScerGOBP1;(B)ScerGOBP2;(C)ScerPBP;(D)ScerGAPDH

3. qRT-PCR 检测麦蛾 OBPs 的表达模式

利用 qRT-PCR 技术检测麦蛾 OBPs 在不同虫态和雌雄成虫不同组织中的分布，结果显示 ScerGOBP1，ScerGOBP2 和 ScerPBP 均主要分布于麦蛾触角中，在其他生长发育阶段（如卵和幼虫）或其他成虫组织中表达量极少（图 3-22A-C）。其中，ScerGOBP1 和 ScerGOBP2 在雌雄触角中表达量相当，无显著差异（$P>0.05$）；而 ScerPBP 在雄虫触角中的表达量比雌虫触角中的表达量高 3 倍（$P<0.05$）。另外，我们还比较了雄虫触角中 3 个气味结合蛋白基因的相对表达量（图 3-22D），结果显示 ScerPBP 的表达量比 ScerGOBP1 约高 10 倍（$P<0.05$），比 ScerGOBP2 约高 100 倍（$P<0.05$）。

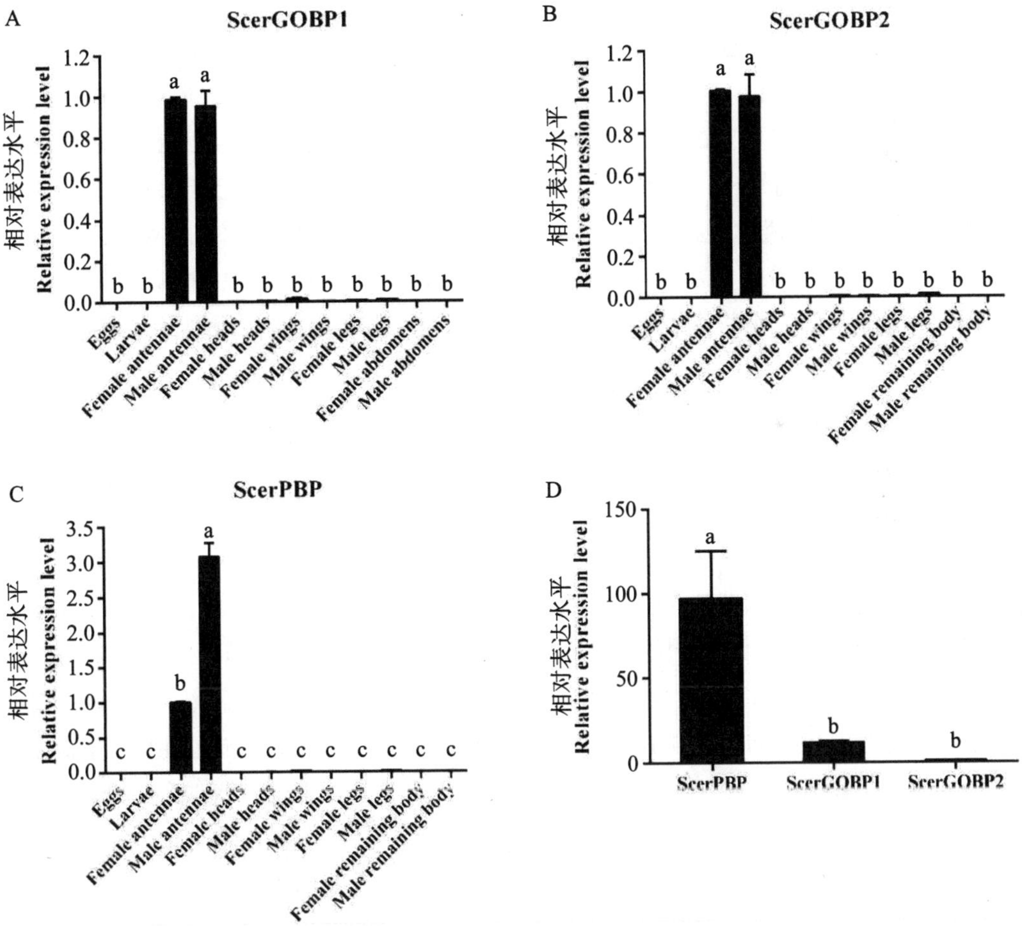

图 3-22　qRT-PCR 分析麦蛾 OBPs 基因的表达模式

A-C. 分别是 ScerGOBP1，ScerGOBP2 和 ScerPBP 在不同组织和不同发育阶段的相对表达水平。D. 麦蛾雄虫触角中的 3 个 ScerOBPs 基因的相对表达丰度。误差线表示标准偏差；不同字母表示表达水平显著差异（$P<0.05$）。

三、小结与讨论

本章节通过同源克隆和 RACE 技术首次克隆了麦蛾 3 个气味结合蛋白基因的全长，分别记为 ScerGOBP1（登录号：KF513152），ScerGOBP2（登录号：KF513150）和 ScerPBP（登录号：KF513151）。通过序列分析发现这 3 个基因均具有气味结合蛋白的典型特征：分子量较小，低等电点，亲水性，N 端具有信号肽，具有 6 个保守的半胱氨酸残基（刘勇等，2000）。该结果为麦蛾气味结合蛋白结构和功能研究奠定了基础。

组织表达谱分析可以作为一种研究基因功能的方法。本章节利用 qRT-PCR 技术对麦蛾 3 个气味结合蛋白基因进行组织分布表达检测，结果发现 3 个气味结合蛋白基因均在成虫触角中特异性表达，在卵、幼虫以及其他非嗅觉器官中表达量极少。根据文献报道，一般认为鳞翅目昆虫气味结合蛋白主要在成虫的触角中特异性表达（Xiu et al.，2007；Liu et al.，2012），本研究结果与报道结果一致，说明它们可能在麦蛾成虫中发挥一些重要的嗅觉功能。另外，研究结果亦表明 ScerPBP 在麦蛾雄虫中的表达量显著高于雌虫，而 ScerGOBP1 和 ScerGOBP2 表达量无明显的性二态现象，类似的结果在鳞翅目昆虫中已有大量报道（Santis FD et al.，2006；Liu et al.，2012），因此我们推测 ScerPBP 可能参与性信息素的识别，而 ScerGOBP1 和 ScerGOBP2 的主要作用可能是感受植物挥发性气味，但是这些推测需要大量的功能研究来验证。

第四节　麦蛾气味结合蛋白的表达纯化和结合特性分析

前期研究发现大蒜精油及其主要活性成分能够显著降低麦蛾的产卵量（Yang et al.，2012），并且嗅觉行为监测结果亦表明大蒜精油主要活性物质（二烯丙基二硫醚和二烯丙基三硫醚）可以干扰麦蛾成虫对人工雌性信息素的感知。然而有关植物次生物质干扰昆虫交配的作用机制至今尚未明确，仅根据昆虫的气味识别机制推测可能与昆虫嗅觉系统中的相关蛋白有关（Benton，2006）。由于昆虫气味结合蛋白识别和结合外界气味分子是昆虫感受外界气味分子的第一步生化反应（Wang et al.，2003），我们进一步推测麦蛾触角中的气味结合蛋白在大蒜精油活性物质对麦蛾的交配干扰行为反应中起着重要的作用。因此我们需要探索麦蛾气味结合蛋白与这些化合物的结合特性。

研究气味结合蛋白的生理功能需要大量的目的蛋白，但是 OBPs 主要在昆虫触角中表达，而麦蛾触角极小，因此采用直接分离纯化的方法难以获得足够的 OBPs 蛋白。随着分子生物学技术迅速发展和广泛应用，利用基因克隆和体外表达已成为目前获取大量昆虫气味结合蛋白的有效方法和手段，为进一步研究蛋白质结构和功能奠定基础。原核表达体系是目前获取大量外源蛋白的主要有效手段之一，该方法操作简单，价格较真核表达低廉，并且能在短时间内获取大量目标蛋白。因此，本章节的主要内容是根据已经获得的麦蛾气味结合蛋白基因成熟蛋白的阅读框架，构建原核表达载体，通过大肠杆菌表达系统获得大量的麦蛾 OBPs 蛋白，并利用荧光竞争结合实验研究大蒜精油活性物质和麦蛾性信息素与麦蛾气味结合蛋白的结合能力。

一、材料与方法

（一）载体与菌株

克隆感受态细胞 Trans5α　　北京全式金生物技术有限公司，中国
表达感受态细胞 BL21(DE3)　　北京全式金生物技术有限公司，中国
克隆载体 pMD18-T　　Takara，Japan
表达载体 PGEX-6P-1（本实验室保存）

（二）主要试剂

DNA 凝胶回收试剂盒　　爱思进生物技术（杭州）有限公司，中国
质粒小提试剂盒　　爱思进生物技术（杭州）有限公司，中国
限制性内切酶 EcoRI 和 BamHI　　Fermentas，Germany
蛋白质 Marker　　Fermentas，Germany
反转录试剂盒　　Fermentas，Germany
La Taq polymerase　　Takara，Japan
T4 DNA Ligase　　Takara，Japan
DNA Marker　　Takara，Japan
GSTrap™ 4B 亲和层析柱　　GE，USA
PreScission™Protease　　GE，USA
二烯丙基二硫醚（diallyl disulfide，DD，>99%）　　西亚试剂有限公司，中国
二烯丙基三硫醚（diallyl trisulfide，DT，>99%）　　西亚试剂有限公司，中国
麦蛾性信息素：顺 7，反 11-十六碳双烯-1-醇乙酸酯（7Z，11E-hexadecadien-1-ol acetate，HDA，≥98%）　　上海逻瑞医药科技有限公司，中国
荧光探针：N-苯基-1-萘胺（N-phenyl-1-naphthylamine，1-NPN）、甲醇（色谱纯）
其他化学试剂（国产分析纯）

(三)主要溶液配制

1. 培养基

(1) LB 液体培养基(pH7.0)1L。

胰蛋白胨	10g
酵母浸粉	5g
NaCl	10g
去离子水	定容至 1L

高压湿热灭菌 121℃,20min

(2) LB 固体培养基(pH7.0)1L。在液体培养基中加入 15g 的琼脂糖粉,高压湿热灭菌 121℃,20min。

2. SDS 聚丙烯酰胺凝胶电泳所用溶液

30%聚丙烯酰胺。

取 150g 丙烯酰胺和 4g N,N-甲叉丙烯酰胺,加 ddH_2O 定容至 500ml,用 0.45μm 孔径滤纸过滤除菌,于棕色瓶 4℃保存。

10%十二烷基硫酸钠(SDS)。取 10g SDS 溶于 80ml ddH_2O,68℃加热溶解,定容至 100ml,室温保存。

1.5mol/L Tris (pH8.8)。取 90.75g Tris·base 溶于 400ml ddH_2O 中,用盐酸调 pH 至 8.8 后定容至 500ml。

0.5mol/L Tris (pH 6.8)。取 12g Tris·base 溶于 120ml ddH_2O 中,用盐酸调 pH 至 6.8 后定容至 200ml。

10%过硫酸铵(AP)。取 1g AP 溶解于 10ml ddH_2O 中,溶解后分装于 1.5ml 离心管,贮存于−20℃。

N,N,N',N'-四甲基乙二胺(TEMED)。原液使用,用 1.5ml 离心管分装,用锡箔纸包裹避光,4℃保存。

1×Tris-甘氨酸电泳缓冲液。取 3g Tris·base、14.4g 甘氨酸和 1g SDS,加 1000ml ddH_2O 溶解。

5×SDS 样品缓冲液。250mM Tris-HCl (pH6.8),500mM 二硫苏糖醇(DTT),10%(*m*/*v*)SDS,0.5%(*m*/*v*)溴酚蓝,50%(*v*/*v*)甘油,−20℃保存。不含 DTT 的 5×SDS 样品缓冲液可在室温保存。DTT 配成 1M 的贮存液,临用前加入。

固定液。500ml 无水乙醇,100ml 冰乙酸,加 ddH_2O 补足至 1L。

脱色液。250ml 无水乙醇,80ml 冰醋酸,加 ddH_2O 补足至 1L。

考马斯亮兰染色液。取 0.29g 考马斯亮兰 R-250 溶于 250ml 脱色液中,用 Whatlnan 滤纸过滤,以除去颗粒状物质。

3. 蛋白纯化所用溶液

细胞裂解液。1ml 乙二胺四乙酸（EDTA，0.5M，pH8.0），500μl DTT（1M），500μl 10%SDS，5ml 甘油，500μl Triton X-100，用 PBS（pH 7.4）定容至 500ml，0.22μm 过滤膜过滤。苯甲基磺酰氟（PMSF）现用现加，每 100ml 裂解液加 1ml PMSF（100mM）。

结合缓冲液（PBS，pH7.4）。取 8.1816g NaCl，0.2013g KCl，3.5814g $Na_2HPO_4 \cdot 12H_2O$，0.2450g KH_2PO_4，加 ddH_2O 定容至 1L，0.22μm 膜过滤。

洗脱缓冲液。5ml Tris 溶液（1M，pH8.0），0.6146g 还原型谷胱甘肽（GSH），100μl DTT（1M），加 80mlddH_2O，调节 pH 至 8.0，定容至 100ml，0.22μm 膜过滤。（GSH 易分解，现配现用）

酶切缓冲液。25ml Tris 溶液（1M，pH8.0），4.383g NaCl，1ml EDTA（0.5M，pH 8.0），500μl DTT（1M），加 400ml ddH_2O，调节 pH 至 7.5，定容至 500ml。

（四）原核表达引物设计

根据获得的麦蛾气味结合蛋白基因的序列全长，分别设计 3 对引物，以克隆和表达成熟的麦蛾气味结合蛋白，见表 3-2。

表 3-2　麦蛾 OBPs 基因原核表达引物

引物名称	序列（5'～3'）
GOBP1-BamHI-F	GTGTGGATCCACAGTGGACGTCATGAAAG
GOBP1-EcoRI-R	ATATGAATTCTTATCAGCTCCCCTCAGCCTCCAT
GOBP2-BamHI-F	ATATGGATCCGATGCCGAGGTGATGAGC
GOBP2-EcoRI-R	GCGCGAATTCTTATCAGTATTTCTCCATGACAGC
PBP-BamHI-F	GTGTGGATCCTCCCAGGAGGTCATAAAAAC
PBP-EcoRI-R	ACGTGAATTCTTATCACGCTTCAGCCAGGATCTC

注：划线碱基 GGATCC 和 GAATTC 分别表示 BamHI 和 EcoRI 酶切位点。

（五）成熟 ScerOBPs 基因克隆和序列鉴定

PCR 扩增、回收并克隆后将产物送华大基因测序以鉴定序列是否正确，操作方法同本章第三节。

（六）构建表达载体

1. 双酶切反应

10×H Buffer	2.5μl
质粒或 PCR 产物	15μl
BamH I 酶	1μl
EcoR I 酶	1μl
ddH_2O	up to 25μl

上述反应体系在 37℃下水浴 2h。

用回收试剂盒回收酶切产物。

2. 酶切产物连接

将目的片段 ScerGOBP1、ScerGOBP2、ScerPBP 和表达载体 PGEX-6P-1 用 T4 连接酶连接。反应体系如下：

10×T4 DNA Liagse Buffer	2.5μl
目的基因	4μl
载体	1μl
T4 DNA Liagse	1μl
ddH_2O	up to 25μl

16℃过夜反应。

3. 转化

取 10μl 连接产物加入 50μl DH5α 感受态细胞，冰上放置 30min 后于 42℃水浴中热激 60s；冰上放置 3min 后加入 300μl 无 Amp 的 LB 培养基，于 37℃下振荡培养 1h；将 400μl 菌液全部涂于 Amp＋LB 平板并水平放置 30min；待菌液完全吸收后，在 37℃温箱中倒置培养过夜（12～16h），直至出现单菌落。

4. 重组子鉴定

从连接转化的平板上挑取白色单菌落接种至 500μl Amp＋LB 培养基中，37℃振荡培养 4h，待菌液浑浊后，取 1μl 做菌液 PCR 鉴定，检测为阳性的质粒所对应的菌液送华大基因测序，以确认目的基因和载体连接区，以免发生目的基因阅读框的错位。

5. 阳性克隆质粒抽提

取鉴定后的阳性克隆菌液 5μl，加 5ml Amp＋ LB 液体培养基，37℃ 200 r/min 培养过夜，进行质粒抽提。操作方法按照试剂盒说明书。

6. 表达感受态细胞转化

取 50μl BL21(DE3)感受态细胞，加入 1μl 质粒进行转化，转化方法同本节。

（七）目的蛋白诱导表达鉴定

（1）挑取单菌落接种于 5ml Amp+LB 液体培养基中，37℃振荡培养过夜。

（2）将上述活化后的菌液取 1ml 接种于 5ml 新鲜的 Amp+LB 培养基中，37℃振荡培养至 OD_{600}=0.6～0.8。

（3）吸取 1ml 未经诱导的培养物于一个 1.5ml EP 管中，室温高速离心 1min，去上清，菌体置于−20℃，用于 SDS-PAGE 检测。

（4）剩余培养物中加入终浓度为 0.1mm 的异丙基-β-D-硫代半乳糖苷（IPTG），37℃条件下继续诱导表达 3h。

（5）取 1ml 样品放于离心管中，室温高速离心 1min，去上清，菌体置于−20℃，用于 SDS-PAGE 检测。

（6）SDS-PAGE 检测：取 5μl 待测样品与蛋白 Maker 同时点样进行 SDS-PAGE 电泳检测。浓缩胶浓度为 6%，分离胶浓度为 15%。80V 电泳至溴酚蓝迁移到浓缩胶与分离胶的分界线，电压缓慢调至 200V 至溴酚蓝迁移到分离胶底部，凝胶于考马斯亮蓝染色液进行染色 1～2h，然后用脱色液脱色数次至条带清晰背景无色，观察表达产物条带。

（八）诱导条件优化

以 ScerPBP 为研究对象，从诱导温度、IPTG 浓度和诱导时间这三方面优化诱导表达条件，以获得更多的可溶性目标蛋白。

1. 诱导温度优化

将菌液培养至 OD_{600}=0.6～0.8，加 IPTG 至终浓度为 0.1mM，分别 30℃诱导 6h，23℃诱导 12h，16℃诱导 24h 后收集菌体并超声破碎，取全菌、上清和沉淀进行 15% SDS-PAGE 检测。

2. 诱导剂 IPTG 浓度优化

将菌液培养至 OD_{600}=0.6～0.8，在最佳诱导温度条件下，用不同的 IPTG 浓度（0.1mM、0.05mM、0.01mM）对重组菌诱导 10h 后，细胞破碎，取全菌、上清和沉淀分别进行 15% SDS-PAGE 电泳检测。

3. 诱导时间优化

将菌液培养至 OD_{600}=0.6～0.8，在最佳诱导温度和最佳 IPTG 浓度条件下，将重组菌分别诱导 12h、24h 后取全菌、上清和沉淀进行 15% SDS-PAGE 检测。

（九）目的蛋白大量诱导表达

（1）将重组菌活化后，取单克隆接种至 10ml Amp+LB 培养液中，37℃ 200r/min

振荡培养过夜。

(2) 按 1∶100 将过夜培养物接入 1000ml Amp+LB 培养液中,37℃摇床 200r/min 培养至 OD_{600}=0.6~0.8。

(3) 以最佳诱导温度、最佳 IPTG 浓度和最佳诱导时间诱导表达靶蛋白,共 4000ml。

(十) 目的蛋白纯化

1. 细胞破碎

(1) 4℃5000×g 离心 5min 收集细胞。

(2) 加 PBS 重悬洗涤,4℃ 5000×g 离心 5min。

(3) 每 1000ml 培养物的细胞沉淀悬于 50ml 细胞裂解缓冲液,并将盛放裂解液的烧杯置于冰中。

(4) 超声波裂解,选择大探头功率 40%,超声 2s,暂停 4s,共超声约 15min 直至菌液变得清明。

(5) 4℃ 15000r/min 离心 30min,将上清转移到新烧杯。

2. 纯化 GST 融合蛋白(GSTrap™ 4B 5ml)

(1) 平衡。用结合缓冲液平衡亲和层析柱,流速 1~2ml/min,至少平衡 1~2h。

(2) 上样。流速 0.5~1ml/min,速度越慢结合效率越高。可多次反复上样,一般反复上样 2~3 次。

(3) 洗涤。用结合缓冲液冲洗柱子,将杂蛋白冲洗下来,流速 1ml/min,冲洗越久,蛋白纯化越干净,可以用考马斯亮蓝检测流出液,直至不变色,一般可以清洗过夜。

(4) 洗脱。用洗脱缓冲液洗脱目的蛋白,流速 0.5~1ml/min,可以用考马斯亮蓝检测流出液,直至不变色。

(5) 清洗柱子。用结合缓冲液冲洗柱子,流速 1ml/min,约 1h 后再用 20%乙醇冲洗 0.5~1h,于 20%乙醇中长期保存于 4℃。

(6) 浓缩。将回收的蛋白用超滤管(Amicon Ultra-15 3K,Millipore,USA)浓缩至 1ml 内,4℃ 4000×g 离心。

(7) SDS-PAGE 检测每一步保存的样品。浓缩样品检测后如果条带显示单一,纯化结果较好可进行酶切反应以去除 GST 标签,如果还有杂带需再重复以上步骤直至无杂带。

3. 蛋白浓度测定

采用 Bradford 试剂盒测定蛋白浓度。具体操作如下:

(1) 完全溶解蛋白标准品，混匀后取 10μl 用酶切缓冲液稀释至 100μl，使终浓度为 0.5mg/ml。

(2) 将标准品按 0、1、2、4、8、12、16 和 20μl 加到 96 孔板的标准品孔中，加标准品稀释液补足到 20μl。

(3) 加适当体积样品到 96 孔板的样品孔中，加标准品稀释液至 20μl。

(4) 各孔加入 200μl G250 染色液，室温放置 3～5 分钟。

(5) 用酶标仪测定 A595。

(6) 根据标准曲线计算出样品中的蛋白浓度。

4. 酶切去 GST 标签

(1) 酶切。每 100μg 蛋白加 1μl(1U)PreScission™ Protease，混匀后 4℃下孵育 16h。

(2) 柱子平衡。用酶切缓冲液平衡亲和层析柱，流速 1～2ml/min，至少平衡 5 倍柱体积。

(3) 上样。流速 0.5～1ml/min，反复上样 10～20 遍。

(4) 目的蛋白洗脱。用酶切缓冲液洗脱目的蛋白，流速 1ml/min，反复洗脱。(可用考马斯亮蓝检测流出液，直至不变色)。

(5) 柱子清洗。用洗脱缓冲液冲洗后再用 20%乙醇冲洗至少 5 倍柱体积，于 20%乙醇中长期保存于 4℃。

(6) 浓缩。同本节一(十)2。

(7) SDS-PAGE 检测酶切产物和纯化产物。

(8) 蛋白浓度测定。方法同本节一(十)3。纯化后的蛋白可短期保存在 4℃，应及时进行后续实验。

(十一) 荧光竞争结合实验

1. 蛋白和配体溶液配制

(1) 配制蛋白溶液。将目的蛋白溶解到 20mM 的 Tris-HCl (pH 7.4)溶液中，使其终浓度为 2μM。

(2) 配制探针 1-NPN 和气味物质溶液。荧光探针(1-NPN)和气味物质溶于色谱级甲醇中，先配成 100mM 的母液，使用时用甲醇稀释至 1mM，作为工作液，存于－20℃。

2. 荧光探针适合性分析

(1) 取 1ml 2μM 蛋白溶液于比色皿中，加入 1-NPN，使其终浓度分别为 0、1、2、4、6、8、10、12、16 和 20μM，每次加入后上下颠倒混匀并孵育 2min，测定其荧光值。(实验参数设定：Ex＝337nm，Em＝350～600nm)。

(2) 利用其荧光值计算出该蛋白与 1-NPN 的平衡解离常数 $K_{1\text{-}NPN}$,如果 1-NPN 和 OBPs 的结合具有饱和效应,且 Scatchard 分析呈线性化关系,说明两者的结合呈现出单一位点的结合关系,可进行后续竞争性结合实验。

3. 配体竞争结合实验

(1) 取 1ml 2μM 蛋白于比色皿中,加 2μl 1mM 1-NPN,使蛋白和 1-PNP 终浓度均为 2μM,混匀后静置 2min,在 337nm 激发,记录荧光值(初始荧光值)。

(2) 逐一加入终浓度为 0.25~6.0μM(性信息素)或 2~24μM(大蒜精油活性物质)配基,静置 2min,测定荧光强度。

4. 数据分析

假设所表达的气味结合蛋白样品的活性为 100%,且在饱和状态时蛋白:配基的结合比例为 1∶1。采用 Prism/Graphpad 软件中适合一个结合位点的经典方程对所添加的 1-NPN 浓度和其对应的荧光最大值数据进行非线性回归拟合分析,并采用 Scatchard 方程线性化拟合验证,计算出气味结合蛋白与 1-NPN 探针的解离常数。再计算荧光值降低到初始荧光值一半时气味物质的浓度,即 IC_{50}。利用公式 $K_i = IC_{50}/(1+[\text{1-NPN}]/K_{1\text{-}NPN})$ 计算出各竞争配基的解离常数,其中[1-NPN]为未结合的 1-NPN 的浓度,$K_{1\text{-}NPN}$ 为 1-NPN/目的蛋白复合物的解离常数(Ban et al.,2003)。

二、结果与分析

(一) 麦蛾气味结合蛋白原核表达载体的构建

分别在 ScerGOBP1、ScerGOBP2 和 ScerPBP 开放阅读框(去除 N 端信号肽序列)两端各设计一条引物,用以克隆 ScerOBPs 成熟蛋白序列,扩增产物经琼脂糖凝胶电泳鉴定,片段大小与预测结果一致(图 3-23)。将 PCR 产物送华大基因进行测序以

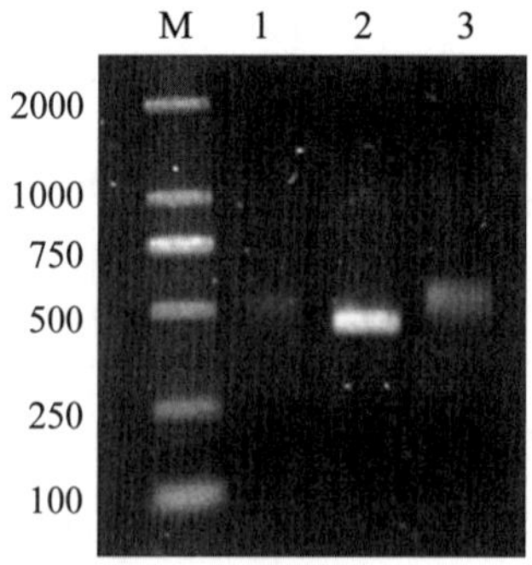

图 3-23 ScerOBPs 成熟蛋白基因编码区的 PCR 产物

M 表示 DNA 分子质量标准 Marker DL2000;1 为 ScerGOBP1;2 为 ScerGOBP2;3 为 ScerPBP

进一步验证序列的准确性，测序结果表明 ScerGOBP1、ScerGOBP2 和 ScerPBP 的成熟肽编码区均无错码，可用于表达载体的构建。

将测序鉴定过的菌液提取质粒，再将质粒 PMD18-ScerOBPs 进行 BamH I 和 EcoR I 双酶切，酶切产物与经同样酶切处理的 PGEX-6P-1 载体连接（图 3-24），然后转化到 Trans5α 感受态细胞，筛选重组子并测序鉴定，鉴定无误后再转化到 BL21（DE3）表达细胞。

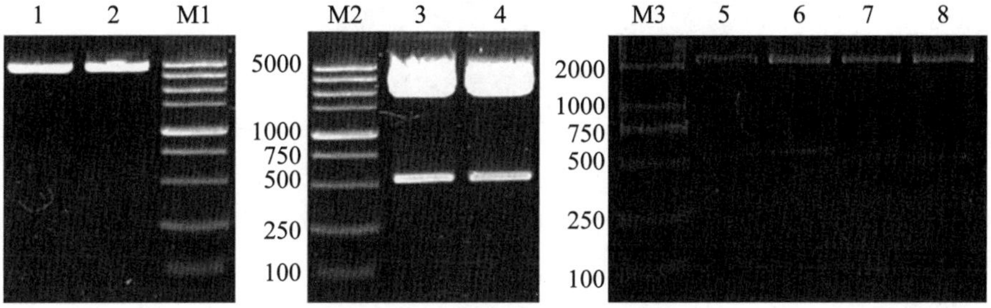

图 3-24　载体构建双酶切结果

M1 和 M2 表示 DNA 分子质量标准 Marker DL5000；M3 表示 DNA 分子质量标准 Marker DL2000；1 和 2 是载体 PGEX-6P-1 的双酶切结果；3 和 4 是质粒 PMD18-ScerPBP 的双酶切结果；5 和 6 是质粒 PMD18-ScerGOBP1 的双酶切结果；7 和 8 是质粒 PMD18-ScerGOBP2 的双酶切结果。

（二）原核表达诱导条件优化

1. 原核表达诱导温度的优化

先将重组大肠杆菌 PGEX-6P-1/ScerPBP 在 37℃条件下培养至 OD_{600} ＝0.6～0.8，然后向菌液中添加 IPTG 诱导剂，使其终浓度为 0.1mM，分别选择在 30℃温度条件下继续培养 6h，23℃温度条件下培养 12h，16℃温度条件下培养 24h。诱导结束后将菌体离心收集并用超声波破碎细胞，然后 SDS-PAGE 电泳检测全菌液、上清液和沉淀。由图 3-25 可知融合蛋白主要以包涵体形式存在于沉淀中，上清液中只有少量的可溶性蛋白。但是，随着温度降低，蛋白的可溶性逐渐增强，因此将最佳诱导温度设置为 16℃。

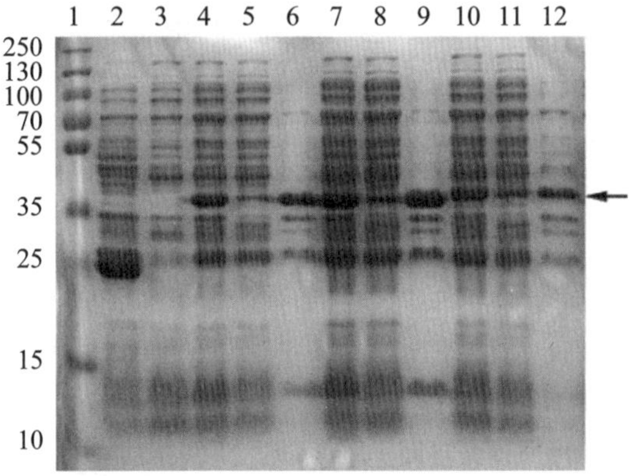

图 3-25　原核表达温度优化

1:蛋白质分子量标准;2:PGEX-6P-1 载体诱导;3:重组菌 PGEX-6P-1/ScerPBP 诱导前;4、7 和 10:分别是重组菌 PGEX-6P-1/ScerPBP 经 30℃诱导 6h,23℃诱导 12h 和 16℃诱导 24h 的全菌;5、8 和 11:分别是重组菌 PGEX-6P-1/ScerPBP 经 30℃诱导 6h,23℃诱导 12h 和 16℃诱导 24h 的上清;6、9 和 12:分别是 30℃诱导 6h,23℃诱导 12h 和 16℃诱导 24h 的沉淀。箭头表示 GST 融合蛋白所在位置。

2. 原核表达 IPTG 浓度的优化

先将重组大肠杆菌 PGEX-6P-1/ScerPBP 在 37℃条件下培养至 OD_{600} =0.6～0.8,然后向菌液中添加 IPTG 诱导剂,使其终浓度为分别为 0.01mM、0.05mM 和 0.1mM,在 16℃条件下培养 10h 后,收集菌体并细胞破碎,利用 SDS-PAGE 电泳检测全菌、上清和沉淀(图 3-26)。结果表明在该浓度范围内可溶性蛋白表达量随着 IPTG 浓度升高而增大,因此诱导剂 IPTG 的最佳浓度为 0.1mM。

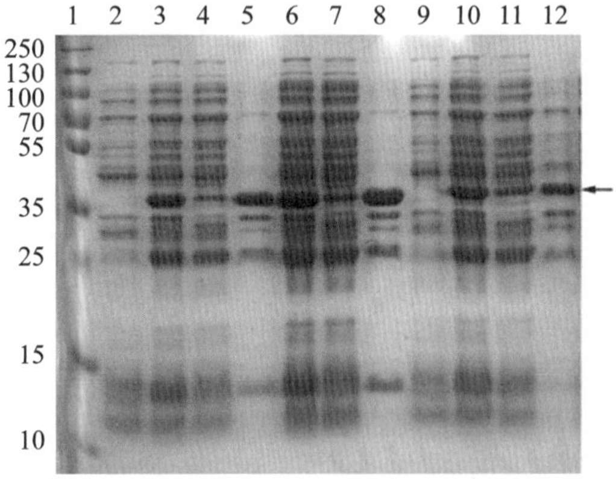

图 3-26　诱导剂 IPTG 浓度优化

1:蛋白质分子量标准;2 和 9:重组菌 PGEX-6P-1/ScerPBP 诱导前;3-5:分别是重组菌 PGEX-6P-1/ScerPBP 在 16℃温度下经 0.01mm IPTG 诱导 10h 的全菌、可溶蛋白和不可溶蛋白;6-8:分别是重组菌 PGEX-6P-1/ScerPBP 在 16℃温度下经 0.05mM IPTG 诱导 10h 的全菌、可溶蛋白和不可溶蛋白;10-12:分别是重组菌 PGEX-6P-1/ScerPBP 在 16℃温度下经 0.1mM IPTG 诱导 10h 的全菌、可溶蛋白和不可溶蛋白。箭头表示 GST 融合蛋白所在位置。

3. 原核表达诱导时间的优化

先将重组大肠杆菌 PGEX-6P-1/ScerPBP 在 37℃条件下培养至 OD_{600} =0.6～0.8，然后向菌液中添加 IPTG 诱导剂，使其终浓度为为 0.1mM，在 16℃温度条件下分别培养 12h 和 24h。诱导结束后利用离心方法收集菌体并将细胞破碎，利用 SDS-PAGE 电泳检测其全菌、上清和沉淀的蛋白表达情况。结果表明，可溶性蛋白的表达量随诱导时间的增加而增加(图 3-27)。因此，将 24h 定为原核表达的最佳诱导时间。

由以上结果可知，本研究中原核表达的最佳表达条件为：诱导温度 16℃；诱导剂 IPTG 浓度为 0.1mM；诱导时间为 24h。

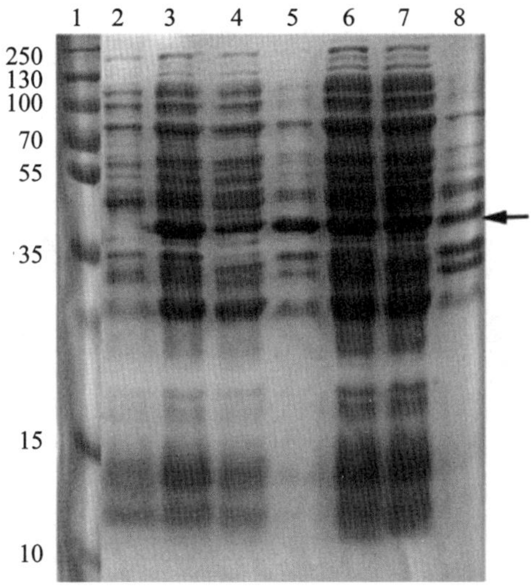

图 3-27　原核表达诱导时间优化

1：蛋白质分子量标准；2：重组菌 PGEX-6P-1/ScerPBP 诱导前；3、6：分别是重组菌 PGEX-6P-1/ScerPBP 在 16℃温度下经 0.1mM IPTG 诱导 12h 和 24h 的全菌；4、7：分别是重组菌 PGEX-6P-1/ScerPBP 在 16℃温度下经 0.1mM IPTG 诱导 12h 和 24h 的上清；5、8：分别是重组菌 PGEX-6P-1/ScerPBP 在 16℃温度下经 0.1mM IPTG 诱导 12h 和 24h 的沉淀。箭头表示 GST 融合蛋白所在位置。

(三) 麦蛾气味结合蛋白的大量表达和纯化

在最佳诱导条件下大量培养重组细胞，利用离心法收集菌体后用细胞裂解液重新悬浮细胞，并采用超声波破碎细胞。待细胞完全裂解后，将悬浮液进行高速离心，取上清液进行 GST 亲和层析纯化，成功获得 ScerGOBP1、ScerGOBP2 和 ScerPBP 的 GST 融合蛋白(图 3-28)。将纯化后的 GST 融合蛋白经 PreScission™ Protease 酶切，酶切完全后再次进行 GST 亲和层析纯化，以去除 GST 标签和蛋白酶，获得较纯的目的蛋白(图 3-29)。

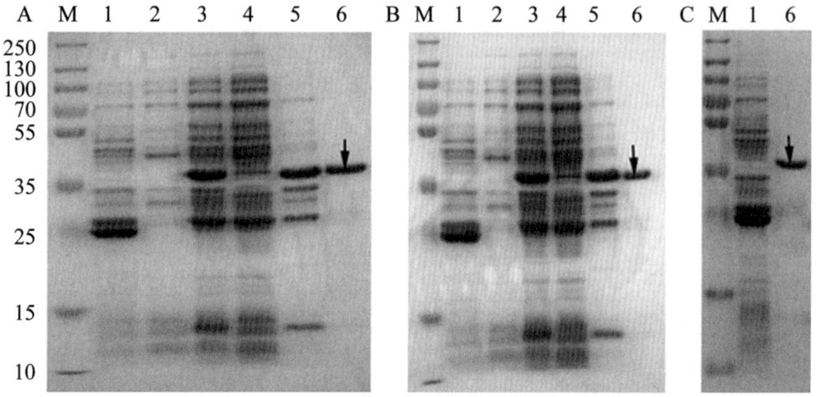

图 3-28 SDS-PAGE 检测麦蛾气味结合蛋白重组蛋白的表达和纯化

(1)ScerGOBP1;(B)ScerGOBP2;(C)ScerPBP;M:蛋白质分子量标准;1:空载体诱导;2:PGEX-6P-1/ScerOBP 经 IPTG 诱导前;3-5:分别是 PGEX-6P-1/ScerOBP 在 16℃ 条件下经 0.1mM IPTG 诱导 24h 后的全菌、上清和沉淀;6:纯化后的 GST 融合蛋白(箭头)。

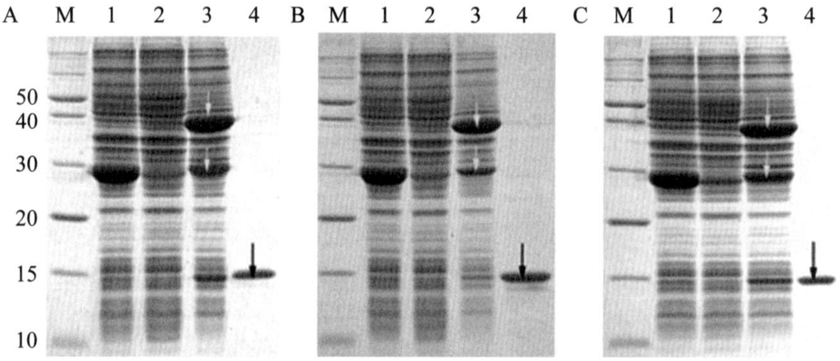

图 3-29 SDS-PAGE 检测麦蛾气味结合蛋白重组蛋白的酶切和纯化

(A)ScerGOBP1;(B)ScerGOBP2;(C)ScerPBP;M:蛋白质分子量标准;1:空载体诱导;2:PGEX-6P-1/ScerOBP 经 IPTG 诱导前;3:PGEX-6P-1/ScerOBP 在 16℃ 下经 0.1mM IPTG 诱导 24h 后的细胞裂解液上清,白色箭头表示 42kDa 左右的融合蛋白和 26kDa 左右的 GST 标签蛋白;4:纯化并去标签后的目的蛋白(黑色箭头)。

按 Bradford 方法将纯化后的目的蛋白进行浓度测定,以牛血清蛋白为标准蛋白,制作标准曲线(图 3-30)。测得 ScerGOBP1、ScerGOBP2 和 ScerPBP 的浓度分别为 0.3351,0.3234 和 0.3480μg/μl。

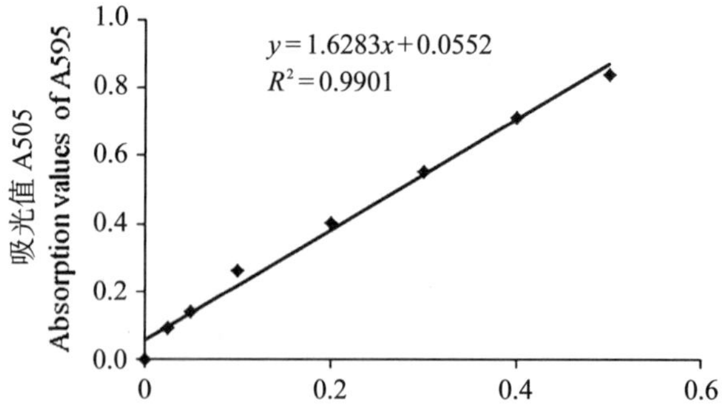

图 3-30 蛋白浓度标准曲线

(四) 荧光竞争结合实验分析 ScerOBPs 的结合特性

以 1-NPN 为探针，采用荧光竞争结合实验(fluoresecence competitive binding assays)研究麦蛾气味结合蛋白(ScerGOBP1、ScerGOBP2 和 ScerPBP)与大蒜精油活性物质(二烯丙基二硫醚和二烯丙基三硫醚)和麦蛾人工合成性信息素的结合能力。由图 3-31 可知当荧光探针 1-NPN 浓度增加到 20μM 左右时，1-NPN 与 ScerOBPs 的结合达到了饱和，并且 Scatchard 分析结果呈线性化，说明 ScerOBPs 是单位点受体，因此可进行进一步的竞争性结合实验。由气味结合蛋白与荧光探针 1-NPN 的结合动态饱和曲线可计算出 1-NPN 与 ScerGOBP1，ScerGOBP2 以及 ScerPBP 的解离常数分别为 3.77，1.90 和 2.19μM。

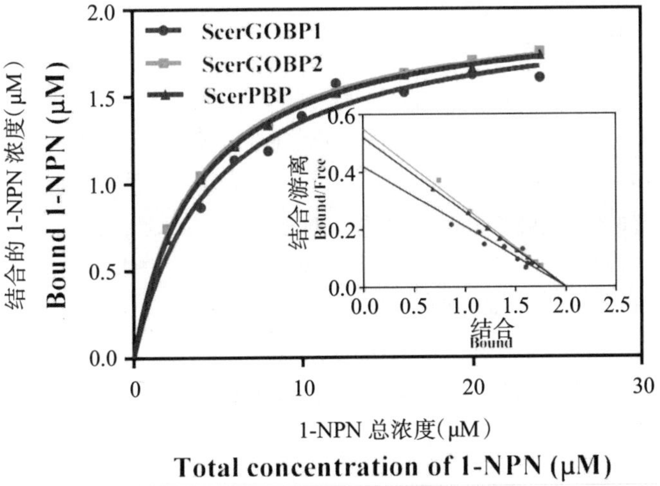

图 3-31 探针 1-NPN 与 ScerOBPs 结合的饱和曲线

由竞争结合曲线(图 3-32)和竞争解离常数(表 3-3)可知 3 种麦蛾气味结合蛋白与气味分子的结合能力各不相同。ScerGOBP1 与大蒜精油活性物质和麦蛾性信息素的结合能力都很弱(IC_{50}>25μM；K_i>25μM)；ScerGOBP2 与两种大蒜精油活性物质结合能力较弱(IC_{50}>22μM；K_i>16μM)，但是与麦蛾性信息素的结合能力非常强(IC_{50}=1.10μM；K_i=0.71μM)，甚至比 ScerPBP(IC_{50}=7.43μM；K_i=5.16μM)与之结合的能力还要强很多。另外，有意思的是，大蒜精油活性物质与 ScerPBP 的结合能力很强，尤其是大蒜精油活性物质(IC_{50}=6.30μM；K_i=4.21μM)，甚至比性信息素(IC_{50}=7.43μM；K_i=5.16μM)与该蛋白结合的能力还要强，但是与 ScerGOBP1 和 ScerGOBP2 的结合能力却很弱(IC_{50}>22μM；K_i>16μM)。

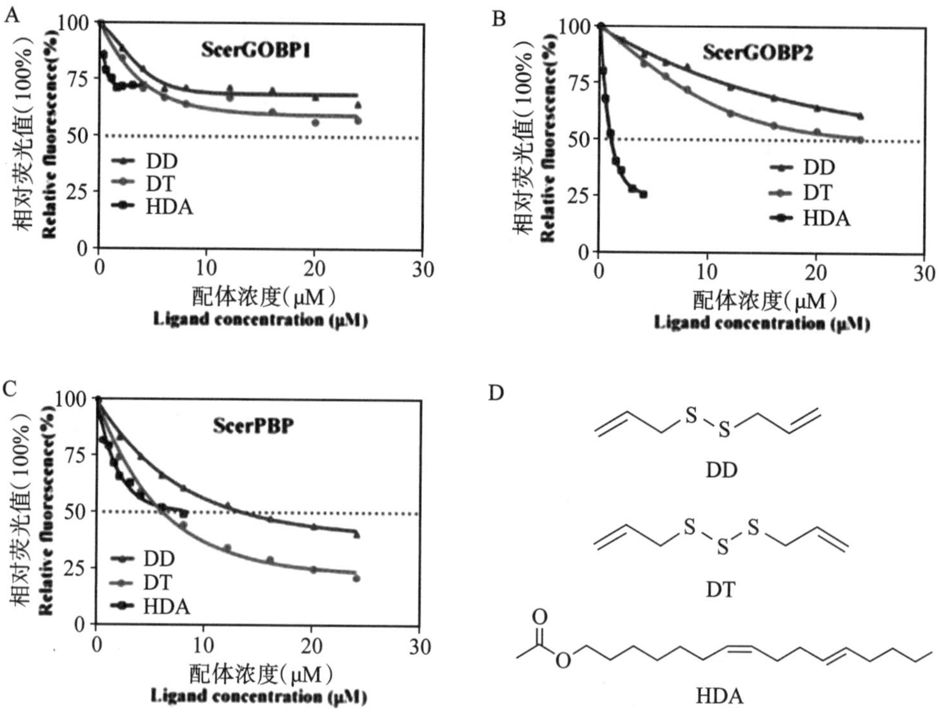

图 3-32　麦蛾气味结合蛋白与待测配体的竞争结合曲线

(A)为 ScerGOBP1;(B)为 ScerGOBP2;(C)为 ScerPBP;(D)为三种配体的分子结构式。DD 表示二烯丙基二硫醚;DT 表示大蒜精油活性物质;HDA 表示麦蛾性信息素。

表 3-3　竞争性气味的竞争解离常数

配体	CAS 号	ScerGOBP1		ScerGOBP2		ScerPBP	
		IC_{50} (μM)	K_i (μM)	IC_{50} (μM)	K_i (μM)	IC_{50} (μM)	K_i (μM)
DD	2179-57-9	>25	>25	>25	>25	14.48	9.94
DT	2050-87-5	>25	>25	22.42	16.02	6.30	4.21
HDA	53042-79-8	>25	>25	1.10	0.71	7.43	5.16

注:IC_{50}是荧光强度下降 50%时配体的浓度;K_i是解离常数;DD 表示二烯丙基二硫醚;DT 表示大蒜精油活性物质;HDA 表示麦蛾性信息素。

三、小结与讨论

蛾类昆虫的两性交流主要依赖于性信息素,这个过程主要包括两个方面:雌蛾在体内合成并释放性信息素,雄蛾依赖敏锐的嗅觉感受雌蛾释放的性信息素并对其作出相应的行为反应(Vogt,2005)。PBPs 通常被认为具有结合和运输性信息素的功能(Vogtand Riddiford,1981)。然而,本研究表明,虽然大蒜精油活性物质的分子结构与麦蛾性信息素完全不同,但是与 ScerPBP 之间有很强的结合能力,尤其是大蒜精油活性物质,甚至比性信息素与该蛋白结合的能力还要强。一般情况下,蛾类昆虫的 PBPs 通常与性信息素或其结构类似物具有较强的结合能力,如甘蓝夜蛾 *Mamestra brassicae* 和多音大蚕蛾 *Antheraea polyphemus* (Campanacci et al.,2001)。另外,在樟巢螟 *Orthaga olivacea* 中也发现了类似的结果,樟巢螟性信息素结合蛋白 Oach-PBP1 可以结合 3 种该物种的性信息素组分,10 种性信息素类似物,以及 2 种与性信息素结构比较相似的植物挥发物质(Liu et al.,2012)。目前,已有文献报道 PBPs 在配体结合过程中具有一定的可塑性。例如,在家蚕 *Bombyx mori* 中,BmorPBP 可以通过调整其侧链以结合各种不同结构的配体,但是其结合力与性信息素相比一般都比较低(Lautenschlager et al.,2007)。非性信息素配体与 PBPs 之间的结合能力很低,这将导致其在运输过程中可能被迫与 PBPs 分离,从而被嗅觉感器淋巴液中的气味降解酶降解(Ishida and Leal,2005)。但是,本研究中大蒜精油活性物质与 Scer-PBP 的结合能力很强,证实了我们前期的推测:大蒜精油活性物质是通过与性信息素竞争结合性信息素结合蛋白 ScerPBP,从而干扰麦蛾的交配行为,最终降低了麦蛾的产卵量。

有意思的是,ScerGOBP2 在与麦蛾人工合成性信息素结合时也表现出非常强的结合能力。GOBP2 在不同物种间具有很高的序列相似性,在雌雄触角中表达量无明显的差异,而且主要分布在对普通气味敏感的锥形感器中,所以通常被认为具有感受普通气味的作用,如寄主植物挥发物和捕食者或猎物发出的气味等(Vogt et al.,1991a,b)。研究工作者发现 BmorGOBP2 存在于家蚕 *Bombyx mori* 雌蛾的长毛型感器中,但对植物挥发物芳樟醇和苯甲酸有着特异反应(Heinbockel and Kaissling,1996)。据报道,长毛型感器是典型的性信息素敏感型感器(Maida et al.,2005)。然而,在另一研究中发现 BmorGOBP2 可以识别性信息素组分蚕蛾性诱醇 bombykol 和蚕蛾醛 bombykal(Zhou et al.,2009)。另外,在甘蓝夜蛾 *Mamestra brassicae* 中,发现 MbraPBP1 和 MbraGOBP2 均在长毛型感器中表达,其神经元对该物种的性信息素组分 Z11-16:Ac 和 Z11-16:OH 有着特异反应(Jacquin-Joly ct al.,2000)。类似的发现还在多种蛾类昆虫中报道,如斜纹夜蛾 *Spodoptera litura* (Liu et al.,2015),樟巢螟 *Orthaga achatina* (Liu et al.,2012),多音大蚕蛾 *Antheraea polyphemus* (Ziegelberger,1995),二化螟 *Chilo suppressalis* (Gong et al.,2009)和烟草天蛾 *Manduca sexta* (Feng and Prestwich,1997)。此外,有研究报道斜纹夜蛾中的 Slit-GOBP2 和 SlitPBPs (Liu et al.,2015),烟草天蛾中的 MsexGOBP2 和 MsexPBP (Vogt et al.,2002)均发生了基因重复事件。鳞翅目昆虫 PBP 基因家族通过基因重复演变而来(Merritt et al.,1998),PBP-GOBP2 基因间可能保留了它们最相近的关系,两者通过协同表达来调控鳞翅目昆虫的嗅觉行为(Vogt et al.,2002)。

综上所述,我们推测 ScerGOBP2 可能也参与性信息素识别。虽然结合实验表明 ScerGOBP2 与性信息素的结合能力比 ScerPBP 强,但是 ScerPBP 在麦蛾触角中的表达量比 ScerGOBP2 高了约 100 倍(图 3-22),高表达量也许弥补了 ScerPBP 相对较弱的结合能力。事实上,昆虫 OBPs 的结合特异性并不能完全决定昆虫嗅觉识别的特异性(Kaissling,2009;He et al.,2010)。很多研究工作者认为 PBPs 对信息素结合具有选择限制性,其下游元件如气味受体可能在性信息素识别中起着更重要的作用(Leal,2013)。然而,更多的可能是多种 OBPs 和 ORs 的综合效应为昆虫识别各种气味提供基础(Krieger et al.,2005;Pophof,2004)。因此,我们还需要采用 RNAi 等技术进一步研究 OBPs 在大蒜精油活性物质干扰麦蛾交配过程中的生理功能。

第五节　麦蛾信息素结合蛋白的同源模建及分子对接

目前,已经有很多研究工作者采用 X 射线晶体衍射技术和核磁共振衍射技术等方法对 OBPs 的三维结构以及与配体结合的复合物结构进行了研究(Leite et al.,2009;Lartigue et al.,2003)。根据已报道的 OBPs 三维结构可知 GOBPs 和 PBPs 至少由 6 个 α-螺旋结构组成,并由 6 个保守的半胱氨酸残基连接形成 3 个二硫键稳固蛋白的三维结构,连接方式为 cys1-cys3,cys2-cys5 和 cys4-cys6(Fan et al.,2011)。在家蚕 *Bombyx mori* 中,BmorPBP1 的 4 个 α-螺旋反向平行组成信息素结合腔,形状类似一个长颈烧瓶,在结合口袋的顶部有一个 α-螺旋结构起着类似瓶盖的作用,可以覆盖结合腔的入口(Sandler et al.,2000)。X 射线晶体衍射技术和核磁共振衍射技术是目前测定蛋白质三维结构的主要方法,但是这两种研究方法都有一定的难度和限制。X 射线晶体衍射技术主要是测定蛋白质的晶体结构,因此需要先对目标蛋白进行纯化和结晶,然而受实验条件的限制,我们很难获得能对 X 射线产生强烈衍射作用的蛋白晶体;另外,核磁共振衍射技术花费高,难度大,仅适用于小分子蛋白,而且很难检测出蛋白与配体结合的复合物结构。目前对于 OBPs 的三维结构研究也仅局限于 4 个目 10 多种昆虫(Fan et al.,2011)。

随着计算机和计算科学的迅速发展,同源模建和分子对接已成为研究蛋白三维结构和配体结合方式的一种重要手段。同源模建是目前应用最成功的一种蛋白质三维结构预测方法,这种方法是以已报道蛋白的三维结构为模型,利用序列同源性建立目标蛋白的三维结构模型,这种方法操作简单,但是要求目的蛋白与模型蛋白的序列同源性(identity)大于 30%,而且同源性越好,结果越可靠。我们在前期研究中发现大蒜精油活性物质与 ScerPBP 之间有很强的结合能力,甚至比性信息素与该蛋白结合的能力还要强，这在昆虫交配干扰行为中有着重要的意义。因此，本章节的主要内容是采用同源模建方法构建 ScerPBP 的三维结构模型，并利用分子对接技术模拟大蒜精油活性物质和麦蛾性信息素与 ScerPBP 蛋白之间的相互作用方式，为进一步明确麦蛾的嗅觉干扰机制奠定基础。

一、材料与方法

（一）同源模建

将 ScerPBP 的氨基酸序列提交到 PDB 库，搜索和它同源性最高的氨基酸序列，以同源性最高的蛋白质三维结构为模型，利用 Swiss-Model 服务器（http://expasy. hcuge. ch/swissmod/SWISS-MODEL. html）进行同源模建。建模结果采用 PyMOL Viewer 进行观察，并将得到的模型提交到 SAVES 服务器（Structural Analysis and Verification Server）进行建模结果评估。获得的 ScerPBP 三维结构在 PyMOL Viewer 中显示，并进行结构特点分析。

（二）分子对接

分子对接是依据配体与受体作用的"锁一钥原理"（lock and key principle），模拟小分子配体与受体生物大分子的相互作用方式。配体与受体相互作用是分子识别的过程，主要包括静电作用、氢键作用、疏水作用、范德华作用等。通过计算可以预测蛋白质和配体间的结合模式和亲和力。本研究采用 Gold 5.1 软件进行分子对接，以配体小分子定义活性位点，将小分子为中心半径为 1nm 的球形空间定义为活性口袋。采用 Goldscore 作为打分函数，以 GOLD fitness function 值进行排序。评价函数 Fitness 的方程为：

Fitness＝S(hb_ext)＋1.3750×S(vdw_ext)＋S(hb_int)＋1.0000×S(int)，其中 S(hb_ext)和 S(vdw_ext)分别表示蛋白与配体间的氢键作用力和范德华作用力，S(hb_int)和 S(int)分别表示小分子内部氢键作用力和范德华作用力。Fitness 值越小，表示蛋白和配体间的作用力越弱，反之，则越强。

二、结果与分析

（一）ScerPBP 的同源模建

首先，用 ScerPBP 氨基酸序列在 PDB 数据库搜索和它同源性最高的蛋白质序列，发现 ScerPBP 与脐橙螟 *Amyelois transitella* 的信息素结合蛋白 AtraPBP1（PDB:

4INW)的相似性最高，identity 达到 68%，说明目的蛋白和模型蛋白间同源性较高，可以进行同源模建。ScerPBP 的三维模型含有 6 个 α-螺旋结构，这些 α-螺旋紧密排列形成一个结合口袋(图 3-33A)。

此外，生成的 ScerPBP 结构模型用 Procheck 程序进行合理性评价，检查所有氨基酸残基骨架 Phi 和 Psi 的二面角分布。由 Ramachandran 图(图 3-33B)可知，ScerPBP 97.6%的氨基酸残基位于最佳区域(红色区域 A,B,L)，2.4%的氨基酸残基位于合理区域(黄色区域 a,b,l,p)，无氨基酸残基落于勉强许可区域和不允许区域内。由以上分析结果可知，构建的 ScerPBP 三维结构模型合理可信，可用于下一步分子对接。

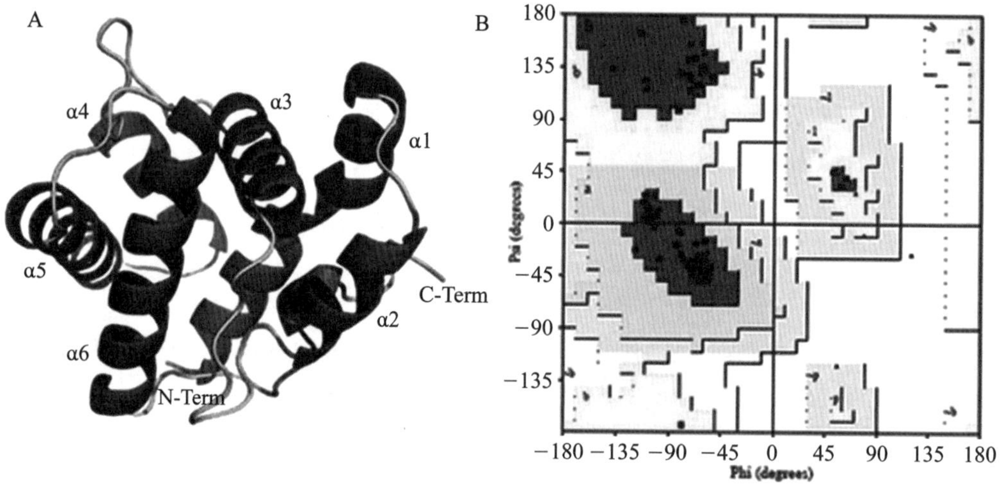

图 3-33 预测的 ScerPBP 三维结构(A)和 Ramachandran 图(B)

A 中 α1-α6 表示 6 个 α-螺旋结构；B 中红色区域(A,B,L)表示氨基酸残基位于最佳区域(97.6%)，黄色区域(a,b,l,p)表示氨基酸残基位于较合理区域(32.4%)，浅黄色(～a,～b,～l,～p)和白色区域分别表示勉强许可和不允许区域(0.0%)。

(二)配体与 ScerPBP 的分子对接

分子对接采用 GOLD 5.1 软件，将二烯丙基二硫醚、二烯丙基三硫醚和麦蛾性信息素分别与 ScerPBP 的三维模型进行对接，三种配体均与 ScerPBP 对接成功(图 3-34)。这三种配体与 ScerPBP 结合的作用力主要是范德华力(表 3-4)。由活性位点作用图(图 3-35)可知，二烯丙基二硫醚、二烯丙基三硫醚和麦蛾性信息素与 ScerPBP 结合的活性氨基酸残基大多是疏水性氨基酸，但也有少数亲水性氨基酸位于结合腔中，这些亲水性氨基酸可以与某些配体的官能团形成氢键。麦蛾性信息素与 ScerPBP 结合的活性氨基酸分别是 Ile5、Met8、Ser9、Phe12、Phe36、Trp37、Ile52、Ser56、Val62、Gly66、Glu98、Ile111、Ile114、Phe118 和 Val134。这些氨基酸形成一个大疏水性结合腔，为其提供了强大的疏水作用力。ScerPBP 与两种大蒜精油活性物质形成的结合腔远小于性信息素结合腔，但其活性氨基酸残基与性信息素完全相同(表 3-5)，说明三种配体结合于同一个结合腔，该结果表明大蒜精油活性物质可能是麦蛾性信息素的结合抑制剂。

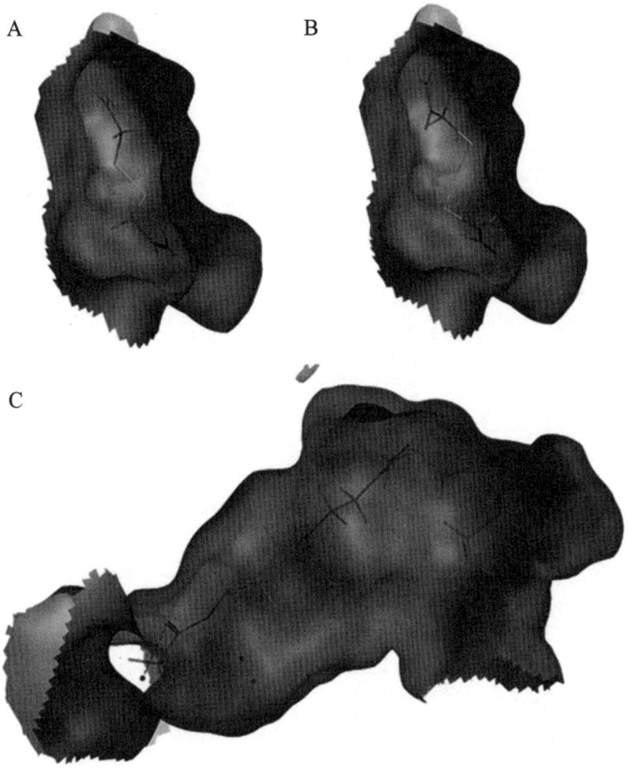

图 3-34　配体与 ScerPBP 对接的三维结构图

A. 二烯丙基二硫醚；B. 二烯丙基三硫醚；C. 麦蛾性信息素

表 3-4　对接后打分最高构象各能量组成

配体	适合度	S(hb_ext)	S(vdw_ext)	S(hb_int)	S(int)
DD	41.59	0.00	31.92	0.00	−2.30
DT	45.60	0.00	34.89	0.00	−2.38
HDA	67.38	0.00	49.50	0.00	−0.68

注：S(hb_ext)和 S(vdw_ext)分别表示蛋白和配体间的氢键和范德华作用力，S(hb_int)和 S(int)分别表示小分子内部氢键和范德华作用力。DD 表示二烯丙基二硫醚；DT 表示二烯丙基三硫醚；HDA 表示麦蛾性信息素。

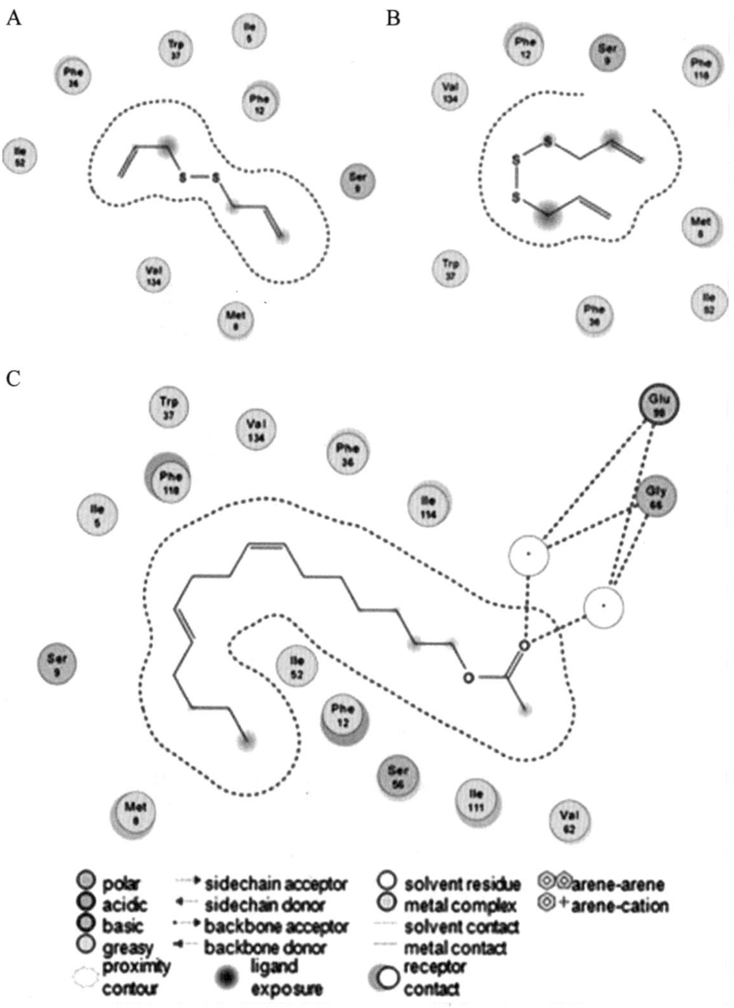

图 3-35　供试配体与 ScerPBP 的活性位点作用图

A. 二烯丙基二硫醚；B. 二烯丙基三硫醚；C. 麦蛾性信息素

表 3-5　供试配体和 ScerPBP 结合的活性氨基酸残基

配体	活性氨基酸残基
DD	Ile5 Met8 Ser9 Phe12 Phe36 Trp37 Ile52 Val134
DT	Met8 Ser9 Phe12 Phe36 Trp37 Ile52 Phe118 Val134
HDA	Ile5 Met8 Ser9 Phe12 Phe36 Trp37 Ile52 Ser56 Val62 Gly66 Glu98 Ile111 Ile114 Phe118 Val134

注：DD 表示二烯丙基二硫醚；DT 表示二烯丙基三硫醚；HDA 表示麦蛾性信息素。

三、小结与讨论

本章节采用同源模建和分子对接技术对 ScerPBP 与大蒜精油活性物质和麦蛾性信息素的相互作用方式进行了研究。三维结构预测结果显示 ScerPBP 含有 6 个 α-螺旋结构，这些 α-螺旋紧密排列形成一个疏水性结合腔，与已报道的其他昆虫 OBPs 三维结构相似，如家蚕 BmorPBP（Lee et al.，2002）和多音天蚕蛾 *Antheraea polyphemus* ApolPBP（Damberger et al.，2007）。利用所构建的 ScerPBP 模型进行分子对接，结果显示两种大蒜精油活性物质（二烯丙基二硫醚和二烯丙基三硫醚）和麦蛾性信息素均与 ScerPBP 成功对接，并且结合于同一个疏水性结合腔中，该结果进一步表明该大蒜精油活性物质与麦蛾性信息素存在竞争结合关系，前者可能是后者的竞争结合抑制剂。在本研究中，三种配体与 ScerPBP 结合的相互作用力主要是范德华力和疏水作用力，而非氢键作用力，类似的结果在其他昆虫 OBPs 中也有报道（Mao et al.，2010）。

第六节 总结与展望

一、总结

麦蛾 *Sitotroga cerealella* Olivier 是一种世界性的重要储粮害虫。由于麦蛾抗药性的增强及幼虫具有粮粒内危害的特点，常规防治方法难以取得理想效果。近年来，随着人们环保意识的逐渐增强，利用植物源杀虫剂来防治害虫已成危害虫治理研究的重要方向。本课题组前期研究发现大蒜精油及其主要活性成分（二烯丙基二硫醚和二烯丙基三硫醚）能显著降低麦蛾的产卵量。目前对于有关植物次生物质抑制昆虫产卵的作用机制至今尚未明确。根据昆虫的气味识别机制，我们推测大蒜精油活性物质可能通过干扰麦蛾对其性信息素的识别而干扰了麦蛾雌雄成虫间的交配，从而抑制了雌蛾的产卵量。因此，本章从昆虫的嗅觉识别机制来阐明大蒜精油活性物质对昆虫产卵忌避的作用机制。主要结论如下。

（一）大蒜精油活性物质对麦蛾嗅觉行为的影响

采用 Y 型嗅觉仪来监测大蒜精油活性物质对麦蛾感受性信息素行为的影响，试验结果表明二烯丙基二硫醚和二烯丙基三硫醚均能显著抑制或干扰麦蛾对性信息素的感知能力。

(二) 麦蛾触角感器的超微结构观察

采用扫描电镜和透射电镜,研究麦蛾雌雄成虫触角感器的超微结构。在麦蛾触角中共发现 7 种类型感器,分别是毛形感器、锥形感器、腔锥形感器、栓锥形感器、耳朵形感器、鳞形感器和 Böhm 氏鬃毛,其中只有长毛形感器存在性二态现象,推测其作用可能与性信息素识别相关。根据昆虫触角感器的形态、构造、分布和数量,并结合相关文献,我们分析并讨论了这些感器的功能。其研究结果将有利于我们更深入地了解麦蛾雌雄虫间的化学信息交流,为进一步探索麦蛾的嗅觉行为提供理论依据。

(三) 麦蛾气味结合蛋白基因的克隆和表达模式分析

通过 RT-PCR 和 RACE 技术首次获得麦蛾 3 个气味结合蛋白基因的全长:ScerGOBP1(登录号:KF513152),ScerGOBP2(登录号:KF513150)和 ScerPBP(登录号:KF513151)。通过序列分析和 qRT-PCR 检测发现这 3 个基因都具有气味结合蛋白的典型特征:分子量较小,低等电点,亲水性,N 端具有信号肽,具有 6 个保守的半胱氨酸残基,并且只在触角中特异性表达。其中,ScerGOBP1 和 ScerGOBP2 在雌雄中表达量相当($P>0.05$);而 ScerPBP 在雄虫中的表达量显著高于雌虫($P<0.05$)。另外,雄虫触角中 ScerPBP 的表达丰度明显高于 ScerGOBP1 和 ScerGOBP2。本研究结果将为麦蛾气味结合蛋白结构和功能研究奠定初步的基础。

(四) 麦蛾气味结合蛋白的表达纯化和结合特性分析

通过原核表达和亲和层析纯化体外获得大量麦蛾气味结合蛋白,然后利用荧光竞争结合实验研究大蒜精油活性物质/麦蛾性信息素与 ScerOBPs 之间的结合能力。结果显示大蒜精油活性物质与 ScerPBP 之间有很强的结合能力,尤其是二烯丙基三硫醚,甚至比性信息素与该蛋白的结合能力还要强;但是与 ScerGOBP1 和 ScerGOBP2 的结合能力很弱。以上结果表明了大蒜活性物质可以与麦蛾性信息素竞争结合 ScerPBP。

(五) 麦蛾信息素结合蛋白的同源模建及分子对接

ScerPBP 的三维模型含有 6 个 α-螺旋结构,这些 α-螺旋紧密排列形成一个结合口袋。分子对接结果显示两种大蒜精油活性成分(二烯丙基二硫醚、二烯丙基三硫醚)和麦蛾性信息素均与 ScerPBP 成功对接,并且结合于同一个疏水性结合腔,说明大蒜精油活性物质与麦蛾性信息素存在竞争结合关系,前者可能是后者的竞争结合抑制剂。

综上所述,大蒜精油活性物质抑制麦蛾产卵的作用靶标可能是麦蛾触角感器中的信息素结合蛋白。大蒜精油活性物质通过竞争结合 ScerPBP 的方式使得麦蛾雄虫失去或降低了对雌虫释放的性信息素的敏感性，从而使雄虫无法正确定位其配偶，进而干扰了雌雄虫间的正常交配，最终使得雌虫的产卵量下降。以上研究结果不仅有助于阐明麦蛾感受和识别环境中的气味物质并产生相应行为反应的分子机制，还为进一步阐明大蒜精油活性物质干扰麦蛾交配的分子机理奠定基础，为研制安全高效的麦蛾“行为调节剂”或“交配干扰剂”提供靶标和理论依据。

二、展望

本研究虽然采用竞争结合实验和分子对接技术证明了大蒜精油活性物质可以与性信息素竞争结合 ScerPBP，从而干扰麦蛾的交配行为，但是还需要采用 RNAi 等技术进一步确定其生理功能。另外，昆虫气味识别特性并非完全由昆虫触角中的 OBPs 决定，下游元件如气味受体可能在气味特异性识别中也起着重要的作用。因此，进一步研究可以从以上两个方面展开，进一步阐明大蒜精油活性物质干扰麦蛾交配的分子机理。

（马 敏 李梦颖）

参考文献

[1] 丁旭坡，高熹，朱家颖，等. 昆虫感觉器官及其在害虫防治中的应用研究[J]. 江西农业学报，2011，23(7)：133-136.

[2] 刘勇，倪汉祥，胡萃. 昆虫气味结合蛋白研究进展[J]. 昆虫知识，2000，37(6)：367-371.

[3] 刘召，花保祯. 昆虫对气味信息素的感受机制[J]. 西北农林科技大学学报(自然科学版)，2010，38(11)：186-192.

[4] 王桂荣，郭予元，吴孔明. 棉铃虫触角感器的超微结构观察[J]. 中国农业科学，2002，35(12)：1479-1482.

[5] 尹姣，曹雅忠，罗礼智，等. 草地螟触角化学感受器的电镜观察[J]. 应用昆虫学报，2004，41(1)：56-59.

[6] 尹文英，郦一平. 棉红铃虫触角感觉器的扫描电镜观察[J]. 昆虫学报，1980(2)：123-129.

[7] 余海忠. 二化螟触角感受器类型及其 GOBP2 基因保守区的克隆与序列分析[D]. 浙江大学，2004.

[8] ALTNER H, SCHALLER-SELZER L, STETTER H, et al. Poreless sensilla with inflexible sockets [J]. Cell and Tissue Research, 1983, 234(2): 279-307.

[9] ANDERSON P, HALLBERG E, SUBCHEV M. Morphology of antennal sensilla auricillica and their detection of plant volatiles in the Herald moth, Scoliopteryx libatrix L. (Lepidoptera: Noctuidae) [J]. Arthropod Structure & Development, 2000, 29(1): 33-41.

[10] ANGELI G, ANFORA G, BALDESSARI M, et al. Mating disruption of codling moth

Cydia pomonella with high densities of Ecodian sex pheromone dispensers [J]. Journal of Applied Entomology, 2007, 131(5): 311-318.

[11] BAN L, SCALONI A, BRANDAZZA A, et al. Chemosensory proteins of Locusta migratoria [J]. Insect Molecular Biology, 2003, 12(2): 125-134.

[12] BAN L, ZHANG L, YAN Y, et al. Binding properties of a locust's chemosensory protein [J]. Biochemical and Biophysical Research Communications, 2002, 293(1): 50-54.

[13] BENTON R. On the ORigin of smell: odorant receptors in insects [J]. Cellular and Molecular Life Sciences, 2006(63): 1579-1585.

[14] BRIAND L, NESPOULOUS C, HUET JC, et al. Ligand binding and physico-chemical properties of ASP2, a recombinant odorant-binding protein from honeybee (Apis mellifera L.) [J]. European Journal of Biochemistry, 2001, 268(3): 752-760.

[15] CAMPANACCI V, KRIEGER J, BETTE S, et al. Revisiting the specificity of mamestra brassicae and Antheraea polyphemus pheromone-binding proteins with a fluorescence binding assay [J]. Journal of Biological Chemistry, 2001, 276(23): 20078-20084.

[16] CASTREJÓN GÓMEZ VR, NIETO G, VALDES J, et al. The antennal sensilla of Zamagiria dixolophella Dyar (Lepidoptera: Pyralidae) [J]. Annals of the Entomological Society of America, 2003, 96(5): 672-678.

[17] Chang X Q, Zhang S, Lv L, et al. Insight into the ultrastructure of antennal sensilla ofMythimna separata (Lepidoptera: Noctuidae) [J]. Journal of Insect Science, 2015, 15 (1): 124.

[18] CHEN HB, ZHANG Z, WANG HB, et al. Antennal morphology and sensilla ultrastructure of Dendroctonus valens LeConte (Coleoptera: Curculionidae, Seolytinae), an invasive forest pest in China [J]. Micron, 2010, 41(7): 735-741.

[19] CORNFORD ME, ROWLEY WA, KLUN JA. Scanning electron microscopy of antennal sensilla of the European corn borer, Ostrinia nubilalis [J]. Annals of the Entomological Society of America, 1973, 66(5): 1079-1088.

[20] DAMBERGER FF, ISHIDA Y, LEAL WS, et al. Structural basis of ligand binding and release in insect pheromone-binding proteins: NMR structure of Antheraea polyphemus PBP1 at pH 4.5 [J]. Journal of Molecular Biology, 2007, 373(4): 811-819.

[21] DEISIG N, KROPF J, VITECEK S, et al. Differential interactions of sex pheromone and plant odour in the olfactory pathway of a male moth [J]. PLoS One, 2012, 7 (3): e33159

[22] DEN OTTER CJ, SCHUIL HA, SANDER-VAN OOSTEN A. Reception of host-plant odours and female sex pheromone in Adxophyes orana (Lepidoptera: Tortricidae): electrophysiology and morphology [J]. Entomologia Experimentalis et Applicata, 1978, 24 (3): 570-578.

[23] DOLZER J, FISCHER K, STENGL M. Adaptation in pheromone-sensitive trichoid sen-

silla of the hawkmoth Manduca sexta [J]. Journal of Experimental Biology, 2003, 206 (9): 1575-1588.

[24] DYER LJ, SEABROOK WD. Evidence for the presence of acceptor sites for different terpenes on one receptor cell in male Monochamus notatus (drury) (Coleoptera: Cerambycidae)[J]. Journal of Chemical Ecology, 1978, 4(5): 523-529.

[25] EVENDEN ML, HAYNES KF. Potential for the evolution of resistance to pheromone-based mating disruption tested using two pheromone strains of the cabbage looper, Trichoplusia ni [J]. Entomologia Experimentalis et Applicata, 2001, 100(1): 131-134.

[26] FAN J, FRANCIS F, LIU Y, et al. An overview of odorant-binding protein functions in insect peripheral olfactory reception [J]. Genetics and Molecular Research, 2011, 10 (4): 3056-3069

[27] FAUCHEUX MJ. Antennal sensilla in adult males of five species of Coleophora (Coleophoridae): Considerations on their structure and function [J]. NotaLepidopterologica, 2011, 34(2): 93-101.

[28] FENG L, PRESTWICH GD. Expression and characterization of a lepidopteran general odorant binding protein [J]. Insect Biochemistry and Molecular Biology, 1997, 27(5): 405-412.

[29] FOSTER SP, HARRIS MO. Behavioral manipulation methods for insect pest-management [J]. AnnualReview of Entomology, 1997, 42(1): 123-146.

[30] GALINDO K, SMITH DP. A large family of divergent Drosophila odorant-binding proteins expressed in gustatory and olfactory sensilla [J]. Genetics, 2001, 159 (3): 1059-1072.

[31] GONG ZJ, ZHOU WW, YU HZ, et al. Cloning, expression and functional analysis of a general odorant-binding protein 2 gene of the rice striped stem borer, Chilo suppressalis (Walker) (Lepidoptera: Pyralidae) [J]. Insect Molecular Biology, 2009, 18(3): 405-417.

[32] HAHM ER, SINGH SV. Diallyl trisulfide inhibits estrogen receptor-α activity in human breast cancer cells [J]. Breast Cancer Research and Treatment, 2014(144): 47-57.

[33] HALLBERG E. Fine-structural characteristics of the antennal sensilla of Agrotis segetum (Insecta: Lepidoptera) [J]. Cell and Tissue Research, 1981, 218(1): 209-218.

[34] HALLEM EA, DAHANUKAR A, CARLSON JR. Insect odor and taste receptors [J]. Annual Review of Entomology, 2006, 51(1): 113-135.

[35] HALLEM EA, NICOLE FA, ZWIEBEL LJ, et al. Olfaction: mosquito receptor for human-sweat odorant [J]. Nature, 2004, 427(6971): 212-213

[36] HARARI AR, ZAHAVI T, GORDON D, et al. Pest management programmes in vineyards using male mating disruption [J]. Pest Management Science, 2007, 63 (8): 769-775.

[37] HAYES JL, STROM BL, ROTON LM, et al. Repellent properties of the host com-

pound 4-allylanisole to the southern pine beetle [J]. Journal of Chemical Ecology, 1994 (20): 1595-1615.

[38] HE XL, TZOTZOS G, WOODCOCK C, et al. Binding of the general odorant binding protein of Bombyx mori BmorGOBP2 to the moth sex pheromone components [J]. Journal of Chemical Ecology, 2010(36): 1293-1305.

[39] HEINBOCKEL T, KAISSLING KE. Variability of olfactory receptor neuron responses of female silkmoths (Bombyx mori L.) to benzoic acid and (±)-linalool [J]. Journal of Insect Physiology, 1996, 42(6): 565-578.

[40] IL'ICHEV AL, STELINSKI LL, WILLIAMS DG, et al. Sprayable microencapsulated sex pheromone formulation for mating disruption of oriental fruit moth (Lepidoptera: Tortricidae) in Australian peach and pear orchards [J]. Journal of Economic Entomology, 2006, 99(6): 2048-2054.

[41] ISHIDA Y, LEAL WS. Rapid inactivation of a moth pheromone [J]. Proceedings of the National Academy of Sciences, 2005, 102(39): 14075-14079.

[42] IVANOVA A, MIKHOVA B, NAJDENSKI H, et al. Chemical composition and antimicrobial activity of wild garlic Allium ursinum of Bulgarian origin [J]. Natural Product Communications, 2009, 4(8): 1059-1062.

[43] JACQUIN-JOLY E, BOHBOT J, FRANCOIS MC, et al. Characterization of the general odorant-binding protein 2 in the molecular coding of odorants in Mamestra brassicae [J]. European Journal of Biochemistry, 2000, 267(22): 6708-6714.

[44] JONES OT. The commercial exploitation of pheromones and other semiochemicals [J]. Pesticide science, 1998, 54(3): 293-296.

[45] KAISSLING KE. Olfactory perireceptor and receptor events in moths: a kinetic model revised [J]. Journal of Comparative Physiology A, 2009(195): 895-922.

[46] KNIGHT AL, LIGHT DM. Combined approaches using sex pheromone and pear ester for behavioural disruption of codling moth (Lepidoptera: Tortricidae) [J]. Journal of Applied Entomology, 2014, 138(1-2): 96-108.

[47] KIMBARIS AC, KIOULOS E, KOLIOPULOS G, et al. Coactivity of sulfide ingredients: a new perspective of the larvicidal activity of garlic essential oil against mosquitoes [J]. Pest Management Science, 2009, 65(3): 249-254.

[48] KRIEGER J, GROßE-WILDE E, GOHL T, et al. Candidate pheromone receptors of the silkmoth Bombyx mori [J]. European Journal of Neuroscience, 2005, 21(8): 2167-2176.

[49] KRISHNAN A, PRABHAKAR S, SUDARSAN S, et al. The neural mechanisms of antennal positioning in flying moths [J]. Journal of Experimental Biology, 2012, 215(17): 3096-3105.

[50] LARTIGUE A, GRUEZ A, SPINELLI S, et al. The crystal structure of a cockroach

pheromone-binding protein suggests a new ligand binding and release mechanism [J]. Journal of Biological Chemistry, 2003, 278(32): 30213-30218.

[51] LAUTENSCHLAGER C, LEAL WS, CLARDY J. Bombyx mori pheromone-binding protein binding nonpheromone ligands: implications for pheromone recognition [J]. Structure, 2007, 15(9): 1148-1154.

[52] LEAL WS, CHEN AM, ISHIDA Y, et al. Kinetics and molecular properties of pheromone binding and release [J]. Proceedings of the National Academy of Sciences, 2005, 102(15): 5386-5391.

[53] LEAL WS, NIKONOVA L, PENG G. Disulfide structure of the pheromone binding protein from the silkworm moth, Bombyx mori [J]. FEBS Lletters, 1999, 464(1-2): 85-90.

[54] LEAL WS. Odorant reception in insects: roles of receptors, binding proteins, and degrading enzymes [J]. Annual Review of Entomology, 2013, 58(1): 373-391.

[55] LEITE NR, KROGH R, XU W, et al. Structure of an odorant-binding protein from the mosquito Aedes aegypti suggests a binding pocket covered by a pH-sensitive "Lid" [J]. PLoS One, 2009, 4(11): e8006.

[56] LEVINSON H, BUCHELOS CT. Surveillance of storage moth species (Pyralidae, Gelechiidae) in a flour mill by adhesive traps with notes on the pheromone-mediated flight behaviour of male moths [J]. Zeitschrift für Angewandte Entomologie, 1981, 92(1-5): 233-251.

[57] LIGHT DM, FLATH RA, BUTTERY RG, et al. Host-plant green-leaf volatiles synergize the synthetic sex pheromones of the corn earworm and codling moth (Lepidoptera) [J]. Chemoecology, 1993(4): 145-152.

[58] LIU NY, YANG K, LIU Y, et al. Two general-odorant binding proteins in Spodoptera litura are differentially tuned to sex pheromones and plant odorants [J]. Comparative Biochemistry and Physiology Part A: Molecular & Integrative Physiology, 2015(180): 23-31.

[59] LIU SJ, LIU NY, HE P, et al. Molecular characterization, expression patterns, and ligand binding properties of two odorant-binding protein genes from Orthaga achatina (Butler) (Lepidoptera: Pyralidae) [J]. Archives of Insect Biochemistry and Physiology, 2012, 80(3): 123-139.

[60] MAIDA R, MAMELI M, MULLER B, et al. The expression pattern of four odorant-binding proteins in male and female silk moths, Bombyx mori [J]. Journal of Neurocytology, 2005, 34(1-2): 149-163.

[61] MAO Y, XU X, XU W, et al. Crystal and solution structures of an odorant-binding protein from the southern house mosquito complexed with an oviposition pheromone [J]. Proceedings of the National Academy of Sciences, 2010, 107(44): 19102-19107.

[62] MERRITT TJS, LAFOREST S, PRESTWICH GD, et al. Patterns of gene duplication in lepidopteran pheromone binding proteins [J]. Journal of Molecular Evolution, 1998, 46(3): 272-276.

[63] NAKAGAWA T, SAKURAI T, NISHIOKA T, et al. Insect sex-pheromone signals mediated by specific combinations of olfactory receptors [J]. Science, 2005, 307(5717): 1638-1642.

[64] NDOMO-MOUALEU, AF, ULRICHS C, RADEK R, et al. Structure and distribution of antennal sensilla in the Indianmeal moth, Plodia interpunctella (Hübner, 1813) (Lepidoptera: Pyralidae) [J]. Journal of Stored Products Research, 2014(59): 66-75.

[65] PELOSI P, ZHOU JJ, BAN L, et al. Soluble proteins in insect chemical communication [J]. Cellular and Molecular Life Sciences, 2006, 63(14): 1658-1676.

[66] POPHOF B. Moth pheromone binding proteins contribute to the excitation of olfactory receptor cells [J]. Naturwissenschaften, 2002, 89(11): 515-518.

[67] POPHOF B. Pheromone-binding proteins contribute to the activation of olfactory receptor neurons in the silkmoths Antheraea polyphemus and Bombyx mori [J]. Chemical Senses, 2004, 29(2): 117-125.

[68] REDDY GVP, HOLOPAINEN JK, GUERRERO A. Olfactory responses of Plutella xylostella natural enemies to host pheromone, larval frass, and green leaf cabbage volatiles [J]. Journal of Chemical Ecology, 2002, 28(1): 131-143.

[69] RODRIGUEZ-SAONA CR, POLK D, HOLDCRAFT R, et al. Long-term evaluation of field-wide oriental beetle (Col., Scarabaeidae) mating disruption in blueberries using female-mimic pheromone lures [J]. Journal of Applied Entomology, 2014, 138(1-2): 120-132.

[70] ROELOFS WL, CARDÉ RT. Responses of Lepidoptera to synthetic sex pheromone chemicals and their analogues [J]. Annual Review of Entomology, 1977, 22(1): 377-405.

[71] ROGERS ME, STEINBRECHT RA, VOGT RG. Expression of SNMP-1 in olfactory neurons and sensilla of male and female antennae of the silkmoth Antheraea polyphemus [J]. Cell and Tissue Research, 2001, 303(3): 433-446.

[72] ROITBERG BD. Why pest management needs behavioral ecology and vice versa [J]. Entomological Research, 2007, 37(1): 14-18.

[73] RÜTZLER M, ZWIEBEL LJ. Molecular biology of insect olfaction: recent progress and conceptual models [J]. Journal of Comparative Physiology A, 2005, 191(9): 777-790.

[74] SANDLER BH, NIKONOVA L, LEAL WS, et al. Sexual attraction in the silkworm moth: structure of the pheromone-binding-protein-bombykol complex [J]. Chemistry & Biology, 2000, 7(2): 143-151.

[75] SCHMERA D, GUERIN PM. Plant volatile compounds shorten reaction time and en-

hance attraction of the codling moth (Cydia pomonella) to codlemone [J]. Pest Management Science, 2012, 68(3): 454-461.

[76] SCHULTZE A, PREGITZER P, WALTER MF, et al. The co-expression pattern of odorant binding proteins and olfactory receptors identify distinct trichoid sensilla on the antenna of the malaria mosquito Anopheles gambiae [J]. PLoS One, 2013, 8(7): e69412.

[77] SHIELDS V, HILDEBRAND J. Fine structure of antennal sensilla of the female sphinx moth, Manduca sexta (Lepidoptera: Sphingidae). II. Auriculate, coeloconic, and styliform complex sensilla [J]. Canadian Journal of Zoology, 1999, 77(2): 302-313.

[78] SKIRI HT, STRANDEN M, SANDOZ JC, et al. Associative learning of plant odorants activating the same or different receptor neurones in the moth Heliothis virescens [J]. Journal of Experimental Biology, 2005, 208(4): 787-796.

[79] SUN X, WANG MQ, ZHANG G. Ultrastructural observations on antennal sensilla of Cnaphalocrocis medinalis (Lepidoptera: Pyralidae) [J]. Microscopy Research and Technique, 2011, 74(2): 113-121.

[80] TREMATERRA P. The use of sex pheromones to control Ephestia kuehniella Zeller in flour mill by mass trapping and attracticide methods [C]//HIGHLEY E, WRIGHT EJ, BANKS HJ, CHAMP BR eds. Proceedings of the 6th international working conference on stored product protection. Canberra: CAB International Publishing, 1994. 375-382.

[81] TRIMBLE RM, PREE DJ, CARTER NJ. Integrated control of oriental fruit moth (Lepidoptera: Tortricidae) in peach orchards using insecticide and mating disruption [J]. Journal of Economic Entomology, 2001, 94(2): 476-485.

[82] VAN DEN BERG MJ, ZIEGELBERGER G. On the function of the pheromone binding protein in the olfactory hairs of Antheraea polyphemus [J]. Journal of Insect Physiology, 1991, 37(1): 79-85.

[83] VARELA N, AVILLA J, ANTON S, et al. Synergism of pheromone and host-plant volatile blends in the attraction of Grapholita molesta males [J]. Entomologia Experimentalis et Applicata, 2011, 141(2): 114-122.

[84] VOGEL H, HEIDEL AJ, HECKEL DG, et al. Transcriptome analysis of the sex pheromone gland of the noctuid moth Heliothis virescens [J]. BMC Genomics, 2010, 11(1): 29.

[85] VOGT RG. Molecular basis of pheromone detection in insects [C]// GILBERT LI, IATRO K, GILL S eds. Comprehensive Insect Physiology, Biochemistry, Pharmacology and Molecular Biology. London: Elsevier, 2005. 753-804.

[86] VOGT RG, KÖEHNE AC, DUBNAU JT, et al. Expression of pheromone binding proteins during antennal development in the gypsy moth Lymantria dispar [J]. Journal of Neuroscience, 1989, 9(9): 3332-3346.

[87] VOGT RG, PRESTWICH GD, LERNER MR. Odorant-binding-protein subfamilies associate with distinct classes of olfactory receptor neurons in insects [J]. Journal of Neu-

robiology, 1991, 22(1): 74-84.

[88] VOGT RG, RIDDIFORD LM. Pheromone binding and inactivation by moth antennae [J]. Nature, 1981, 293(5828): 161-163.

[89] VOGT RG, ROGERS ME, FRANCO MD, et al. A comparative study of odorant binding protein genes: differential expression of the PBP1-GOBP2 gene cluster in Manduca Sexta (Lepidoptera) and the organization of OBP genes in Drosophila melanogaster (Diptera) [J]. Journal of Experimental Biology, 2002, 205(6): 719-744.

[90] VOGT RG, RYBCZYNSKI R, LERNER MR. Molecular cloning and sequencing of general odorant-binding proteins GOBP1 and GOBP2 from the tobacco hawk moth Manduca sexta: comparisons with other insect OBPs and their signal peptides [J]. Journal of Neuroscience, 1991, 11(10): 2972-2984.

[91] WALL C. Morphology and histology of the antenna of Cydia nigricana (F.) (Lepidoptera: Tortricidae) [J]. International Journal of Insect Morphology and Embryology, 1978, 7(3): 237-250.

[92] WANG GR, WU KM, GUO YY. Cloning, expression and immunocytochemical localization of a general odorant-binding protein gene from Helicoverpa armigera (Hübner) [J]. Insect Biochemistry and Molecular Biology, 2003, 33(1): 115-124.

[93] XIU WM, DONG SL. Molecular characterization of two pheromone binding proteins and quantitative analysis of their expression in the beet armyworm, Spodoptera exigua Hübner [J]. Journal of Chemical Ecology, 2007, 33(5): 947-961.

[94] YANG FL, ZHU F, LEI CL. Insecticidal activities of garlic substances against adults of grain moth, Sitotroga cerealella (Lepidoptera: Gelechiidae) [J]. Insect Science, 2012, 19(2): 205-212.

[95] YANG H, SHAN-CHUN Y, DAN L. Ultrastructural observations on antennal sensilla of Coleophora obducta (Meyrick) (Lepidoptera: Coleophoridae) [J]. Micron, 2009, 40(2): 231-238.

[96] ZHANG SG, MAIDA R, STEINBRECHT RA. Immunolocalization of odorant-binding proteins in noctuid moths (Insecta, Lepidoptera) [J]. Chemical Senses, 2001, 26(7): 885-896.

[97] ZHAO XC, TANG QB, BERG BG, et al. Fine structure and primary sensory projections of sensilla located in the labial-palp pit organ of Helicoverpa armigera (Insecta) [J]. Cell and Ttissue Research, 2013, 353(3): 399-408.

[98] ZHOU JJ, ROBERTSON G, HE XL, et al. Characterisation of Bombyx mori Odorant-binding proteins reveals that a general odorant-binding protein discriminates between sex pheromone components [J]. Journal of Molecular Biology, 2009, 389(3): 529-545.

[99] ZIEGELBERGER G. Redox-shift of the pheromone-binding protein in the silkmoth Antheraea Polyphemus [J]. European Journal of Biochemistry, 1995, 232(3): 706-711.

第四章　大蒜精油活性物质对雌性麦蛾生殖调控的研究

导　论

一、昆虫卵子发生的研究

(一) 卵巢与滤泡

昆虫雌性生殖系统是具有产生卵子、提供受精场所、产卵等繁殖功能的器官。卵巢是由一群管状的卵巢管组成,其生理功能为贮存和增殖生殖细胞,吸收和积攒营养物质,使卵子达到成熟,然后受精后产出体外。不同的昆虫有着不同的卵巢管数量。根据其卵子形成过程中卵母细胞吸收营养方式的不同,可分为无滋式、多滋式和端滋式(图 4-1)。多滋式卵巢管中滤泡由一个卵母细胞与其相关的营养细胞及周围一层滤泡上皮细胞组成。滤泡被认为是卵子发生的最基本的单元。营养细胞与其相关的卵母细胞第一次在龙虱科昆虫中进行了描述,后来在黑腹果蝇 *Drosophila melanogaster* 中利用电子显微镜进行了确认(Gunthert,1910)。卵母细胞经过卵子发生一系列的作用,从而获得在早期胚胎发育中具有重要功能的母体基因。营养细胞、卵母细胞和滤泡上皮细胞具有明确的分工。营养细胞由卵母细胞有丝分裂形成,并利用胞间桥紧密的联系着卵母细胞。营养细胞的染色体进行了内多倍体的复制,使其 DNA 表达水平高于核染色体 6400 倍(Cardoen et al. ,1990),为卵子提供细胞质。与营养细胞相比,卵母细胞在卵黄发生过程中保持着第一次减数分裂的前期状态,它将来自血淋巴的卵黄前体积攒和组织成卵黄,并在卵裂之后形成周细胞质,然后形成胚胎。滤泡上皮细胞的功能为合成一些其他的卵黄、卵黄膜以及卵壳。鳞翅目昆虫有四根或者八根卵巢管,为多滋式卵巢管。以麦蛾为例,麦蛾的卵巢具有八根卵巢管,卵巢管中排列着存在不同发育阶段的滤泡,包括七个营养细胞与其唯一的卵母细胞,以及外围一层滤泡上皮细胞。

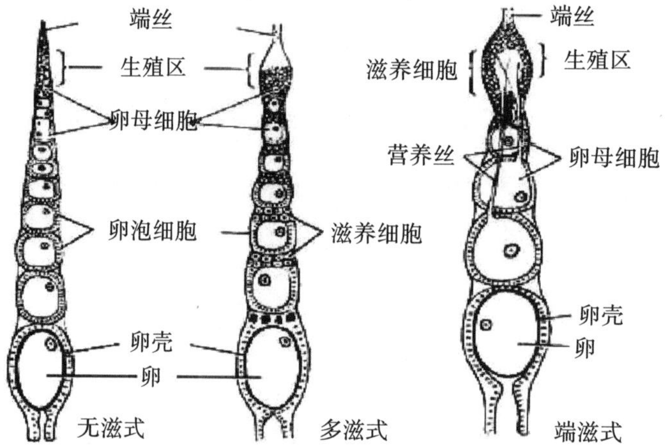

图 4-1　昆虫卵巢管的类型(张万娜,2013)

昆虫的卵巢发育受到很多因素的影响。首先,卵巢发育受到体内激素的影响,保幼激素和蜕皮激素的含量对卵巢发育起着重要的调节作用。在草地夜蛾中研究卵黄形成的调控因子中,发现保幼激素和 20-羟基蜕皮激素都可以影响滤泡的发育(Sorge et al. ,2000)。在很多种类昆虫中发现保幼激素有促进生殖的作用(Wyatt and Davey,1996)。保幼激素具有较广泛的功能,但在夜蛾属中发现其促进卵黄的积累是最显著的(Ramaswamy et al. ,1997;Zeng et al. ,1997)。蜕皮激素对卵子发生的作用已有广泛的研究。蜕皮激素信号通路遭到破坏会引起卵子发生早期中卵巢内干细胞生境改变、GSCs 和成胞囊干细胞分裂分化异常、16 细胞胞囊和滤泡细胞的数量减少、卵室和初级卵母细胞体积变小、滤泡上皮细胞迁移受阻、滤泡上皮细胞不能包围卵母细胞、初级卵母细胞发育停滞、减数分裂受阻等现象。蜕皮激素能调控卵子发生后期中脂肪体卵黄蛋白的合成、卵母细胞吸收卵黄颗粒的作用、卵壳或绒毛膜的发生、卵的成熟及排卵等过程(Morris and Spradling,2012;Parthasarathy et al. ,2010;)。当蜕皮激素浓度超过一定阈值后,会引起卵室的凋亡或者卵室数目的减少(Terashima,2005)。此外,外界条件也会影响卵巢的发育,温度可以影响天蚕和野蚕黑卵蜂的卵巢发育(刘永华等,2006;叶恭银等,2000),长时间高温处理甜菜夜蛾,可以显著影响卵巢的发育(王竑晟,2003)。郭建洋等(2007)发现蝶蛹金小蜂取食不同寄主植物卵巢发育之间存在差异。丽蝇蛹集金小蜂卵巢发育受到营养的影响(姚鹏程,2004)。王建斌等(2008)发现植物的提取物脱氧鬼臼毒素也会明显地抑制粘虫的卵巢发育。由此表明,当昆虫取食的食物或生存环境恶化时,卵巢的发育速度缓慢,甚至出现生殖滞育现象,出现生殖的适合度代价。

(二) 卵子发生的过程

卵子发生是卵原细胞摄取营养物质、最终经过成熟分裂形成成熟卵细胞的过程,卵子发生经历卵原细胞、初级卵母细胞、成熟的卵母细胞(Girardie et al.,1998)。卵原细胞由原始生殖细胞分裂而来。根据滤泡的形态变化可以将卵子发生划分成不同的发育阶段,卵子发生过程包括滤泡结构形成期、卵黄生成期、卵壳生成期。Yamauchi 和 Yoshitake(1984)将家蚕卵子发生的过程划分为 12 个发育阶段(图 4-2)。前三个阶段为滤泡结构形成和前卵黄生成期。滤泡结构为卵子发生的基本单元。第一阶段,卵细胞与营养细胞复合体不规则的排列在卵巢管中,细胞间桥将卵母细胞和营养细胞间连接在一起,滤泡上皮细胞虽然处于卵母细胞与营养细胞复合体之间,但主要分布在卵巢管外周部位。第二阶段,卵母细胞一营养复合体不规则的排列变得有规则,且营养细胞核迅速增大,滤泡上皮细胞开始呈现包裹卵母细胞一营养复合体的状态,包裹在卵母细胞外围的为柱状而营养细胞外围的仍为立方形,此阶段在卵母细胞与营养细胞的细胞质中出现脂滴的积累。第三阶段,卵母细胞出现糖原的积累,这些糖原颗粒主要位于卵母细胞细胞核毗邻与滤泡上皮细胞之间。部分滤泡上皮细胞逐渐迁移到卵母细胞一营养复合体之间。

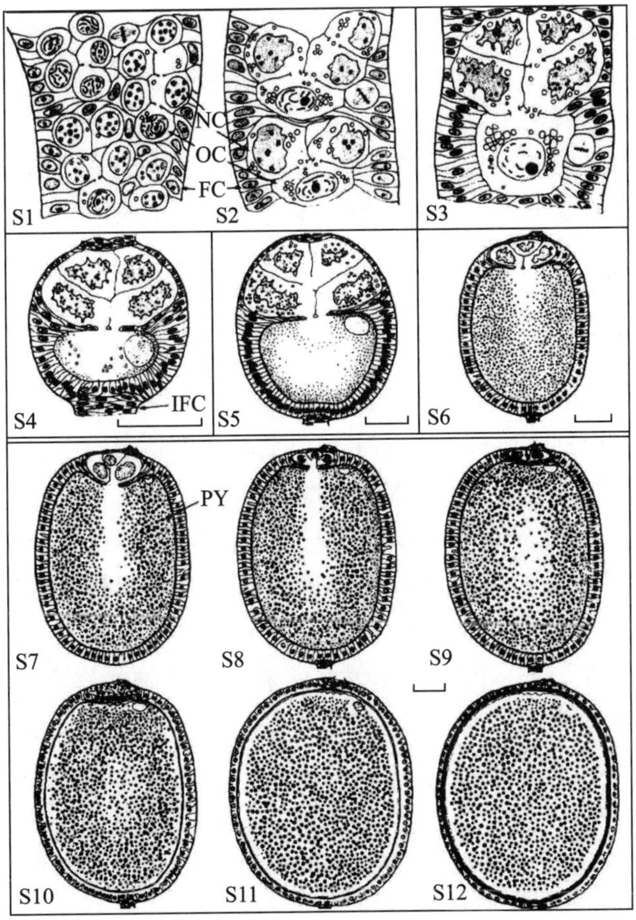

图 4-2　家蚕卵子发生的过程(Yamauchi and Yoshitake,1984)

第四阶段到第十阶段为卵黄生成期。卵黄的积累是卵子发生最重要的过程之一,卵黄为卵子的胚胎发育提供了营养物质。第四阶段,卵母细胞呈半球状,体积约为整个滤泡的1/3,其细胞核从中间向背侧移动,其中间的胞质区域积累来自营养细胞的细胞质,而外围的胞质区域开始了卵黄的积累,营养细胞的细胞膜出现内折,除胞间连接区域外,滤泡上皮细胞完全包裹卵母细胞,且停止分裂。第五阶段,卵母细胞体积增加到滤泡的1/2左右,其细胞核移到前一背侧,卵母细胞外围的滤泡上皮细胞间距增大。第六阶段,卵母细胞体积快速增大到滤泡体积的6/7,营养细胞将新开始合成的糖原颗粒通过胞间桥运输到卵母细胞。第七阶段,营养细胞与胞间桥直径达到了最大,营养物质可以通过胞间桥运输到卵母细胞细胞质的中部。第八阶段,连接营养细胞与卵母细胞的胞间桥直径减小,营养细胞开始出现收缩、退化的现象。第九阶段,卵母细胞细胞质充满卵黄颗粒、糖原颗粒、脂质液滴,滤泡上皮细胞迁移将胞间桥隔断,并将卵母细胞完全包裹。第十阶段,卵母细胞结束通过胞饮作用生成卵黄的过程,退化后的营养细胞被滤泡上皮细胞吞噬,卵母细胞外围的滤泡上皮细胞间距开始缩小,且在此阶段末期开始了卵黄膜的形成。

第十一阶段和第十二阶段为卵壳形成期。昆虫卵壳一直是研究热门,卵壳除了机械保护作用外,还为卵子的胚胎发育提供了一个湿度、氧气适宜的环境。第十一阶段,在卵母细胞外层,滤泡上皮细胞开始分泌外层卵壳层,为薄片状结构层、小脊柱层、低电子密度均匀层。第十二阶段,卵壳层的高电子密度外层结构层形成,此结构也为滤泡上皮细胞分泌形成。然后,滤泡上皮细胞脱离、排出。成熟的卵子进入输卵管,等待外排与受精。

(三) 卵壳

昆虫卵壳的超微结构十分复杂。在卵子发生过程中的卵壳生成期,滤泡上皮细胞分泌一系列的结构蛋白和非结构蛋白,这些物质按照特定的空间和时间顺序分泌,再以分子间交联的形式组装成特殊的胞外结构(Konstandi et al.,2005)。Yamauchi和Yoshitake(1984)将家蚕卵壳分为卵壳结构层包括卵黄膜层、低电子密度均匀层、小脊柱层、薄片状结构层和外层。卵壳类似一个具有生物活性的液体结晶物,是由一些具有螺旋状结构的纤维片层组成。卵壳组装的过程十分精细,按照一定的时间和空间顺序进行。开始形成一个薄框架,然后再将新的纤维状物质组分包埋定位。卵壳具有很好的保护功能,可以很好地抵抗外界的高温或者低温、机械损伤、病原物等入侵。胚胎发育中,充足的氧气十分重要,卵壳的结构保证了气体的交换,卵壳高表面积体积有利于虫卵获取氧气(Wood,2010)。此外,卵壳还具有保水抵御干旱的作用(Isobe,1973)。还有研究发现在家蚕卵壳前极有一个提供精子进入卵子的卵孔。

蛋白质是昆虫卵壳的主要成分,其质量可占卵壳干重的96%,且卵壳蛋白质的成分十分复杂。使用双向凝胶电泳将卵壳蛋白分离,在多音天蚕卵壳蛋白中,可分离到

186 种多肽(Regier et al.,1980;Regier et al.,1982),家蚕则分离到约 200 种。随分离检测技术的进步,分离到的卵壳蛋白类群将会越来越大。根据多音天蚕的卵壳蛋白群集情况将卵壳蛋白分为 A、B、C、Hc-A、Hc-B 五类蛋白(Goldsmith and Kafatos,1984)。卵壳蛋白的氨基酸序列比对研究显示,五类卵壳蛋白均具有一个三段式结构,其结构为位于两侧的左臂、右臂以及一个中间结构域。中间结构域具有高度保守性,而左臂与右臂结构域具有高度的可变性。研究还发现在两臂的结构域有氨基酸残基重复串联的现象。例如,在 Hc-A 和 Hc-B 两类家族蛋白的左右臂结构域中,发现有 Cys-Gly 的串联重复(Rodakis et al.,1984)。在部分 A 和 B 家族蛋白的左右臂结构域序列中,发现有 Gly-Tyr-Gly-Gly-Leu 或者其变体结构的串联重复(Rodakis et al.,1982)。三点式的结构与功能密切相关,卵壳蛋白的核心单位是由中心结构域间的相互作用形成,两臂使蛋白纤维具有交联、聚集等特殊功能。

二、大蒜精油

植物能产生一些具有减少植食性昆虫伤害的活性物质,这些化学物质具有很多作用模式,包括拒食和忌避、抑制蜕皮和呼吸、降低生殖力、破坏表皮(Isman,2000;Enan,2001;Kostyukovsky et al.,2002;Akthar and Isman,2004)。植物源杀虫剂主要有三个优点,其作用靶标多,有效的减慢了抗药性的产生,此外,还有环境污染小、低毒的优点。

大蒜精油是在植物大蒜中提取的混合物,含有 140 多种物质,主要成分为烯丙基和甲基组成的硫醚化合物。不同提取方法对大蒜精油的成分及其比例有所影响,但仍主要为含硫化合物,其中大蒜精油活性物质在大蒜精油的含量可达 40%并具有较强的生物活性,俗称大蒜素(林淑芳等,2005)。

目前,人们已经开展了很多关于大蒜精油杀虫活性的研究。例如,吕建华等(2006)采用乙醚提取大蒜精油,发现其对仓储害虫米象 *Sitophilus oryzae* 不仅具有明显的驱避作用还有极高的触杀作用。Yang 等(2012)发现大蒜精油活性物质可以有效地抑制麦蛾产卵。白先丽等(2013)利用大蒜精油 50 倍稀释液进行茶假眼小绿叶蝉 *Empoasca vitis* 的防治,施药 3 天后防治效果可达 90.79%。Attia 等(2012)发现利用 13.5mg/L 的大蒜精油治理棉叶螨 *Tetranychus cinnatarinus* 雌虫,死亡率可达 90%,在 0.36 和 0.74mg/L 下均显著地降低了叶螨的生殖力。还有研究表明大蒜精油及其活性成分对日本白蚁 *Reticulitermes speratus*(Park and Shin,2005)和淡色库蚊 *Culex pipiens*(Kimbaris et al.,2009)等重要害虫具有较强的熏杀和杀卵活性。因此,大蒜精油在害虫综合防治过程中具有极大的应用前景。

大蒜精油及其主要活性成分能够有效降低麦蛾的产卵量(Yang et al.,2012)。产卵量的下降可能由一个或多个因素造成,包括配偶定位、求偶、产卵和相关的生理调节例如精子形成、精子活性、卵子形成、排卵以及卵子受精(Haynes,1986)。本课题组前期试验发现麦蛾雌虫与雄虫在大蒜精油活性物质熏蒸的情况下,交配次数减少,受精率降低,交配时间缩短;并且通过分子机制的研究进一步发现大蒜精油活性物质是通过干扰麦蛾雄虫对性信息素的感知从而降低雌雄虫之间的交配,最终使得麦蛾产卵量下降(见第一、二、三章);同时,通过转录组的结果发现大蒜精油活性物质调控着麦蛾成虫与生殖相关的100多种基因的表达(Ma et al.,2017)。根据我们前期的研究结果,我们推断大蒜精油活性物质对麦蛾的生殖能力具有较大的调控能力,但目前还缺乏这方面的生物表型等生理生化及分子机制的报道。

三、本章节的目的与意义

明确大蒜精油活性物质对麦蛾雌虫生殖能力的调控机制,为研制安全高效的麦蛾防治方法提供新的靶标和理论依据。

第一节　材料与方法

一、供试昆虫

选取完整无虫孔的麦粒置于养虫笼饲养麦蛾,养虫室温度为:(28±1)℃,相对湿度为75%±5%,光周期为14L∶10D。挑选有虫麦粒于指形管单头饲养,每隔1h观察,羽化后区分雌雄,选取雌虫试验备用。

二、主要试剂

大蒜精油主要活性物质:二烯丙基三硫醚(diallyl trisulfide,DT),成都西亚化工股份有限公司,纯度为98%;丙酮,国药集团化学试剂有限公司;乙醇、乙酸异戊酯、丙酮等,市售分析纯;戊二醛 Glutraldehyde,国药集团化学试剂有限公司,中国;锇酸 Osmic acid Polysciences,USA;环氧树脂 pon812,北京中镜科仪技术有限公司,中国;醋酸铀天津浩晟科技有限公司,中国;柠檬酸铅,天津浩晟科技有限公司,中国;TRIeasyTM Total RNA Extraction Reagent TRIeasyTM,上海生工生物工程有限公司,中国;DH5α 感受态细胞,北京全式金生物技术有限公司,中国;载体 pMD18-T vector,akara,Japan;凝胶回收试剂盒:Axygen DNA,爱思进生物技术(杭州)有限公司,中国;PCR 引物,上海生工生物工程有限公司,中国;PrimeScript RT reagent Kit With gDNA Eraser(Perfect Real Time):Takara, Japan;SYBR Premix Ex TaqII

(Perfect Real Time):Takara，Japan。

三、主要仪器

体式显微镜,SMZ-t4,重庆奥特光学仪器有限责任公司;超薄切片机,Leica EM UC6,Leica，Germany;透射电子显微镜，HITACHI H-7650，HITACHI，Japan。PCR扩增仪,PCR Thermal Cycler Dice，Takara，Japan;超纯水器,ELGA Purelab maxima，GEN GENIUS，USA ;凝胶成像仪,Gel Doc XR Plus，Bio-Rad，USA;高速冷冻离心机,Eppendorf Centrifuge 5415D，Eppendorf，Germany,制冰机,SANYO Sim-F124，SHIMADZU，Japan;压力蒸汽灭菌锅,LDZX-50KB,上海申安医疗器械公司,中国;超低温冰箱,MDF-U53V，Sanyo,Japan;实时荧光定量 PCR 仪,Bio-Rad CFX 96,Bio-Rad,USA。

四、大蒜精油活性物质对麦蛾卵巢发育的影响

(一) 麦蛾卵巢发育形态的观察

取羽化 0h、6h、12h、24h 未交配的麦蛾雌虫,在 SMZ-4t 体式显微镜下解剖观察麦蛾的卵巢发育形态、拍照,同时进行卵巢管长度的测量和卵子数量的统计,每个时间点取 20 头麦蛾。

(二) 大蒜精油活性物质对卵巢发育影响的观察

将羽化 1h 内未交配麦蛾雌虫放入 1L 的广口瓶中,滴加总量 10μl 用丙酮稀释浓度为 0. 015μl/L 的 DT 于滤纸条上,置室内自由挥发 2min 后放入广口瓶中盖上盖子对麦蛾进行熏蒸处理,熏蒸时间分别为 6h、12h、24h,熏蒸结束后,在 SMZ-4t 体式显微镜下解剖观察麦蛾的卵巢发育形态并拍照。同时,进行卵巢管的测量和卵子数量的统计,以空白和丙酮处理作为对照,每个处理 20 头麦蛾。

五、大蒜精油活性物质对麦蛾卵子超微结构的影响

取羽化 6h 的麦蛾雌虫放入 1L 的广口瓶中,滴加总量 10μl 浓度用丙酮稀释浓度为 0. 015μl/L 的 DT 于滤纸条上,置室内自由挥发 2min 后放入广口瓶中盖上盖子对麦蛾进行熏蒸处理,熏蒸时间分别为 7h 和 24h。以空白和丙酮处理作为对照,每个处理 15 头麦蛾。熏蒸结束后,在 SMZ-4t 体式显微镜下进行解剖,挑取卵巢管基部、中部、端部的卵粒于 2. 5%戊二醛溶液中,进行透镜电镜样品的制备,步骤如下:

(1) 取样。挑取卵粒放入 2.5%戊二醛溶液中。

(2) 固定。4℃条件下,将样品于 2.5%戊二醛固定 24h;用 0.1M 磷酸缓冲液清洗 3 次,每次 15min;1%锇酸固定液固定 2~3h;再用 0.1M 磷酸缓冲液清洗 3 次,每次 15min。

(3) 脱水。将样品依次经过 30%、50%、60%、70%、80%、90%、100%、100%的丙酮脱水,每次脱水时间为 15min。

(4) 包埋。用 pon812 树脂与丙酮混合液渗透,包埋样品。

(5) 切片。包埋块聚合后,用超薄切片机进行切片 50~60nm。

(6) 双染色。用醋酸铀—柠檬酸铅染色液将样品各染色 30min。

(7) 透射电镜观察。将切片置于透射电镜下观察,操作电压为 80kV。

六、大蒜精油活性物质对麦蛾产卵量的影响

将羽化 1h 内未交配麦蛾雌虫放入 1L 的广口瓶中,滴加总量 10μl 用丙酮稀释浓度为浓度 0.015μl/L 的 DT 于滤纸条上,置室内自由挥发 2min 后放入广口瓶中并盖上盖子对麦蛾进行熏蒸处理,熏蒸时间分别为 6h、12h、24h,将熏蒸结束的雌蛾分别与羽化 1h 内未做任何处理的单头雄蛾配对,将其置于含有产卵纸的新瓶中,统计雌蛾到死亡时的产卵量,并将死亡的麦蛾在 SMZ-4t 体式显微镜下解剖,统计麦蛾体内的残卵量,并计算抱卵量(产卵量和残卵量的和)。以空白和丙酮处理作为对照,每个处理 30 头麦蛾。

七、麦蛾三个卵壳蛋白基因的克隆

(一) 引物设计

根据麦蛾转录组数据库,通过 blast 序列比对,选取卵壳蛋白基因,运用 Primer-premier 5.0 软件设计普通 PCR 引物。利用 Beacon Designer 7 软件设计 qRT-PCR 引物。见表 4-1。

表 4-1 基因克隆所用引物

Primers Sequences(5'~3')	
S. cerealella Chorion 191-F:	ATGTCCATCAAAACGGTGTTGC
S. cerealella Chorion 191-R:	TTACATACATCCACACCCTCCT
S. cerealella Chorion 668-F:	ATGGCCGCCAAATTCTTCCT
S. cerealella Chorion 668-R:	TTAATAGCCACATCCGCAGGAA

续表

Primers Sequences(5'～3')	
S. cerealella Chorion 7774-F：	ATGGCCGCCAAATTCTTCCTT
S. cerealella Chorion 7774-R：	TTAGTAGACCGAGCAGCCGCAT
Scer*S. cerealella Chorion* 191-F：	ACGGTGTTGCTTCTATGTCTG
Scer*S. cerealella Chorion* 191-R：	CTGCGGTGGTAGGATGTTC
Scer*S. cerealella Chorion* 668-F：	GGCAACATCGTCTCATCAG
Scer*S. cerealella Chorion* 668-R：	TATCGGACCTCACAGCAAT
Scer*S. cerealella Chorion* 7774-F：	GCGGCTGTGGTGGATATTC
Scer*S. cerealella Chorion* 7774-R：	GCTAGATGTGGCTACTCCTGAT
Scer*GAPDH*-F：	CCATCAAGCAAAAGGTAAGGGAGG
Scer*GAPDH*-R：	TTGATGAGTGCGTGTCACCGAT

(二) 总 RNA 的提取

(1) 将麦蛾放入液氮预冷的研钵中，加入液氮，快速研磨组织，期间不断加入液氮，直至研磨成粉末状。

(2) 将粉末快速转移到加入 1000μl Trizol 的离心管中，涡旋振荡 5s，室温静置 5min。

(3) 加入 200μl 氯仿，用手大力摇晃 15s，室温静置 3min，4℃，12000g，离心 15min。

(4) 小心吸取上层水相置于新的离心管中，加入 500μl 异丙醇，轻轻混匀，室温静置 10min，4℃，12000g，离心 10min。

(5) 弃掉上清，加入 1000μl 75%乙醇洗涤，涡旋 5s，4℃，7500g，离心 5min。

(6) 重复步骤 5 一次，弃掉上清，空气中干燥 5～10min。

(7) 加入适量 RNase free water，溶解 RNA，保存于－80℃。

(三) 反转录

采用 Takara 公司的定量专用反转录试剂盒 PrimeScript RT reagent Kit With gDNA Eraser (Perfect Real Time)合成 cDNA 第一链，该试剂盒可以对 Total RNA 样品进行 DNaseI 处理，以除去残存的基因组 DNA。步骤如下：

(1) 去基因组 DNA 反应体系。

5×gDNA Eraser Buffer2μl

gDNA Eraser 1μl

Total RNA 1μg

RNase Free dH2Oup to 10μl

42℃ 2min,4℃保存。

(2) 反转录反应体系。

5×PrimeScript Buffer 2(for Real Time)4μl

PrimeScript RT Enzyme Mix 1μl

RT Primer Mix 1μl

(1)中的反应产物 10μl

RNase Free dH2Oup to 20μl

37℃15min,85℃ 5s,-20℃保存。

(四) RCR 反应扩增基因片段

(1) PCR 反应体系。

cDNA 模板 2. 0μl

上游引物(10μm)1. 0μl

下游引物(10μm)1. 0μl

10×PCR Buffer 5. 0μl

dNTPs(2. 5mm each)4. 0μl

ExTaq (5U/μl)0. 5μl

ddH2 Oup to 50μl

(2) PCR 反应程序。

预变性:94℃5min

变性:94℃ 30s

退火:55℃ 30s

延伸:72℃ 1min

35 个循环

延伸:72℃10min

保存:4℃

(3) 电泳检测。

取 PCR 产物于 1%琼脂糖凝胶上进行电泳检测,以 DL2000maker,紫外凝胶成像系统观察片段大小,若与目的片段大小一致,切取所需 DNA 片段,进行胶回收。

(五) PCR 产物回收、连接转化和克隆测序

1. PCR 产物回收

用 Axygen 胶回收试剂盒说明书进行产物纯化,步骤如下。

(1) 紫外光下快速用刀片切下所需的 DNA 条带，琼脂糖凝胶块应尽可能小。

(2) 称量凝胶重量（提前记录 1.5ml EP 管的重量），设该重量为一个凝胶体积（100mg=100μl）。

(3) 加入 3 个凝胶体积的 Buffer DE-A，混合均匀后于 75℃水浴中温育 6～8min，直至凝胶完全熔化。

(4) 加入 0.5 个 Buffer DE-A 体积的 Buffer DE-B，混合均匀，如果 DNA 片段＜400bp 则需加入 1 个凝胶体积的异戊醇。

(5) 将 DNA 制备管置于 2ml 离心管中（试剂盒内提供），再将以上混合液转移到制备管中，12000r/min 离心 1min，弃滤液。

(6) 将制备管放回 2ml 离心管，加 500μl Buffer W1，12000r/min 离心 30sec，弃滤液。

(7) 将制备管放回 2ml 离心管，加 700μl Buffer W2，12000r/min 离心 30sec，弃滤液。

(8) 重复步骤 7，离心 1min，弃滤液。

(9) 将制备管置回 2ml 离心管，12000r/min 离心 1min，静置 5min。

(10) 将制备管置于 1.5ml 离心管（试剂盒内提供）中，在制备膜中央加 25～30μl Eluent（提前预热至 65℃可以提高洗脱效率），室温孵育 1min。

(11) 12000r/min 离心 1min 洗脱 DNA。

(12) 重复步骤 11，回收完成后将产物 4℃保存或直接用于连接。

2. 产物连接

用胶回收产物作为模板，连接至 pMD18-T 载体，步骤如下。

(1) 向 PCR 管中加入。

pMD18-T Vector 1μl

Insert DNA 3μl

dH2Oup to 5μl

(2) 加入 5μl Solution I，混匀，16℃连接 2～3h。

3. 细胞转化

将连接产物进行转化反应，步骤如下：

(1) 从－80℃冰箱中取 50μl 感受态细胞 DH5α 悬液，冰浴解冻。

(2) 加入质粒连接反应液 10μl，轻弹混匀，冰浴 30min。

(3) 取出离心管，于 42℃水浴 45～60s。

(4) 迅速置于冰上冷却 2～3min。

(5) 在离心管中加入 950μl LB 液体培养基（不含 Amp），混匀后 180r/min 37℃振荡培养 1～2h，使细菌恢复正常生长状态，并表达质粒编码的抗生素抗性基因。

(6) 取上述菌液 100～200μl 涂布于含 Amp 的筛选平板上(含 40μl 20mg/ml X-gal,4μl 200mg/ml IPTG),正面向上放置 1～2h,待菌液完全被培养基吸收后倒置培养皿,37℃培养 14h 左右观察蓝、白菌落。

4. 重组质粒鉴定与测序

(1) 挑取白色单菌落,于 Amp+LB 液体培养基中,37℃,振荡培养 6～8h。

(2) 以通用引物 M13 为引物进行菌液 PCR 检测,凝胶电泳鉴定后,选取符合预测目的片段大小的菌液送华大基因测序。

(六) 序列分析

运用在线软件(http://www.expasy.org)进行氨基酸等电点 pI、分子量 MW 及疏水性分析,信号肽预测由 SignalP 4.0(http://www.cbs.dtu.dk/services/SignalP/)完成,序列进行 BLAST 比对分析。用 MEGA 5.1 构建系统发育树。

八、三个卵壳蛋白基因的时间表达谱

(一) 取样

分别取蛹、羽化 0h、3h、6h、9h、12h、15h、18h、24h、36h、48h 麦蛾雌虫为样品,每个样品重复三次,按照本节七(二) 和七(三)的步骤进行 RNA 的提取和反转录。

(二) 标准曲线的制作

将反转录产物原液稀释,设置 5^{-5}～5^{-1}共 5 个浓度梯度。以上述 5 个浓度梯度的反转录产物为模板,进行 qRT-PCR 扩增,每个浓度重复 3 次,采用两步法 PCR 反应程序分别制作用于检测 *S. cerealella Chorion* 7774、*S. cerealella Chorion* 668、*S. cerealella Chorion* 191 和 *GAPDH* 引物的标准曲线。

(1)荧光定量 PCR 检测体系为 20μl。

SYBR Premix Ex Taq II(2×)10μl

上游引物(10 μM)0.8μl

下游引物(10μM)0.8μl

DNA 模板 2μl

dH2O6.4μl

(2)两步法 PCR 扩增标准程序。

Stage 1:预变性

95℃ 30s

1Cycle
Stage2：扩增反应
95℃ 5s
60℃ 30s
40Cycle
Stage3：融解曲线
55℃ 30s
每个循环增加 0.5℃，一直增加到 95℃　81Cycle

(三) qRT-PCR 检测卵壳基因的时间表达谱

利用 qRT-PCR 技术检测麦蛾卵壳基因在麦蛾雌虫不同时间中的表达量。根据标准曲线选择 25×稀释 cDNA 模板，使 Ct 值在 15～35，每个样品重复操作 3 次。

九、大蒜精油活性物质对麦蛾三个卵壳蛋白基因表达量的影响

(一) 取样

取羽化 6h 的麦蛾雌虫放入 1L 的广口瓶中，滴加总量 10μl 用丙酮稀释浓度为 0.015μl/L 的 DT 于滤纸条上，置室内自由挥发 2min 后放入广口瓶中并盖上盖子对麦蛾进行熏蒸处理，熏蒸时间为 7h。以空白和丙酮处理作为对照，每个处理 5 头麦蛾，3 个重复。

(二) qRT-PCR 检测大蒜精油活性物质对卵壳基因表达量的影响

利用 qRT-PCR 技术检测 DT 对卵壳基因的表达量的影响。根据标准曲线选择 25×稀释 cDNA 模板，使 Ct 值在 15～35，每个样品重复操作 3 次。

十、数据统计分析

采用统计分析软件 SPSS 17.0 进行单因素方差统计分析(ANOVA)，均值表示方式：Mean±S. E，显著水平 $P=0.05$。相对表达量采用 $2^{-\triangle\triangle Ct}$ 法计算(Livak and Schmittgen，2001)。

第二节　结果与分析

一、大蒜精油活性物质对麦蛾卵巢发育的影响

(一)初羽化麦蛾卵巢发育的观察

如图 4-3、4-4 所示,麦蛾具有一对卵巢,每侧有四根卵巢管,卵巢管中排列着不同发育阶段的滤泡。初羽化、羽化 6h、12h、24h 的麦蛾卵巢管长度分别为(7.24±0.23)mm、(8.76±0.25)mm、(9.76±0.24)mm、(10.90±0.43)mm,随着羽化时间的增长,麦蛾卵巢管不断的延长;初羽化、羽化 6h、12h、24h 的麦蛾卵巢管的滤泡数分别为(54.93±1.54)个、(70.50±2.09)个、(74.96±2.10)个、(88.00±2.42)个,随着羽化时间的延长,麦蛾卵巢管内滤泡数量不断地增加。总之,麦蛾卵巢发育的总体趋势为随着羽化时间的延长,麦蛾卵巢管不断地延长,卵巢管中的滤泡数也不断地增加,基部的卵子也越来越成熟。

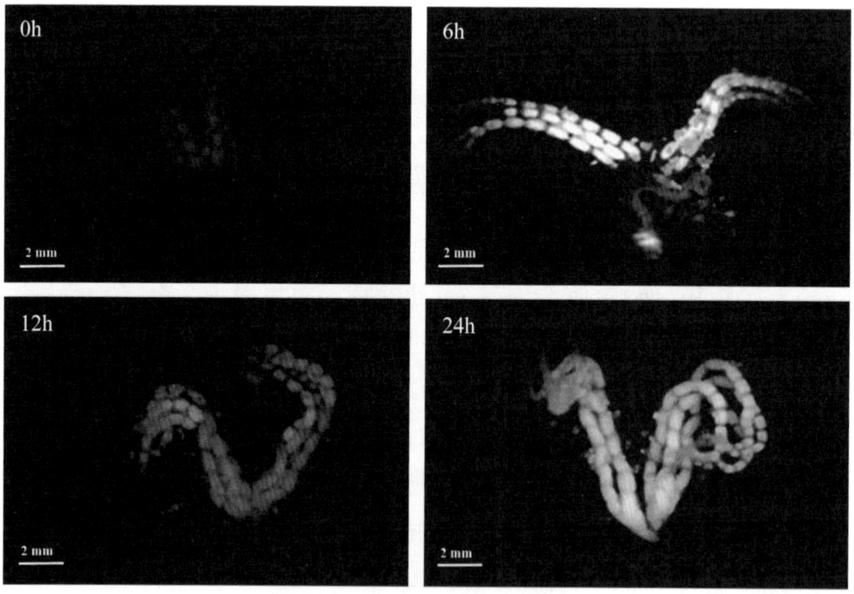

图 4-3　麦蛾卵巢形态观察

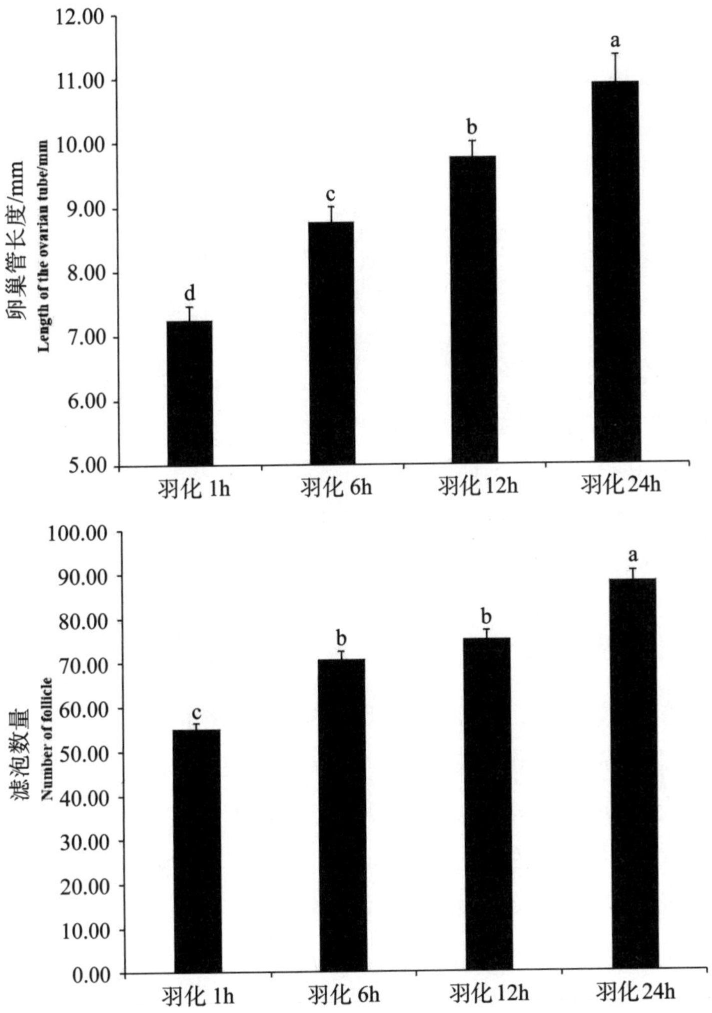

图 4-4　羽化不同阶段麦蛾卵巢管的长度和滤泡数量

注:同行标有不同字母的数据表示在水平上有显著差异。

(二) 大蒜精油活性物质对麦蛾卵巢管长度的影响

如图 4-5 所示,空白对照和丙酮对照在 6h、12h 和 24h 时卵巢管长度分别为(8.76±0.25)mm 和(9.11±0.36)mm、(9.76±0.24)mm 和(9.88±0.31)mm、(10.90±0.43)mm 和(11.28±0.38)mm,随着时间增长,卵巢管长度有增长趋势,且在各个时间点,这两种处理组的卵巢管长度没有显著差异。而 DT 处理组在 6h、12h 和 24h 时,麦蛾卵巢管长度分别为(7.54±0.24)mm、(8.60±0.17)mm、(9.11±0.33)mm,长度有延长趋势,但长度在各个时间点,均显著低于空白对照与丙酮对照($P<0.05$)。

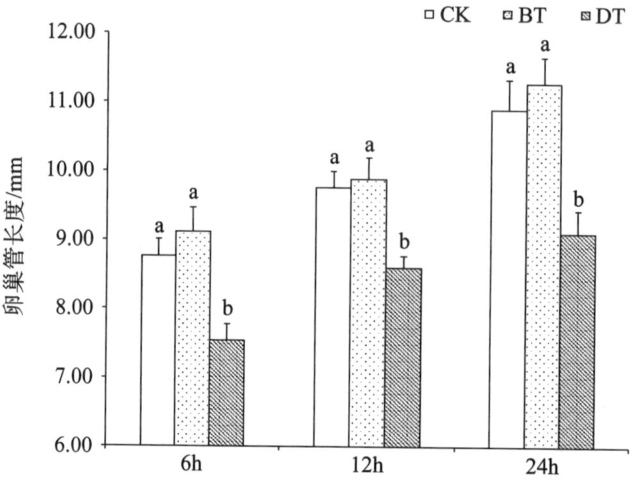

图 4-5　大蒜精油活性物质对麦蛾卵巢管长度的影响

注:CK:空白处理组;BT:溶剂丙酮处理组;DT:大蒜精油活性物质处理组;
同行标有不同字母的数据表示在水平上有显著差异。

(三)大蒜精油活性物质对麦蛾卵子发生数量的影响

如图 4-6 所示,卵子数量变化与卵巢管长度变化趋势相同。在 6h、12h 和 24h 时,空白对照卵子数量分别为(70.50±2.09)个、(74.96±2.10)个、(88.00±2.42)个,丙酮对照卵子数量分别为(69.89±2.51)个、(76.48±2.70)个、(86.50±2.85)个,随着羽化时间的增加,卵子发生数有所增加,且各个时间点,空白对照与溶剂对照无显著性差异。大蒜精油活性物质处理组在 6h、12h 和 24h 时,麦蛾卵巢管中卵子数

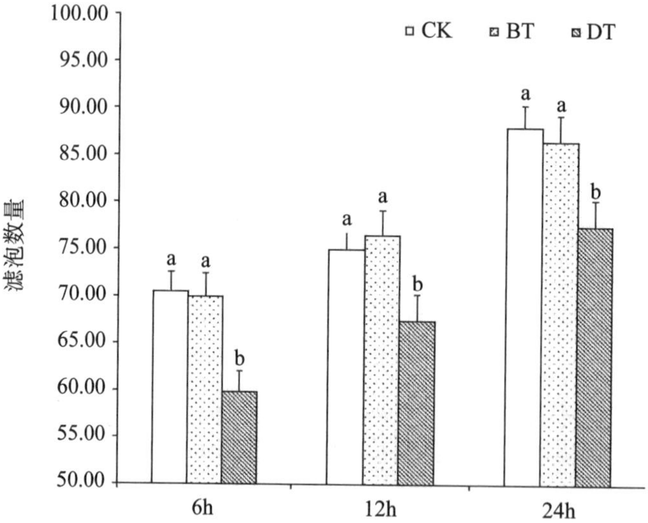

图 4-6　大蒜精油活性物质对麦蛾滤泡数量的影响

注:CK:空白处理组;BT:溶剂丙酮处理组;DT:大蒜精油活性物质处理组;
同行标有不同字母的数据表示在水平上有显著差异。

量分别为(59.79±2.24)个、(67.43±2.79)个、(77.47±2.81)个，随着羽化时间的增加，数量有所增加，值得注意的是，在各个时间点，均显著低于空白对照与丙酮对照卵子数量($P<0.05$)。

(四) 大蒜精油活性物质对麦蛾卵巢基部卵子直径和短径的影响

卵子大小是卵子质量的一个重要指标，基部卵子最先成熟。大蒜精油活性物质处理麦蛾后，对其卵巢管基部卵子大小进行观察，如图 4-7 所示，A、B、C 分别为处理 6h、12h、24h 麦蛾基部卵子直径的长度，D、E、F 分别为处理 6h、12h、24h 麦蛾基部卵子短径的长度。麦蛾处理 6h 时，大蒜精油活性物质处理组卵巢管基部卵子长径与短径均显著低于空白对照组与丙酮对照组；处理 12h 时，大蒜精油活性物质处理组卵巢管基部卵子长径显著低于空白对照组与丙酮对照组，而短径与空白对照组与丙酮对照

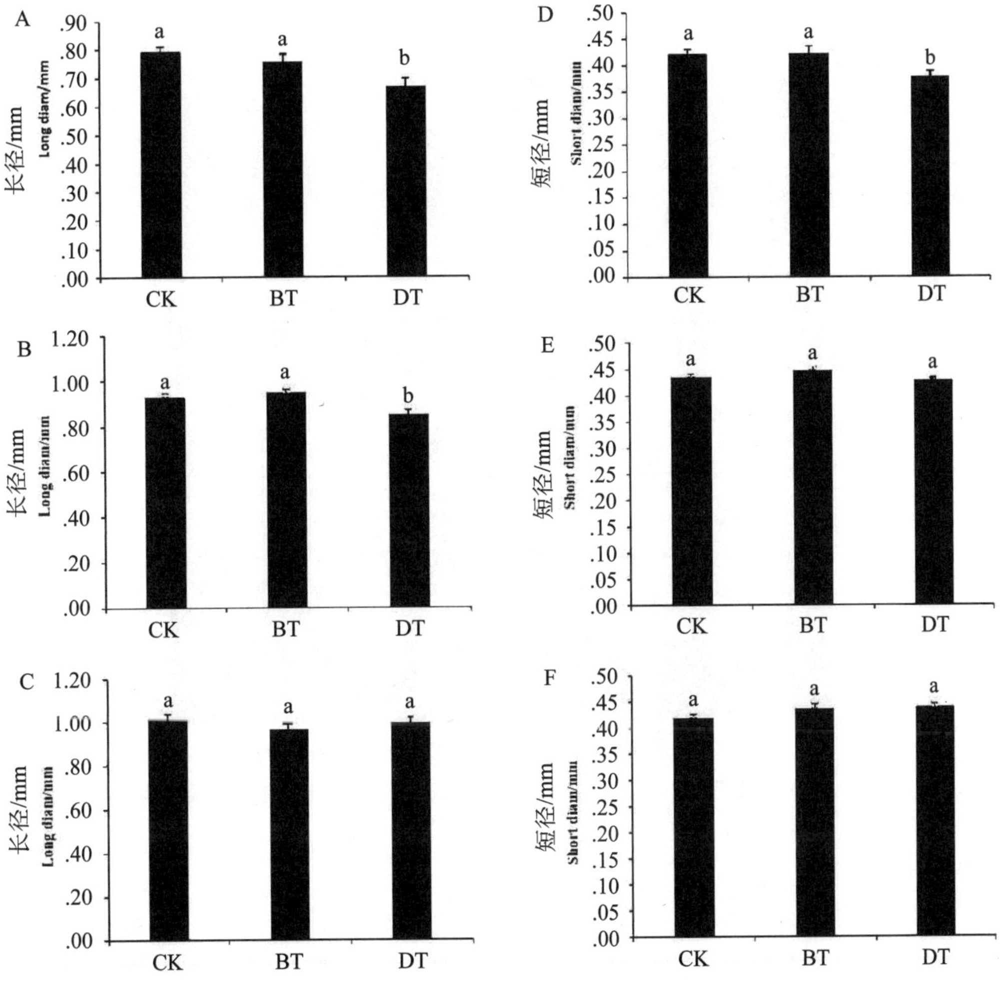

图 4-7　大蒜精油活性物质对麦蛾卵巢基部卵室体积的影响

注：A、D：处理 6h；B、E：处理 12h；C、F：处理 24h；CK 为空白处理组；BT 为溶剂丙酮处理组；DT 为大蒜精油活性物质处理组；同行标有不同字母的数据表示在水平上有显著差异。

组无显著性差异;处理 24h 时,大蒜精油活性物质处理组卵巢管基部卵子长径与短径与空白对照组与丙酮对照组均无显著性差异。表明大蒜精油活性物质对卵子体积的增大有减慢速度的作用。

二、大蒜精油活性物质对麦蛾卵子超微结构的影响

图 4-8 为处理 7h 卵巢管端部卵子发生透射图,A、C、E 分别为空白对照、丙酮对照、精油处理的滤泡细胞与卵母细胞膜间结构;B、D、F 分别为空白对照、丙酮对照、精油处理的卵黄积累。空白与溶剂丙酮对照的卵子微绒毛较长,有较大的卵黄颗粒,处于卵黄发生后期,而经大蒜精油活性物质处理的卵子微绒毛较短,卵黄颗粒较小,处于卵黄发生前期。大蒜精油活性物质处理没有使组织发生病变,但推迟了卵子发生的进程。

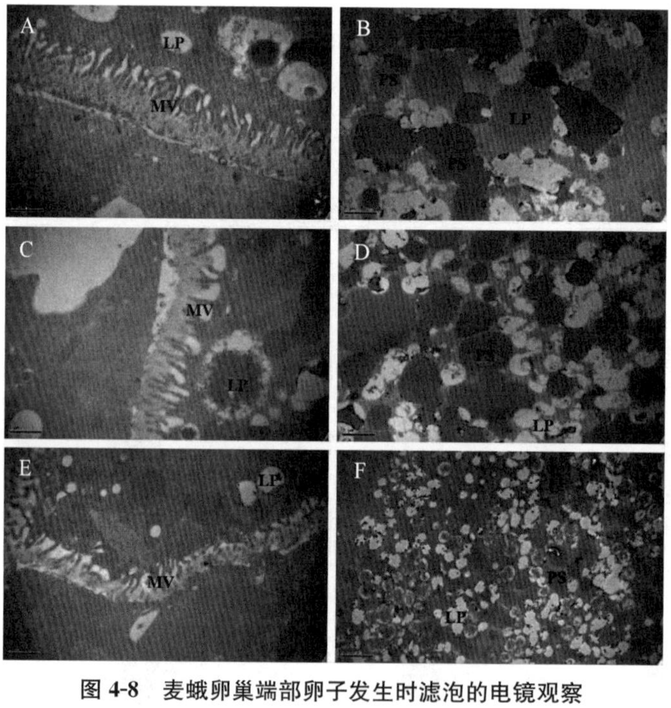

图 4-8　麦蛾卵巢端部卵子发生时滤泡的电镜观察

注:A、B. 空白处理组;C、D. 溶剂丙酮处理组;E、F. 大蒜精油活性物质处理组;LP:脂蛋白;MV:微绒毛;PS:卵黄蛋白颗粒。

图 4-9 为处理 7h 卵巢管中部卵子发生透射图,A、C、E 分别为空白对照、丙酮对照、精油处理的滤泡细胞与卵母细胞膜间结构;B、D、F 分别为空白对照、丙酮对照、精油处理的卵黄积累。空白对照、丙酮对照、精油处理三组,均可以清晰看到微绒毛并分泌脂蛋白,卵黄积累的颗粒大小相近且较大,处于卵黄发生后期。

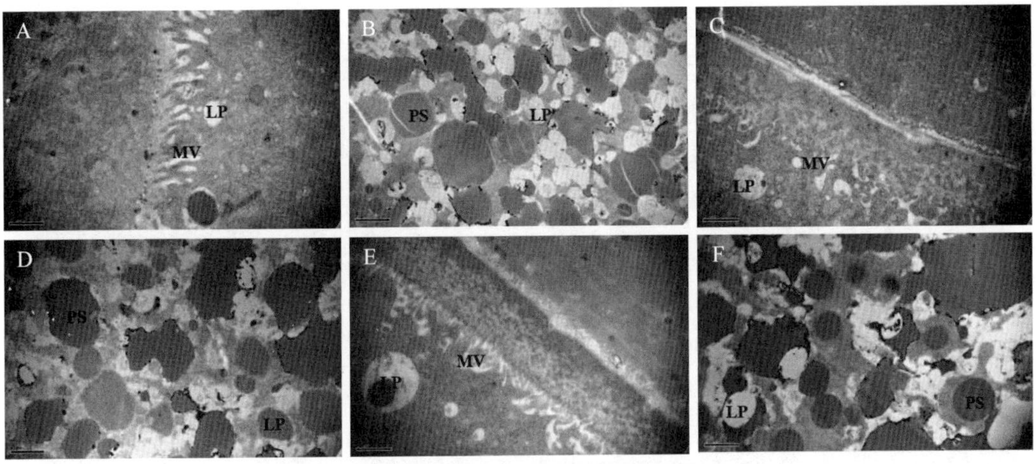

图 4-9　麦蛾卵巢中部卵子发生时滤泡的电镜观察

注：A、B. 空白处理组；C、D. 溶剂丙酮处理组；E、F. 大蒜精油活性物质处理组；

LP：脂蛋白；MV：微绒毛；PS：卵黄蛋白颗粒。

图 4-10 为处理 7h 卵巢管基部卵子发生透射图，A、C、E 分别为空白对照、丙酮对照、精油处理的滤泡细胞与卵母细胞膜间结构；B、D、F 分别为空白对照、丙酮对照、精油处理的卵黄积累。空白与溶剂丙酮对照的卵子微绒毛已经退化，处于卵壳形成期，而经大蒜精油活性物质处理的卵子仍然可见微绒毛，有较大的卵黄颗粒，处于卵黄积累后期。由此可初步推断大蒜精油活性物质处理没有使组织发生病变，但推迟了卵子发生的进程。

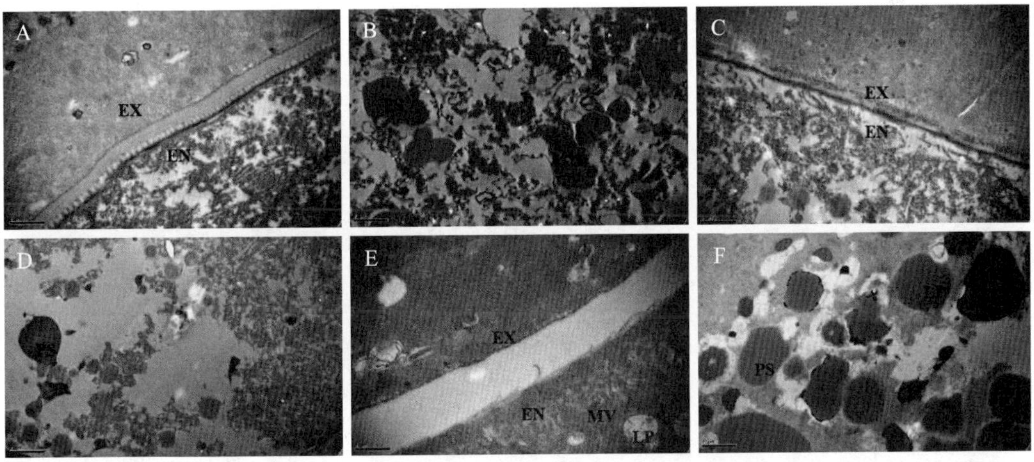

图 4-10　麦蛾卵巢基部卵子发生时滤泡的电镜观察

注：A、B. 空白处理组；C、D. 溶剂丙酮处理组；E、F. 大蒜精油活性物质处理组；

EN：内卵壳；EX：外卵壳；LP：脂蛋白；MV：微绒毛；PS：卵黄蛋白颗粒。

图 4-11 为处理 24h 卵巢管端部卵子发生透射图，A、C、E 分别为空白对照、丙酮

对照、精油处理的滤泡细胞与卵母细胞膜间结构;B、D、F 分别为空白对照、丙酮对照、精油处理的卵黄积累。空白对照、丙酮对照、精油处理三者结构相同,具有较大的卵黄颗粒的积累,且微绒毛退去,形成卵壳。

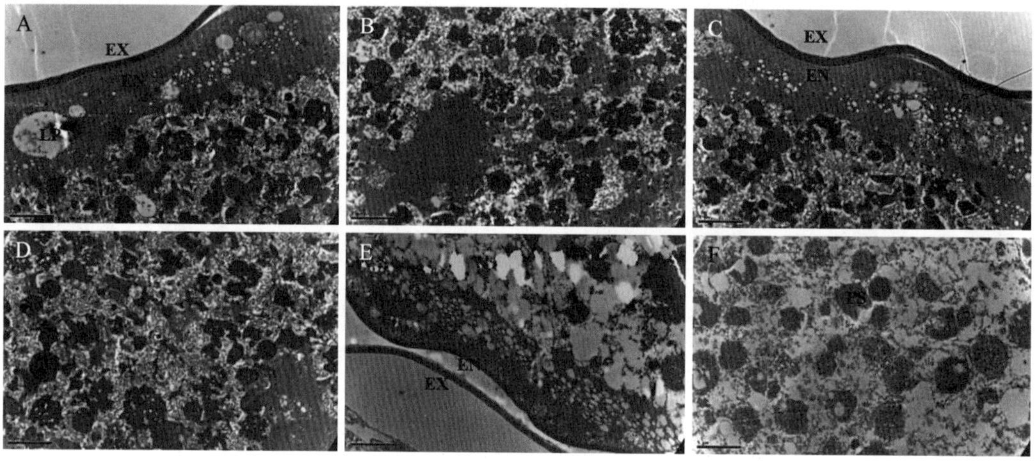

图 4-11　麦蛾卵巢端部卵子发生时滤泡的电镜观察

注:A、B. 空白处理组;C、D. 溶剂丙酮处理组;E、F. 大蒜精油活性物质处理组;
EN:内卵壳;EX:外卵壳;LP:脂蛋白;PS:卵黄蛋白颗粒。

图 4-12 为处理 24h 卵巢管中部卵子发生透射图,A、C、E 分别为空白对照、丙酮对照、精油处理的滤泡细胞与卵母细胞膜间结构;B、D、F 分别为空白对照、丙酮对照、精油处理的卵黄积累。空白对照、丙酮对照、精油处理三者结构相同,具有较大的卵黄颗粒的积累,且微绒毛退去,形成卵壳。

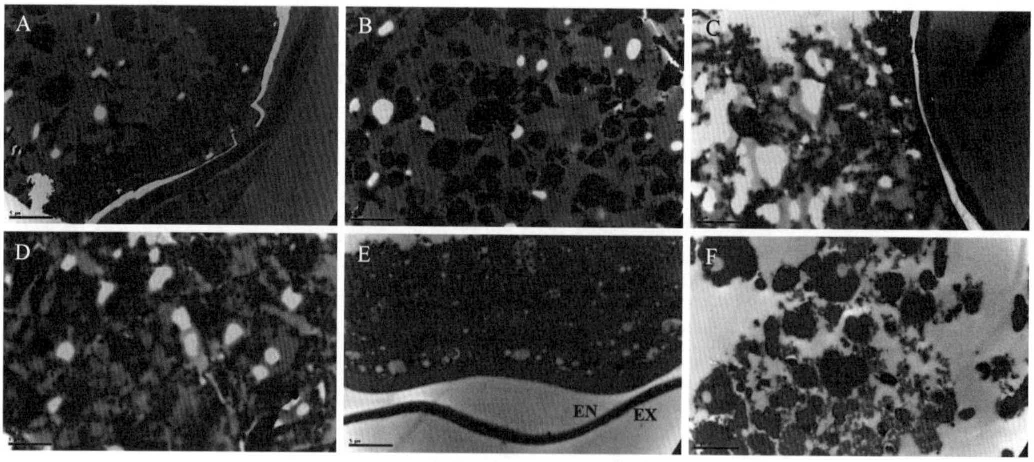

图 4-12　麦蛾卵巢中部卵子发生时滤泡的电镜观察

注:A、B. 空白处理组;C、D. 溶剂丙酮处理组;E、F. 大蒜精油活性物质处理组;
EN:内卵壳;EX:外卵壳;LP:脂蛋白;PS:卵黄蛋白颗粒。

图 4-13 为处理 24h 卵巢管基部卵子发生透射图，A、C、E 分别为空白对照、丙酮对照、精油处理的滤泡细胞与卵母细胞膜间结构；B、D、F 分别为空白对照、丙酮对照、精油处理的卵黄积累。空白对照、丙酮对照、精油处理三者结构相同，具有较大的卵黄颗粒的积累，且微绒毛退去，形成卵壳。

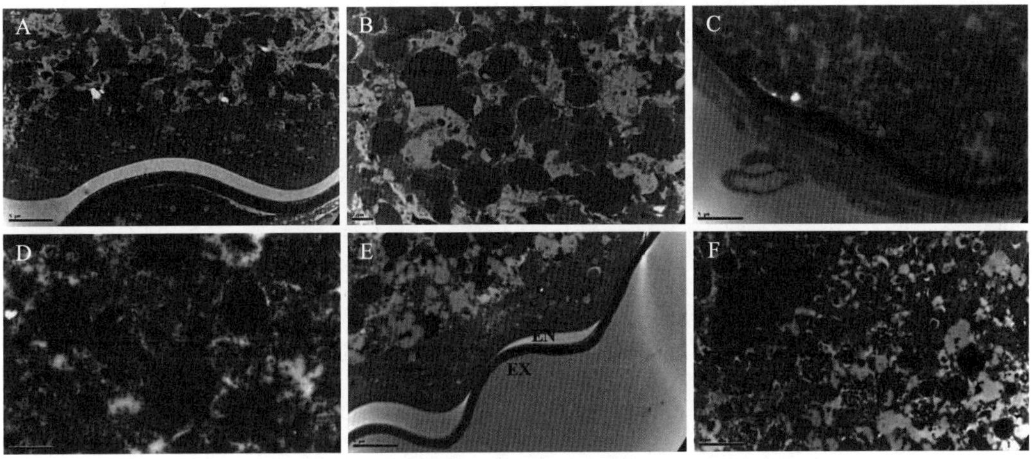

图 4-13　麦蛾卵巢基部卵子发生时滤泡的电镜观察

注：A、B. 空白处理组；C、D. 溶剂丙酮处理组；E、F. 大蒜精油活性物质处理组；EN：内卵壳；EX：外卵壳；LP：脂蛋白；PS：卵黄蛋白颗粒。

三、大蒜精油活性物质对麦蛾产卵量的影响

如图 4-14 所示，麦蛾雌虫经 DT 处理 6h、12h、24h 后，与雄虫交配后产卵量分别为(54.47±7.79)个、(16.58±4.94)个、(13.91±4.88)个，空白对照与丙酮对照的产卵量分别为(61.20±9.81)个和(64.90±10.26)个、(62.80±8.20)个和(61.60±7.60)个、(67.47±7.38)个和(56.63±7.63)个。麦蛾雌虫经 DT 处理 6h 后，与雄虫交配后产卵量与空白对照和丙酮对照无显著性差异，经 DT 处理 12h 和 24h 的麦蛾，与雄虫交配后产卵量显著低于空白对照与丙酮对照($P<0.05$)，分别比对照组下降了 73.3%和 77.6%。

如图 4-15 所示，麦蛾雌虫经 DT 处理 6h、12h、24h 后，与雄虫交配后产卵后至死亡，其体内剩余卵数分别为(17.30±3.37)个、(29.84±3.56)个、(20.81±3.39)个，空白对照与丙酮对照的体内剩余卵数分别为(13.30±3.93)个和(14.70±4.03)个、(5.93±1.31)个和(7.47±2.19)个、(5.80±2.72)个和(8.10±2.89)个。麦蛾雌虫经 DT 处理 6h 后，与雄虫交配后产卵后至死亡，其体内剩余卵数与空白对照和丙酮对照无显著性差异，而经 DT 处理 12h 和 24h 后，体内剩余卵数显著高于空白对照与丙酮对照($P<0.05$)，分别提高了 3.45 和 1.99 倍。

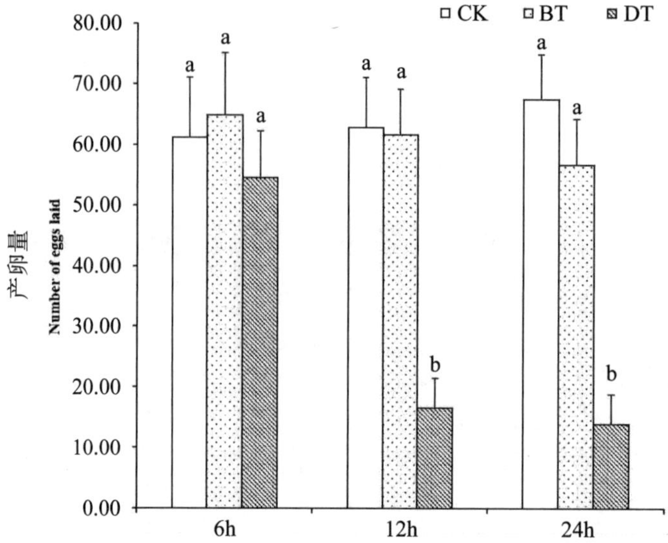

图 4-14　大蒜精油活性物质对麦蛾产卵量的影响

注:CK:空白处理组;BT:溶剂丙酮处理组;DT:大蒜精油活性物质处理组;
同行标有不同字母的数据表示在水平上有显著差异。

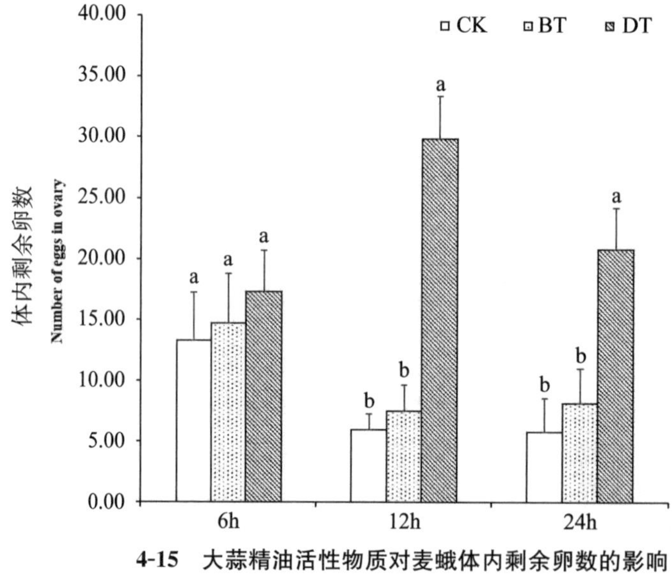

4-15　大蒜精油活性物质对麦蛾体内剩余卵数的影响

注:CK:空白处理组;BT:溶剂丙酮处理组;DT:大蒜精油活性物质处理组;
同行标有不同字母的数据表示在水平上有显著差异。

如图 4-16 所示,麦蛾雌虫经 DT 处理 6h、12h、24h 后,与雄虫交配后产卵量和体内剩余卵数的总和分别为(71.77±6.66)个、(46.42±5.04)个、(34.72±4.88)个,空白对照与丙酮对照的产卵量和体内剩余卵数分别为(74.50±8.74)个和(79.60±8.79)个、(68.73±7.90)个和(69.07±7.11)个、(73.27±6.88)个和(64.73±7.11)

个。麦蛾雌虫经 DT 处理 6h 后，与雄虫交配后产卵量和体内剩余卵数的总和与空白对照和丙酮对照无显著性差异，而经 DT 处理 12h 和 24h 后，与雄虫交配后产卵量和体内剩余卵数显著低于空白对照与丙酮对照（$P<0.05$），分别降低了 32.6%和 49.7%。

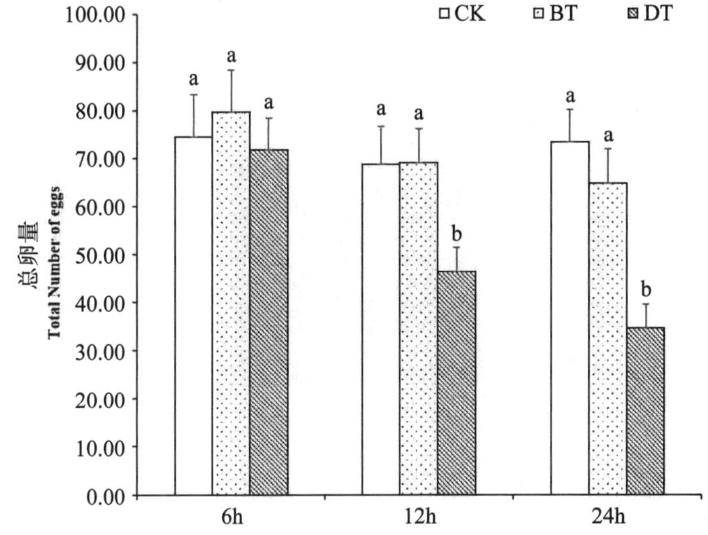

图 4-16　大蒜精油活性物质对麦蛾形成总卵量的影响

注：CK：空白处理组；BT：溶剂丙酮处理组；DT：大蒜精油活性物质处理组；
同行标有不同字母的数据表示在水平上有显著差异。

如图 4-17 所示，麦蛾经 DT 熏蒸 12h、24h 后，其卵产出率明显低于熏蒸 6h 组和对照组，且两个时间点之间的产卵率差异不显著。

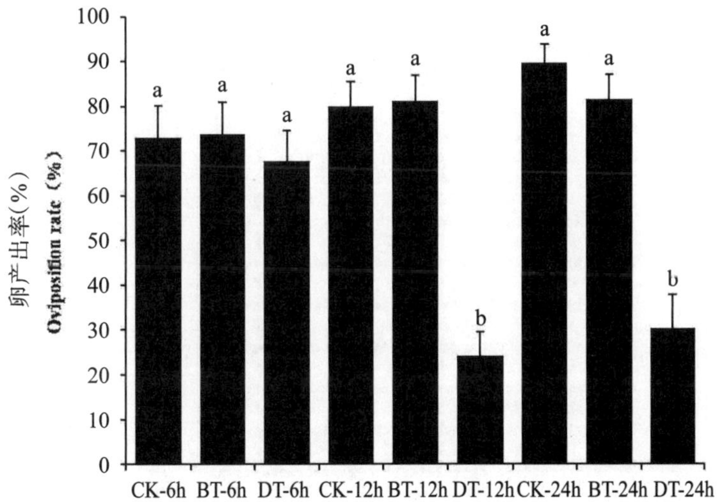

图 4-17　大蒜精油活性物质对麦蛾卵产出率的影响

注：CK：空白处理组；BT：溶剂丙酮处理组；DT：大蒜精油活性物质处理组；
同行标有不同字母的数据表示在水平上有显著差异。

四、麦蛾三个卵壳蛋白基因的克隆及其时间表达

(一) 麦蛾总 RNA 的提取

提取麦蛾 RNA 进行凝胶电泳检测,如图 4-18 所示,28SrRNA、18SrRNA、5SrRNA 条带明亮,表示 RNA 样品质量较好,可以用于 cDNA 的合成。

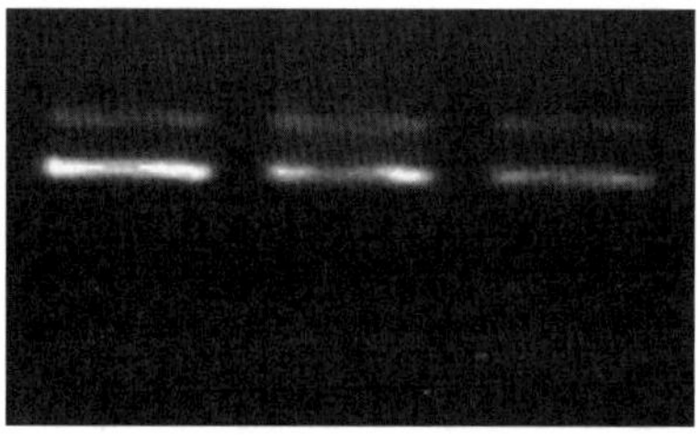

图 4-18　麦蛾 RNA 琼脂凝胶电泳图

(二) 麦蛾卵壳蛋白基因的核苷酸序列及推导的氨基酸序列

基因 *S. cerealella Chorion* 191、*S. cerealella Chorion* 668 和 *S. cerealella Chorion* 7774 的核苷酸序列以及其翻译的氨基酸序列如图 4-19、图 4-20 和图 4-21 所示。基因 *S. cerealella Chorion* 191 开放阅读框为 435bp,编码 145 个氨基酸,预测的分子量为 14.7kDa,等电点 4.9。N-端 21 个氨基酸为信号肽,为卵壳蛋白基因的典型特征。基因 *S. cerealella Chorion* 668 开放阅读框 552bp,编码 184 个氨基酸,预测的分子量为 17.1kDa,等电点 4.9。N-端 21 个氨基酸为信号肽,为卵壳蛋白基因的典型特征。基因 *S. cerealella Chorion* 7774 开放阅读框 561bp,编码 187 个氨基酸,预测的分子量为 17.4kDa,等电点 4.4。N-端 21 个氨基酸为信号肽,为卵壳蛋白基因的典型特征。

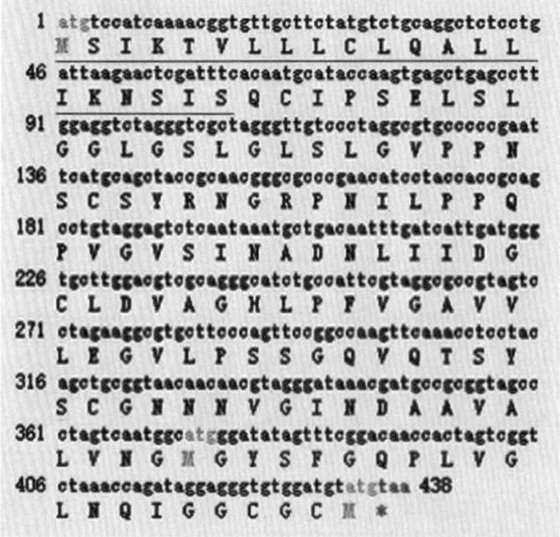

图 4-19　麦蛾 *S. cerealella Chorion* 191 核苷酸序列和其推导的氨基酸序列

注:* 表示终止密码子;下划线表示信号肽。

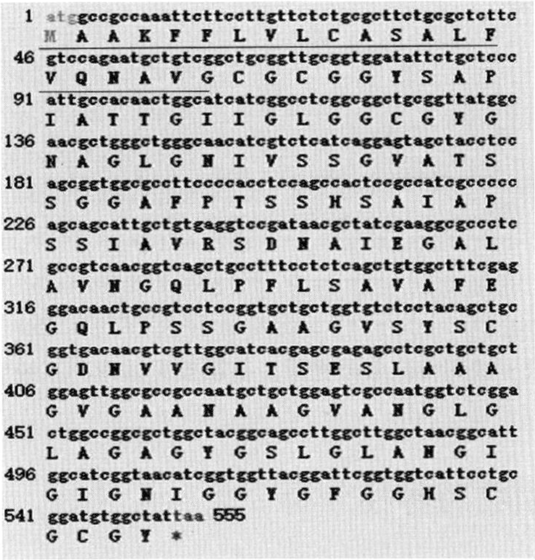

图 4-20　麦蛾 *S. cerealella Chorion* 668 核苷酸序列和其推导的氨基酸序列

注：* 表示终止密码子；下划线表示信号肽。

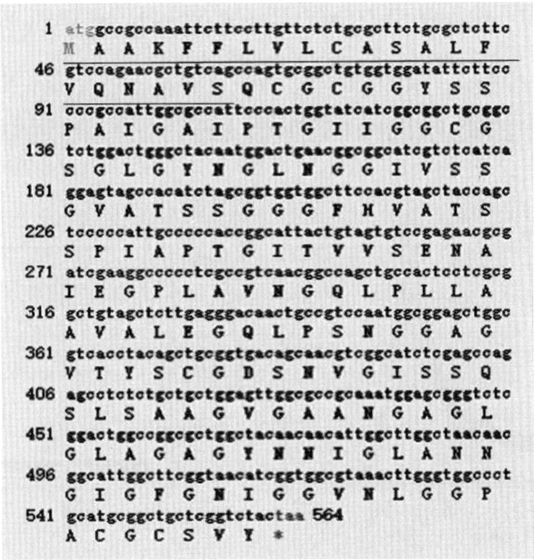

图 4-21　麦蛾 *S. cerealella Chorion* 7774 核苷酸序列和其推导的氨基酸序列

注：* 表示终止密码子；下划线表示信号肽。

（三）麦蛾卵壳蛋白基因与其他昆虫卵壳蛋白基因同源性分析

使用 Mega5.1 构建鳞翅目昆虫卵壳蛋白基因氨基酸序列系统发生树（图 4-22），将克隆到的 3 个基因与卵壳蛋白 A 类 *Antheraea polyphemus* proteins *pc*18（ButterflyBase ID：ALP00009_1），*pc*292（UniProt ID：P02846）和卵壳蛋白 B 类 *Papilio Xuthus* Chorion class B protein *Ld*10（KPI96496.1，KPI96493.1，KPJ01259.1）构建进化树，*S. cerealella Chorion* 668 和 *S. cerealella Chorion* 7774 聚成一簇，遗传距离最近，克隆的 3 个蛋白基因遗传距离与卵壳蛋白 B 类较近，推测其为 B 类卵壳蛋白。

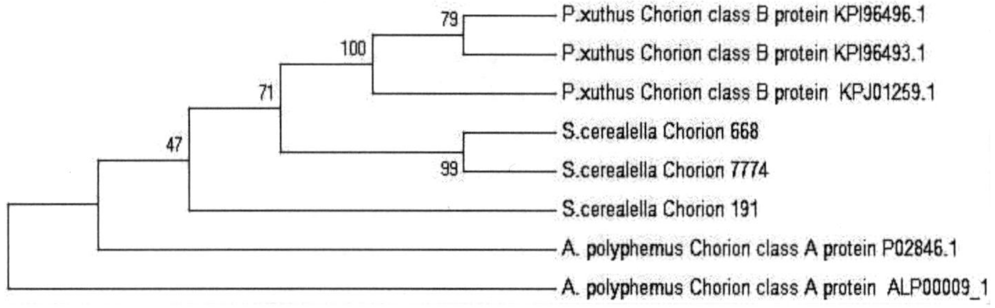

图 4-22 鳞翅目昆虫卵壳蛋白基因氨基酸序列系统发生树

(四) qRT-PCR 引物特异性分析

利用 Beacon Desiger 7 设计卵壳基因 qRT-PCR 引物,模板设置 5 个浓度梯度进行标准曲线检测,检测引物特异性和扩增效率。由图 4-23 可知,溶解曲线为单一峰,特异性良好。由图 4-24 可知,*S. cerealella Chorion*191、*S. cerealella Chorion*668、*S. cerealella Chorion*7774、Scer*GAPDH* 的 Ct 值与浓度呈线性关系,相关系数分别为 0.994、0.993、0.998、0.989,扩增效率为 100.4%、105.6%、96.5%、105.9%,线性关系良好,扩增效率良好。由此可见该引物可以进行后期的定量 PCR 分析。

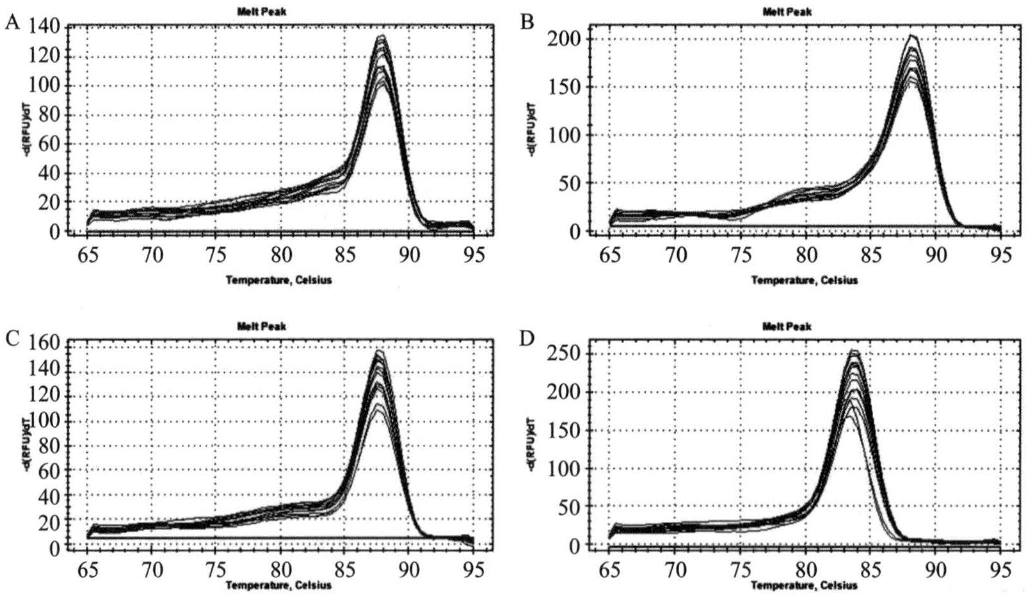

图 4-23 融解曲线图

注:A:麦蛾卵壳蛋白基因 191;B:麦蛾卵壳蛋白基因 668;C:麦蛾卵壳蛋白基因 7774;D:Scer*GAPDH*。

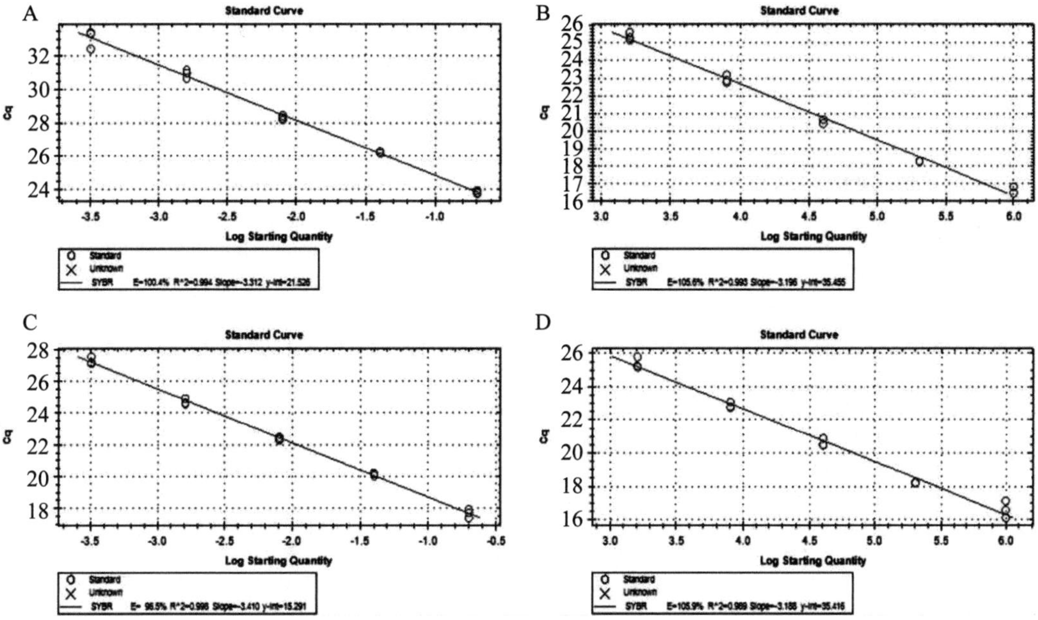

图 4-24 标准曲线图

注：A：麦蛾卵壳蛋白基因 191；B：麦蛾卵壳蛋白基因 668；C：麦蛾卵壳蛋白基因 7774；D：Scer*GAPDH*。

（五）3 个卵壳蛋白基因的时间表达谱

如图 4-25～图 4-27 所示，3 个卵壳基因在蛹期均检测到基因表达，表明卵壳基因在蛹期就已经开始表达。羽化 6h 后表达量显著增长，到羽化 12h 后表达量达到最高，然后随着时间表达量减少，三个卵壳蛋白基因整体趋势一致。

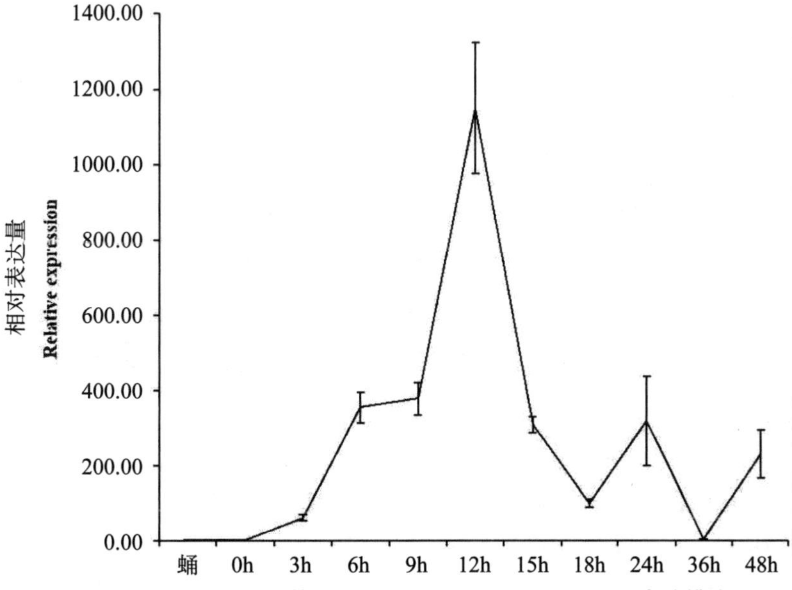

图 4-25 基因 *S. cerealella Chorion* 191 时间表达模式

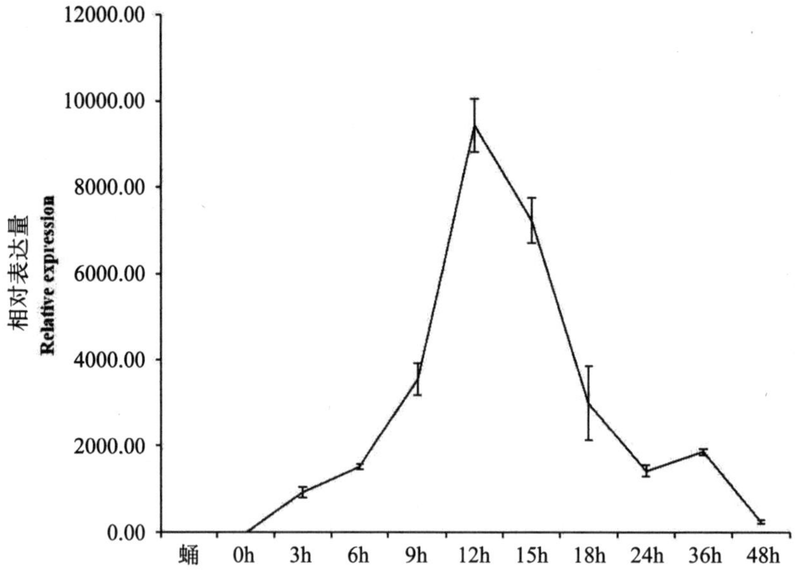

图 4-26 基因 *S. cerealella Chorion* 668 时间表达模式

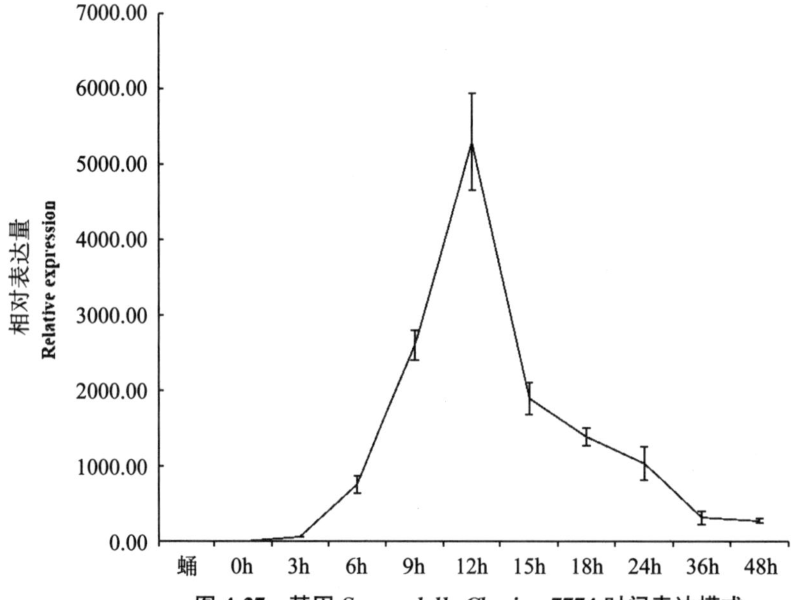

图 4-27 基因 *S. cerealella Chorion* 7774 时间表达模式

五、大蒜精油活性物质对麦蛾 3 个卵壳蛋白基因表达量的影响

大蒜精油活性物质对麦蛾 3 个卵壳蛋白基因表达量的影响如图 4-28 所示，羽化 6h 的麦蛾，熏蒸 7h 后，卵壳蛋白基因 *S. cerealella Chorion* 191、*S. cerealella Chorion* 668 和 *S. cerealella Chorion* 7774 与对照相比，表达量无显著变化。

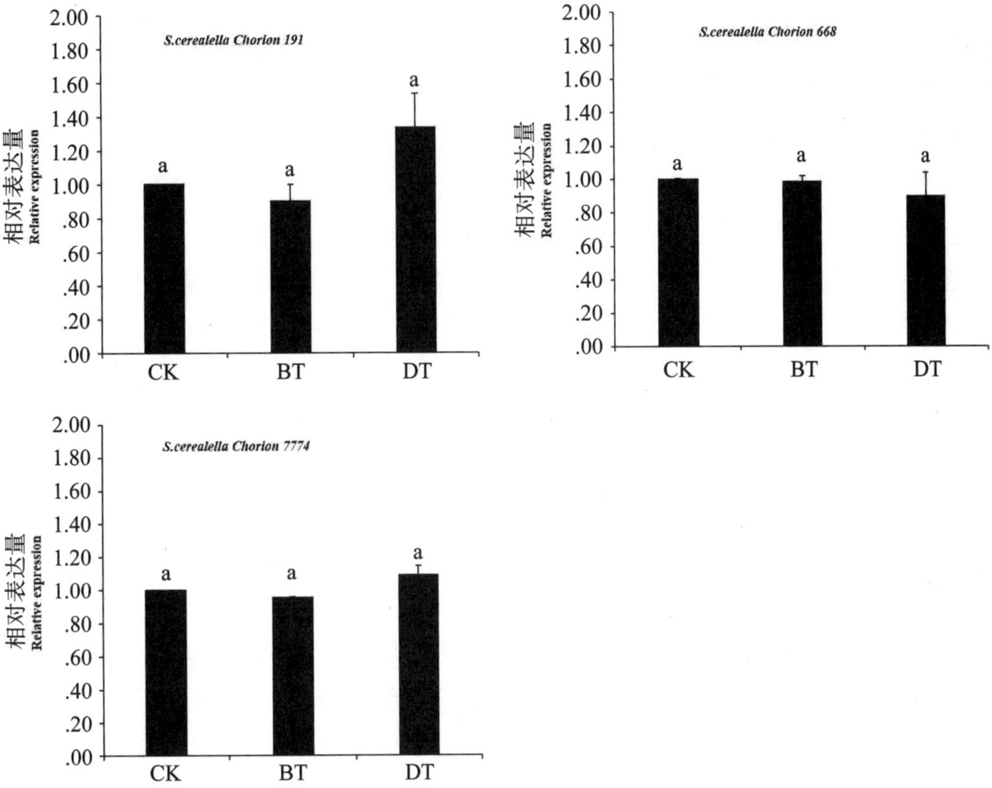

图 4-28　大蒜精油活性物质对卵壳蛋白基因表达量的影响

注：同行标有不同字母的数据表示在水平上有显著差异。

第三节　讨　　论

（1）初羽化的麦蛾，卵巢结构基本成型，卵巢管较短且滤泡较少，无成熟的卵子，但可以清晰地看到卵室，且可见到卵黄的沉积，表明在羽化前卵巢就已经开始了卵黄的沉积，与亚洲玉米螟 *Ostrinia furnacalis*、甜菜夜蛾 *Spodoptera exigua* 的卵巢（钱仁贵，1982；王宪辉等，2003）发育相似。随着羽化时间的延长，卵巢管会伸长、滤泡数量亦增加，卵子逐渐趋向成熟。

大蒜精油活性物质熏蒸羽化 1h 的麦蛾，有效地抑制了卵巢的延伸和滤泡数量的增加。同时，卵巢管基部卵室体积的增大也受到抑制。昆虫卵子发生是一个复杂的过程，卵巢管为卵子发生提供场所，卵巢管延伸受到抑制，伴随着滤泡较少很有可能会导致麦蛾的产卵量下降。昆虫在植物源杀虫剂作用下，为能够继续生存，往往会产生适合度代价。麦蛾在大蒜精油活性物质熏蒸的逆境下，卵巢管的发育、滤泡数量的增长都受到了抑制，从而降低了麦蛾的产卵量，卵巢发育除受到外界温度、湿度等影响外，还与体内激素有着密切关系，保幼激素与蜕皮激素的含量对卵巢发育起着重要的调节作用。黄志伟等(2005)研究印楝素作用机制中,发现其可以影响昆虫体内的激素分泌,从而影响昆虫的生长发育。为了进一步了解大蒜精油活性物质对麦蛾的作用机制,可探索大蒜精油活性物质是否能干扰麦蛾体内激素的分泌。

利用透射电镜观察卵子发生中卵黄的积累与卵壳的形成,发现熏蒸处理的麦蛾卵子发生速度受到抑制,但在随着时间的延长,卵子最终可以形成卵壳,完成卵子发生过程,其规律与基部卵室大小发育规律类似。但生物生殖时间往往是一定的,卵子发生受到抑制后,很容易导致昆虫最终形成总的卵子数量下降。目前,很多研究者发现植物精油能显著影响害虫的行为和生理。王建斌等(2008)利用植物提取物脱氧鬼臼毒素可以有效地抑制粘虫的卵巢发育。

大蒜精油活性物质可以抑制麦蛾产卵(Yang et al.,2012),但其大蒜精油活性物质处理时间为麦蛾交配、产卵的过程中,经进一步深入研究亦发现大蒜精油活性物质是通过干扰麦蛾雄虫对性信息素的感知从而降低雌雄虫之间的交配,最终使得麦蛾产卵量下降(Ma et al.,2016)。本章实验处理时间为麦蛾交配前,而交配、产卵的过程中没有大蒜精油活性物质的熏蒸,结果表明经过大蒜精油活性物质熏蒸 12h、24h 的麦蛾产卵量显著降低,由此说明大蒜精油活性物质确实影响了麦蛾的生殖能力,从而最终抑制了麦蛾的产卵量;同时,大蒜精油活性物质亦有效地降低了麦蛾的抱卵量,证明大蒜精油活性物质有效地抑制了麦蛾卵子形成的数量,与电镜试验结果的推论相符。另外,处理 24h 麦蛾的抱卵量低于处理 12h 麦蛾的抱卵量,可见处理时间的延长,可有效地降低麦蛾形成的卵子数量。大蒜精油活性物质处理 12h、24h 的麦蛾产卵死亡后体内剩余卵量明显高于对照,证明大蒜精油活性物质也有效地抑制了麦蛾的产卵行为,处理 12h 的麦蛾体内残余卵量多于处理 24h 的麦蛾体内残余卵量,二者卵的产出率没有显著性差异,表明二者体内残余卵量的差异主要是因麦蛾体内形成卵的能力引起的,而对产卵能力影响则较小。

大蒜精油活性物质对麦蛾的卵巢发育、卵子发生进度以及数量均具有一定的抑制作用,也能减弱麦蛾的产卵能力。但对麦蛾卵的品质没有进行深入研究,经过熏蒸后所产的卵能否正常完成下一个世代尚需进一步探索。

(2) 卵壳的形成是卵子发生的重要过程,卵壳为胚胎发育提供了一个舒适的环境。3 个卵壳蛋白基因在蛹期均检测到基因表达,表明卵壳基因在蛹期就已经开始表达。羽化 6h 后表达量显著增长,到羽化 12h 后表达量达到最高,然后随着时间表达量减少,三个卵壳蛋白基因整体趋势一致。3 个卵壳蛋白基因受到大蒜精油活性物质熏蒸后,没有改变其表达量,表明三个卵壳蛋白没有受到大蒜精油活性物质的影响。但想了解大蒜精油活性物质对卵壳蛋白是否存在影响需继续研究,卵壳蛋白是一个庞大的家族基因,可以尝试其他卵壳蛋白基因的检测,也可以尝试在蛋白水平检测大蒜精油活性物质对卵壳蛋白的影响。

(闫文晗　马　敏)

参考文献

[1] 白先丽,文兆明,王志萍,等.3种植物精油防治茶假眼小绿叶蝉药效研究[J].现代农业科技,2013(18):117,119.

[2] 郭建洋,董胜张,叶恭银,等.蝶蛹金小蜂的卵巢发育在不同寄主之间差异性的比较[J].昆虫天敌,2007,29(2):49-53.

[3] 黄志伟,魏洪义,戴建青,等.印楝素对亚洲玉米螟的生物活性及蛋白质合成的影响[J].应用与环境生物学报,2005,11(2):179-181.

[4] 林淑芳,李通化,陈开,等.GC-MS分析大蒜中的挥发油和大蒜精油[J].理化检验(化学分册),2005,41(2):87-89,92.

[5] 刘永华,叶恭银,李鲜花.温度对野蚕黑卵蜂卵巢发育和卵子发生的影响[J].昆虫天敌,2006,28(3):126-131.

[6] 吕建华,赵英杰,鲁玉杰.三种植物精油对四种主要储粮害虫的生物活性研究[J].中国粮油学报,2006,21(3):325-329.

[7] 钱仁贵.玉米螟卵巢解剖及应用初报[J].昆虫知识,1982(5):15-17.

[8] 王竑晟.温度和营养对甜菜夜蛾生殖的影响[D].泰安:山东农业大学,2003.

[9] 王建斌.脱氧鬼臼毒素对粘虫生殖系统的影响[D].杨凌:西北农林科技大学,2008.

[10] 王宪辉,徐洪富,许永玉,等.甜菜夜蛾雌性生殖系统结构、发育分级及在测报上的应用[J].植物保护学报,2003,30(3):261-266.

[11] 姚鹏程.丽蝇蛹集金小蜂卵巢发育与卵黄发生的时间动态[D].杭州:浙江大学,2004.

[12] 叶恭银,胡萃,龚和.高温对珍贵绢丝昆虫:天蚕卵巢生长发育的影响[J].生态学报,2000,20(3):490-494.

[13] 张万娜.抗Cry1Ac棉铃虫的卵巢发育与卵黄原蛋白基因的表达动态[D].北京:中国农业科学院,2013.

[14] AKHTAR Y, ISMAN MB. Comparative growth inhibitory and antifeedant effects of plant extracts and pure allelochemicals on four phytophagous insect species [J]. Journal of Applied Entomology, 2004, 128(1): 32-38.

[15] ATTIA S, GRISSA KL, MAILLEUX AC, et al. Effective concentrations of garlic distillate (*Allium sativum*) for the control of *Tetranychus urticae* (Tetranychidae) [J]. Journal of Applied Entomology, 2012, 136(4): 302-312.

[16] CARDOEN J, WATSON C, DELOOF A, et al. Polyploidy in the nuclei of ovarian nurse and follicle cells of the silk moth, *Hyalophora* [J]. Archives of Iinsect Biochemistry and Physiology, 1990, 15(2): 93-100.

[17] ENAN E. Insecticidal activity of essential oils: octopaminergic sites of action [J]. Comparative Biochemistry and Physiology Part C: Toxicology & Pharmacology, 2001, 130(3): 325-337.

[18] GIRARDIE J, GIRARDIE A. Endocrine regulation of oogenesis in insects [J]. Annals

of the New York Academy of Sciences, 1998, 839(1): 118-122.

[19] GOLDSMITH MR, KAFATOS FC. Developmentally regulated genes in silkmoths [J]. Annual Review of Genetics, 1984, 18(1): 443-487.

[20] GUNTHERT T. Die Eibildung der Dytisciden [J]. Zoologische Jahrbucher, 1910(30): 301-372.

[21] HAYNES KF, BIRCH MC. Temporal reproductive isolation between two species of plume moths (Lepidoptera: Pterophoridae)[J]. Annals of the Entomological Society of America, 1986, 79(1): 210-215.

[22] ISMAN MB. Plant essential oils for pest and disease management [J]. Crop Protection, 2000, 19(8-10): 603-608.

[23] ISOBE M, HASEGAWA K, GOTO T. Isolation of the diapause hormone from the silkworm, *Bombyx mori* [J]. Journal of Insect Physiology, 1973, 19(6): 1221-1239.

[24] KIMBARIS AC, KIOULOS E, KOLIOPULOS G, et al. Coactivity of sulfide ingredients: a new perspective of the larvicidal activity ofgarlic essential oil against mosquitoes [J]. Pest Management Science, 2009, 65(3): 249-254.

[25] KONSTANDI OA, PAPASSIDERI IS, STRAVOPODIS DJ. The enzymatic component of*Drosophila melanogaster* chorion is the Pxd peroxidase [J]. Insect Biochemistry and Molecular Biology, 2005, 35(9): 1043-1057.

[26] KOSTYUKOVSKY M, RAFAEILI A, GILEADY C, et al. Activation of octopaminergic receptors by essential oil constituents isolated from aromatic plants: possible mode of action against insect pests [J]. Pest Management, 2002, 58(11): 1101-1106.

[27] MA M, CHANG MM, LEI CL, et al. A garlic substance disrupts odorant-binding protein recognition of insect pheromones released from adults of the angoumois grain moth, *Sitotroga cerealella* (Lepidoptera: Gelechiidae) [J]. Insect Molecular Biology, 2016, 25(5): 530-540.

[28] MA M, YING YY , HE ZY, et al. Comparative transcriptome analysis reveals potential gene targets for ovipositional inhibition by diallyl trisulfide against female *Sitotroga cerealella* [J]. Agri Gene, 2017(5): 12-18.

[29] MORRIS LX, SPRADLING AC. Steroid signaling within*Drosophila* ovarian epithelial cells sex-specifically modulates early germ cell dvelopment and meiotic entry [J]. PLOS One, 2012, 7(10): e46109.

[30] PARK IK, SHIN SC. Fumigant activity of plant essential oils and components from garlic (*Allium sativum*) and clove bud (*Eugenia caryophyllata*) oils against the Japanese termite (*Reticulitermes speratus*Kolbe) [J]. Journal of Agricultural and Food Chemistry, 2005, 53(11): 4388-4392.

[31] PARTHASARATHY R, SHENG ZT, SUN ZY. Ecdysteroid regulation of ovarian growth and oocyte maturation in the Red flour beetle, *Tribolium castaneum* [J]. Insect

biochemistry and Molecular Biology, 2010, 40(6): 429-439.

[32] RAMASWAMY S, SHU S, PARK Y, et al. Dynamics of juvenile hormone-mediated gonadotropism in the Lepidoptera [J]. Archives of Insect Biochemistry and Physiology, 1997, 35(4): 539-558.

[33] REGIER JC, MAZUR GD, KAFATOS FC. Morphogenesis of silkmoth chorion: Initial framework formation and its relation to synthesis of specific proteins [J]. Developmental Biology, 1982, 92(1): 159-174.

[34] REGIER JC, MAZUR GD, KAFATOS FC. The silkmoth chorion: Morphological and biochemical characterization of four surface regions [J]. Developmental Biology, 1980, 76(2): 286-304.

[35] RODAKIS GC, KAFATOS FC. Origin of evolutionary novelty in proteins: how a high-cysteine chorion proteinhan evolved [J]. Proceedings of the National Academy of Sciences, 1982, 79(11): 3551-3555.

[36] RODAKIS GC, LECANIDOU R, EICKBUSH TH. Diversity in a chorion multigene family created by tandem duplications and a putative gene-conversion event [J]. Journal of Molecular Evolution, 1984(20): 265-273.

[37] SORGE D, NAUEN R, RANGE S, et al. Regulation of vitellogenesis in the fall armyworm, *Spodoptera frugiperda* (Lepidoptera: Noctuidae) [J]. Journal of Insect Physiology, 2000, 46(6): 969-976.

[38] TERASHIMA J, TAKAKI K, SAKURAI S. Nutritional status affects 20-hydroxyecdysone concentration and progression of oogenesis in*Drosophila melanogaster* [J]. Journal of Endocrinol, 2005, 187(1): 69-79

[39] WOOD HA. Water loss and gas exchange by eggs of Manduca sexta: Trading off costs and benefits [J]. Journal of Insect Physiology, 2010, 56(5): 480-487.

[40] WYATT G, DAVEY K. Cellular and molecular actions of juvenile hormone. II. Roles of juvenile hormone in adult insects [J]. Advances in Insect Physiology, 1996(26): 1-155.

[41] YAMAUCHI H, YOSHITAKE N. Developmental stages of ovarian follicles of the silkworm, *Bombyx mori* L [J]. Journal of Morphology, 1984, 179(1): 21-31

[42] YANG FL, ZHU F, LEI CL. Insecticidal activities of garlic substances against adults of grain moth, *Sitotroga cerealella* (Lepidoptera: Gelechiidae). Insect Science, 2012, 19(2): 205-212.

[43] ZENG F, SHU S, PARK Y, et al. Vitellogenin and egg production in the moth, *Heliothis virescens* [J]. Archives of Insect Biochemistry and Physiology, 1997, 34(3): 287-300.

第五章　大蒜精油活性物质对雄性麦蛾生殖能力的调控研究

导　论

交配和求偶是两性昆虫在整个生活史中极为重要的环节，对于种群生物繁衍起着极其重要的作用。交配是依赖于两性昆虫相互配合的复杂过程，求偶则不依赖于两性昆虫的共同配合。交配过程中雌虫通过增加产出有效卵来提高繁殖力，雄虫则通过多次的交配来尽可能增加后代(Arnqvist and Nilsson，2000)。

鳞翅目昆虫有多次交配的习性，雄虫的交配功能除了向雌虫传递精子外，还包括在交配过程中将大量附属物质转移至雌虫体内(Klowden，1999)，这些附属物质会引起雌虫在交配后发生生理及行为上的深刻变化。雌虫在交配前，仅排出极少部分卵，并且积极回应雄虫求偶行为；而在交配后，由于雄虫在交配中将精子和雄性附腺分泌物结合组成的精液传递至雌虫体内，引起雌虫产卵量提高，求偶行为暂时中止，再次交配率降低，寿命缩短等生理及行为上的变化。

一、鳞翅目昆虫的精子

(一) 精子的二型性

目前对鳞翅目雄性昆虫的研究中，除小翅蛾科雄性仅会形成有核精子外，大多数雄性体内产生两种类型的精子，即有核精子与无核精子。二型性精子均来源于相同基因组型的精原细胞，但在数量、形成时期、功能等方面存在明显差异。

鳞翅目昆虫之间二型精子的形成时期有所不同，Friedländer 和 Benz(1982)研究表明苹果蠹蛾 *Cydia pomonella* 有核精子形成于幼虫期，无核精子形成时期为预蛹期；小菜蛾 *Plutella xylostella* 中，有核精子在蛹期和成虫期形成，无核精子则在 4 龄末幼虫形成(蔡东章等，2008)；而在小地老虎 *Agrotis ypsilon* Rott 中，真核精子形成于 6 龄幼虫末期，无核精子形成时期起始于蛹期(卢中建等，1992)。

二型精子功能，有核精子主要功能为其与卵结合形成受精卵最终发育成子代个体(Sahara and Kawamura,2002),无核精子的功能目前普遍认同为辅助功能,其辅助功能存在多种假说,主要可以概括为以下:①营养假说,Riemann 等(1973)研究认为无核精子能够为雌虫内生殖道中有核精子提供蛋白质、多糖等能量物质。王荫长(2001)提出有核精子的营养物质来源于无核精子,并且有核精子的受精率可以增加。②提供协助动力假说,Katsuno(1977)报道表明精巢中的无核精子较有核精子先离开,然后协助有核精子束跨过基膜,从而进入双输精管。Osanai 等(1987)报道无核精子通过强力的鞭毛运动促进有核精子能动性,以便有核精子获能与卵子结合。③精子竞争假说,Cook 等(1999)指出鳞翅目雄性昆虫无核精子会通过延迟雌性再交配,增加有核精子竞争力,从而增强雄性的繁殖能力。

鳞翅目雄性昆虫中,有核精子和无核精子数量之间差异显著,无核精子数量显著高于有核精子。卢中建等(1992)研究发现小地老虎正常情况下,雄虫一生产生总精子数量为 550 万条,其中有核精子数量占 23.75%,无核精子数量占 76.25%。

(二) 精子转移

在昆虫生殖和性选择过程中,精子转移是一个必不可少的环节。鳞翅目昆虫在交配中雄虫精子通过射精管输入至雌虫生殖系统内。有核精子和无核精子均会进入交配的雌性生殖系统中,但仅有有核精子与卵子结合形成受精卵(Friedländer and Gitay,1972)。大多数鳞翅目昆虫交配后精子最先进入雌虫生殖系统中的交配囊,后进入生殖道。菜粉蝶在一次交配后,雄蛾向雌蛾转移有核精子数目在 11 000 个左右,无核精子数目则为 46 000 个左右(Watanabe et al.,1998),并且精子在 3h 后转移出雌蛾交配囊(Tschudirein and Benz,1990)。He 等(1995)报道在粘虫雌性交配囊内精子数量在交配后 19 个小时内没有减少,在交配后第一天后精子数量大幅度减少。刘绪生等(2001)报道棉铃虫雌蛾交配囊内精子在交配后 15h 向受精囊内转移,经过 2h 交配囊内 2/3 精子转至受精囊中。

二、昆虫雄性附腺

(一) 鳞翅目昆虫雄性附腺的形态结构

昆虫雄性附腺(male accessory gland)是雄性生殖系统重要组成部分,对于生殖及交配有重要作用。鳞翅目昆虫雄性附腺多为 1 对管形腺管,如家蚕 *Bombyx mori*(图 5-1A,Ômura,1938)、斜纹夜蛾 *Spodoptera litura*(Aam and Ghs,1980)、美人蕉弄蝶 *Calpodes ethlius* (Laifook,1982)、小地老虎 *Agrotis ypsilon* Rott (Lu,1982)等。部分鳞翅目雄性附腺例外,如椰子木蛾 *Opisina arenos-ella* Walker 雄性附腺形态为单根管形腺管前端和"Y"形分叉末端组成(图 5-1B,林玉英等,2017)。按胚胎发育来源分类,鳞翅目昆虫雄性附腺分为外胚层附腺和中胚层附腺,其中主要来源于中胚层附腺(小地老虎)(陈长琨等,1998),仅有小部分来源于外胚层附腺。中胚层和外胚层附腺的组织层次相同,由外自内4层分别为围膜、肌肉层、底膜、单细胞上皮层(欧阳霞辉等,2007),两者区别主要在于中胚层附腺开口在储精管或单射精管背部末端(家蚕),外胚层附腺则仅开口在单射精管(陈长琨等,1998)。部分昆虫雄性附腺有明显分段,如小地老虎雄性附腺分为粉红色基段,橘红色中段及乳白色末端共3段(陈长琨等,1995)。

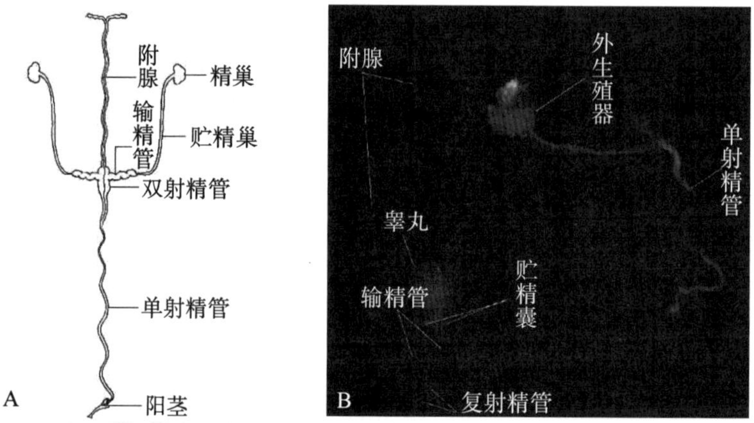

图 5-1　雄性内生殖系统

注:A. 家蚕雄性内生殖系统(引自 Ômura,1938);B. 椰子木蛾雄性内生殖系统(引自林玉英等,2017)

(二) 昆虫雄性附腺内含物组成

昆虫雄性附腺内含物由多种不同物质组成,包含蛋白肽及衍生物、总糖、氨基酸、碳水化合物、激素类:保幼激素和蜕皮激素等,这些物质是昆虫交配及生殖的物质基础,影响昆虫生殖及交配行为,因此被称为交配因子。雄性附腺交配因子随昆虫交配成功后进入雌虫生殖道,随后一部分交配因子留在生殖道内,另一部分由阴道壁进入雌虫血淋巴(Lung and Wolfner,1999),从而使雌虫行为和生理发生极大的变化,如引起雌虫产卵量提高,再次交配率降低,雌虫寿命缩短,求偶行为暂时中止等,产生交配后效应。

目前,对于附腺交配因子引起交配后效应的验证,主要通过手术摘除法、活体注射法、分子生物学技术法等,棉铃虫雌虫与手术摘除附腺的雄虫交配后,雌虫终止信息素释放和交配接收性,当外注射非生物合成神经肽后,雌虫可以重新产生信息素(Raina,1989)。Klowden 等(1999)将附腺分泌物注射入雌性埃及伊蚊体内,雌虫的产卵量提高。向斜纹夜蛾雌虫腹部注射附腺分泌物,雌虫产生求偶及交配被抑制,寿命缩短等现象(Yu et al. ,2014)。

（三）雄性附腺交配因子的功能

1. 雄性附腺蛋白质的功能

雄性附腺内含物的主要物质为蛋白质类，统称为雄性附腺蛋白（male accessory gland proteins，MAGPs）。雄性附腺蛋白共分为两类，分别是精包结构蛋白和功能蛋白。两类蛋白在功能上有所不同，主要不同如下：

昆虫在交配时，精包结构蛋白作用于雌虫生殖系统内，依次排列组装成精包（精包存在于雌虫体内，其内贮存着雄虫交配时传递的精液，精液在交配后于雌虫储精囊内释放）。在黄粉虫（*Tenebrio molitor*）中，Paesen 等（1992）发现了第一个精包结构蛋白 SP23，该蛋白不连续地排列和分布于精包表面，其含有脯氨酸（24%），酪氨酸（9%）、谷氨酰胺（10%），不含硫氨基酸。

雄性附腺功能蛋白会引起交配后生理行为变化，其随着交配进入雌虫内生殖系统或血淋巴，从而导致雌虫在交配后产生一系列改变。雄性附腺功能蛋白是精液蛋白主要的组成成分，其功能主要包括：

（1）延迟再交配（拒绝与雄虫交配，表现为不应性），果蝇附腺中的性肽 Acps 会降低了雌蝇的性接受能力（Ram，2007a）。棉铃虫中，Kingan 等（1995）将由 57 种氨基酸组成的多肽 PSP 注射入雌虫腹部，雌虫出现性信息素几小时内耗尽并不再接受雄虫的求偶。

（2）缩短雌虫寿命，多个学者（Ueyama，2003；Ram，2007a）研究表明，雄性附腺蛋白 Acps 会缩短雌虫寿命。

（3）降低产卵量，Ram 等（2007b）研究发现黄猩猩果蝇附腺蛋白 CG33943 在交配后第一天刺激雌虫产卵。高熹（2005）向棕尾别麻蝇（*Sarcophaga peregrina*）雌虫体内注射附腺蛋白粗提物后，雌虫成熟卵量显著增加。Chapman 等（2001）研究证明果蝇中的性肽会显著降低卵孵化率。

（4）抵抗病菌，Wolfner（2002）提出雄性附腺中存在抗菌蛋白，这类蛋白可以保护雌性生殖道或精子免受微生物的攻击。

2. 雄性附腺激素及类似物的功能

许多学者研究发现在雄性附腺的发育的研究中，保幼激素（juvenile hormone，JH）与蜕皮激素（20-Ecdysterone）起着重要作用。Shirk 等（1980）研究发现惜古比天蚕蛾（*Hyalphora cecropia*）雄性附腺中存在大量的 JH，并且雌性性信息素的合成受雄性附腺中的 JH 抑制。Braun 和 Wyatt（1995）将东方飞蝗（*Locusta migratoria*）附腺中的 JH 消除后，发现雄性附腺不能正常生长，当外加保幼激素类似物吡丙醚后，雄性附腺恢复正常生长。Szollosi 等（1977）验证得出眉纹天蚕蛾（*Samia cynthia*）雄性附腺的生长和分化离不开蜕皮激素。

JH 和 20E 与雄性附腺蛋白质的合成也有密切的关系,在果蝇(Wilson,2003)、吸血蝽 *Rhodnius prolixus*(Gold,1989)雄性附腺中,JH 会促进附腺蛋白的合成,20E 在果蝇中对附腺蛋白的合成无影响(Yamamoto,1988)。Yaginuma 等(1988)研究发现黄粉虫(*Tenebrio molitor*)雄虫附腺的 20E 可促进附腺蛋白酶的产生。

三、麦蛾成虫的生殖生理特性

麦蛾成虫拥有较强的环境适应性,温度在 21~35℃均可成活及繁殖(张书昂和韩景红,2001)。雌虫交配后将卵产于粮食表层,单头雌虫平均产卵量在 130 粒,最多可达 300 粒及以上(汪全勇,1991)。

大多数昆虫交配行为及求偶行为具有固定的节律性,部分昆虫的交配及求偶仅发生在暗期,如马尾松毛虫 *Dendrolimus punctatus*(Zhou et al.,2016)、小菜蛾 *Plutella xylostella*(Wang et al.,2005),竹笋基夜蛾 *Kumasia kumaso* (舒金平等,2012)等,也有些昆虫交配发生于光期,例如六斑月瓢虫 *Cheilomenes sexmaculata*(Omkar,2007)、番茄麦蛾 *Tuta absoluta*(Lee et al.,2014)等。而有少数种类昆虫需要光期和暗期同时刺激才会发生交配或求偶,如甘薯天蛾(*Agriusconvolvuli*)处于全光期或全暗期条件下不会发生交配行为。前期实验观察发现,麦蛾在光照条件下不发生交配行为及求偶行为,仅在黑暗条件下才会进行。

麦蛾交配及求偶行为与其他蛾类昆虫行为相似(万先萌等,2010)。麦蛾雌雄虫的求偶行为均有明显的先后顺序,被分为 4 个不同状态,分别是非求偶状态、前驱求偶状态、基本求偶状态和典型求偶状态。雌蛾求偶行为中,仅来回爬行、蛰居或飞舞时为非求偶状态,外产卵器不断伸缩为前驱求偶状态,外性信息素腺形成半球状凸起并膨大为求偶基本状态,释放性信息素为求偶典型状态。在雄蛾中,来回爬行、蛰居、飞舞时为非求偶状态,触角左右展开摆动时为求偶前驱状态,振翅追踪雌蛾时为求偶基本状态,抱握器张开企图交配时为求偶典型状态(周祖琳,1994)。麦蛾成功交配行为发生在求偶行为之后,其特征为雄蛾抱握器接近雌蛾,接着抱握器与雌蛾外产卵器末端紧抱在一起,并雄蛾转身与雌蛾呈近似“一”字形交配姿势(叶碧欢等,2014)。

四、本章节的目的与意义

已有研究表明大蒜精油具有抑菌、杀虫的活性,大蒜精油活性物质对白纹伊蚊(*Aedes albopictus*)幼虫(Liu et al.,2014)和日本白蚁(*Reticulitermes speratus* Kolbe)(Park and Shin,2005)有较强的毒杀作用,另外,大蒜精油及其主要活性物质对麦蛾具有显著的交配干扰(Ma et al.,2016)和产卵忌避作用(Yang et al.,2012)。前期研究发现大蒜精油的主要活性物质熏蒸雌雄麦蛾后，麦蛾的产卵量和卵受精率均被抑制（见第一、二章），并且大蒜精油活性物质会竞争性地结合雌性麦蛾的气味结合蛋白 ScerPBP，干扰麦蛾交配，从而导致雌性麦蛾产卵量下降（见第三章）。然而，对于大蒜精油活性物质对于麦蛾雄虫的影响并未被验证及报道，推测大蒜精油活性物质抑制麦蛾交配及产卵的原因有：①大蒜精油活性物质干扰雌雄蛾的嗅觉感器和体内激素释放，导致交配下降甚至无法交配，最终产卵量下降；②大蒜精油活性物质影响雌雄蛾生理如雄蛾精子形成和活性、雌蛾卵子形成和排卵、卵子受精，进而产卵量下降；③大蒜精油活性物质影响雄蛾附腺物质，进而调控雌蛾的再次交配和生理行为，从而影响麦蛾的产卵量。

本章从上述问题出发，探究大蒜精油活性物质对雄性麦蛾生殖能力的调控机制，为深入研究大蒜精油活性物质对麦蛾生殖能力的调控机制奠定基础，并为麦蛾的绿色行为调控剂的应用提供理论基础。

第一节　大蒜精油活性物质对雄性麦蛾精子输入的影响

植物精油可显著影响害虫的生理和行为。大量研究发现植物精油对雄性不育昆虫（male-sterile insect）有更高的吸引力（Elfekih and Abderrabba，2016；Niogret，2017），同时植物精油对昆虫生殖系统有一定的破坏作用。谷斑皮蠹（*Trogoderma granarium*）经过菖蒲精油熏蒸后，会导致其生殖不育；Kaul 等（1977）推测菖蒲精油熏蒸可能会影响精子形成和能动力，导致精子畸形，使精子不能在雌虫生殖道中进行正常的形态变化，从而导致雌虫生殖能力大幅度下降。红蝽（*Dysdercus koenigii*）经过菖蒲精油熏蒸后，雄虫精巢比正常的更加细长并精巢尾部为锥形，雌虫的卵巢和卵泡囊发育迟缓（Saxena et al.，1977）。

大蒜精油是经过大蒜鳞茎粉碎后提取而来的挥发性油，其中二烯丙基三硫化物含量最高，大蒜精油活性物质含量已占大蒜精油的 40%（柳永青，2009）。很多研究发现大蒜精油活性物质对昆虫有毒杀、驱避、产卵抑制等作用（Park and Shin，2005；Kimbaris et al.，2009）。

前期研究发现大蒜精油活性物质熏蒸雌雄麦蛾后，麦蛾的产卵量和卵受精率均被抑制。其中产卵量下降由一个或多个因素造成，如精子数量、精子活性、卵子数量、卵子受精等（Vahed，1998；Arnqvist and Nilsson，2000）。本章基于前期结果，进一步验证大蒜精油活性物质对雄性麦蛾交配过程中精子传输的影响，从而进一步完善大蒜精油活性物质抑制雌蛾产卵的机制。

一、材料和方法

(一) 供试昆虫

实验所用麦蛾为长期饲养的实验室品系,于圆形透明玻璃瓶(高 10cm,半径 4cm)内群养,在养虫瓶底部装约 2cm 厚完整无虫孔麦粒。养虫环境为人工气候箱中,设置温度(28±1)℃,相对湿度 75%±5%,光周期为 14L∶10D。挑取含有蛹的麦粒于指形管中单独饲养,此后逐日检查,挑取初羽化处女蛾,区分雌雄后备用。

(二) 仪器设备及主要试剂

1. 仪器设备

OLYMPUS IX71 倒置荧光显微镜;维纳斯剪 54138B、直平台系结镊 53320A,苏州六六视觉科技股份有限公司,苏州医疗器械总厂;Neofuge 13R 台式高速冷冻离心机,上海力申科学仪器有限公司;SZM 系列体视显微镜,舜宇仪器有限公司。

2. 主要试剂

二烯丙基三硫醚(diallyl trisulfide,DT)购于成都西亚化工股份有限公司,纯度 98%;丙酮购于国药集团化学试剂有限公司;4',6-二脒基-2-苯基吲哚二盐酸盐(4',6-diamidino-2-phenylindole,DAPI)染色液;磷酸缓冲液(phosphate buffered saline,PBS)(pH=7.4)

(三) 实验方法

1. 交配囊内精子形态的光镜观察

雌性麦蛾交配结束立即进行解剖,取下交配囊至盛有 50μl 4℃预冷的 DAPI 使用液的 1.5ml 离心管中,用 1.5ml 研磨杵缓慢研磨,充分释放交配囊中的精子,室温黑暗条件下染色 15min,随后置于 4℃ 2 000r/min 离心 10min。缓缓吸取上清液,制成玻片,置于 OLYMPUS IX71 倒置荧光显微镜下,紫外荧光激发,观察拍照。

2. 试虫的处理

取羽化 12h 雄性麦蛾,放入广口瓶中,广口瓶盖内壁黏贴滤纸条,将总量 10μl 用丙酮稀释的 DT 滴加在滤纸条上(LC_{10}=0.010μl/L 空气),2min 后盖好瓶盖,在黑暗条件下处理 7h。以滴加 10μl 丙酮及空白作为对照,将广口瓶置于温度(28±1)℃湿度 75%的人工气候箱内。熏蒸完后将每只雄性麦蛾单独移入玻璃瓶中,并以 1∶1 的比例放入处女雌性麦蛾,以丙酮及空白处理为对照,每个处理均 12 组重复。

3. 雌蛾交配囊内精子数量的统计

将 DT 处理的雄性麦蛾与未处理的处女雌蛾交配后，解剖刚完成 1 次交配的雌性麦蛾，小心分离出交配囊，将交配囊置于盛有 50μl 4℃ 预冷的 DAPI 使用液的 1.5ml 离心管中，用 1.5ml 研磨杵缓慢研磨充分释放交配囊中的精子，室温黑暗条件下染色 15min，随后置于 4℃，2 000r/min 离心 10min。缓缓吸取 10μl 上清液置于载玻片上，每个处理重复 3 次。18mm×18mm 盖玻片倾斜 45℃缓慢盖下，用无色透明指甲油涂抹盖玻片边缘固定，待其晾干，置于 OLYMPUS IX71 倒置荧光显微镜下，紫外荧光下计数。

(四) 数据的处理

利用 SPSS 19.0 数据统计分析软件对精子数量进行单因素分析，有核和无核精子之间数量的比较数据采用 t 检验分析法，作图使用 GraphPad Prism 5。

二、结果与分析

(一) 雌蛾交配囊内有核精子及无核精子形态

倒置荧光显微镜观察显示，雌性麦蛾交配囊内精子均为单个精子，呈“线”型，利用 DAPI 荧光染料对雌性麦蛾交配囊内精子染色发现交配囊内存在两种不同精子，一种为有核精子，其头部呈现出荧光，携带遗传物质的头部（图 5-2A、B）；另一种为无核精子，其头部并无蓝色荧光存在图（图 5-2C）。另外，精子长度的测量统计结果表明：有核精子长度极显著长于无核精子（图 5-3，$P<0.001$，t 检验），有核精子长度为（1211.33±45.94）μm，而无核精子长度仅为（800.98±38.66）μm。

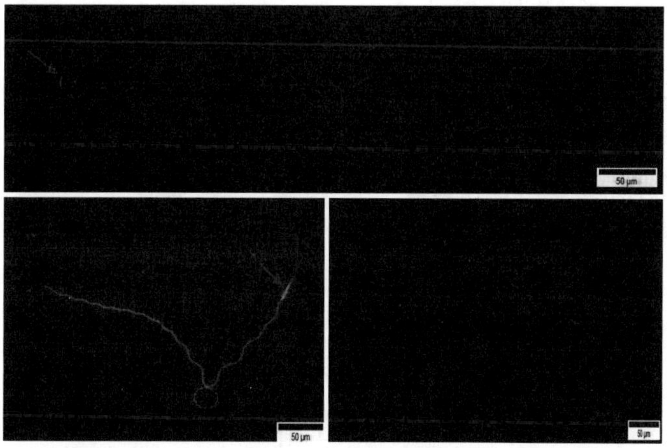

图 5-2　精子染色图（箭头表示携带遗传物质的头部荧光）

A. 有核精子荧光图；B. 有核精子无荧光图；C. 无核精子荧光图

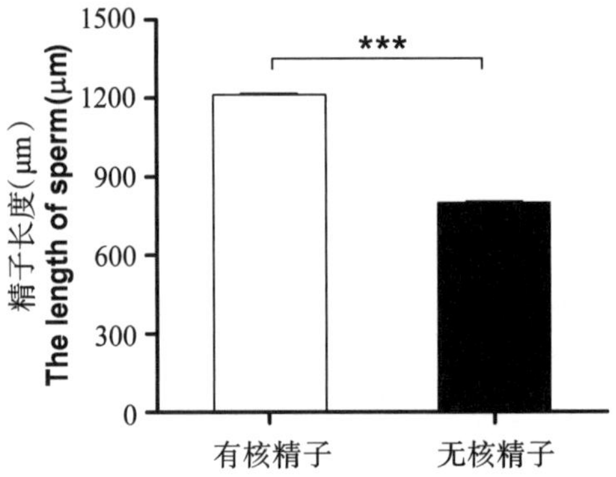

图 5-3 雌性麦蛾交配囊内两类精子长度比较

注:图中数据代表平均值±标准差,*** 为 $P<0.001$(t 检验)。

(二)交配囊内有核精子和无核精子数量统计

图 5-4 所示,处女雌蛾与 DT 熏蒸雄性麦蛾交配 1 次,雌蛾交配囊内有核精子数量显著低于对照组($P<0.01$)。其中,空白对照组(CK)雌蛾交配囊内有核精子数为(29601.56±3565.70)个,丙酮(BT)组雌蛾交配囊内有核精子数为(30604.16±1902.32)个,DT 处理组雌蛾交配囊内有核精子数为(12662.77±1887.57)个。

对各组雌蛾交配囊内无核精子数量进行统计,结果显示:处女雌蛾与 DT 熏蒸雄性麦蛾交配 1 次后,雌蛾交配囊内无核精子数量显著少于 CK 组($P<0.01$)。CK 组雌蛾交配囊内无核精子为(191593.75±26069.23)个,BT 组雌蛾交配囊内无核精子数为(128708.33±10273.25)个,DT 处理组雌蛾交配囊内有核精子数为(95311.36±15478.01)个。

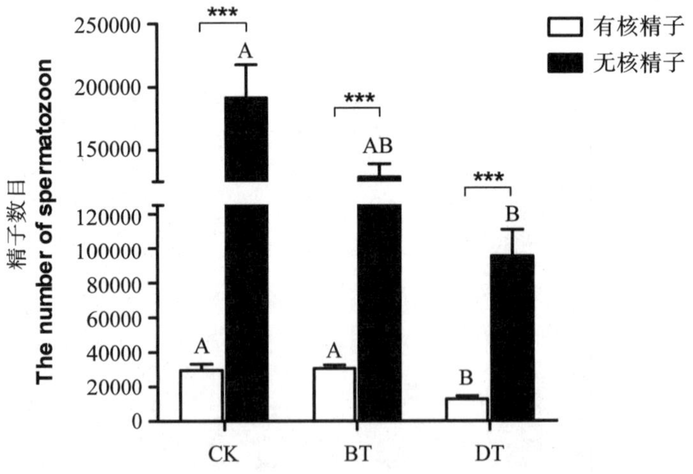

图 5-4 DT 对交配囊内精子数目的影响

注:CK:空白对照组,BT:丙酮对照组,DT:大蒜精油活性物质处理组;图中数据为平均值±标准差,不同字母表示各列之间差异显著($P<0.01$,Tukey),*** 为 $P<0.001$(t 检验)。

（三）交配囊内总精子数量统计

图 5-5 所示，DT 熏蒸雄性麦蛾后，与未处理处女雌蛾交配 1 次，雌蛾交配囊内总精子数目显著低于 CK 组（$P<0.01$）。其中，CK 组雌蛾交配囊内总精子数为（221195.31±26732.10）个；BT 组雌蛾交配囊内总核精子数为（159312.50±11370.11）个，DT 处理组雌蛾交配囊内总精子数为（107974.13±16459.64）个。

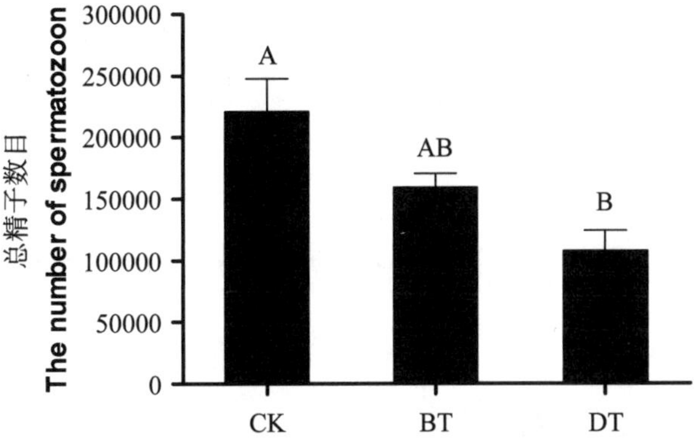

图 5-5 大蒜精油活性物质对交配囊内总精子数目的影响

注：CK：空白对照组，BT：丙酮对照组，DT：大蒜精油活性物质处理组；图中数据为平均值±标准差，不同字母表示各列之间差异显著（$P<0.01$，Tukey）。

三、小结与讨论

精子转移是麦蛾生殖和性选择过程中的一个重要环节，精子输入的多少决定着麦蛾种群大小。麦蛾交配时雄蛾精子通过射精管输入至雌蛾交配囊中形成精包，精包内精子进入雌虫生殖道与卵子结合，形成受精卵（即有效卵）。

本章节中发现交配后的雌性麦蛾交配囊内精子均为单个游离精子，这与天蚕蛾 *Antheraea pernyi*（Shepherd，1974）、大菜粉蝶 *Pieris brassicae*（Tschudirein and Benz，1990）等相同，雌虫体内交配囊内精子形态为单个独立精子。另外，麦蛾与其他鳞翅目昆虫相同，也存在精子二型性：有核精子和无核精子，在交配的雌蛾交配囊中，有核精子和无核精子均会进入。另外，有核精子与无核精子之间在形态和长度上有明显差别：有核精子具有携带遗传物质的头部，而无核精子不存在，并且有核精子长度极显著长于无核精子长度，这很可能是有核精子存在携带遗传物质的头部，但无核精子并不存在，导致有核精子长度明显长于无核精子。

DT 熏蒸的雄性麦蛾和未处理的雌性麦蛾交配时，给予雌蛾的有核精子数目显著低于对照组（$P<0.01$），这说明 DT 处理会显著影响雄性麦蛾的生殖，通过降低交配

时精子的输入，减少精子与卵子受精的机会，从而降低麦蛾种群数量。这可能是 DT 熏蒸麦蛾并导致麦蛾产卵量明显下降的一个重要影响因素。并且 DT 熏蒸的雄性麦蛾和未处理的雌性麦蛾交配后，雌蛾交配囊内无核精子数目也显著低于 CK 组（$P<0.01$），这可能是由于无核精子为有核精子提供营养和协助有核精子运动的功能决定的（Riemann，1973；Katsuno，1977；王荫长，2001），因而当有核精子显著下降时，无核精子数量也随之显著减少。

另外，进入雌性麦蛾交配囊内无核精子数目显著多于有核精子数目，与菜粉蝶相同（Watanabe et al.，1998），可能是由于无核精子会作为生殖营养物质进入雌蛾体内，从而弥补产卵带来的大量营养物质缺失。具体无核精子显著多于有核精子的原因尚不能明确。

第二节　大蒜精油活性物质处理后雄性附腺蛋白对雌蛾交配行为和求偶行为的影响

大多数昆虫的交配依赖于雌雄虫之间的相互配合，雌雄虫求偶则可以独自进行。多数昆虫的交配及求偶行为具有固定节律性（Sakai and Ishida，2001），不同种类昆虫的交配节律和求偶节律也存在一定的差异性，研究特定昆虫的交配及求偶节律能帮助我们更好地认识昆虫及研究昆虫的交配求偶行为（Wang and Shi，2004）。

鳞翅目昆虫雄性附腺（male accessory gland）形态多为 1 对管形腺管（Lu，1982），存在于雄性内生殖系统中，对于昆虫交配及生殖有着重要作用，而蛋白质类为雄性附腺内含物的主要物质（王荫长，2001）。目前，对雄性附腺蛋白生理功能的研究，主要集中于注射法、分子生物技术法、RNAi 技术，向果蝇（*Drosophila melanogaster*）处女雌性腹部注射多肽，雌蝇出现积极的拒绝再交配行为（Chen et al.，1988）。

前期研究发现大蒜精油活性物质熏蒸雌雄麦蛾后，会显著抑制麦蛾的交配行为、求偶行为，本章基于前期结果，猜测大蒜精油活性物质处理后的雄性麦蛾附腺蛋白质可能会引起麦蛾的交配行为及求偶行为产生影响。

一、材料和方法

（一）供试昆虫

饲养方法同本章第一节。

(二) 仪器设备及主要试剂

1. 仪器设备

紫外分光光度计；热板电磁搅拌 GL-3250C 型，上海化科实验器材有限公司；低温冰箱；微电极玻璃毛细管，武汉微探科学仪器有限公司；拉针仪（Narishige），磨针仪（Narishige），显微注射仪（Eppendorf）；单头调光暗室灯，山东双鹰医疗器械有限公司；其他仪器参考第一节。

2. 主要试剂

硫酸铵、透析带（分子量范围 12000D）、聚乙二醇、BCA 蛋白质浓度测定试剂盒，其他参考第一节。

(三) 实验方法

1. 雄性麦蛾内生殖系统的形态观察

根据腹末外生殖器区分雌、雄成虫，将雄成虫的触角、翅、足等剪除，置于盛有预冷磷酸缓冲液的蜡盘内，体视显微镜下解剖，剥除内生殖器官与体壁之间相连的气管，取出雄性内生殖系统，小心地分离内生殖器各部分，包括大小雄性附腺管、储精囊、精巢和射精管，拍照。

2. 大蒜活性物质处理的雄蛾交配前后附腺内含物提取

雄蛾处理方法与第一节一致，处理完后，放在显微镜下磷酸缓冲液中解剖剪取附腺放入装有液氮的 1.5ml 无酶离心管，在－20℃中保存，以丙酮处理与空白处理为对照，每个处理 7 组重复，每个重复 15 条。另外一部分处理后雄蛾与处女雌蛾交配，交配结束后，立即解剖剪取附腺放入装有液氮的 1.5ml 无酶离心管，在－20℃中保存，以丙酮处理与空白处理为对照，每个处理 4 组重复，每个重复 8 条。样品收集完成后，用 1.5ml 研磨杵将样品研磨成粉末，研磨完成后，向离心管内加入 PBS，20μl/条。

3. 大蒜活性物质处理后雄性附腺蛋白浓度的测定

利用 BCA 蛋白质浓度测定试剂盒，测定原理：蛋白质分子中肽键结构在碱性环境下能与 $Cu2^{+}$ 生成络合物，并将 $Cu2^{+}$ 还原成 Cu^{+}，BCA 试剂可以特异性地与 Cu^{+} 结合，形成稳定的有颜色的复合物，并在 562nm 处有最大的光吸收值，该复合物颜色的深浅与蛋白质含量成正比，根据吸光值大小制定标准曲线方程，计算出蛋白质的含量。

4. 雄性附腺粗蛋白提取

上述溶液 4℃ 3 000r/min 离心 5min 沉淀附腺外组织碎片→吸取上清液→冰浴

下饱和硫酸铵沉淀蛋白(磁力搅拌器上搅拌)→4℃ 10 000r/min 离心 10min 收集沉淀→重溶于 PBS 中→4℃下透析带缓冲液中透析带(分子量 12 000D)透析(除去硫酸铵)→更换缓冲液 2～3 次→取上清液保存。

5. 附腺粗蛋白的注射

试验分 5 组:即注射大蒜活性物质处理的雄性附腺蛋白组(DT-MAGPs)、注射丙酮处理的雄性附腺蛋白组(BT-MAGPs)、注射空白处理的雄性附腺蛋白组(CK-MAGPs)、注射磷酸缓冲液组(PBS)和未注射任何物质组(WZS)。光期注射前先用二氧化碳将试虫适度麻醉,用微量注射器取透析后的雄性附腺蛋白分别注射到处女雌性麦蛾体内,注射部位在腹部第 5～6 节节间膜(图 5-6),注射剂量为 1μl/头,注射附腺蛋白含量为(1.03±0.055)μg/头,注射后与 1 日龄未做任何处理的处女雄虫交配。

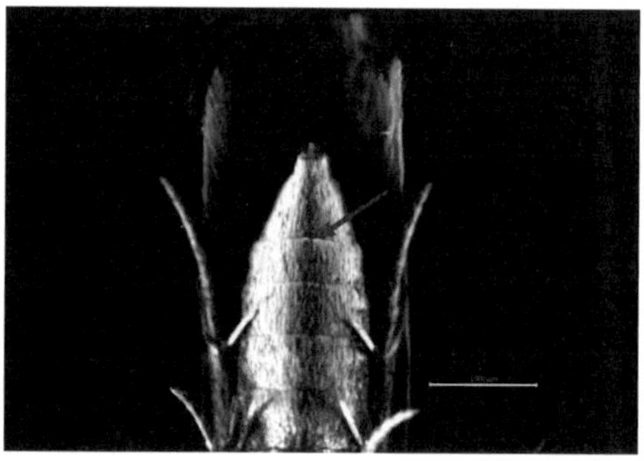

图 5-6　雌蛾腹部图(箭头为注射部位)

6. 大蒜素处理后雄性附腺蛋白对麦蛾交配节律的影响

将注射雄性附腺蛋白的雌蛾与未交配的雄蛾放置一起,每一对单独放置于指形管中,在暗期以 15W 的暗室红灯作为人工夜间观察的照明工具,以雌雄虫尾部结合在一起并呈"一"字形姿势为交配行为标准,从实验暗期开始每半个小时观察和记录交配对数,10 对为一组,每个处理观察 3 组,连续观察 3d,分别统计每天交配的麦蛾对数。

7. 大蒜活性物质处理后雄性附腺蛋白对雌蛾求偶节律和求偶率的影响

将注射雄性附腺蛋白的雌性麦蛾每只单独放置于指形管中,在暗期以 15W 的暗室红灯作为人工夜间观察的照明工具,以雌虫黄褐色产卵器及腺体暴露于体外为求偶行为标准,从实验暗期开始每半个小时观察和记录求偶雌虫只数,10 只雌虫为一组,每个处理观察 3 组,连续观察 4d,分别统计每天求偶的雌虫数量。

(四) 数据处理

利用 SPSS 19.0 数据统计分析软件进行 One-Way ANOVA 分析,GraphPad Prism 5 和 Excel 作图。

二、结果与分析

(一) 雄性麦蛾内生殖系统图

雄性麦蛾内生殖系统由精巢、贮精囊、输精管、附腺和射精管组成，见图 5-7。

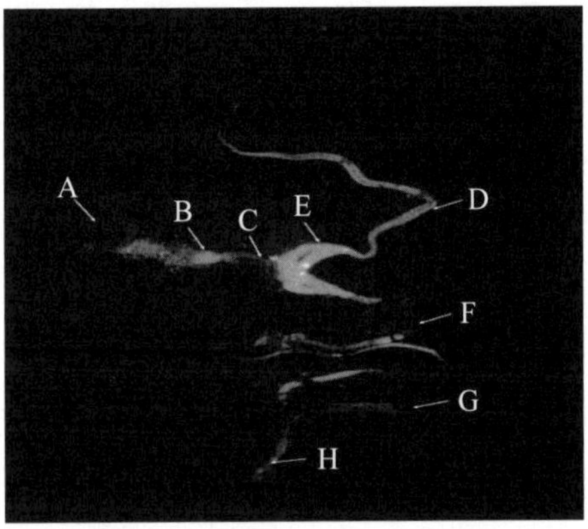

图 5-7　雄性麦蛾内生殖系统图

A. 精巢；B. 储精囊（成对）；C. 输精管（成对）；D. 附腺（成对）；
E. 双射精管；F. 主段单射精管；G. 肌肉区；H. 阳茎

(二) 沉淀粗蛋白质的饱和硫酸铵浓度

粗蛋白提取中，当饱和硫酸铵浓度为 30%时，上清液（雄性附腺）即开始出现浑浊，当浓度到达 50%时，沉淀即出现絮状凝结，浓度为 90%时沉淀量达到最大，见表 5-1。基于上述现象，最终实验选取 90%的饱和硫酸铵为沉淀蛋白剂量。

表 5-1　各浓度饱和硫酸铵沉淀蛋白质的含量

项目	饱和硫酸铵浓度						
	30%	50%	60%	70%	80%	90%(1∶1)	90%(1∶2)
蛋白质沉淀量	+	++	++	++	++	+++	+++

注：+溶液出现浑浊伴有少量沉淀，++溶液有絮状沉淀析出并出现更多沉淀，+++溶液中大多数蛋白均被沉淀。(1∶1=上清液:饱和硫酸铵)

(三) 大蒜活性物质对雄性麦蛾交配前后附腺蛋白含量的影响

按照标准曲线的制作方法，测定并计算出蛋白的浓度，绘制出蛋白质标准曲线图（图 5-8），最终得出蛋白质含量计算公式：$A = 0.0003C + 0.0684$，$R^2 = 0.9972$

(562nm),其中 A 为吸光度,C 为标准物质浓度。

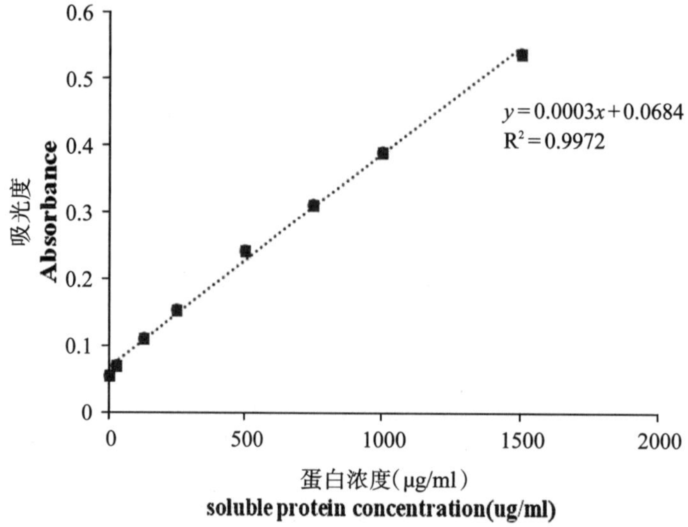

图 5-8 蛋白质测定的标准曲线

对 DT 熏蒸的雄性附腺蛋白进行测定计算,分析结果显示 DT 处理对交配前后雄性麦蛾附腺蛋白含量均有显著影响(图 5-9,$P<0.05$)。交配前,空白对照组雄性麦蛾附腺蛋白浓度为(3.33±0.11)μg/头,丙酮对照组雄性附腺蛋白浓度为(3.39±0.30)μg/头,而大蒜精油活性物质处理组雄性麦蛾附腺蛋白浓度仅为(2.49±0.29)μg 头,显著低于丙酮对照组与空白对照组($P<0.05$,DMRT,df=7),丙酮对照组与空白对照组雄性麦蛾附腺蛋白浓度相近,并没有显著差异($P>0.05$)。并且 DT 处理后雄性

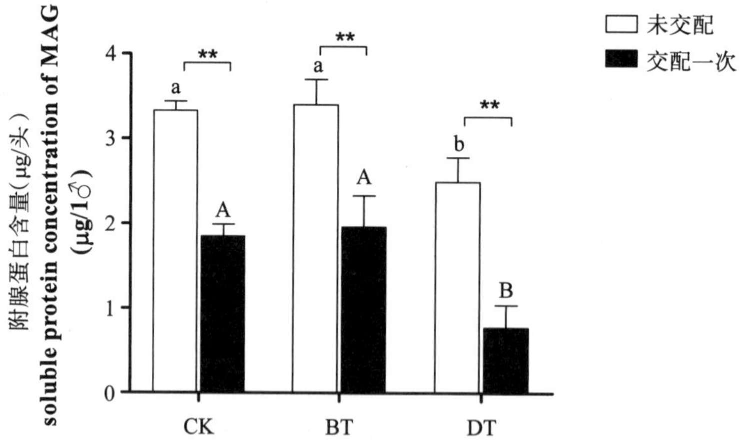

图 5-9 DT 对雄性麦蛾交配前后附腺蛋白含量的影响

注:CK:空白对照组,BT:丙酮对照组,DT:大蒜精油活性物质处理组;图中数据为平均值±标准差,不同字母表示各列之间差异显著($P<0.05$,DMRT),两者之间比较使用 t 检验。

麦蛾与处女雌蛾交配后，附腺蛋白浓度也显著低于丙酮对照组与空白对照组（$P<0.05$，DMRT，df=4），丙酮对照组与空白对照组雄性麦蛾附腺蛋白浓度没有显著差异（$P>0.05$），空白对照组雄性麦蛾附腺蛋白浓度为（1.85 ± 0.15）μg/头，丙酮对照组雄性附腺蛋白浓度为（1.95 ± 0.37）μg/头，而大蒜精油活性物质处理组雄性麦蛾附腺蛋白浓度仅为（0.77 ± 0.27）μg/头。

此外，我们观察到交配前后的雄性附腺内含物在形态上有明显变化，交配前附腺充满乳白色内含物（图 5-10：B），而在交配后附腺近为透明状（图 5-10：A）。对交配前后雄性附腺蛋白浓度进行比较，得出交配后雄性附腺蛋白含量较交配前极显著下降（$P<0.01$，t 检验）。

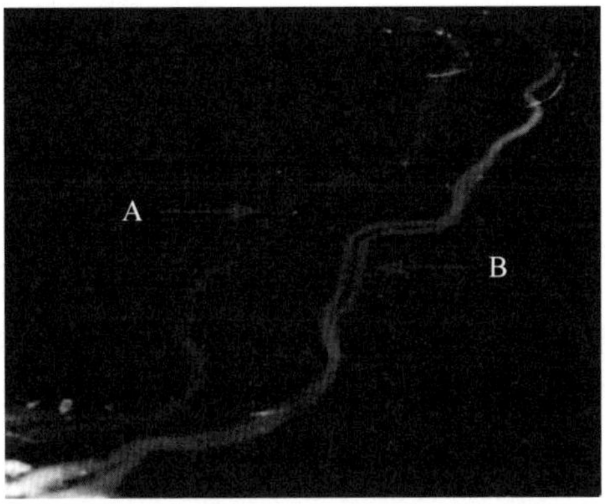

图 5-10　雄性麦蛾交配前后附腺变化图

（四）大蒜活性物质处理后雄性附腺蛋白对麦蛾交配率和交配高峰的影响

注射 DT-MAGPs 的雌性麦蛾与正常处女雄蛾进行交配，对第一天暗期各组雌性麦蛾交配抑制率进行统计（见表 5-2），结果表明：第一个暗期开始的前 5h，注射 DT-MAGPs 组的雌性麦蛾交配抑制率显著高于 WZS 组（$P<0.05$），但与注射 PBS 组、注射 CK-MAGPs 组、注射 BT-MAGPs 组雌性麦蛾交配抑制率之间未达到显著水平（$P>0.05$），在暗期第 5h 后，各组之间交配抑制率无显著差异（$P>0.05$）。另外，注射 CK-MAGPs 组的雌性麦蛾交配抑制率在暗期前 3h 显著高于 WZS 组和注射 PBS 组（$P<0.05$）。

如图 5-11，注射附腺蛋白后第一天暗期，注射 DT-MAGPs 组的雌蛾开始交配时间较其他各组有所延迟，且与 WZS 组和注射 PBS 组之间有显著差异（$P<0.05$），但与注射 CK-MAGPs 组、注射 BT-MAGPs 组雌蛾的开始交配时间的差异未达到显著水平（$P>0.05$）。在注射后第二天暗期，注射 DT-MAGPs 组的雌蛾再开始交配时间比其他各组提前，并与 WZS 组之间存在显著差异（$P<0.05$）。在注射后第三天暗期，注射 DT-MAGPs 组的雌蛾开始交配时间比其他各组（WZS 组、注射 PBS 组、注射

CK-MAGPs 组及注射 BT-MAGPs 组)提前,与 WZS 组的差异达到显著水平($P<0.05$)。

表 5-2　雌性麦蛾注射雄性附腺蛋白后的交配抑制率

处理	交配抑制率%(进入暗期的时间)						
	0h	1h	2h	3h	4h	5h	6h
WZS	83.3±3.3b	76.6±6.6b	73.3±3.3b	53.7±3.3c	46.7±12.1b	43.3±8.8b	73.3±14.5a
PBS	100.0±0.0a	93.3±3.3a	73.3±3.3b	56.7±14.5bc	56.7±8.8ab	73.3±3.3a	76.7±6.6a
CK-MAGPs	100.0±0.0a	96.6±3.3a	86.7±3.3a	86.7±3.3a	66.7±3.3ab	56.7±3.3ab	56.7±12.0a
BT-MAGPs	100.0±0.0a	96.6±3.3a	90.0±5.7a	66.7±3.3ab	63.3±3.3ab	63.3±3.3a	80.0±5.7a
DT-MAGPs	100.0±0.0a	100.0±0.0a	96.7±3.3a	80.0±5.7ab	76.7±6.6a	66.7±6.6a	80.0±4.3a

注:WZS:未注射任何物质组,PBS:注射磷酸缓冲液组,CK-MAGPs:注射空白处理的附腺蛋白组,BT-MAGPs:注射丙酮处理的附腺蛋白组,DT-MAGPs:注射大蒜精油活性物质处理的附腺蛋白组;不同字母表示各列之间差异显著($P<0.05$,DMRT)。

此外,在第一天和第二天暗期(图 5-11),注射 CK-MAGPs 组的雌蛾开始交配时间与 WZS 组存在显著差异($P<0.05$),在第三天暗期,与 WZS 组和注射 PBS 组之间的雌蛾开始交配时间的差异未达到显著水平($P>0.05$)。

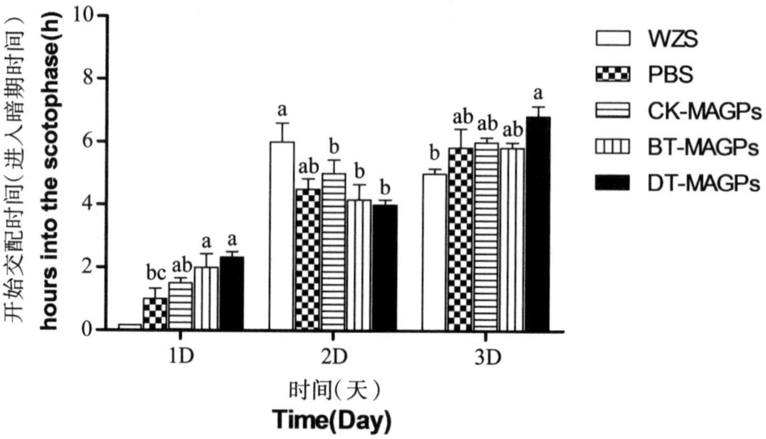

图 5-11　雄性附腺蛋白对雌性麦蛾开始交配时间的影响

注:WZS:未注射任何物质组,PBS:注射磷酸缓冲液组,CK-MAGPs:注射空白处理的附腺蛋白组,BT-MAGPs:注射丙酮处理的附腺蛋白组,DT-MAGPs:注射大蒜精油活性物质处理的附腺蛋白组;不同字母表示各列之间差异显著($P<0.05$,DMRT)。

表 5-3 所示,注射第一天暗期,注射 DT-MAGPs 组的雌蛾交配高峰有所延迟,与 WZS 组和注射 PBS 组的交配高峰之间均存在显著差异($P<0.01$),与注射 CK-MAGPs 组、注射 BT-MAGPs 组的雌蛾交配高峰之间无明显差异($P>0.05$)。注射第二天暗期,注射 DT-MAGPs 组的雌蛾交配高峰有所提前,与注射 PBS 和注射

BT-MAGPs 组的差异达到显著水平（$P<0.01$），与注射 PBS 组、注射 CK-MAGPs 组的雌蛾交配高峰之间无明显差异（$P>0.05$）。注射第三天暗期，注射 DT-MAGPs 组的雌蛾交配高峰晚于其他组（WZS 组、注射 PBS 组、注射 CK-MAGPs 组、注射 BT-MAGPs 组），但未达到显著水平（$P>0.05$）。

表 5-3　雄性附腺蛋白对麦蛾交配高峰的影响

处理	交配高峰（进入暗期的时间）		
	第一天	第二天	第三天
WZS	3.5±0.58B	7.50±0.29B	8.03±0.09A
PBS	3.5±0.29B	8.87±0.19A	8.50±0.29A
CK-MAGPs	5.0±0.58A	7.36±0.19B	8.56±0.23A
BT-MAGPs	4.5±0.29A	8.67±0.33A	8.43±0.12A
DT-MAGPs	5.13±0.19A	7.00±0.58B	8.83±0.17A

注：WZS：未注射任何物质组，PBS：注射磷酸缓冲液组，CK-MAGPs：注射空白处理的附腺蛋白组，BT-MAGPs：注射丙酮处理的附腺蛋白组，DT-MAGPs：注射大蒜精油活性物质处理的附腺蛋白组；图中数据为平均值±标准差，不同字母表示各列之间差异显著（$P<0.01$，DMRT）。

此外，第一天暗期，注射 CK-MAGPs 组的雌蛾交配高峰极显著迟于 WZS 组和注射 PBS 组（$P<0.01$），第二天暗期，注射 CK-MAGPs 组的雌蛾交配高峰极显著早于注射 PBS 组（$P<0.01$），在第三天暗期时，注射 CK-MAGPs 组的雌蛾交配高峰与 WZS 组及注射 PBS 组未达到显著水平（$P>0.05$）。

（五）大蒜活性物质处理后雄性附腺蛋白对雌蛾求偶率和求偶高峰的影响

对注射 DT-MAGPs 的雌性麦蛾求偶率进行统计（图 5-12），结果显示：注射第一天暗期，注射 DT-MAGPs 组雌性麦蛾的求偶率低于其他组求偶率，并且与 WZS 组、注射 PBS 组雌性麦蛾的求偶率之间存在显著差异（$P<0.05$），但与注射 CK-MAGPs 组、注射 BT-MAGPs 组雌性麦蛾的求偶率之间无显著差异（$P>0.05$）。在注射第二天暗期，注射 DT-MAGPs 组雌性麦蛾求偶率达到最高值，与其他组（WZS 组、注射 PBS 组、注射 CK-MAGPs 组、注射 BT-MAGPs 组）求偶率之间无显著差异（$P>0.05$）。注射第三天和第四天暗期，注射 DT-MAGPs 组雌性麦蛾求偶率与其他组（WZS 组、注射 PBS 组、注射 CK-MAGPs 组、注射 BT-MAGPs 组）求偶率之间的差异均未达到显著水平（$P>0.05$）。

此外，第一天暗期（图 5-12），注射 CK-MAGPs 组雌性麦蛾的求偶率显著低于 WZS 组（$P<0.05$），在第二天和第三天暗期时，注射 CK-MAGPs 组雌性麦蛾的求偶

率与 WZS 组及注射 PBS 组无显著差异（$P>0.05$）。

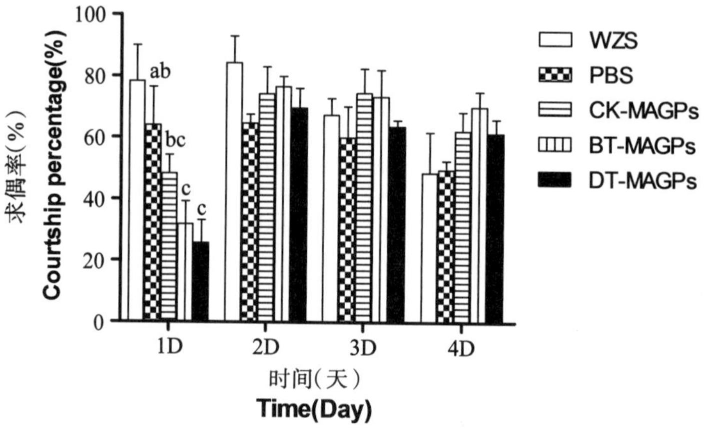

图 5-12　雄性附腺蛋白对雌性麦蛾求偶率的影响

注：WZS：未注射任何物质组，PBS：注射磷酸缓冲液组，CK-MAGPs：注射空白处理的附腺蛋白组，BT-MAGPs：注射丙酮处理的附腺蛋白组，DT-MAGPs：注射大蒜精油活性物质处理的附腺蛋白组；图中数据为平均值±标准差，不同字母表示各列之间差异显著（$P<0.05$，DMRT）。

对各组求偶高峰进行统计分析，结果显示（如表 5-4），第一天暗期，注射 DT-MAGPs 组的求偶高峰期早于其他组，其中显著早于 WZS 组（$P<0.05$），但与注射 PBS 组、注射 CK-MAGPs 和 BT-MAGPs 组求偶高峰之间无显著差异（$P>0.05$）。第三天和第四天暗期时，注射 DT-MAGPs 组的求偶高峰期迟于其他组（WZS 组、注射 PBS 组、注射 CK-MAGPs 和 BT-MAGPs 组）但未达到显著水平（$P>0.05$）。在第二天暗期，各组之间求偶高峰期之间均无显著差异（$P>0.05$）。

此外，第一天暗期，注射 CK-MAGPs 组的求偶高峰期显著早于 WZS 组和注射 PBS 组（$P<0.05$），第二天及之后暗期，注射 CK-MAGPs 组的求偶高峰期与 WZS 组及注射 PBS 组无显著差异（$P>0.05$）（表 5-4）。

表 5-4　注射雄性附腺蛋白对麦蛾求偶高峰的影响

处理	求偶高峰（进入暗期的时间）			
	第一天	第二天	第三天	第 4 天
WZS	6.83±0.17a	7.0±0.00a	6.67±0.17a	6.67±0.17a
PBS	6.00±0.00ab	6.50±0.29a	6.83±0.17a	6.67±0.33a
CK-MAGPs	4.83±0.44c	6.50±0.29a	6.33±0.17a	6.33±0.33a
BT-MAGPs	5.17±0.17bc	6.33±0.67a	6.50±0.29a	6.17±0.17a
DT-MAGPs	4.50±0.50c	6.67±0.33a	7.00±0.29a	7.17±0.45a

注：WZS：未注射任何物质组，PBS：注射磷酸缓冲液组，CK-MAGPs：注射空白处理的附腺蛋白组，BT-MAGPs：注射丙酮处理的附腺蛋白组，DT-MAGPs：注射大蒜精油活性物质处理的附腺蛋白组；图中数据为平均值±标准差，不同字母表示各列之间差异显著（$P<0.05$，DMRT）。

(六) 注射雄性附腺蛋白经历一个光期后对雌蛾产卵的影响

将注射 DT-MAGPs 的雌性麦蛾立即与正常处女雄蛾放置一起，先经历一个光期(光期时麦蛾不发生交配)后经历暗期，随之统计有效产卵数。结果表明：第一次产卵时(图 5-13A)，注射 DT-MAGPs 组的雌性麦蛾有效产卵数显著低于 WZS 组($P<0.05$)，但与注射 PBS 组、注射 CK-MAGPs 组、注射 BT-MAGPs 组有效产卵数相比未达到显著水平($P>0.05$)。并且注射 CK-MAGPs 组的雌性麦蛾有效产卵数显著低于 WZS 组($P<0.05$)，与注射 PBS 组无显著差异($P>0.05$)。

第二次产卵(图 5-13B)，注射 DT-MAGPs 组的雌性麦蛾有效产卵数显著高于 WZS 组($P<0.05$)，与注射 PBS 组、注射 CK-MAGPs 组、注射 BT-MAGPs 组有效产卵数相比无显著差异($P>0.05$)。并且注射 CK-MAGPs 组的雌性麦蛾有效产卵数显著高于 WZS 组($P<0.05$)，与注射 PBS 组的差异未达到显著水平($P>0.05$)。

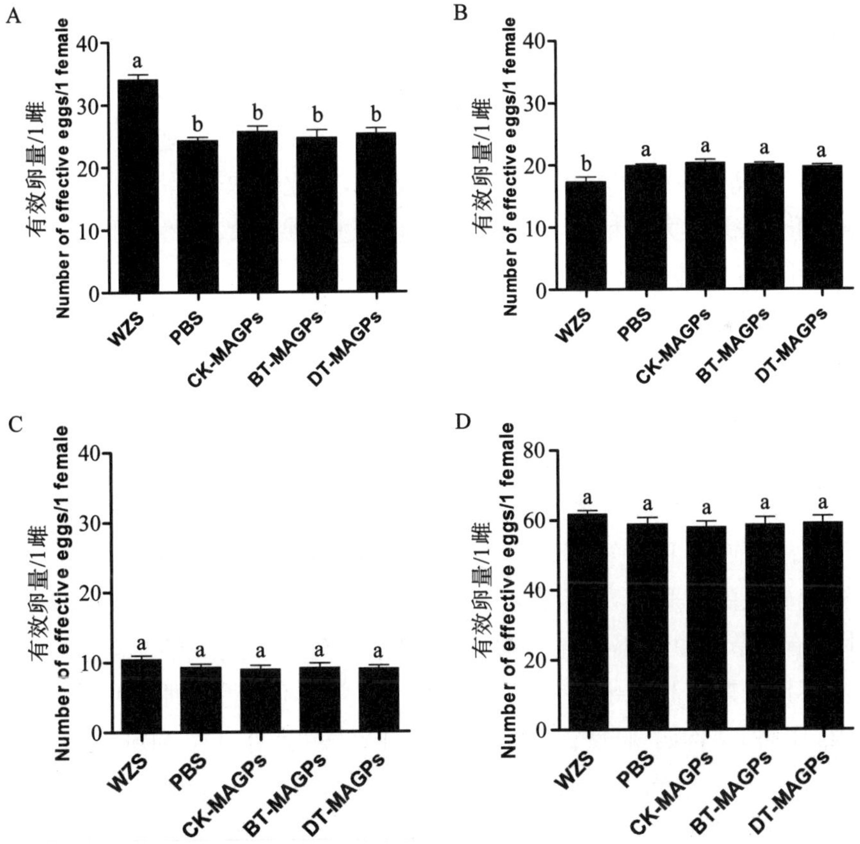

图 5-13　雄性附腺蛋白经历一个光期后对雌性麦蛾产有效卵量的影响($P<0.05$)

A. 第一次产卵量；B. 第二次产卵量；C. 第三次产卵量；D. 总产卵量

注：WZS：未注射任何物质组，PBS：注射磷酸缓冲液组，CK-MAGPs：注射空白处理的附腺蛋白组，BT-MAGPs：注射丙酮处理的附腺蛋白组，DT-MAGPs：注射大蒜精油活性物质处理的附腺蛋白组；图中数据为平均值±标准差，不同字母表示各列之间差异显著($P<0.05$，DMRT)。

第三次产卵时(图 5-13C),各组有效产卵数均明显降低,并各组之间均无显著差异($P>0.05$)。对雌性麦蛾总产有效卵数进行统计(图 5-13D),结果显示:注射 DT-MAGPs 组的雌性麦蛾总有效产卵数与其他各组(WZS 组、注射 PBS 组、注射 CK-MAGPs 组、注射 BT-MAGPs 组)之间无显著差异($P>0.05$),并且注射 CK-MAGPs 组总有效产卵数与 WZS 组及注射 PBS 组之间无显著性差异($P>0.05$)。

三、小结与讨论

麦蛾雄性附腺与多数鳞翅目昆虫形态一致,形态为 1 对管形腺管,但麦蛾雄性附腺 1 对腺管紧密合并于双射精管后部,与其他鳞翅目雄性附腺腺管分开的形态稍有差异,与 Joubert(1965)研究结果一致。

杀虫剂会影响昆虫雄性附腺蛋白含量,Wang 等(2010)使用三唑磷处理褐飞虱(*Nilaparvata lugens*)若虫,发现若虫羽化之后,雄性附腺蛋白的含量显著增加。本章发现大蒜精油活性物质会引起雄蛾附腺蛋白发生变化,与对照组相比,雄蛾在交配前后附腺蛋白含量均显著降低($P<0.05$)。有研究指出,保幼激素与雄性附腺中蛋白质的合成有关(Wilson et al.,2003),并且 Thompson 等(1990)发现杀虫剂会影响昆虫的激素含量,Yu 等(2007)将虮虫啉喷洒至水稻上,二化螟取食后,体内的保幼激素含量有显著变化。因此,大蒜精油活性物质可能通过改变麦蛾雄性附腺中激素水平从而改变附腺蛋白的含量。

雌虫在一次成功的交配后,一段时间内不再交配,并且对雄虫表现出积极拒绝(不应性)或吸引力降低,这种不愿交配的情形称为交配不应性。有研究表明出现交配不应性是雄性附腺分泌物中蛋白所引起的,如埃及伊蚊 *Aedes aegypti*(Fuchs and Hiss,1970),果蝇 *Drosophila melanogaster*(Wolfner,2002),棉铃虫 *Helicoverpa armigera*(Kingan et al.,1995)。本实验发现了相同的现象,注射 DT-MAGPs 组雌性麦蛾在暗期开始的前 5h 和注射 CK-MAGPs 组雌性麦蛾在暗期开始的前 3h,在面对雄蛾时,表现出较强的躲避行为,此后雌性麦蛾恢复正常交配状态。这表明雄性麦蛾附腺蛋白中含有调节雌虫性不应性的物质,这种物质对雌性麦蛾的交配影响仅有短期作用效应,不可长期抑制雌蛾再交配,并推测出现交配不应性的原因可能是雌性麦蛾在 MAGPs 作用下抑制了雌性信息素的合成或释放;另外,DT-MAGPs 的作用效能长于 CK-MAGPs,这可能是因为 DT 处理后的附腺蛋白会延迟雌性信息素的合成或释放,这刚好与本课题组前期的研究结果相符合:大蒜精油活性物质处理雌性麦蛾后的 8~9h 时,雌虫挥发的性信息素含量显著被抑制。但究竟受什么机制所调控还需要进一步深入研究。

此外,在整个暗期,注射 DT-MAGPs 组和注射 CK-MAGPs 组的交配和求偶相关指标(交配高峰、开始交配时间、求偶率、求偶高峰)之间没有显著差异,在第一天暗期，注射 CK-MAGPs 的雌性麦蛾交配高峰、开始交配时间显著延迟，求偶率显著降低，求偶高峰显著提前。这仅可表明，MAGPs 可显著影响雌性麦蛾的交配和求偶，在第二天暗期注射 CK-MAGPs 的雌性麦蛾开始交配时间显著提前。这仅可表明，MAGPs 可显著影响雌性麦蛾第一天暗期的交配和求偶。

我们将注射 MAGPs 的雌性麦蛾先放入光期再放入暗期，并统计产出有效卵数量，发现放置了一个光期后，注射 MAGPs 的雌性麦蛾产出有效卵总量与 WZS 组、注射 PBS 组无显著（$P<0.05$）差异，出现这种现象的原因可能是由于 MAGPs 对雌性麦蛾的产卵也具有短期效应性，即一段时间后 MAGPs 对雌性麦蛾产卵的影响将消失。

第三节　大蒜精油活性物质处理后雄性附腺蛋白对雌蛾繁殖能力的影响

桑天牛雄性附腺蛋白注射入雌虫体内，雌虫取食增加，产卵量受到影响，寿命没有受到影响（高洁 2008）。Sirot 等（2008）在埃及伊蚊雌性生殖道中识别出 21 种可能对雌虫的行为、生存和繁殖有重要影响的附腺蛋白分子。Ram 等（2007b）运用 RNAi 技术敲除果蝇交配过程中附腺蛋白，证明附腺蛋白 CG33943 在交配后第一天刺激雌虫产卵，而 CG1652，CG1656，CG17575 和 CG9997 在雌虫整个生殖过程中均有作用，引起交配后的行为和生理变化。

麦蛾雌雄虫有多次交配的习性，多次交配可以增加昆虫的产卵量和繁殖能力。另外，大量的研究表明，雌虫通过延长交配时间来获得更多的精子以及营养物质，雄虫通过延长交配时间来增加精子竞争力，并且，交配持续时间的长短对卵的孵化率也具有明显的影响（Arnqvist and Nilsson，2000）。前期研究发现大蒜精油活性物质熏蒸雌雄麦蛾后，麦蛾的交配、产卵均受到不同程度的抑制。附腺分泌物是影响雌虫生理及行为变化的重要因素，在交配过程中，附腺分泌物（主要物质为蛋白质）与精子一同传递至雌虫体内，引起雌虫产卵量、雌虫寿命等发生变化。

上一节中验证了注射 DT-MAGPs 对求偶行为及交配行为的影响，本节将验证注射 DT-MAGPs 组对雌性麦蛾的寿命、交配次数、交配持续时间、产卵的影响。

一、材料和方法

（一）供试昆虫

饲养方法同第一节。

(二) 仪器设备及主要试剂

1. 仪器设备

同第二节。

2. 主要试剂

同第二节。

(三) 实验设计和方法

1. 大蒜精油活性物质处理的雄蛾附腺内含物提取

雄蛾附腺内含物提取方法与第二节一致。

2. 雄性附腺粗蛋白提取

雄蛾附腺粗蛋白提取方法与第二节一致。

3. 附腺粗蛋白的注射

试验分 5 组:即注射大蒜精油活性物质处理后雄性附腺蛋白组(DT-MAGPs)、注射丙酮处理后雄性附腺蛋白组(BT-MAGPs)、注射空白处理后雄性附腺蛋白组(CK-MAGPs)、注射 PBS 组(PBS)和 WZS 组(WZS),注射方法与第二节 1.3.5 一致。

4. 大蒜精油活性物质处理后雄性附腺蛋白对雌蛾寿命和交配次数的影响

将高浓度[(10.62±1.26)μg/头]和低浓度[(1.03±0.055)μg/头]的雄性附腺蛋白分别注射入雌性麦蛾体内单只单独放置,统计雌性麦蛾寿命。另外将注射低浓度的雄性附腺蛋白的雌性麦蛾分为两组,一组为每只雌蛾单独放置于指形管中,另一组与未交配的雄蛾成对放于指形管中,每组 3 个重复,每个重复 10 只(或对),分别每天统计死亡时间。待雌性麦蛾死亡后,解剖其腹部,找到交配囊,对交配颈数量进行统计(一个交配颈代表一次交配)。

5. 大蒜精油活性物质处理后雄性附腺蛋白对雌蛾交配持续时间的影响

将注射雄性附腺蛋白的雌蛾与未交配的雄蛾放置一起,每一对单独放置于指形管中,在暗期以 15W 的暗室红灯作为人工夜间观察的照明工具,以雌雄虫尾部结合在一起并呈“一”字型姿势为交配行为标准,从实验暗期开始每半个小时观察和记录交配对数,10 对为一组,每个处理观察 3 组,分别记录麦蛾交配开始及结束时间。

6. 大蒜精油活性物质处理后雄性附腺蛋白对雌蛾有效卵量产出的影响

将注射雄性附腺蛋白的雌蛾与未交配的雄蛾放置一起,每一对单独放置于指形管中,在指形管内放入“Z”形产卵纸,每天更换产卵纸,一段时间后,显微镜下统计有效卵数。

(四) 数据处理

利用 SPSS 19.0 数据统计分析软件进行 One-Way ANOVA 分析，GraphPad Prism 5 作图。

二、结果与分析

(一) 大蒜精油活性物质处理后雄性附腺蛋白对雌蛾寿命的影响

如图 5-14 所示，高浓度的附腺蛋白极显著地降低雌性麦蛾寿命($P<0.01$)，其中注射 H-MAGPs 的雌性麦蛾平均寿命为(1.65±0.264)d/雌，注射 L-MAGPs 的雌性麦蛾平均寿命为(7.22±0.358)d/雌，WZS 组的雌性麦蛾平均寿命为(8.00±0.308)d/雌，注射 PBS 组的雌性麦蛾平均寿命为(7.37±0.376)d/雌。

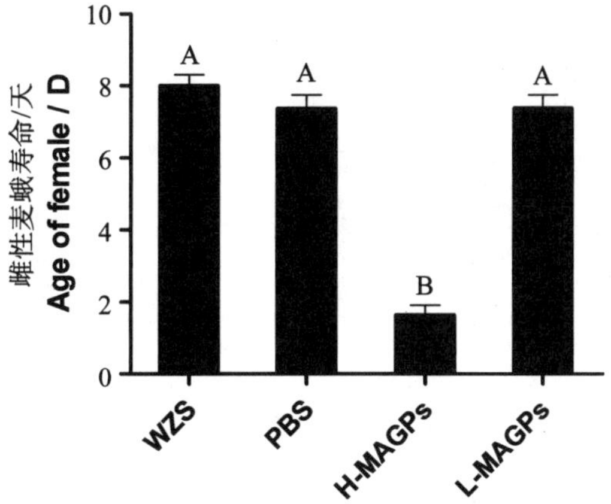

图 5-14　不同含量的雄性附腺蛋白对雌性麦蛾寿命的影响

注：WZS：未注射任何物质组，PBS：注射磷酸缓冲液组，H-MAGPs：注射高浓度附腺蛋白组，L-MAGPs：注射低浓度附腺蛋白组；图中数据为平均值±标准差，不同字母表示各列之间差异显著($P<0.01$，DMRT)。

将注射 DT-MAGPs 的雌性麦蛾单独放置于指形管中，统计寿命(如图 5-15)，结果显示：注射 DT-MAGPs 组的雌性麦蛾寿命显著低于 WZS 组、注射 PBS 组、注射 CK-MAGPs 组和注射 BT-MAGPs 组雌性麦蛾寿命($P<0.05$)，并且 WZS 组、注射 PBS 组、注射 CK-MAGPs 组和注射 BT-MAGPs 组的雌性麦蛾寿命之间无显著性差异($P>0.05$)。其中注射 DT-MAGPs 组的雌性麦蛾平均寿命为(6.34±0.415)d/雌，而 WZS 组的雌性麦蛾平均寿命为(8.00±0.308)d/雌，注射 PBS 组的雌性麦蛾平均寿命为(7.37±0.376)d/雌，注射 CK-MAGPs 组的雌性麦蛾平均寿命为(7.22±

0.358)d/雌,注射 BT-MAGPs 组的雌性麦蛾平均寿命为(7.48±0.304)d/雌。

此外,将注射 DT-MAGPs 组的雌性麦蛾与处女雄蛾交配后(图 5-15),统计雌性麦蛾寿命,结果显示:注射 DT-MAGPs 组的雌性麦蛾寿命仍显著少于 WZS 组、注射 PBS 组、注射 CK-MAGPs 组和注射 BT-MAGPs 组雌性麦蛾寿命($P<0.05$),并且 WZS 组、注射 PBS 组、注射 CK-MAGPs 组和注射 BT-MAGPs 组交配的雌性麦蛾寿命之间无显著性差异($P>0.05$)。其中注射 DT-MAGPs 组的雌性麦蛾平均寿命为(3.30±0.30)d/雌,而 WZS 组的雌性麦蛾平均寿命为(4.68±0.249)d/雌,注射 PBS 组的雌性麦蛾平均寿命为(4.85±0.209)d/雌,注射 CK-MAGPs 组的雌性麦蛾平均寿命为(4.38±0.301)d/雌,注射 BT-MAGPs 组的雌性麦蛾平均寿命为(4.31±0.306)d/雌。

综合交配与未交配的雌性麦蛾寿命(图 5-15),进行差异比较发现,各组(WZS 组、注射 PBS 组、注射 CK-MAGPs 组、注射 BT-MAGPs 组、注射 DT-MAGPs)未交配的雌性麦蛾寿命极显著高于交配的雌性麦蛾($P<0.001$,t 检验)。

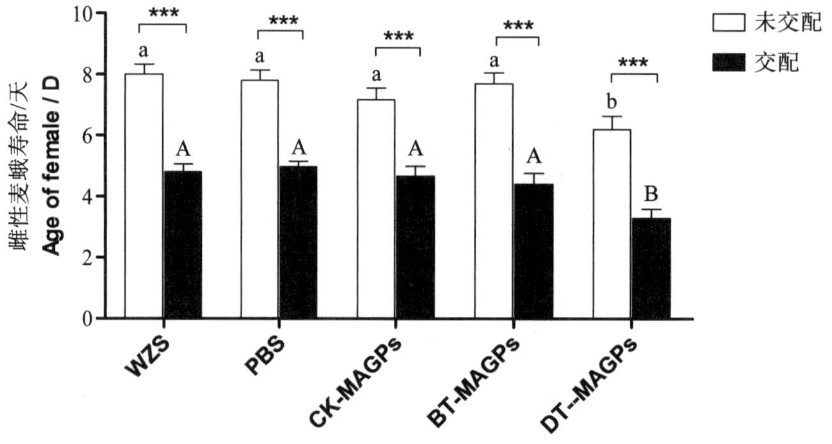

图 5-15 注射 DT-MAGPs 对雌性麦蛾寿命的影响

注:WZS:未注射任何物质组,PBS:注射磷酸缓冲液组,CK-MAGPs:注射空白处理的附腺蛋白组,BT-MAGPs:注射丙酮处理的附腺蛋白组,DT-MAGPs:注射大蒜精油活性物质处理的附腺蛋白组;图中数据为平均值±标准差,*** 为 $P<0.001$(t 检验),不同字母表示各列之间差异显著($P<0.05$,DMRT)。

(二)大蒜精油活性物质处理后雄性附腺蛋白对雌蛾交配次数的影响

麦蛾雌雄虫均有多次交配的习性,注射 DT-MAGPs 的雌性麦蛾与正常处女雄蛾进行交配后,统计三天内各组雌性麦蛾的交配次数,结果显示:第一天暗期,注射 DT-MAGPs 组雌蛾的交配次数显著低于其他组(WZS 组、注射 PBS 组、注射 CK-MAGPs 组、注射 BT-MAGPs 组,$P<0.05$),其中注射 DT-MAGPs 组雌性麦蛾的交配平均次数为(0.53±0.03)次/雌,WZS 组雌蛾的平均交配次数为(0.87±0.03)次/雌,注射

PBS组雌蛾的平均交配次数为(0.70±0.00)次/雌，注射CK-MAGPs组雌蛾的平均交配次数为(0.77±0.03)次/雌，注射BT-MAGPs组雌蛾的平均交配次数为(0.73±0.03)次/雌(图5-16A)。

第二天暗期，注射DT-MAGPs组雌蛾的交配次数与其他组之间雌蛾交配次数均无显著差异($P>0.05$)(图5-16B)。在第三天暗期，注射DT-MAGPs组雌蛾的交配次数低于其他组，与WZS组、注射BT-MAGPs组雌蛾的交配次数存在显著差异($P<0.05$)，与注射PBS组、注射CK-MAGPs组雌蛾的交配次数无显著差异($P>0.05$)(图5-16C)。

对雌性麦蛾总交配次数进行统计分析(图5-16D)，结果显示：注射DT-MAGPs组雌性麦蛾的总交配次数低于其他组，与WZS组雌性麦蛾的总交配次数存在显著差异($P<0.05$)，与注射PBS组、注射CK-MAGPs组、注射BT-MAGPs组雌性麦蛾的总交配次数的差异未达到显著水平($P>0.05$)。

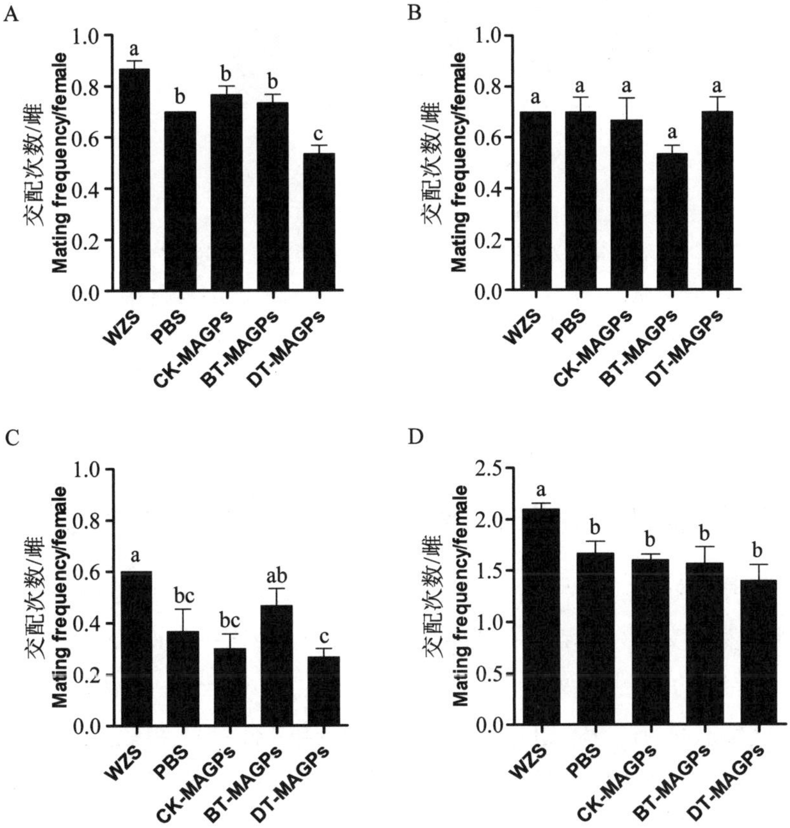

图5-16　雄性附腺蛋白对雌性麦蛾交配次数的影响

A. 第一次暗期交配次数；B. 第二次暗期交配次数；C. 第三次暗期交配次数；D. 总交配次数

注：WZS：未注射任何物质组，PBS：注射磷酸缓冲液组，CK-MAGPs：注射空白处理的附腺蛋白组，BT-MAGPs：注射丙酮处理的附腺蛋白组，DT-MAGPs：注射大蒜精油活性物质处理的附腺蛋白组；图中数据为平均值±标准差，不同字母表示各列之间差异显著($P<0.05$，DMRT)。

(三) 大蒜精油活性物质处理后雄性附腺蛋白对雌蛾交配持续时间的影响

如图 5-17,注射 DT-MAGPs 组雌性麦蛾的首次交配持续时间低于其他组,首次交配持续时间为(2.30±0.26)h,与 WZS 组[(3.22±0.31)h]及注射 PBSz 组[(3.28±0.29)h]之间存在显著差异($P<0.05$),但与注射 CK-MAGPs 组、注射 BT-MAGPs 组雌性麦蛾无显著性差异($P>0.05$)。

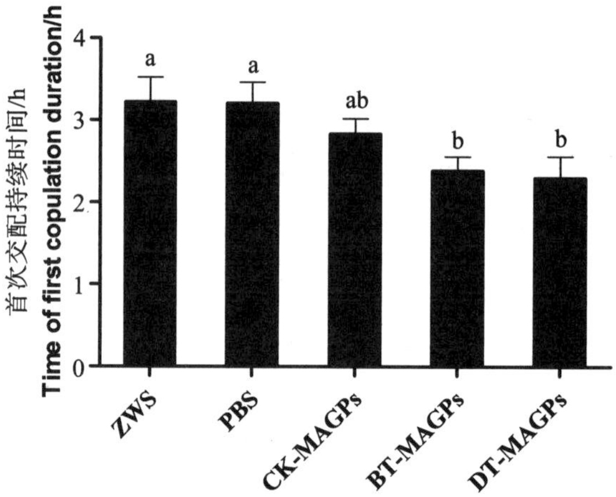

图 5-17　雄性附腺蛋白对雌性麦蛾首次交配持续时间的影响($P<0.05$)

注:WZS:未注射任何物质组,PBS:注射磷酸缓冲液组,CK-MAGPs:注射空白处理的附腺蛋白组,BT-MAGPs:注射丙酮处理的附腺蛋白组,DT-MAGPs:注射大蒜精油活性物质处理的附腺蛋白组;图中数据为平均值±标准差,不同字母表示各列之间差异显著($P<0.05$,DMRT)。

(四) 大蒜精油活性物质处理后雄性附腺蛋白对雌蛾产卵的影响

处女雌虫注射各物质(PBS 组、CK-MAGPs 组、BT-MAGPs 组及 DT-MAGPs 组)后与正常雄性麦蛾交配(雌雄虫单对放入指形管中)。第一次产卵时(图 5-18A),注射 DT-MAGPs 组的雌性麦蛾有效产卵数仅为(12.33±0.98)粒,与 WZS 组[(36.36±3.39)粒]、注射 PBS 组[(21.34±1.39)粒]有效产卵数相比显著下降($P<0.05$),与 CK-MAGPs 组[(18.26±1.47)粒]、BT-MAGPs 组[(17.53±1.48)粒]之间无显著差异($P>0.05$)。

在第二次产卵时(图 5-18B),注射 DT-MAGPs 组的雌性麦蛾有效产卵数相比第一次产卵数有大幅度增加,并且与注射 PBS 组产卵数的差异达到显著水平($P<0.05$)。第三次产卵时(图 5-18C),各组产卵数均降低,并各组之间均无显著差异($P>0.05$)。

对雌性麦蛾总产卵数进行统计(图5-18D),得出注射DT-MAGPs组的雌性麦蛾有效产卵数显著降低,仅为(30.30±1.12)粒,与WZS组[(60.25±2.41)粒]、注射PBS组[(56.54±0.95)粒]、注射CK-MAGPs组[(40.56±1.18)粒]及BT-MAGPs组[(39.67±1.09)粒]雌虫总有效卵量相比均存在显著差异($P<0.05$)。

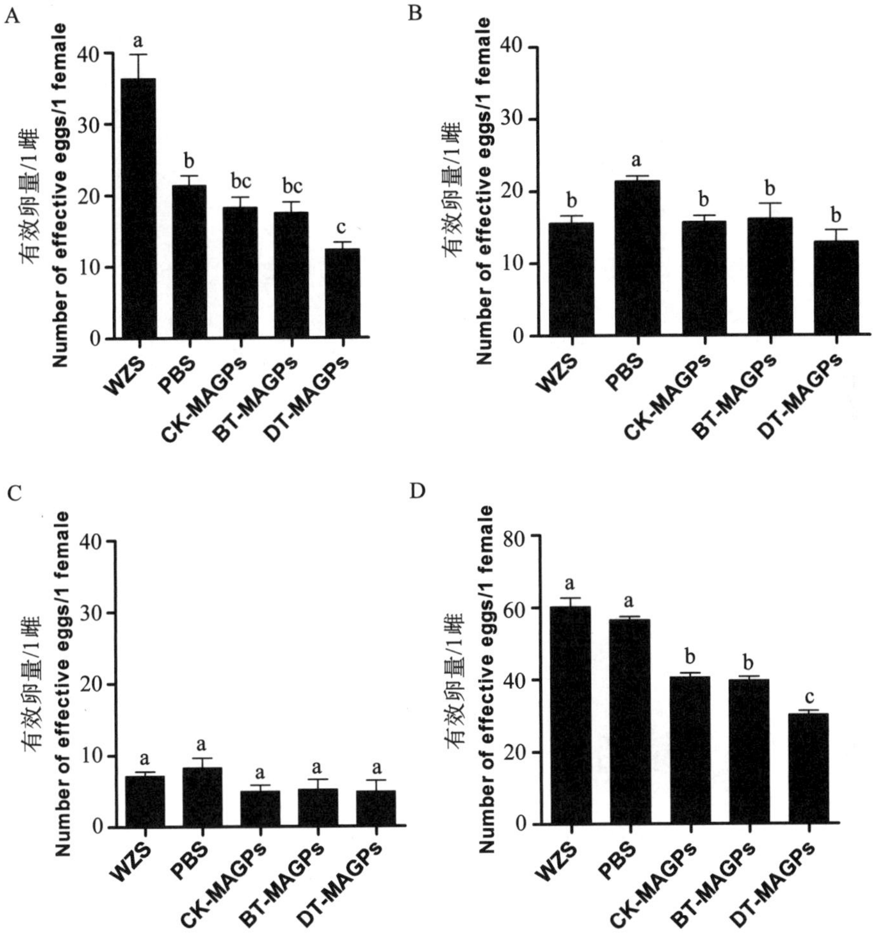

图5-18　雄性附腺蛋白对雌性麦蛾产有效卵量的影响($P<0.05$)

A. 第一次产卵量;B. 第二次产卵量;C. 第三次产卵量;D. 总产卵量

注:WZS:未注射任何物质组,PBS:注射磷酸缓冲液组,CK-MAGPs:注射空白处理的附腺蛋白组,BT-MAGPs:注射丙酮处理的附腺蛋白组,DT-MAGPs:注射大蒜精油活性物质处理的附腺蛋白组;图中数据为平均值±标准差,不同字母表示各列之间差异显著($P<0.05$,DMRT)。

三、小结与讨论

大量研究表明,雄性附腺蛋白会引起雌虫再次交配能力、寿命、产卵等生理及行为变化。果蝇雄性附腺蛋白Acp70A会降低雌虫寿命(Ueyama,2003),果蝇雄性附腺蛋白 Acp26Aa 能够刺激雌蝇排卵(Wolfner,2002),但会降低卵孵化率(Chapman,2001);而桑天牛雄性附腺蛋白质粗提物会刺激雌虫取食,影响产卵量、不影响雌虫寿命(高洁,2008)。本章发现高浓度的雄性附腺蛋白会显著缩短麦蛾寿命,并且在低浓度下的 DT-MAGPs 会降低雌性麦蛾的寿命、首次交配次数、首次交配持续时间。

另外,DT-MAGPs 会显著降低雌性麦蛾有效卵量,有研究表明昆虫会通过多次交配来增加产卵量从而达到最大的繁殖能力(Ridley,1988),并且,昆虫可以通过延长交配时间来增加精子竞争力和卵孵化率(Vahed,1998;Arnqvist and Nilsson,2000)。因此猜测是 DT-MAGPs 可能通过降低了雌性麦蛾的寿命、交配次数、交配持续时间,从而引起雌蛾产有效卵数的降低。但是雄性附腺蛋白是如何使雌虫寿命、交配次数、交配持续时间减少的原因尚不明确,还需进一步的实验来验证。

昆虫交配对寿命有一定影响,交配对于不同昆虫的寿命有不同的影响,张诗语等(2015)对 22 种蛾类进行交配寿命之间分析,结果表明只有 18.18%的种类多次交配后导致寿命显著延长,而 59.09%的种类多次交配后导致寿命缩短。许多研究表明交配会缩短雌性昆虫的寿命(Tatarnic et al.,2006;Kamimura,2007;Xu et al.,2011),但原因尚不清楚。本实验发现交配会使雌性麦蛾寿命显著缩短($P<0.001$,t 检验)。有研究表明对于雄虫而言,交配会大量消耗自身能量从而寿命大大缩短(Arnqvist and Nilsson,2000),对于雌虫而言,交配不仅会消耗自身能量还会造成机械损伤,从而缩短寿命(Hunter et al.,1993)。这也可能是交配导致麦蛾雌蛾寿命显著缩短的原因。

第四节　总结与展望

一、总结

本章节以麦蛾为研究对象,明确了麦蛾雄虫内生殖系统的组成结构及交配囊内精子形态,探究了亚致死浓度(LC_{10})的大蒜精油活性物质(DT)对交配囊内精子数量的影响,DT 对雄性附腺蛋白(MAGPs)含量影响及其对雌性麦蛾生殖行为和繁殖能力等方面的调控,研究结果为深入研究 DT 调控麦蛾的生殖能力提供了理论依据。本章节研究的主要结果为:

(1) 确定了交配后的雌性麦蛾交配囊内仅为单个游离精子,并且精子存在二型性,明确精子形态、长度的差异。同时,亚致死浓度的 DT 熏蒸处理可导致雄性麦蛾给予雌蛾的有核精子数目、无核精子数目和总精子数目均显著少于正常雄虫,这可能是 DT 导致麦蛾产卵量明显下降的一个重要原因之一。

(2) 明确雄性麦蛾内生殖系统结构，确定雄性附腺为1对紧密相连的管形腺管，确定DT处理会显著降低雄性麦蛾交配前后附腺蛋白含量。并且，确定MAGPs对麦蛾雌虫的交配行为和求偶行为有显著抑制作用，具体表现为雌性麦蛾产生交配不应性，延迟再次交配，并且显著延迟首次交配高峰期和首次开始交配时间、显著降低首次求偶率、显著提前首次求偶高峰。

(3) 明确高浓度的雄性附腺蛋白会显著降低雌性麦蛾寿命，确定低浓度的DT-MAGPs会影响雌性麦蛾生殖力，显著降低雌性麦蛾首日交配次数，缩短首次交配持续时间，减少雌性麦蛾首次产有效卵量，并且DT-MAGPs显著缩短雌性麦蛾寿命，最终显著减少总产有效卵量。另外，确定麦蛾的交配行为会显著降低雌性麦蛾寿命。

二、展望

雄性附腺内含物有多种组成(蛋白质、糖类、激素、脂类等)，本文仅研究了大蒜精油活性物质对雄性麦蛾附腺蛋白的影响，后续建议研究大蒜精油活性物质对雄性附腺内含物的其他成分进行测定，以更好的阐明大蒜精油活性物质对麦蛾生殖的影响。

已知大蒜精油活性物质会造成雄性麦蛾附腺蛋白含量下降，并且附腺蛋白对麦蛾的求偶行为、交配行为和繁殖有影响，但具体哪种蛋白下降和如何影响麦蛾求偶行为、交配行为和繁殖并未知晓。因此，建议下步可对具体特定的附腺蛋白进行研究。

(沙　珂　马　敏)

参考文献

[1] 蔡东章，白素芬，李欣，等. 小菜蛾精子发生的形态学观察[J]. 河南农业大学学报. 2008，42(2)：210-215.

[2] 陈长琨，李国清. 小地老虎雄蛾中胚层生殖道和附腺的细胞结构和分泌功能[J]. 昆虫学报，1998，41(3)：263-268.

[3] 陈长琨，朱荣生. 小地老虎雄性附腺细微结构和功能及高温的影响[J]. 昆虫学报，1995，38(2)：179-183.

[4] 高洁. 桑天牛、云斑白条天牛、星天牛雄性附腺内容物研究[D]. 南京：南京林业大学，2008

[5] 高熹. 棕尾别麻蝇雄性附腺的发育及其分泌物功能的研究[D]. 海南：华南热带农业大学，2005.

[6] 林玉英，金涛，甘挺峰，等. 椰子木蛾生殖系统初步研究. 热带作物学报[J]. 2017，38(9)：1704-1711.

[7] 刘绪生，李国清，陈长琨. 棉铃虫精子在雌蛾生殖道内的转移动态[J]. 南京农业大学学报，2001，24(2)：45-48.

[8] 柳永青. 大蒜精油的主要化学成分及抗血栓功效[J]. 湖南中医药大学学报，2009(9)：

46-47.
[9] 卢中建，王荫长. 小地老虎精子发生和形成的定量分析[J]. 南京农业大学学报，1992，15(1)：39-43.
[10] 欧阳霞辉，奚耕思，王智峰. 中华蚱蜢雄性附腺及储精囊的结构研究[J]. 陕西师范大学学报(自科版)，2007，35(4)：80-82.
[11] 舒金平，滕莹，张爱良，等. 竹笋基夜蛾的求偶及交配行为[J]. 应用生态学报，2012，23(12)：3421-3428.
[12] 万先萌，刘伟，魏洪义，等. 蛾类昆虫的生殖行为[J]. 生物灾害科学，2010，33(1)：3-7.
[13] 汪全勇. 麦蛾的危害特性及防治研究[J]. 武汉粮食工业学院学报，1991(1)：61-64.
[14] 王荫长. 昆虫生物化学[M]. 中国农业出版社，2001：345-375.
[15] 叶碧欢，张亚波，滕莹，等. 笋秀夜蛾的求偶及交配行为[J]. 生态学杂志，2014，33(8)：2136-2141.
[16] 张诗语，曾菊平，吴先福，等. 多次交配对雌性蛾类生殖适应性影响的 Meta 分析[J]环境昆虫学报，2015，37(6)：1272-1279.
[17] 张书昂，韩景红. 贮粮害虫麦蛾的防治措施[J]. 湖北植保，2001(5)：27-28.
[18] 周祖琳. 麦蛾的求偶行为与区分等级的方法[J]. 应用昆虫学报，1995，31(5)：270-273.
[19] AAM E, GHS H. Developmental and reproductive biology of *Spodoptera litura* (F.) (Lepidoptera: Noctuidae) [J]. Australian Journal of Entomology, 1980, 18(4): 363-372.
[20] ARNQVIST G, NILSSON T. The evolution of polyandry: multiple mating and female fitness in insects [J]. Animal Behaviour, 2000, 60(2):145-164.
[21] BRAUN RP, WYATT GR. Growth of the male accessory gland in adult locusts: Roles of juvenile hormone, JH esterase, and JH binding proteins [J]. Archives of Insect Biochemistry and Physiology, 30(4), 383-400.
[22] CHAPMAN T, HERNDON LA, HEIFETZ Y, et al. The Acp26Aa seminal fluid protein is a modulator of early egg hatchability in *Drosophila melanogaster* [J]. Proceedings of the Royal Society of London. Series B: Biological Sciences, 268(1477), 1647-1654.
[23] CHEN PS, STUMMZOLLINGER E, AIGAKI T, et al. A male accessory gland peptide that regulates reproductive behavior of female *D. melanogaster* [J]. Cell, 54(3), 291-298.
[24] COOK PA, WEDELL N. Non-fertile sperm delay female remating [J]. Nature, 1999, 397(6719):486-486.
[25] ELFEKIH S, ABDERRABBA MA. Effect of Myrtus communis essential oil on the Mediterranean fruit mating behavior [J]. Biosciences Biotechnology Research Asia, 2016, 5(2):537-540.
[26] FRIEDLÄNDER M, BENZ G. Control of spermatogenesis resumption in post-diapausing larvae of the codling moth [J]. Journal of Insect Physiology, 1982, 28(4):349-355.

[27] FRIEDLÄNDER M, GITAY H. The fate of the normal-anucleated spermatozoa in inseminated females of the silkworm*Bombyx mori* [J]. Journal of Morphology, 1972, 138 (1):121-129.

[28] FUCHS MS, HISS EA. The partial purification and separation of the protein components of matrone from *Aedes aegypti* [J]. Journal of Insect Physiology, 1970, 16(5): 931-939.

[29] GOLD S MW, DAVEY KG. The effect of juvenile hormone on protein synthesis in the transparent accessory gland of male *Rhodnius prolixus* [J]. Insect Biochemistry, 19(2), 139-143.

[30] HE Y, TANAKA T, MIYATA T. Eupyrene and apyrene sperm and their numerical fluctuations inside the female reproductive tract of the armyworm, *Pseudaletia separate* [J]. Journal of Insect Physiology, 1995, 41(8):689-694.

[31] HUNTER FM, PETER M, OTRONEN M, et al. Why do females copulate repeatedly with one male [J]. Trends in Ecology & Evolution, 1993, 8 (1): 21-26.

[32] JOUBERTPC. The reproductive system of *Sitotroga cerealella* Olivier (Lepidoptera, Gelechiidae). III. The development, structure and physiology of the male system [J] South African Journal of Agricultural Science, 1965, 8(2): 411-428.

[33] KAMIMURA Y. Twin intromittent organs of *Drosophila* for traumatic insemination [J]. 2007, 3(4), 401-404.

[34] KATSUNO S. Studies on Eupyrene and Apyrene Sermatozoa in the Silkworm, *Bombyx mori* L.: Lepidoptera: Bombycidae: IV. The Behaviour of the Spermatozoa in the Internal Reproductive Organs of Female Adults [J]. Applied Entomology and Zoology, 1977, 12(4): 352-359.

[35] KAUL O, TIKKU K, SAXENA BP. Follicular regression in *Trogoderma granarium* due to sterilizing vapours of *Acorus calamus* L. oil [J]. Current Science, 1977(46):724-725.

[36] KIMBARIS AC, KIOULOS E, KOLIOPOULOS G, et al. Coactivity of sulfide ingredients: a new perspective of the larvicidal activity of garlic essential oil against mosquitoes [J]. Pest Management Science, 2009, 65(3):249-254.

[37] KINGAN TG, BODNAR WM, RAINA AK, et al. The loss of female sex pheromone after mating in the corn earworm moth *Helicoverpa zea*: identification of a male pheromonostatic peptide [J]. Proceedings of the National Academy of Sciences, 1995, 92(11): 5082-5086.

[38] KLOWDEN MJ. The check is in the male: male mosquitoes affect female physiology and behavior [J]. Journal of the American Mosquito Control Association, 1999, 15(2):213-220.

[39] LAIFOOK J. Structure of the accessory glands and duplex of the internal male reproduc-

tive system of *Calpodes ethlius* (Hesperiidae, Lepidoptera) [J]. Canadian Journal of Zoology, 1982, 60(6):1202-1215.

[40] LEE MS, ALBAJES R, EIZAGUIRRE M. Mating behaviour of female*Tuta absoluta*, (Lepidoptera: Gelechiidae): polyandry increases reproductive output [J]. Journal of Pest Science, 2014, 87(3):429-439.

[41] LIU XC, LIU Q, ZHOU L, et al. Evaluation of larvicidal activity of the essential oil of *Allium macrostemon* Bunge and its selected major constituent compounds against *Aedes albopictus* (Diptera: Culicidae) [J]. Parasites & Vectors, 2014, 7(1): 1-5.

[42] LU T. A study on the reproductive system of *Agrotis ypsilon* Rott [J]. Acta Entomologica Sinica, 1982, 25(3): 268-274.

[43] LUNG O, WOLFNER MF. *Drosophila* seminal fluid proteins enter the circulatory system of the mated female fly by crossing the posterior vaginal wall [J]. Insect Biochemistry and Molecular Biology, 1999, 29(12):1043-1052.

[44] MA M, CHANG MM, LEI CL, et al. A garlic substance disrupts odorant-binding protein recognition of insect pheromones released from adults of the angoumois grain moth, *Sitotroga cerealella* (Lepidoptera: Gelechiidae) [J]. Insect Molecular Biology, 2016, 25(5): 530-540.

[45] NIOGRET J. Short range attraction of *Ceratitis capitata* (Diptera: Tephritidae) sterile males to six commercially available plant essential oils [J]. Natural Volatiles and Essential Oils, 2017, 4(1):1-7.

[46] OMKAR, SINGH K. Rhythmicity in life events of an aphidophagous ladybird beetle, *Cheilomenes sexmaculata* [J]. Journal of Applied Entomology, 2007, 131(2):85-89.

[47] ÔMURA S. Studies on the reproductive system of the male of*Bombyx mori*. II. Post-testicular organs and post-testicular behaviour of the spermatozoa [J]. Journal of the Faculty of Agriculture Hokkaido Imperial University, 1938(40):129-170.

[48] OSANAI M, KASUGA H, AIGAKI T. Physiological role of apyrene spermatozoa of-*Bombyx mori* [J]. Experientia, 1987, 43(6):593-596.

[49] PAESEN GC, SCHWARTZ MB, PEFEROEN M, et al. Amino acid sequence of Sp23, a structural protein of the spermatophore of the mealworm beetle, *Tenebrio molitor* [J]. Journal of Biological Chemistry, 1992, 267(26):18852-18857.

[50] PARK IK, SHIN SC. Fumigant activity of plant essential oils and components from garlic (*Allium sativum*) and clove bud (*Eugenia caryophyllata*) oils against the Japanese termite (*Reticulitermes speratus* Kolbe) [J]. Journal of Agricultural and Food Chemistry, 2005, 53(11):4388-4392.

[51] RAINA AK. Male-induced termination of sex pheromone production and receptivity in mated females of*Heliothis zea* [J]. Journal of Insect Physiology, 1989, 35(11): 821-826.

[52] RAM KR, WOLFNER MF. Seminal influences: *Drosophila* Acps and the molecular interplay between males and females during reproduction [J]. Integrative and Comparative Biology, 2007a, 47(3):427-445.

[53] RAM KR, WOLFNER MF. Sustained post-mating response in *Drosophila melanogaster* requires multiple seminal fluid proteins [J]. PLoS Genetics, 2007b, 3(12):e238.

[54] RIDLEY M. Mating frequency and fecundity in insects [J]. Biological Reviews, 1988, 63 (4): 509-549.

[55] RIEMANN JG, GEORGEGASSNERIII. Ultrastructure of Lepidopteran Sperm within Spermathecae [J]. Annals of the Entomological Society of America, 1973, 66(1): 154-159.

[56] SAHARA K, KAWAMURA N. Double copulation of a female with sterile diploid and polyploid males recovers fertility in*Bombyx mori* [J]. Zygote, 2002, 10(1):23-29.

[57] SAKAI T, ISHIDA N. Circadian rhythms of female mating activity governed by clock genes in*Drosophila* [J]. Proceedings of the National Academy of Sciences, 2001, 98 (16):9221-9225.

[58] SAXENA BP, TIKKU K, KOUL O. Spermatogenesis in*Dysdercus koenigii* and induced sterility by *Acorus calamus* oil vapours [J]. Acta Entomologica Bohemoslovaca, 1977 (74):381-387.

[59] SHEPHERD JC. Activation of Saturniid moth sperm by a secretion of the male reproductive tract [J]. Journal of Insect Physiology, 1974, 20(11):2107-2113.

[60] SHIRK PD, BHASKARAN G, RÖLLER H. The transfer of juvenile hormone from male to female during mating in the Cecropia silkmoth [J]. Experientia, 1980, 36(6): 682-683.

[61] SIROT LK, POULSON RL, MCKENNA MC, et al. Identity and transfer of male reproductive gland proteins of the dengue vector mosquito, *Aedes aegypti*: potential tools for control of female feeding and reproduction [J]. Insect Biochemistry and Molecular Biology, 2008, 38(2):176-189.

[62] SZOLLOSIA, LANDUREAU JC. Imaginal cell differentiation in spermiduct of *Samia Cynthia* (Lepidoptera). responses in vitro to ecdysone and ecdysterone [J]. Biology of the Cell, 1977, 28(1):23-36.

[63] TATARNIC NJ, CASSIS G, HOCHULI DF. Traumatic insemination in the plant bug genus *Coridromus Signoret* (Heteroptera: Miridae) [J]. Biology Letters, 2006, 2(1): 58-61.

[64] THOMPSON CS, YAGI KJ, CHEN ZF, et al. The effects of octopamine on juvenile hormone biosynthesis, electrophysiology, and cAMP content of the corpora allata of the cockroach *Diploptera punctata* [J]. Journal of Comparative Physiology B, 1990, 160 (3):241-249.

[65] TSCHUDIREIN K, BENZ G. Mechanisms of Sperm Transfer in Female *Pieris brassicae* (Lepidoptera: Pieridae). Annals of the Entomological Society of America, 1990, 83(6): 1158-1164.

[66] UEYAMA M, FUYAMA Y. Enhanced cost of mating in female sterile mutants of *Drosophila melanogaster* [J]. Genes & Genetic Systems, 2003, 78(1):29-36.

[67] VAHED K. The function of nuptial feeding in insects: a review of empirical studies [J]. Biological Reviews, 1998, 73(1):43-78.

[68] WANG LP, SHEN J, GE LQ, et al. Insecticide-induced increase in the protein content of male accessory glands and its effect on the fecundity of females in the brown planthopper *Nilaparvata lugens* Stal (Hemiptera: Delphacidae) [J]. Crop Protection, 2010, 29(11):1280-1285.

[69] WANG Q, SHI G. Mating frequency, duration, and circadian mating rhythm of New Zealand wheat bug *Nysius huttoni* White (Heteroptera: Lygaeidae) [J]. New Zealand Entomologist, 2004, 27(1): 113-117.

[70] WANG XP, FANG YL, ZHANG ZN. Effect of male and female multiple mating on the fecundity, fertility, and longevity of diamondback moth, *Plutella xylostella* (L.) [J]. Journal of Applied Entomology, 2005, 129(1):39-42.

[71] WATANABE M, WIKLUND C, BON'NO M. The effect of repeated matings on sperm numbers in successive ejaculates of the cabbage white butterfly*Pieris rapae* (Lepidoptera: Pieridae) [J]. Journal of Insect Behavior, 1998, 11(4):559-570.

[72] WILSON TG, DEMOOR S, LEI J. Juvenile hormone involvement in*Drosophila melanogaster* male reproduction as suggested by the *Methoprene-tolerant*(27) mutant phenotype [J]. Insect Biochemistry and Molecular Biology, 2003, 33(12):1167-1175.

[73] WOLFNER MF. The gifts that keep on giving: physiological functions and evolutionary dynamics of male seminal proteins in *Drosophila* [J]. Heredity, 2002, 88(2):85-93.

[74] XU J, WANG Q. Seminal fluid reduces female longevity and stimulates egg production and sperm trigger oviposition in a moth [J]. Journal of Insect Physiology, 2011, 57(3): 385-390.

[75] YAGINUMA T, KAI H, HAPP GM. 20-Hydroxyecdysone accelerates the flow of cells into the G1 phase and the S phase in a male accessory gland of the mealworm pupa (*Tenebrio molitor*) [J]. Developmental Biology, 1988, 126(1):173-181.

[76] YAMAMOTO K, CHADAREVIAN A, PELLEGRINI M. Juvenile hormone action mediated in male accessory glands of*Drosophila* by calcium and kinase C [J]. Science, 1988, 239(4842):916-919.

[77] YANG FL, ZHU F, LEI CL. Insecticidal activities of garlic substances against adults of grain moth, *Sitotroga cerealella* (Lepidoptera: Gelechiidae) [J]. Insect Science, 2012, 19(2):205-212.

[78] YU JF, LI C, XU J, et al. Male Accessory Gland Secretions Modulate Female Post-Mating Behavior in the Moth *Spodoptera litura* [J]. Journal of Insect Behavior, 2014, 27 (1):105-116.

[79] YU YS, XUE S, WU JC, et al. Changes in Levels of Juvenile Hormone and Molting Hormone in Larvae and Adult Females of *Chilo suppressalis* (Lepidoptera: Pyralidae) after Imidacloprid Applications to Rice [J]. Journal of Economic Entomology, 2007, 100 (4):1188-1193.

[80] ZHOU KN, ZHANG SY, ZENG JP, et al. Reproductive behavior of the masson pine caterpillar, *Dendrolimus punctatus*, (Lepidoptera: Lasiocampidae) under laboratory conditions [J]. Applied Entomology and Zoology, 2016, 51(2):1-8.

第六章　大蒜精油活性物质对麦蛾交配后效应的调控研究

导　　论

前期研究发现，大蒜精油可用于麦蛾的防治，主要是通过交配干扰作用（Ma et al.，2016）以及产卵忌避作用（Yang et al.，2012）。0.015μl/L 二烯丙基三硫醚同时熏蒸处理麦蛾雌雄虫可导致雌虫交配次数减少，产卵量及卵受精率显著下降，且以该浓度处理 8h 后雌虫性信息素分泌量显著减少（见第二章）。研究麦蛾嗅觉行为时发现，环境中有大蒜精油主要活性成分二烯丙基三硫醚或二烯丙基二硫醚存在时，人工合成麦蛾雌虫性信息素对雄虫的引诱作用减弱，对雌虫的趋避效果也有所降低。这是因为大蒜精油活性物质与麦蛾气味结合蛋白 ScerPBP 的结合能力非常强，较高浓度的大蒜精油活性物质抑制了 ScerPBP 与雌虫性信息素的结合，从而干扰麦蛾交配行为，并导致雌虫产卵量下降（见第三章）。大蒜精油活性物质抑制麦蛾产卵的原因除了结合其气味结合蛋白，影响雌虫性信息素分泌，从而干扰其交配行为之外，还存在其他原因，比如调控精子、卵子的形成，调控雌雄虫的能量代谢，或者影响雄虫附腺内容物的成分和含量等，从而影响麦蛾的产卵量。

一、交配后效应

（一）交配

交配，也称作交尾，是成虫行为出现改变的转折点，更是两性生殖昆虫种群繁衍的关键点。交配是指昆虫性成熟后，与异性同种个体进行交尾的行为和过程。在经过性外激素、发光、鸣声等不同因子刺激后，雌雄个体进行求偶和配偶，雄虫通过射精将精液或精包传递至雌虫体内。不同种昆虫一生交配次数不同，有的可多次交配，有的仅能交配一次，雄虫交配次数常多于雌虫（程晓东，2011）。多次交配是多数昆虫在种群繁衍时常采用的交配模式，为了获取较高的生殖收益，昆虫不仅可以多次重复交配，还会与多个不同异性交配。雌虫进行多次交配的获益可分为两种假说（Hosken and Stockley,2003):一是物质利益,主要表现在获得更为丰富的营养物质用于生殖,避免其他雄虫骚扰,降低后代被捕食的风险;二是基因利益(Yasui,1998),表现为通过增加交配的次数获取足量的精子,增加后代基因的多样性,确保后代对环境的适应性(Zeh and Zeh,1996)。

多次交配会对雌虫的寿命、产卵量和卵孵化率造成不同程度的影响,同时多次交配行为也为雄虫提供了精子竞争的机会(周鹏等,2015)。通常雌虫寿命会伴随交配次数增加而降低,但也有个别种类雌虫寿命因此而增加(Ridley,2010),而多次交配后雌虫的产卵量通常多于仅交配一次的雌虫。精子竞争是指雌虫交配后,来自不同异性的精子在其体内竞争与卵结合受精的过程(Parker,2010)。交配史是精子竞争中一个重要的影响因素,这使得雄性在应对竞争时采取不同的精子投资对策。已有研究证明雄虫可以根据自身状态和配偶交配情况调整精子数目,高勇等(2006)对短翅鸣螽 *Gampsocleis gratiosa* 进行研究发现雄虫首次交配的射精量显著高于二次交配。

(二) 交配后效应

交配会导致雌虫的行为和生理出现剧烈变化,这种表现称为交配后效应。交配对雌虫的影响主要包括:影响雌虫体内精子保护、储藏的过程,影响精子活化和精子竞争,影响其生殖行为、能量代谢,影响产卵以及对卵的保护等(穆兰芳和董双林,2006)。对雌虫行为的影响表现在降低雌虫对雄虫的吸引力,对求偶雄性接受率下降(华荣胜等,2010),导致雌虫不再交配。在果蝇 *Drosophilidae* 中,雄性果蝇通过射精影响其配偶的生理和行为,常表现为交配后的雌性果蝇产卵量较高,对交配的接受度降低,寿命缩短等(Wolfner,1997)。在埃及伊蚊中,雄性附腺内含物随交配转移到雌性体内,雌虫寿命延长,卵受精率增加,取食行为和吸血量出现变化等(王荫长,2004)。

雄虫在交配过程中传递给雌虫,并导致其从处女雌虫行为转变为已交配雌虫的行为的物质,被统称为"交配因子"(司胜利和杜家纬,1999)。雄性附腺内容物,是主要组成部分。每次受精大约有50%的物质来自雄性附腺,50%来源于贮精囊,雄性附腺内容物包括蛋白质类、碳水化合物类、部分氨基酸、激素类等。其中,碳水化合物为精子保持活性、新陈代谢提供能量(何建平等,2006)。伴随着射精过程,雄性附腺内容物与精子一同传递到雌虫体内,导致雌虫行为及生理产生一系列变化(高洁等,2008)。雄性附腺蛋白导致的雌虫交配后反应持效期通常约为1d左右,长期影响其生殖行为则必须要有精子存在,即精子效应(高洁,2008)。

(三) 交配后效应的调节机制

昆虫"交配因子"多种多样,包括肽类物质、蜕皮激素及其类似物、保幼激素及其类似物以及前列腺素等。由于雄性附腺内容物组分复杂,以及昆虫种类的多样,导致

"交配因子"的传递路径和调节机制不尽相同。目前被广为接受的交配后效应调节机制可被分为两类:营养调节和激素调节,而激素调节又可被细分为保幼激素(Juvenile hormone,JH)调节、生殖因子调节、JH 和生殖因子协调作用(金朝阳,2001)。

营养调节理论主张雄性附腺内容物在传递到雌虫体内后,作为营养物质被雌虫吸收利用。特别是在营养胁迫时,雄虫提供的营养物质会影响雌虫生殖(Wheeler and Diana,1996)。随着研究的深入,激素调节理论逐渐成为主流观点。

JH 调节主要包括调控卵子发育成熟和产卵,调控性外激素合成和分泌,从而抑制雌虫进行再次交配。生殖因子调节指的是生殖因子随精液进入雌虫体内后,其中一部分通过阴道壁进入血淋巴,作用于雌虫咽侧体或其他靶标,从而调节交配后效应。也有理论认为,生殖因子也能调节 JH 的合成和代谢,从而实现协同调节的功能。

二、杀虫剂亚致死效应

一般评价杀虫剂防治效果时常用致死中量作为指标,但在施用过程中,杀虫剂在田间的毒力会随时间增加而减弱,且不同虫体接触到的剂量也多有差异,最终递减至亚致死剂量(李会仙等,2005)。亚致死剂量指的是,该剂量对昆虫个体有一定毒害作用,但不直接致死,昆虫仍具有一定的行为能力并能完成生长发育(Haynes,1988)。亚致死剂量通常是一个剂量区间,具体剂量值视研究方向及内容而定。亚致死剂量对昆虫生长发育、行为、生殖、代谢等过程产生的影响即亚致死效应。

(一) 杀虫剂对昆虫发育的亚致死效应

杀虫剂对昆虫生长发育的亚致死效应主要作用于发育历期、寿命、蛹重、化蛹率等。冯从经等(2008)发现亚致死浓度(LC_{30})双氧威会延缓玉米螟 5 龄幼虫发育,延长其发育历期,施用 LC_{30} 虫酰肼时,则会缩短其发育历期。亚致死剂量毒死蜱、吡虫啉、氯氟氰菊酯和硫丹均会导致中黑盲蝽成虫寿命的显著缩短(李国平等,2008)。亚致死剂量多杀菌素会显著延长小菜蛾幼虫发育历期,且历期随处理剂量的加大而逐渐延长,还会显著降低其蛹重(Yin et al,2008)。

(二) 杀虫剂对昆虫行为的亚致死效应

杀虫剂对昆虫生态行为的亚致死效应包括影响其取食行为,干扰其通讯行为等。朱砂叶螨对氧化乐果、氰戊菊酯、溴氰菊酯等药剂处理的植株有很强的忌避性(刘孝纯等,1998)。用亚致死剂量氯氰菊酯点滴处理棉蚜会显著增加其在叶片上行走的时间;改用硫丙磷处理后,棉蚜会更加兴奋,在叶片上行走的时间甚至会长于取食的时间(Kerns and Gaylor,1993)。对通讯行为的干扰主要是影响性信息素的合成及释放,影响昆虫求偶,干扰昆虫定位等。如亚致死剂量溴氰菊酯、马拉硫磷处理会干扰亚洲玉米螟的通讯系统，抑制雌蛾的求偶行为(杨智化和杜家纬，2003)。

(三) 杀虫剂对昆虫生殖的亚致死效应

杀虫剂对昆虫生殖行为的亚致死效应主要表现在影响交配成功率、繁殖力和卵孵化率等，且不同品种、不同剂量、不同施用方式的杀虫剂对昆虫生殖的亚致死效应不完全相同，通常有抑制生殖、刺激增殖、无明显影响三种。亚致死剂量吡虫啉、氯氰氰菊酯处理会导致中黑盲蝽产卵量下降(李国平等，2008)。然而，亚致死剂量杀虫剂刺激昆虫增殖的现象也常有出现。比如杀虫剂处理常引起褐飞虱 *Nilaparvata lugens* 再猖獗现象，其中一个主要原因就是刺激生殖。用亚致死剂量三唑磷(LD_{10})通过稻茎浸渍法处理其 3 龄若虫，会刺激最终存活的成虫产卵(庄永林等 1999)。小花蝽经过亚致死浓度的氯虫苯甲酰胺、吡蚜酮处理后，15d 内产卵量不受影响，净生殖率以及内禀增长率也无显著差异(Moscardini et al.，2013)。

(四) 杀虫剂对昆虫代谢的亚致死效应

目前已有报道表明杀虫剂对昆虫的代谢有刺激作用。亚致死浓度(LC_{10}、LC_{30})烯啶虫胺胁迫 12h 后，褐飞虱成虫及 5 龄若虫体内可溶性总糖含量、可溶性蛋白含量均显著高于对照(张洁等，2011)。在水稻上施用杀虫剂后，褐飞虱成虫及 5 龄若虫体内粗脂肪、可溶性总糖及游离氨基酸含量均显著升高(印建莉等，2008)。斜纹夜蛾 *Spodoptera litura* 血淋巴可溶性总糖、海藻糖含量随氟铃脲处理的剂量和时间的增加而上升(贺媛，2011)。甲氧虫酰肼处理能显著提高甜菜夜蛾 *Spodoptera exigua* 幼虫血淋巴中的可溶性总糖和蛋白质含量，并且随着处理浓度的增加而升高(张天澍等，2016b)。三唑磷、吡虫啉以及溴氰菊酯等杀虫剂亚致死剂量处理褐飞虱，可以增强其海藻糖酶活性，从而引起海藻糖含量下降(赵克非等，2011)。

三、海藻糖与海藻糖酶

昆虫生命活动所需要的能量主要由体内的能源物质提供。糖类、蛋白质以及脂类是昆虫生命活动过程中必需的能源物质。其中，糖类是昆虫生命活动和生长发育过程中消耗的最主要的能源物质，除了供组织进行常规的代谢活动之外，昆虫会将还原性糖转化为糖原和海藻糖进行储存(张洁等，2011)。糖原通常存在于昆虫的脂肪体内(Mayer and Candy，1969)，其次是在飞行肌中(Marrewijk et al.，1980)，海藻糖几乎遍布昆虫的各个组织，是血淋巴内的主要糖类。

(一) 海藻糖

昆虫体内的总糖包括葡萄糖、海藻糖、果糖、蔗糖、糖原、淀粉、麦芽糖等，这些碳水化合物可以为昆虫活动提供能量,调节体内细胞渗透压,与昆虫的生长发育息息相关。其中,海藻糖由于不具有游离的半缩羟基,结构十分稳定,且能以较高浓度存在于昆虫绝大部分的组织和器官中,被称为昆虫的血糖。海藻糖在生物体内的合成途径一共有五种,在昆虫中主要通过 TPS/TPP 途径合成,以葡萄糖为原料,由 6-磷酸海藻糖合成酶、磷酸海藻糖磷酸酶催化。在碳水化合物摄入不足时,也会以氨基酸为原料,通过糖异生合成葡萄糖,再进行合成(顾建华,2010)。

海藻糖是一种贮藏性糖类,也是应激代谢的重要产物。在昆虫血淋巴所含的糖类中,海藻糖占了约 80%～90%,海藻糖在昆虫摄取食物及平衡体内营养等环节都具有重要的调控作用(于彩虹等,2008)。海藻糖作为昆虫的能量储备,在机体需要时能够转化成葡萄糖,为生命活动提供能量,也可作为防冻剂、蛋白稳定剂等在保护昆虫免受逆境伤害,还能作为反馈调节物质影响昆虫对食物的选择。

(二)海藻糖酶

目前已有 4 种海藻糖分解途径在生物体内被发现,但在昆虫体内只存在一条途径,即由海藻糖酶特异性催化水解海藻糖为葡萄糖。由于海藻糖在昆虫体内非常稳定,只有海藻糖酶才能专一地将一分子海藻糖水解成为两分子葡萄糖(Klowden,2007),作为细胞进行糖酵解的原料,为组织和器官提供必需的能量,保证昆虫正常的生命活动。昆虫体内存在两种不同的海藻糖酶,几乎遍布全部组织,一种是可溶性海藻糖酶,存在于细胞内,另一种是膜结合性海藻糖酶,是一种跨膜蛋白(唐斌等,2012)。

作为昆虫体内唯一能催化海藻糖水解的酶,海藻糖酶与昆虫生长发育、维持稳态密不可分。大部分昆虫飞行所需的能量都依靠海藻糖酶分解海藻糖提供。海藻糖酶是昆虫几丁质合成通路中的第一个酶,在保证昆虫生理活动中起着关键作用(张倩等,2012)。另外,海藻糖酶还会影响昆虫生殖细胞发育,与昆虫的正常生长和交配繁殖息息相关。

四、本章节的目的与意义

本章节以麦蛾雄虫为处理对象,通过观察雌虫的交配后效应,主要通过生殖行为和能量代谢变化来间接反映,探究亚致死浓度大蒜精油活性物质对麦蛾雄虫生殖能力的调控机制,最终明确亚致死浓度大蒜精油活性物质抑制麦蛾产卵的根本原因,从而为麦蛾的绿色防治提供新的思路和理论依据。

第一节　大蒜精油活性物质对麦蛾生殖行为的调控

植物精油对昆虫的生理和行为具有调控作用，常通过忌避、触杀等形式在害虫防治中发挥作用(Regnault-Roger，1997)。已有大量文献报道了大蒜精油具有极强的杀虫活性，且其主要活性物质是具有挥发性的含硫化合物(Kimbaris et al.，2008，Yang et al.，2009，Yang et al.，2010)。Yang 等(2012)研究发现大蒜精油活性物质对麦蛾具有产卵忌避作用。

前期研究发现大蒜精油活性物质熏蒸处理麦蛾雌雄虫后，其交配次数、产卵量、卵受精率均被显著抑制(见第一章)，但至今还未明确大蒜精油活性物质抑制麦蛾产卵的调控机制。基于前期的研究基础，本章节拟以麦蛾雄虫为处理对象，通过观察处理后的雄虫及与其交配的雌虫的生殖行为，进一步明确亚致死浓度大蒜精油活性物质对麦蛾雄虫生殖能力的调控作用。

一、实验材料和方法

(一) 供试昆虫

实验所用麦蛾为实验室长期饲养品系，于圆底透明玻璃瓶(高 10cm，半径 4cm)内群养，在瓶内装约 2cm 厚完整无虫孔麦粒，置于温度(28±1)℃，相对湿度 75%±5%，光周期 14L：10D 人工气候箱饲养。挑取含有蛹的麦粒于指形管中单独饲养，此后逐日检查，挑取初羽化处女蛾，区分雌雄后备用。

(二) 仪器设备及主要试剂

1. 仪器设备

SZM 系列体视显微镜(舜宇仪器有限公司)；维纳斯剪 54138B(苏州六六视觉科技股份有限公司)、直平台系结镊 53320A(苏州医疗器械总厂)；智能人工气候箱 HP 400GS(武汉瑞华仪器设备有限责任公司)；电热恒温鼓风干燥箱 DGH140(武汉瑞华仪器设备有限责任公司)。

2. 主要试剂

大蒜精油活性物质：二烯丙基三硫醚(diallyl trisulfide，DT)(成都西亚化工股份有限公司，纯度 98%)；丙酮(国药集团化学试剂有限公司，分析纯)。

(三) 实验方法

参考第二章中筛选到的亚致死浓度(LC_{10} = 0.010μl/L 空气)作为本章中的处理浓度,具体方法如下:取羽化时间为 12h 的雄性麦蛾,放入体积为 1L 的广口瓶中,广口瓶盖内壁黏贴滤纸条,将总量 10μl 的浓度为 0.10%的大蒜精油活性物质丙酮溶液滴加在滤纸条上,在室温自由挥发 2min 后盖紧瓶盖,此时丙酮已完全挥发,且第二章已验证丙酮处理对麦蛾无显著影响。广口瓶内大蒜精油活性物质浓度为 0.010μl/L 空气。将广口瓶置于温度(28±1)℃,湿度 75%的人工气候箱内,黑暗处理 7h。以空白处理作为对照。熏蒸结束后将单头雄性麦蛾移入指形管中备用。挑选初羽化处女雌虫,单头放置于指形管中备用。

1. 大蒜精油活性物质处理麦蛾雄虫对生殖行为的调控

将亚致死浓度大蒜精油活性物质熏蒸处理后的麦蛾雄虫与 1 日龄的处女雌虫一一配对,置于放有折叠滤纸的罐头瓶(直径 8cm,高 10cm,总体积 500ml)中,置于相同条件的人工气候箱内进行交配试验。由于前期实验发现麦蛾仅在暗期进行交配,因此本实验的观察仅在暗期进行,光期不进行观察。进入暗期后每半个小时观察并记录交配情况。连续观察 5 天。待雌虫死亡后,解剖雌虫,记录其体内的精包数,并统计滤纸上的产卵量。实验设 3 组重复,每组 20 对试虫。

2. 大蒜精油活性物质处理麦蛾雄虫对再交配行为的调控

将处理后的雄虫与 1 日龄的处女雌虫一一配对,观察交配情况。在处理当天发生交配的试虫,待其交配完成后,移除处理雄虫,保留雌虫。在第二个暗期开始前,引入未经处理且未交配的雄虫,与之进行再交配试验,置于放有折叠滤纸的罐头瓶中,置于人工气候箱内进行交配试验。进入暗期后每半个小时观察并记录交配情况。连续观察 5 天。待雌虫死亡后,解剖雌虫,记录其体内的精包数,并统计滤纸上的产卵量。实验设 3 组重复,每组 20 对试虫。

将处理后的雄虫与 1 日龄的处女雌虫一一配对,观察交配情况。在处理当天发生交配的试虫,待其交配完成后,移除雌虫,保留处理雄虫。在第二个暗期开始前,引入 1 日龄处女雌虫进行再交配试验,置于放有折叠滤纸的罐头瓶中,置于人工气候箱内进行交配试验。进入暗期后每半个小时观察并记录交配情况,连续观察 5 天。待雌虫死亡后,解剖雌虫,记录其体内的精包数,并统计滤纸上的产卵量。

3. 交配对麦蛾雌虫求偶的调控

将处理后的雄虫与羽化 3～4h 的处女雌虫一一配对,观察交配情况。当天发生交配的试虫,交配完成后,移除处理雄虫,保留雌虫。将雌虫单头放置于指形管中,设置相同羽化时间处女雌虫为对照。在第二个暗期开始时,每隔 1h 用红光手电观察雌虫的求偶行为，记录开始和结束时间，以雌蛾腹部末端露出黄褐色的产卵器及腺体作为求偶行为的标准。观察自进入暗期前开始，直至进入光期，连续观察 5 天。实验设 3 组重复，每组 20 对试虫。

4. 不同雌雄比例生殖行为的调控

将处理后的雄虫与 1 日龄的处女雌虫一一配对，观察交配情况。在处理当天发生交配的试虫，待其交配完成后，移除处理雄虫，保留雌虫。引入未经处理且未交配的雄虫，设置雌雄比例为 1∶1，1∶3，∶1∶5，置于放有折叠滤纸的罐头瓶中，置于人工气候箱内进行交配试验。进入暗期后每半个小时观察并记录试虫交配情况。连续观察 5 天。待雌虫死亡后，解剖雌虫，记录其体内的精包数，并统计滤纸上的产卵量。实验设 3 组重复，每组 20 对试虫。

(四) 数据处理

数据处理使用 SPSS 19.0 数据统计分析软件，进行独立样本 T 检验方法分析、One-Way ANOVA 分析，作图使用 GraphPad Prism 5。

二、结果与分析

(一) 大蒜精油活性物质处理麦蛾雄虫对生殖行为的调控

1. 大蒜精油活性物质处理麦蛾雄虫对其交配率的影响

观察亚致死浓度 DT 熏蒸处理雄虫与雌虫的交配情况，待雌虫自然死亡后，解剖雌虫，交配囊内有精包的雌虫即视为交配成功，记录交配成功的雌虫数目，统计各组试虫 5 天内的总交配率。经比较发现，DT 熏蒸处理雄虫，其 5 天内的总交配率为 83.33%±3.33%，略低于未处理雄虫的总交配率(93.94%±3.03%)，但两者间差异不显著(P=0.078)(图 6-1)。

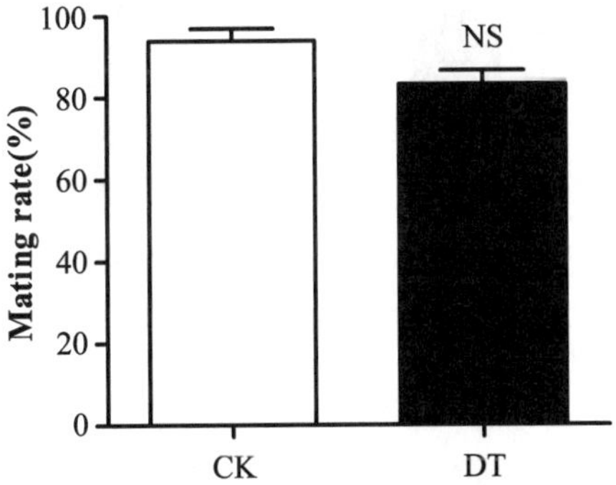

图 6-1　麦蛾 5 天内交配率

注：CK：对照组；DT：大蒜精油活性物质处理组；图中数值均为均值±标准误；NS 表示无显著差异(t 检验)。

2. 大蒜精油活性物质处理麦蛾雄虫对其交配次数的影响

统计雌虫体内的精包颈数量,计算雌虫5天内的交配次数。经比较发现,DT熏蒸处理雄虫,其5天内的交配次数为(1.87±0.08)次,未处理雄虫为(2.06±0.09)次,两者间无显著差异(P=0.191)(图6-2)。

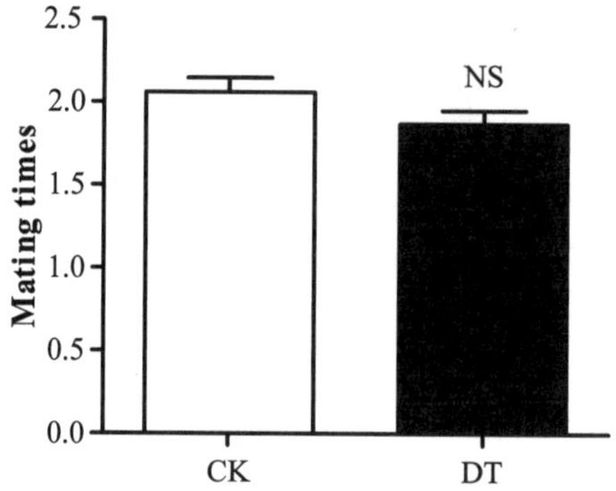

图6-2 麦蛾5天内交配次数

注:CK:对照组;DT:大蒜精油活性物质处理组;图中数值均为均值±标准误;NS表示无显著差异(t检验)。

3. 大蒜精油活性物质处理麦蛾雄虫对交配持续时间的影响

经比较发现,无论是第一次交配,还是第二次交配,DT处理雄虫交配持续时间[(4.17±0.06)h,(4.20±0.06)h]均显著长于对照[(3.39±0.05)h,(3.23±0.04)h](P=0.001,P<0.001)。同一处理组两次交配持续时间无显著差异(P=0.063,P=0.718)。(图6-3)

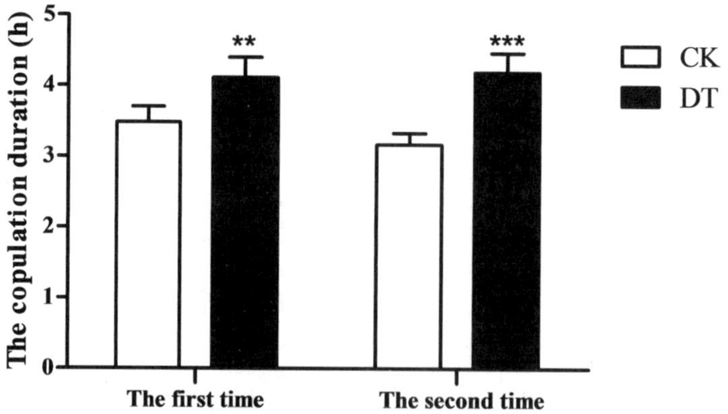

图6-3 麦蛾交配持续时间

注:CK:对照组;DT:大蒜精油活性物质处理组;图中数值均为均值±标准误;** 表示P<0.01;*** 表示P<0.001(t检验)。

4. 大蒜精油活性物质处理麦蛾雄虫对雌虫产卵量的影响

统计雌虫产卵量发现(图 6-4)，与 DT 处理雄虫交配的雌虫产卵量为(47.60±1.01)粒/雌，显著少于与 CK 雄虫交配的雌虫[(54.70±1.29)粒/雌；$P=0.012$]。该结果表明，0.010μl/L DT 熏蒸处理，在对麦蛾雄虫交配率、交配次数无显著影响的前提下，仍能抑制与之交配的雌虫产卵。并且，CK 组孵化率为 90.48%，DT 组孵化率为 82.61%，对照组孵化率略高于处理组，但两者的差异并不显著($P=0.241$)。

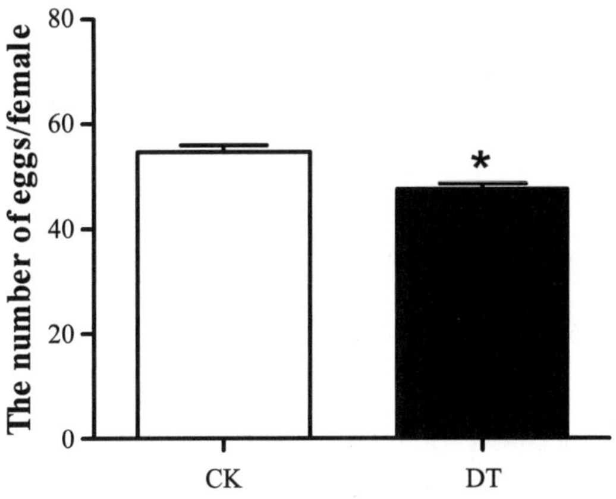

图 6-4　麦蛾产卵量

注：CK：对照组；DT：大蒜精油活性物质处理组；图中数值均为均值±标准误；* 表示 $P<0.05$(t 检验)。

(二) 大蒜精油活性物质处理麦蛾雄虫对再交配生殖行为的调控

1. 大蒜精油活性物质处理麦蛾雄虫对雌虫再交配的调控

1) 大蒜精油活性物质处理麦蛾雄虫对雌虫再交配率的影响

待雌虫与亚致死浓度大蒜精油活性物质熏蒸处理雄虫交配完成后，移除处理雄虫，引入未经处理且未交配的雄虫，与雌虫进行再交配试验，统计每日的交配率(第四天和第五天交配的试虫较少，样本不具代表性，不做分析)。结果表明(图 6-5)：两组试虫在三天内的交配率都呈现先上升再下降的趋势，均在更换雄虫后的第二日达到了最大值($F=202.240$，df=2，$P<0.001$；$F=87.162$，df=2，$P<0.001$)。

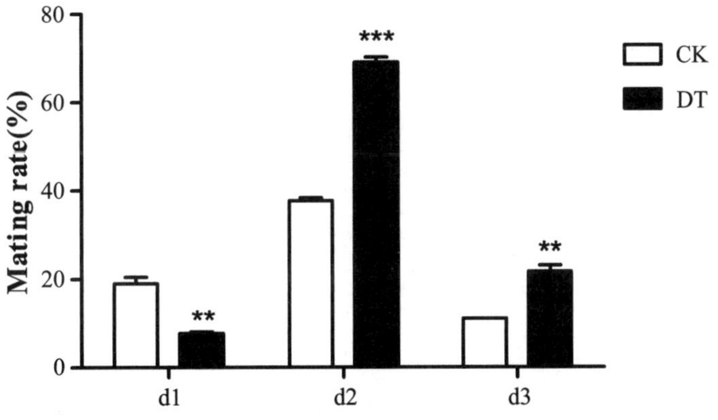

图 6-5　麦蛾雌虫交配率

注：CK：与空白对照雄虫交配的雌虫；DT：与大蒜精油活性物质处理雄虫交配的雌虫；图中数值均为均值±标准误；** 表示 $P<0.01$，*** 表示 $P<0.001$(t 检验)。

统计更换雄虫后雌虫首日的交配率,DT 组雌虫交配率为 7.67%±1.67%,显著低于 CK 组雌虫(19.33%±1.20%;P=0.005);第二天,雌虫的交配率均有所上升,尤其是 DT 组雌虫迅速回升,交配率达到了 69.00%±1.16%,极显著高于 CK 组(37.67%±0.67%;P<0.001);第三天,两组雌虫的交配率均显著下降,但 DT 组雌虫交配率为 21.67%±1.45%,显著高于 CK 组雌虫(11.00%±0.00%;P=0.002)。

2) 大蒜精油活性物质处理麦蛾雄虫对雌虫再交配节律的影响

待雌虫与亚致死浓度大蒜精油活性物质熏蒸处理雄虫交配完成后,移除处理雄虫,引入未经处理且未交配的雄虫,与雌虫进行再交配试验,统计交配节率。结果表明(图 6-6):第一天,两组试虫的交配率较低,其中 CK 组试虫在进入暗期 9 小时达到了交配高峰,而 DT 组试虫则在进入暗期 7 小时就已经达到了交配高峰;第二天,两组试虫的交配率略高于第一天,DT 组试虫在进入暗期 8 小时就达到了交配高峰,比对照组提前 1 小时,与第一天的趋势基本相同,可明显发现在前两天内,与 DT 雄虫有交配史的雌虫,比对照组提前达到交配高峰;第三天,两组试虫的交配率出现回落,且均在进入暗期 8 小时达到高峰,说明首次交配对雌虫交配节律的影响已不再明显;第四天,两组试虫几乎不进行交配,节律不明显。

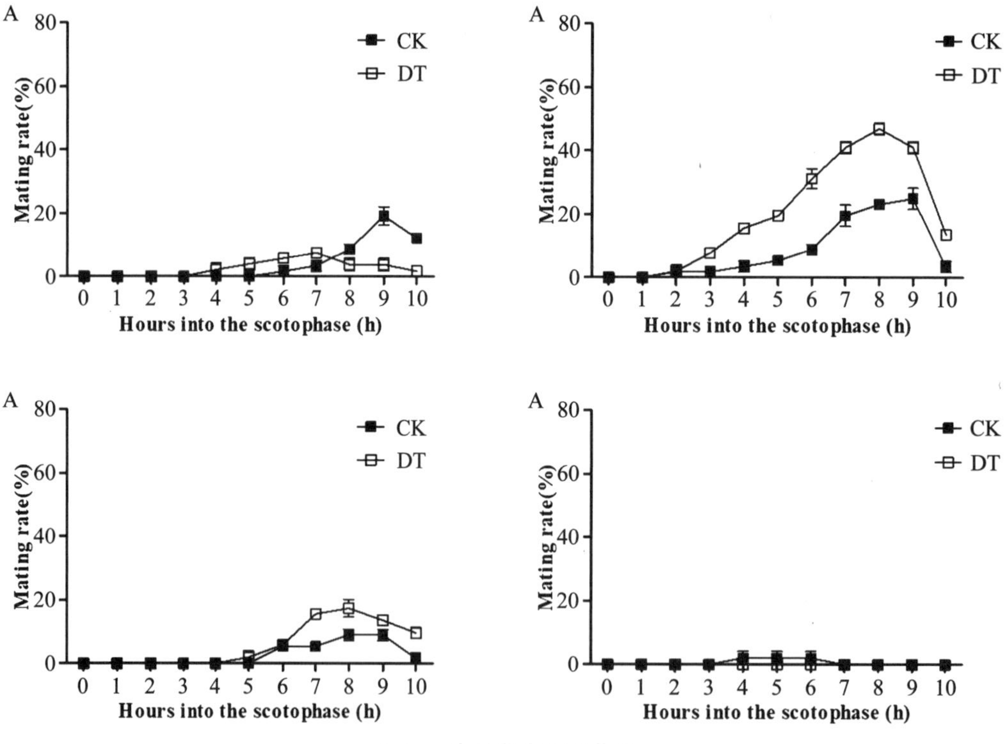

图 6-6　麦蛾雌虫交配节律

A. 第一天;B. 第二天;C. 第三天;D. 第四天

注:CK:对照组;DT:大蒜精油活性物质处理组。

3）大蒜精油活性物质处理麦蛾雄虫对雌虫再交配次数的影响

通过对麦蛾雌虫再交配次数的分析发现，在移去第一次交配的雄虫并引入未交配的雄虫后，与DT雄虫有过交配史的雌虫，与正常雄虫的再交配次数为(2.24±0.15)次，显著高于CK组雌虫[(0.83±0.10)次，$P<0.001$](图6-7)。

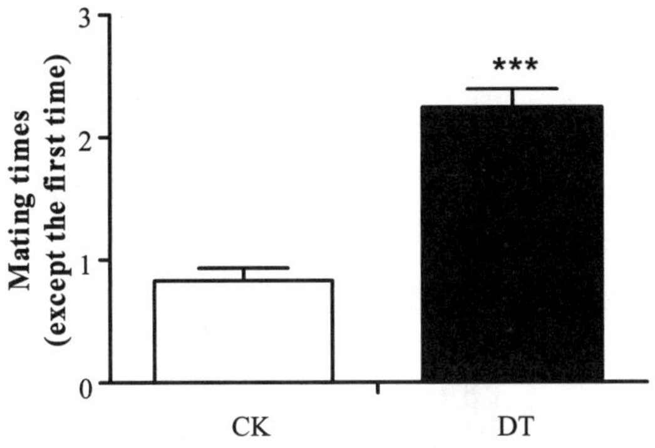

图6-7 麦蛾雌虫再交配次数

注：CK：对照组；DT：大蒜精油活性物质处理组；图中数值均为均值±标准误；*** 表示 $P<0.001$(t 检验)。

将更换雄虫组与不更换组的再交配次数进行比较，发现雌虫与DT处理雄虫交配后，与正常雄虫的再交配次数为(2.24±0.15)次，显著高于继续与处理雄虫交配的雌虫[(1.03±0.21次)；$P<0.01$]。而更换雄虫对CK组雌虫的再交配次数影响不大($P=0.123$)。

4）大蒜精油活性物质处理麦蛾雄虫对雌虫再交配持续时间的影响

待雌虫与亚致死浓度DT熏蒸处理雄虫交配完成后，移去雄虫，引入未交配且未处理的雄虫，当雌虫与新引入的正常雄虫进行再交配时，统计其交配持续时间(图6-8)。结果发现，更换雄虫后，CK组雌虫交配持续时间为(2.48±0.23)h，显著低于DT组雌虫[(3.40±0.23)h，$P=0.006$]。

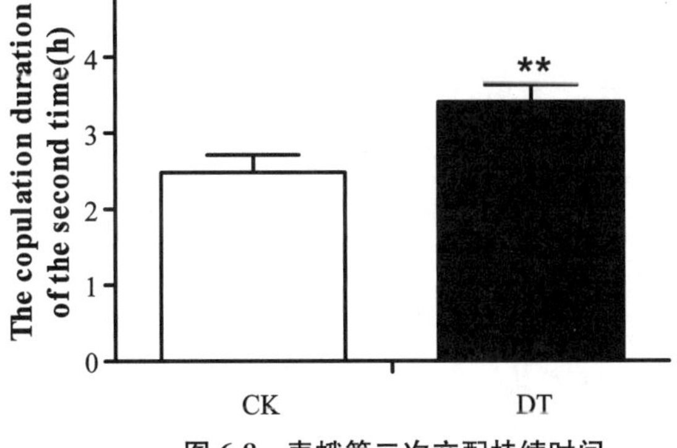

图6-8 麦蛾第二次交配持续时间

注：CK：对照组；DT：大蒜精油活性物质处理组；图中数值均为均值±标准误；** 表示 $P<0.01$(t 检验)。

5) 大蒜精油活性物质处理麦蛾雄虫对多次交配雌虫产卵量的影响

统计(体内精包数≥2)的雌虫产卵量。结果发现,与DT处理雄虫交配过一次的雌虫,在与未处理正常雄虫进行再交配后,其产卵量为(75.83±8.07)粒/雌,与CK雄虫交配过一次的雌虫,再交配后,其产卵量为(77.34±6.43)粒/雌,两者之间差异不显著($P=0.886$)(图6-9)。

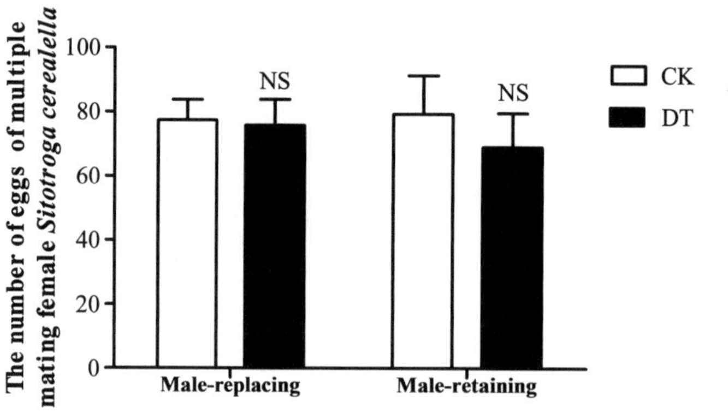

图6-9 多次交配的麦蛾雌虫产卵量

注:CK:对照组;DT:大蒜精油活性物质处理组;图中数值均为均值±标准误;NS表示无显著差异(t检验)。

同时对与同一雄虫重复交配的雌虫产卵量进行统计,并与多次交配的雌虫产卵量进行比较。在不移去第一次交配的雄虫时,雌虫与DT处理雄虫重复交配后,其产卵量为(69.06±10.58)粒/雌,低于CK组[(79.28±12.13)粒/雌],但未达到显著水平($P=0.535$)。在移去DT处理雄虫后,雌虫与未处理正常雄虫进行交配后,DT组雌虫的产卵量略有增加,但未达到显著水平($P=0.571$)。

2. 大蒜精油活性物质处理麦蛾雄虫对雄虫再交配的调控

1) 大蒜精油活性物质处理麦蛾雄虫对雄虫再交配率的影响

待亚致死浓度大蒜精油活性物质处理雄虫完成一次交配后,移去雌虫,引入处女雌虫进行再交配试验。统计雄虫再交配率发现,两组雄虫再交配率呈逐日下降趋势,且同一处理组内差异极显著($F=67.604$,df=2,$P<0.001$;$F=94.722$,df=2,$P<0.001$)(图6-10)。第一天DT处理雄虫的再交配率为71.33%±3.76%,CK雄虫的再交配率为60.67%±2.33%,差异不显著($P=0.073$);从第二天开始,两组雄虫的再交配率均逐渐下降,亦无明显差异($P=0.590$,$P=0.051$)。

2) 大蒜精油活性物质处理麦蛾雄虫对雄虫再交配节律的影响

统计引入羽化3~4h的处女雌虫后两组雄虫每日的交配节率(第五天几乎没有试虫交配,不做分析),结果发现(图6-11):第一天DT雄虫的交配高峰出现滞后于对照组,CK组试虫在进入暗期的第6h达到了高峰,而DT组试虫直到进入暗期的第7h

才达到交配高峰；第二天，两组试虫的交配率略低于前一天，但 DT 组交配高峰期则提前于对照组，DT 组试虫在进入暗期的第 6h 就已达到交配高峰，而 CK 组试虫在第 9h 达到了高峰；第三天，两组试虫的交配率继续降低，CK 组试虫在进入暗期第 6h 达到了交配高峰，而 DT 组试虫在进入暗期第 8h 达到高峰；第四天，只有 CK 组试虫出现交配行为，而 DT 组雄虫未出现交配行为。

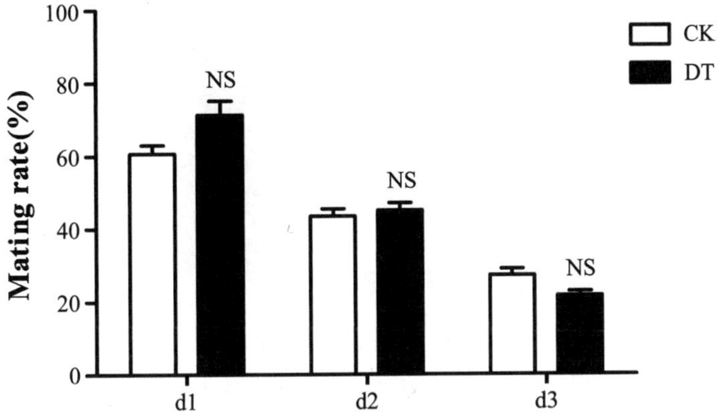

图 6-10　麦蛾雄虫交配率

注：CK：对照组；DT：大蒜精油活性物质处理组；图中数值均为均值±标准误；NS 表示无显著差异（*t* 检验）。

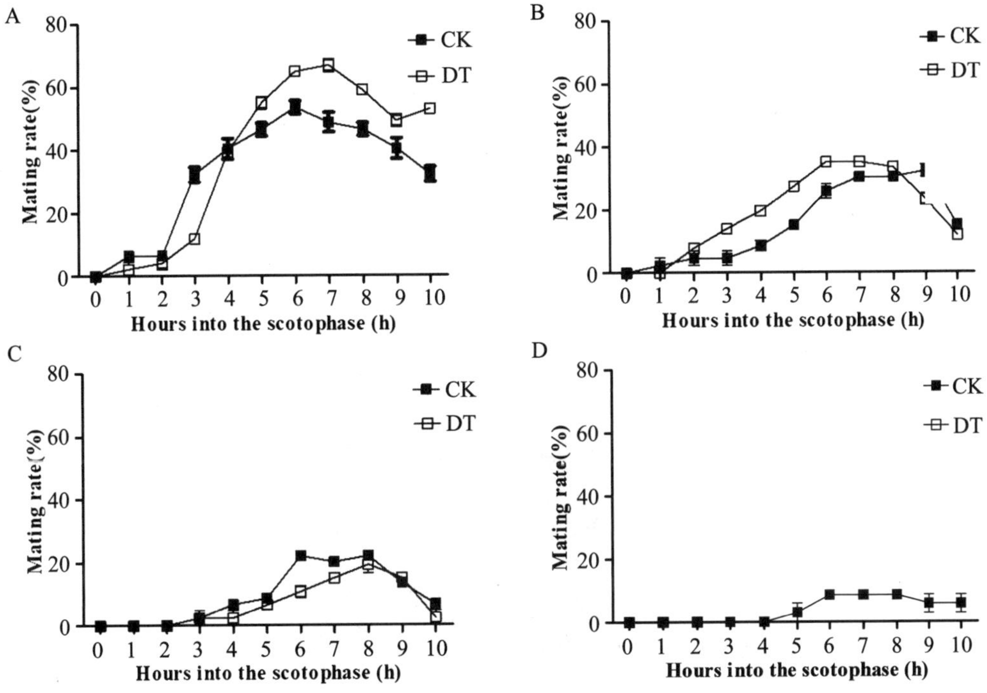

图 6-11　麦蛾雄虫交配节律

A. 第一天；B. 第二天；C. 第三天；D. 第四天

注：CK：对照组；DT：大蒜精油活性物质处理组。

3）大蒜精油活性物质处理麦蛾雄虫对雄虫再交配次数的影响

统计两组雄虫的再交配次数,结果发现:CK 组再交配次数为(1.31±0.15)次,DT 组再交配次数为(1.37±0.14)次,两者差异不显著(P=0.770)。(图 6-12)

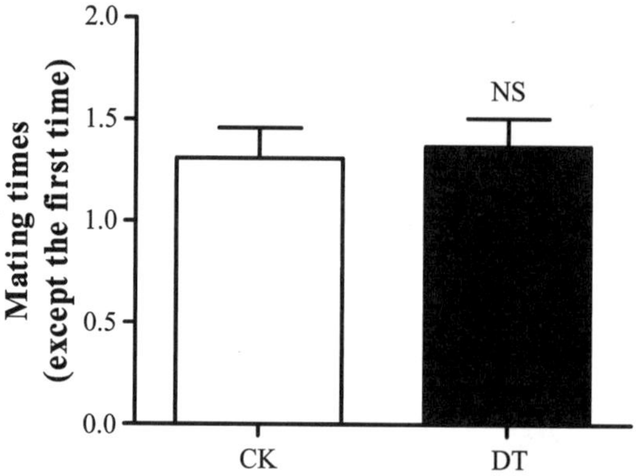

图 6-12　麦蛾雄虫再交配次数

注:CK:对照组;DT:大蒜精油活性物质处理组;图中数值均为均值±标准误;NS 表示无显著差异(t 检验)。

4）大蒜精油活性物质处理麦蛾雄虫对雄虫再交配持续时间的影响

对雄虫再交配的时长进行统计分析发现:移除首次与之交配的雌虫后,雄虫与处女雌虫再交配时,CK 雄虫的第二次交配时长为(5.61±0.32)h(图 6-13),与 DT 雄虫[(5.49±0.28)h]差异不显著(P=0.781);而第三次交配时,DT 雄虫交配持续时间为(4.90±0.34)h,显著长于 CK 雄虫[(3.44±0.26)h;P=0.002];此外,CK 雄虫第三次交配时长显著短于第二次(P<0.001),而 DT 雄虫两次交配持续时长差异不显著(P=0.206)。

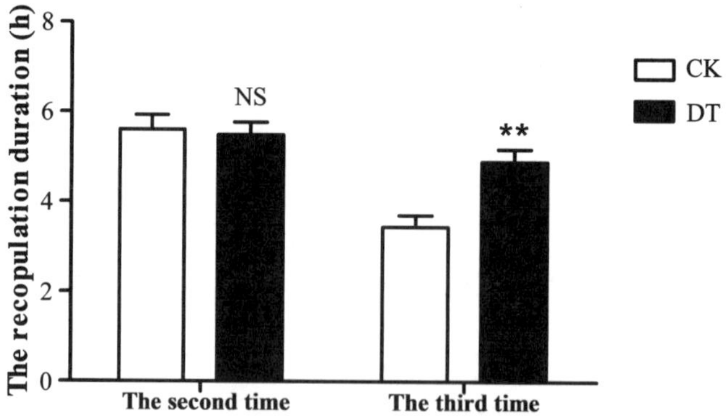

图 6-13　麦蛾雄虫再交配持续时间

注:CK:对照组;DT:大蒜精油活性物质处理组;图中数值均为均值±标准误;NS 表示无显著差异,** 表示 P<0.01(t 检验)。

5）大蒜精油活性物质处理麦蛾雄虫对与之再交配的雌虫产卵量的影响

待雌虫与亚致死浓度大蒜精油活性物质熏蒸处理雄虫交配完成后，移去雌虫，引入羽化 3～4h 的处女雌虫，统计交配次数超过一次的雌虫的产卵量。结果表明：雄虫再次交配时，CK 组雌虫产卵量为（61.89±7.39）粒/雌，DT 组雌虫产卵量为（66.68±6.27）粒/雌，两者之间无显著差异（$P=0.621$）。（图 6-14）

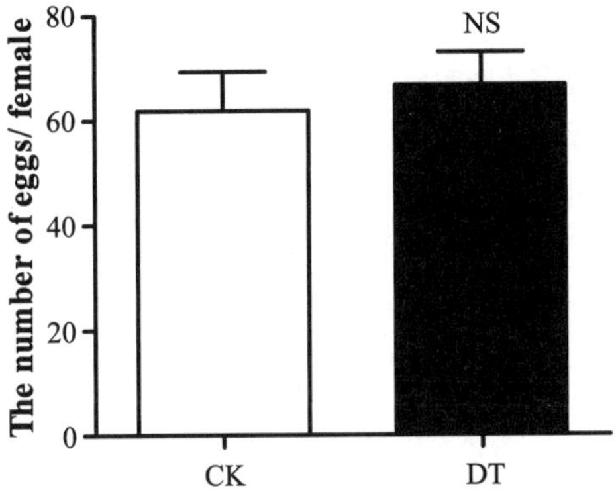

图 6-14　雄虫再交配的配偶产卵量

注：CK：对照组；DT：大蒜精油活性物质处理组；图中数值均为均值±标准误；NS 表示无显著差异（t 检验）。

（三）交配对麦蛾雌虫求偶的调控

1. 交配对麦蛾雌虫求偶率的影响

观察处女雌虫、与 CK 雄虫交配的雌虫以及与 DT 处理雄虫交配的雌虫在 5 天内的求偶行为，同时统计 5 天内各组雌虫的求偶率，具体结果见表 6-1。

表 6-1 显示的三组雌虫每日的求偶率中，处女雌虫的求偶率始终保持在 80%左右，显著高于其他组雌虫。第一天，与 CK 雄虫交配过的雌虫的求偶率远低于其他各组，且各组间的求偶率均存在显著差异（$F=519.290$，$df=2$，$P<0.001$），求偶率由高到低依次为处女雌虫、与 DT 雄虫交配过的雌虫、与 CK 雄虫交配过的雌虫；第二天，各组雌虫的求偶率均显著高于首日，各组间的求偶率差异显著，与首日保持一致（$F=230.818$，$df=2$，$P<0.001$）；第三天，与 CK 雄虫交配过的雌虫求偶率显著上升，与 DT 雄虫交配过的雌虫求偶率下降，两者的求偶率比较接近，差异不显著，而处女雌虫的求偶率依旧居高不下，显著高于前两组（$F=125.129$，$df=2$，$P<0.001$）；第四天，处女雌虫的求偶率仍显著高于其他组，与 DT 雄虫交配过的雌虫求偶率最低，略低于与 CK 雄虫交配过的雌虫，三者之间差异极显著（$F=485.266$，$df=2$，$P<0.001$）；第五天，处女雌虫的求偶率仍保持在 80.67%，显著高于其他两组，三者之间差异极显著（$F=74.865$，$df=2$，$P<0.001$）。

表 6-1 麦蛾雌虫 5 天内求偶率

处理	求偶率(%)				
	第一天	第二天	第三天	第四天	第五天
V	76.67±1.33Ac	86.00±2.00Bc	83.33±2.33ABb	85.33±2.19Bc	80.67±0.33ABb
CK	12.00±1.53Aa	28.00±2.00Ba	48.00±1.00Ca	31.00±1.53Bb	12.67±2.67Aa
DT	23.33±1.67Ab	53.00±1.73Bb	50.00±1.73Ba	23.00±0.00Aa	26.67±6.67Aa

注:V:处女雌虫;CK:与对照组雄虫交配的雌虫;DT:与大蒜精油活性物质处理组雄虫交配的雌虫;同行数据后标有不同大写字母表示不同天数间经 One-way ANOVA 分析差异显著($P<0.05$);同列数据后标有不同小写字母表示不同处理间经 One-way ANOVA 分析差异显著($P<0.05$)。

同时,对不同处理组的 5 天内求偶率变化进行分析,发现处女雌虫的求偶率先增加,之后趋于平稳,而另外两组有过交配行为的雌虫的求偶率呈现先上升后降低的趋势。处女雌虫第二天的求偶率达到了最大值,显著高于第一天($F=4.524$,df=4,$P=0.024$);与 CK 雄虫交配过的雌虫在第三天达到了最大值,显著高于其他天数($F=66.026$,df=4,$P<0.01$);与 DT 雄虫交配过的雌虫在第二天达到了最大值,显著高于其余天数($F=21.099$,df=4,$P<0.01$)。这说明交配不仅会降低雌虫的求偶率,还会延迟雌虫的求偶行为的出现。而 DT 处理雄虫交配过的雌虫先于与 CK 雄虫交配过的雌虫达到了最大求偶率,可以认为这是雌虫作出的一种补偿反应,比正常交配的雌虫更早开始求偶,以获得更多的交配机会。

2. 交配对麦蛾雌虫求偶节律的影响

观察处女雌虫、与 CK 雄虫交配的雌虫以及与 DT 处理雄虫交配的雌虫在 5 天内的求偶行为(图 6-15),结果表明,雌虫在进入暗期之后才逐渐表现出求偶行为,在暗期结束后停止求偶。观察雌虫 5 天内每小时的求偶行为,分析每日的求偶节律。

图 6-15A 为雌虫第一天的求偶节律,各组雌虫的求偶率随进入暗期的时间逐渐提高,达到求偶高峰后趋于稳定,并在暗期结束后停止求偶。处女雌虫在进入暗期 1h 就表现出了求偶行为,且求偶率迅速增加,而有过交配经历的雌虫在进入暗期 7h 才有求偶行为。三组雌虫中,处女雌虫在进入暗期 5h 首先达到了求偶高峰,求偶率为 69.33%,但与 CK 雄虫交配的雌虫及与 DT 交配的雌虫均在进入暗期 9h 才达到高峰,但求偶率较低,分别为 12.00%和 23.00%。

图 6-15B 为第二天的求偶节律,雌虫的求偶率仍表现为随进入暗期的时间逐渐提高,达到求偶高峰后趋于稳定,并在暗期结束后停止。处女雌虫在暗期一开始就表现出了求偶行为,而其他两组有过交配史的雌虫均在进入暗期 3h 才有求偶行为。3 组雌虫中,处女雌虫在进入暗期 5h 首先达到了求偶高峰,且求偶率高达 82.67%;与 CK 雄虫交配的雌虫在进入暗期 9h 达到了求偶高峰,求偶率仅为 28.00%;而与

DT 雄虫交配的雌虫在进入暗期 8h 达到了求偶高峰，求偶率为 51.00%。

图 6-15C 为第三天求偶节律，各组雌虫的求偶行为与前两日具有相似的表现趋势。三组雌虫均在进入暗期 8h 达到了求偶高峰，其中处女雌虫求偶率为 83.33%，且在进入暗期 6h 就已经达到了 79.00%，与 CK 雄虫交配的雌虫求偶率为 48.00%，而与 DT 交配的雌虫求偶率为 50.00%。

图 6-15D 为第四天求偶节律，各组雌虫的求偶节律趋势与前几日相似。其中，处女雌虫仍保持较高的增长率，而与雄虫交配过的雌虫的求偶率与增长率均比较低：处女雌虫在进入暗期 7h 达到了求偶高峰，求偶率为 85.33%，且在进入暗期 6h 求偶率已经达到了 83.00%；与 CK 雄虫交配的雌虫也在进入暗期 7h 达到了求偶高峰，但其求偶率仅为 27.33%；与 DT 交配的雌虫在进入暗期 6h 达到了求偶高峰，求偶率为 20.33%。

图 6-15E 为第五天求偶节律。此时大部分雌虫均已死亡，存活的雌虫仍表现出与前几日相似的求偶趋势，处女雌虫求偶率的增长率依旧远高于其他组：处女雌虫在进入暗期 5h 达到了求偶高峰，求偶率为 75.33%；与 CK 雄虫交配的雌虫在进入暗期 6h 达到了求偶高峰，求偶率为 13.00%；与 DT 交配的雌虫也在进入暗期 6h 达到了求偶高峰，求偶率为 20.00%。

总之，处女雌蛾求偶率远高于有过交配经历的雌蛾，这也进一步印证了在上一小节所提出的交配会抑制雌虫求偶行为发生的结论。此外，除了第四天部分时间外，在其余时间，与 DT 雄虫交配过的雌虫的求偶率均高于与 CK 雄虫交配过的雌虫。

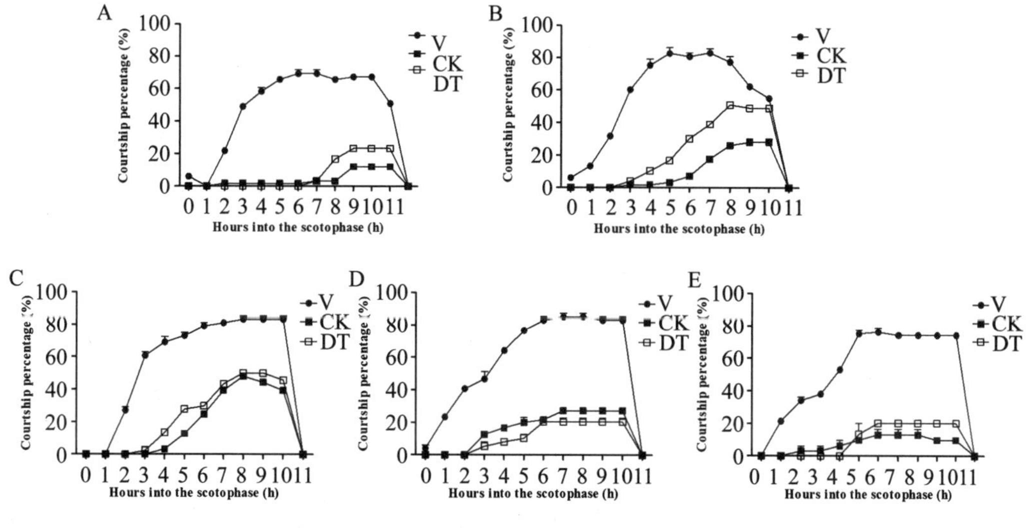

图 6-15　麦蛾雌虫求偶节律

A. 第一天；B. 第二天；C. 第三天；D. 第四天；E. 第五天

注：V：处女雌虫；CK：与对照组雄虫交配的雌虫；DT：与大蒜精油活性物质处理组雄虫交配的雌虫。

(四) 不同雌雄比例生殖行为的调控

1. 麦蛾 5 天内交配率

雌虫与亚致死浓度大蒜精油活性物质熏蒸处理雄虫成功交配一次后,移除处理雄虫,引入未经处理且未交配的雄虫,设置雌雄比例为 1∶1,1∶3,1∶5,观察麦蛾再交配情况并统计每日的交配率(图 6-16)。结果表明:

(1) 雌雄比例为 1∶1 的试虫,在首个暗期,与 DT 雄虫交配过的雌虫交配率仅 7.67%±0.58%,显著低于 CK 组(19.33%±1.20%;$P=0.005$);在第二个暗期,两组试虫交配率上升,DT 组上升尤为明显,交配率达到了 69.00%±1.16%,极显著高于 CK 组(37.67%±0.67%;$P<0.001$);第三个暗期,两组试虫交配率均下降,但 DT 组试虫交配率仍极显著高于 CK 组(11.00%±0.00%;$P=0.002$);在第四个暗期,两组试虫交配率仍继续下降,DT 组中未观察到交配行为,低于 CK 组(2.00%±2.00%),但其差异未达显著水平($P=0.423$);第五个暗期,两组试虫交配率极低,无显著差异($P=0.423$)。

(2) 雌雄比例为 1∶3 的试虫,其交配率均呈现逐日下降的趋势,但与 DT 交配过的雌虫交配率在第二个暗期有所上升。在首个暗期,两组试虫的交配率均超过 65%,差异未达到显著水平($P=0.300$);在第二个暗期,之前与 DT 雄虫交配过的雌虫的交配率为 77.67%±0.68%,达到了 5 天内的峰值,且与 CK 组差异极显著(58.33%±2.73%;$P=0.002$);在第三个和第四个暗期时,DT 组试虫交配率极显著高于 CK 组($P=0.003$, $P=0.005$);进入第五个暗期,两组试虫交配率较低,未出现明显差异($P=0.458$)。

(3) 雌雄比例为 1∶5 时,在前三个暗期内,各处理组间交配率均无显著差异($P=0.462$, $P=0.073$, $P=0.678$);但在第四个暗期时,DT 组试虫交配率(29.00%±2.00%)显著高于对照组(20.33%±2.33%),差异显著($P=0.048$);在第五个暗期,两组试虫的交配率无明显差异($P=0.469$)。

在设置的三组不同比例中,雌雄比例为 1∶1 和 1∶5 的试虫的交配率在 5 天内均呈现先上升后降低,在第二天达到峰值的规律。而雌雄比例为 1∶3 的试虫中,与 DT 雄虫交配过的雌虫也表现出了相同的变化趋势,对照组的交配率则逐日降低。

与 CK 雄虫交配过的雌虫,在首个暗期,雌雄比例为 1∶1 时交配率显著低于其余比例,但后两组间无显著差异($F=71.301$, $df=2$, $P<0.001$);在第二、第三个暗期,其交配率随雄虫比例增加而显著提高($F=58.696$, $df=2$, $P<0.001$;$F=221.156$, $df=2$, $P<0.001$);在第四、第五个暗期,雌雄比例为 1∶1 时交配率显著低于其余比例,但雄虫比例较高的两组间无显著差异($F=23.922$, $df=2$, $P=0.001$;$F=381.500$, $df=2$, $P<0.001$)。

与DT雄虫交配过的雌虫，在首个暗期，雌雄比例为1∶1的试虫交配率显著低于雄虫比例较高的两组($F=169.574$，df=2，$P<0.001$)；在第二个暗期，雌雄比例为1:3时交配率显著高于另两组，雌雄比例为1:1和1:5两组间无显著差异($F=35.314$，df=2，$P<0.001$)；在第三个和第四个暗期，雌雄比例为1:1的试虫交配率显著低于雄虫比例较高的两个组($F=36.583$，df=2，$P<0.001$；$F=121.320$，df=2，$P<0.001$)；在第五个暗期，各比例组交配率无明显差异($F=0.141$，df=2，$P=0.871$)。

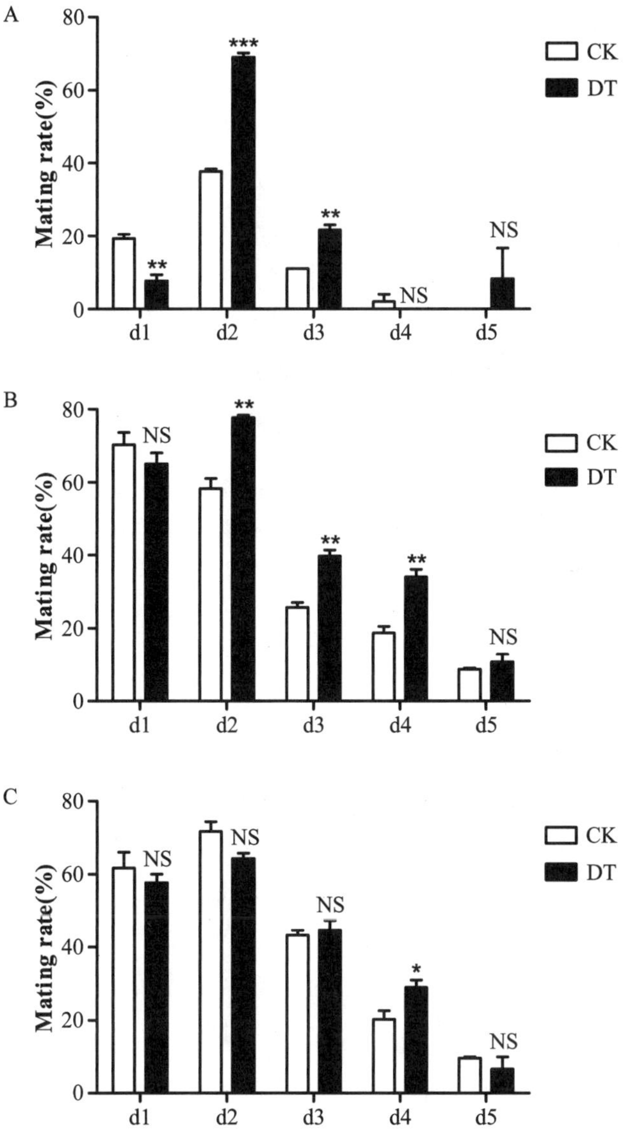

图6-16 不同雌雄比例麦蛾5天内交配率

A. 雌雄比例1∶1；B. 雌雄比例1∶3；C. 雌雄比例1∶5

注：CK：对照组；DT：大蒜精油活性物质处理组；图中数值均为均值±标准误；NS表示无显著差异，* 表示 $P<0.05$，** 表示 $P<0.01$(t检验)。

2. 麦蛾5天内再交配次数

统计雌虫在5天内与未处理雄虫的再交配次数,结果表明:雌雄比例为1∶1时,两组试虫的再交配次数无显著差异($P=0.072$);雌雄比例为1∶3时,DT组试虫的再交配次数为(2.24±0.15)次,显著多于CK组试虫[(1.73±0.15)次,$P=0.021$];雌雄比例为1∶5时,各组的再交配次数无显著差异($P=0.709$)。无论是何种处理,雌雄比例为1∶1时,其再交配次数均显著低于雌雄比例为1∶3、1∶5时($F=18.799$,df=2,$P<0.001$;$F=18.083$,df=2,$P<0.001$),综合来看,在雌雄比例为1∶3时,试虫再交配次数最多(图6-17)。

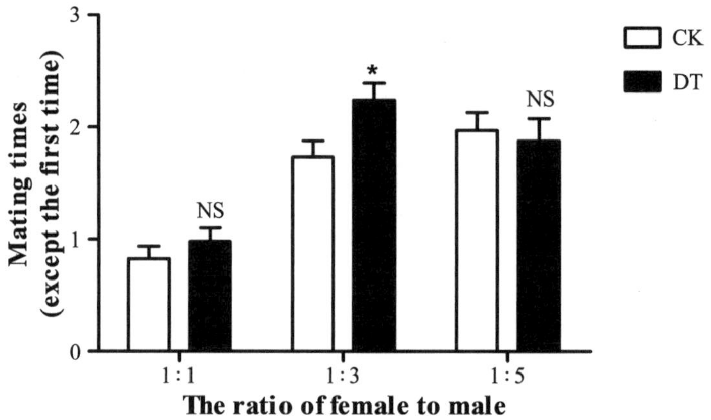

图6-17 不同雌雄比例麦蛾再交配次数

注:CK:对照组;DT:大蒜精油活性物质处理组;图中数值均为均值±标准误;NS表示无显著差异,* 表示 $P<0.05$(t 检验)。

3. 产卵量

统计各组雌虫产卵量,结果表明:雌雄比例为1∶1时,DT组雌虫的产卵量为(62.69±6.34)粒/雌,显著低于对照组[(80.48±4.37)粒/雌;$P=0.022$];雌雄比例为1∶3和1∶5时,各组产卵量无明显差异($P=0.521$,$P=0.579$)。此外,CK组雌虫在雌雄比例为1∶1时的产卵量与另两组产卵量无显著差异,但雌雄比为1∶5时的产卵量显著低于雌雄比1∶3时($F=3.738$,df=2,$P=0.026$);然而DT组雌虫在雌雄比为1∶1和1∶5时的产卵量均显著低于1∶3时($F=7.445$,df=2,$P=0.001$)。在雌雄比例为1∶1时,与DT雄虫的交配行为对雌虫产卵的抑制效果最为明显(图6-18)。

三、小结与讨论

昆虫产卵量下降可能是由多个因素导致的,如配偶定位、求偶行为、交配行为、产卵过程和相关的生理调节过程，例如精子的形成、精子的活性、精液中雄性附腺内容物的分泌、卵子的形成、排卵过程以及卵子受精等(Haynes,1988)。本章节结果表明，0.010μl/L 的大蒜精油活性物质熏蒸处理不影响麦蛾雄虫交配行为(如 5 天内交配率、交配次数)，仍能抑制与之交配的雌虫产卵，导致雌虫产卵量下降，但对卵孵化率无明显影响。

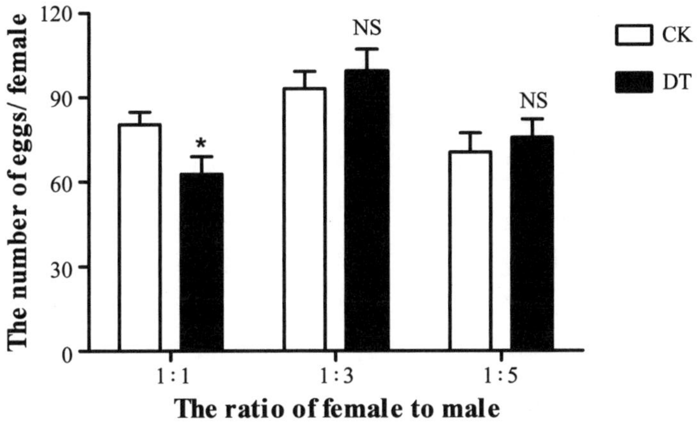

图 6-18　不同雌雄比例麦蛾产卵量

注：CK：对照组；DT：大蒜精油活性物质处理组；图中数值均为均值±标准误；NS 表示无显著差异，* 表示 $P<0.05$(t 检验)。

在交配过程中，雄性附腺内容物伴随着精液转移至雌虫体内，其中附腺功能蛋白是调控雌虫交配后效应的主要物质。麦蛾雌虫与亚致死浓度 DT 处理雄虫成功交配后，与正常雄虫进行再交配时，其交配率、交配次数、交配持续时间等指标都有所上升，且显著高于对照组，可能是受首次交配所接受的 DT 处理雄虫的精液及附腺内容物所调控，但多次交配后雌虫产卵量与对照无显著差异。这可能正是雌虫的生殖补偿方式表现所在：为了阻止 DT 处理雄虫附腺内容物对自身生殖再次产生影响，雌虫调整自身生殖行为，如提高交配率、交配次数，延长交配持续时间等，最终使其产卵量与对照无显著差异。DT 处理雄虫成功交配后，与处女雌虫进行再交配，其交配率、交配次数均和对照组无显著差异，最终两组雌虫的产卵量无显著差异。这可能是由于处理雄虫在第一次交配时将受处理影响的附腺内容物全部转移到雌虫体内，经过调整恢复后，其再交配行为与对照相比并无显著差异。

研究表明亚致死浓度久效磷处理会损害细小色矛线虫 *Chromadorina germanica* 精巢，导致精子质量下降(王摆等,2009)；低剂量吡虫啉处理褐飞虱雄虫会引起精氨酸含量变化(徐海伟,2008)，这些都有可能调控雌虫产卵量。推测 DT 熏蒸处理会导致麦蛾雄虫精子质量下降，影响雄性附腺内容物的含量和质量，而雄虫在首次交配时将这些质量较差的精子和附腺内容物大量转移到了雌虫体内，在下一次交配前，雄虫形成了新的精子并重新合成积累附腺内容物。结合试验结果推断,与大蒜精油活性物质处理雄虫交配对雌虫的产卵抑制作用,在雄虫进行的首次交配中最为明显,当雄虫再交配时,由于其精子和附腺内容物已重新合成积累,恢复至未交配水平,对雌虫的产卵抑制效果不再显著。雌虫在与其他雄虫交配后,接受了来自另一雄虫的精子和附腺内容物,随着时间推移,产卵抑制效果也不再显著。

在异色瓢虫 *Harmonia axyridis* 中,与不同雄虫的多次交配会提高雌虫的产卵量,而与同一雄虫重复交配的雌虫和单次交配的雌虫产卵量差异并不显著(杨洪等,2012)。多次交配是指单个雌虫与多个雄虫进行交配,雌虫体内含有来自不同雄虫的精子,存在着精子竞争现象;雌虫与同一雄虫进行几次交配只能称为重复交配,其体内的精子为单一雄虫所传递,不存在精子竞争。不同雄虫精子的竞争可能是导致麦蛾雌虫产卵量存在差异的原因之一。雄虫在应对激烈的精子竞争时会采用不同的精子投资策略(Gage and Barnard,1996)。雄虫通常会通过增加射精量、增加精子的保护结构等措施,获得对雌虫卵子的受精权。交配史是精子竞争过程中关键性的影响因素,特别是首次交配,在昆虫繁殖过程中至关重要,已有研究表明雄虫可以根据自身以及配偶的交配情况调整射精量(Gage,1991)。高勇等发现短翅鸣螽雄虫首次交配时的射精量显著高于第二次交配,猜测首次交配的雄虫会释放全部精子,有过交配经历的雄虫则会根据自身情况调整射精量为后续交配做准备(高勇和康乐,2006)。推测在麦蛾中也同样存在着精子竞争,且麦蛾雄虫可能也会控制射精量,DT 处理雄虫在第一次交配时可能将质量较差的精子全部转移至雌虫体内,导致与其交配的雌虫产卵量显著低于对照。与 DT 雄虫交配过一次的雌虫在后续与未处理雄虫的再交配过程中,体内具有来自不同雄虫的精子,且这些精子最终通过相互间的竞争使得多次交配的雌虫产卵量与对照雌虫无异;DT 雄虫在进行后续交配时,可能形成了新的精子或是通过调整射精量等不同的投资策略,使得与之进行再交配的雌虫产卵量与对照雌虫无异。

亚致死浓度大蒜精油活性物质处理麦蛾雄虫,会对其交配节律产生一定的干扰,影响其交配高峰的出现。试验结果表明,交配会抑制雌虫求偶行为,而雌虫与大蒜精油活性物质熏蒸处理雄虫交配后,其求偶率虽低于处女雌虫,但高于与对照交配的雌虫,并且先于对照达到当日的交配高峰。

在不同的雌雄比例中,雌雄比例为 1∶1 和 1∶5 的麦蛾试虫在 5 天内的交配率均呈现先上升后降低,在第二天达到峰值的规律;雌雄比例为 1∶3 的试虫中,与 DT 雄虫交配过的雌虫交配率在第二个暗期上升后开始降低,对照组的交配率逐日降低。两组试虫交配率、交配次数均表现出随雄虫比例增加而上升的趋势,但在雄虫比例较高的两组内并不总是存在显著差异。综合来看,在雌雄比例为 1∶3 时,试虫再交配次数最多,产卵量最多。雄虫比例较高时,各处理组的产卵量无明显差异。在雌雄比例为 1∶1 时,与 DT 雄虫的交配行为对雌虫产卵的抑制效果最为明显。

由此我们推测:麦蛾体内可能存在生殖补偿机制,雌虫接受了DT处理雄虫的精子及附腺分泌物后,通过提高交配率、增加交配次数等途径,弥补DT雄虫传递的"交配因子"的缺陷。此外,与DT雄虫交配过的雌虫在与未处理雄虫再交配后,处女雌虫与有过交配史的DT雄虫交配后,这些雌虫的产卵量均与对照相近,除了精子竞争外,也很有可能是由生殖补偿机制调控。总而言之,与亚致死浓度大蒜精油活性物质处理麦蛾雄虫交配,会导致雌虫产卵量显著下降,且产卵抑制作用在雄虫熏蒸处理后首次交配的雌虫中表现最为显著,在雌雄虫后续的各自交配过程中,该抑制作用明显被削弱。导致这一现象的原因可能是亚致死浓度大蒜精油活性物质熏蒸处理导致雄虫的精子质量和附腺内容物的含量和质量下降,而这些物质可能在首次交配时大量转移至雌虫体内,之后雄虫体内重新合成积累这些物质,且含量和质量有所恢复。但亚致死浓度大蒜精油活性物质处理雄虫对与之交配的雌虫后续的求偶率、交配率、交配次数以及雌雄虫后续的交配节律存在一定的调控作用。

第二节 大蒜精油活性物质对麦蛾能量代谢的调控

昆虫的生命活动离不开糖类、蛋白质以及脂类等能源物质。昆虫除了常规的能量代谢活动之外,还会以糖原和海藻糖等形式将葡萄糖储存起来以备不时之需。

昆虫的能量代谢受各种因素调控,其中杀虫剂胁迫也会刺激昆虫代谢。常见的杀虫剂,如吡虫啉、三唑磷、甲氧虫酰肼等,均被报道会加快昆虫的能量代谢,影响昆虫体内可溶性总糖、蛋白质含量等(赵克非等,2011,张天澍等,2016)。

昆虫的生殖也与能量物质息息相关。尤其是在交配过程中,雄虫会通过射精,将附腺内容物一同转移到雌虫体内,从而引起雌虫行为和生理的变化。这些物质组分复杂,功能多样,调节雌虫交配后效应(金朝阳,2001)。

本章节对麦蛾雌雄虫的能量代谢指标进行测定,并对海藻糖酶基因表达模式进行分析,同时测定了交配前后麦蛾雌雄虫内生殖器的可溶性总糖含量与蛋白含量,探究亚致死浓度大蒜精油活性物质熏蒸处理对雄虫以及对与之交配雌虫的能量代谢的调控。

一、实验材料和方法

(一) 供试昆虫

同本章第一节。

(二)仪器设备及主要试剂

1. 仪器设备

SZM 系列体视显微镜(舜宇仪器有限公司);维纳斯剪 54138B(苏州六六视觉科技股份有限公司);直平台系结镊 53320A(苏州医疗器械总厂);Neofuge 13R 台式高速冷冻离心机(上海力申科学仪器有限公司);Spark 酶标仪(上海帝肯贸易有限公司);凝胶成像仪 Gel Doc XR Plus(BIO-rad,USA);水平式核酸电泳仪 Power Station AE-8450(ATTO,Japana);核酸蛋白测定仪 Biophotometer(Eppendorf,Germany);实时荧光定量 PCR 仪(BIO-rad,USA)。

2. 主要试剂

大蒜精油活性物质:二烯丙基三硫醚(diallyl trisulfide,DT)(成都西亚化工股份有限公司,纯度 98%);丙酮(国药集团化学试剂有限公司,分析纯);BCA 蛋白试剂盒(Biosharp);糖原含量试剂盒(苏州科铭生物技术有限公司);海藻糖含量试剂盒(苏州科铭生物技术有限公司);蒽酮(国药集团化学试剂有限公司);浓硫酸(国药集团化学试剂有限公司);磷酸缓冲液(pH=7.4);三氯乙酸(国药集团化学试剂有限公司);葡萄糖标准品(MACKLIN);海藻糖标准品(MACKLIN);RNA 小量提取试剂盒 RN07(北京艾德莱生物科技有限公司);TaqDNA 聚合酶(TaKaRa);引物(上海生工生物工程有限公司);PrimeScript RT reagent Kit With gDNA Eraser (Perfect Real Time)(TaKaRa);SYBR Premix Ex TaqII (Perfect Real Time) (TaKaRa)。

(三)实验方法

参考第二章中筛选到的亚致死浓度(LC_{10}=0.010μl/L 空气)作为本节的处理浓度,具体方法如下:取羽化 12h 雄性麦蛾,放入体积为 1L 的广口瓶中,广口瓶盖内壁黏贴滤纸条,将总量 10μl 的浓度为 0.10%的 DT 溶液滴加在滤纸条上,自由挥发 2min 后盖紧瓶盖,此时丙酮已完全挥发,广口瓶内 DT 浓度为 0.010μl/L 空气。将广口瓶置于温度(28±1)℃湿度 75%的人工气候箱内,黑暗处理 7h。以空白处理作为对照(第二章中已验证丙酮处理对麦蛾无显著影响)。熏蒸结束后将单头雄性麦蛾移入指形管中备用。挑选初羽化处女雌虫,单头放置于指形管中备用。

1. 麦蛾雄虫交配前后蛋白含量

将处理后的雄虫与羽化 3~4h 的处女雌虫一一配对,置于指形管中进行交配。以空白处理为对照。每隔半小时观察一次雌虫的求偶行为与试虫的交配情况,在一次交配完成后,将雄虫和雌虫分开,用于取样。

取交配完成的麦蛾雄虫,收集于液氮预冷的离心管中,在盛有液氮的容器中进行研磨，用PBS缓冲液冲洗研磨杵，合并洗液转入离心管。PBS缓冲液用量为100μl每虫。待测样品置于−20℃冰箱保存。以相同处理未交配的成虫作为对照。

取交配完成的麦蛾雄虫，解剖出雄虫的内生殖器，收集于液氮预冷的离心管中，在盛有液氮的容器中进行研磨，用PBS缓冲液冲洗研磨杵，合并洗液转入离心管。PBS缓冲液用量为20μl每虫。待测样品置于−20℃冰箱保存。以相同处理未交配雄虫的内生殖器作为对照。实验设5组重复，每组10头试虫。

标准曲线的制备：以5mg/ml BSA标准溶液配置成终浓度为0、2、125、250、500、750、1000、1500和2000mg/ml的BSA标准测定溶液，取20μl标准测定溶液，加入200μl BCA工作液混匀，37℃水浴30min。测定标准品在562nm处的吸光度，并绘制标准曲线。

样品的制备与测定：将待测样品在2500r/min、4℃条件下离心10min，收集上清液。测定步骤同上，记录样品在562nm处的吸光度。

2. 麦蛾雌虫交配前后蛋白含量

处理方法同上。

所取样品分别为麦蛾雌虫整虫、麦蛾雌虫内生殖器。

测定方法同上。

3. 麦蛾雄虫交配前后可溶性总糖含量

处理、取样方法同上。

标准曲线的制备：取2.0ml离心管，分别加入100μg/ml葡萄糖标准溶液0、200、400、600、800、1000μl，混合均匀，不足1000μl者以PBS补足体积到1000μl，离心混匀，每个离心管中再加入1000μl的10%三氯乙酸溶液，混匀后室温静置5min，2500rpm，离心5min。将5ml玻璃试管置于冰上预冷，加入200μl上清液，再加入0.2%硫酸—蒽酮试剂800μl，轻甩5次混匀。沸水浴显色10min。冰水冷却20min。用无酶枪头吸取200μl反应后溶液于96孔板中，用酶标仪测定吸光度A_{628}。绘制标准曲线。

样品的制备与测定：将待测样品2500rpm，离心10min，吸取所有上清液于1.5ml离心管中。取上清液，加入同等体积的10%三氯乙酸溶液。5000rpm，离心5分钟。测定步骤同上。

4. 麦蛾雌虫交配前后可溶性总糖含量

处理、取样方法同上。

测定方法同上。

5. 麦蛾雄虫交配前后糖原含量

糖原含量测定采用苏州科铭生物技术有限公司试剂盒。

工作液的配制：在试剂二中倒入6ml蒸馏水，缓慢倒入24ml浓硫酸，充分溶解混匀后使用。

标准曲线的制备:取 2.0ml 离心管,分别加入 100μg/ml 葡萄糖标准溶液 0、200、400、600、800、1000μl,混合均匀,不足 1000μl 者以 PBS 补足体积到 1000μl,离心混匀,混匀后室温静置 5min,2500rpm,离心 5min。将 5ml 玻璃试管置于冰上预冷,加入 200μl 上清液,再加入工作液 800μl,轻甩 5 次混匀。95℃水浴显色 10min,冷却。用无酶枪头吸取 200μl 反应后溶液于 96 孔板中,用酶标仪测定吸光度 A_{620}。绘制标准曲线。

样品的制备与测定:试虫处理方法同上。

取交配完成的麦蛾雄虫,收集于液氮预冷的离心管中,在盛有液氮的容器中进行研磨,用试剂盒内的试剂一冲洗研磨杵,合并洗液转入离心管。试剂一用量为 100μl 每虫。以相同处理未交配的成虫作为对照。8000rpm,离心 10min,吸取所有上清液于 1.5ml 离心管中,即为待测样品。测定步骤同上。

6. 麦蛾雌虫交配前后糖原含量

试虫处理方法同上。所用样本为麦蛾雌虫整虫。

测定方法同上。

7. 麦蛾雄虫交配前后海藻糖含量

海藻糖含量测定采用苏州科铭生物技术有限公司试剂盒。

工作液的配制:在试剂一中倒入 3.75ml 蒸馏水,缓慢倒入 21.25ml 浓硫酸,充分溶解混匀后使用。

标准曲线的制备:取 2.0ml 离心管,分别加入 100μg/ml 海藻糖标准溶液 0、200、400、600、800、1000μl,混合均匀,不足 1000μl 者以 PBS 补足体积到 1000μl,离心混匀,混匀后室温静置 5min,2500rpm,离心 5min。将 5ml 玻璃试管置于冰上预冷,加入 200μl 上清液,再加入工作液 800μl,轻甩 5 次混匀。95℃水浴显色 10min,冷却。用无酶枪头吸取 200μl 反应后溶液于 96 孔板中,用酶标仪测定吸光度 A_{620}。绘制标准曲线。

样品的制备与测定:试虫处理方法同上。

取交配完成的麦蛾雄虫,收集于液氮预冷的离心管中,在盛有液氮的容器中进行研磨,用试剂盒内的提取液冲洗研磨杵,合并洗液转入离心管。提取液用量为 100μl 每虫。以相同处理未交配的成虫作为对照。8000rpm,离心 10min,吸取所有上清液于 1.5ml 离心管中,即为待测样品。测定步骤同上。

8. 麦蛾雌虫交配前后海藻糖含量

试虫处理方法同上。所用样本为麦蛾雌虫整虫。

测定方法同上。

9. 麦蛾雄虫交配前后海藻糖酶活性

海藻糖酶活性测定采用苏州科铭生物技术有限公司试剂盒。

工作液的配制：将试剂二和试剂三 1∶1 等体积混合，充分溶解混匀后使用。

样品的制备与测定：试虫处理方法同上。取交配完成的麦蛾雄虫，收集于液氮预冷的离心管中。以相同处理的未交配麦蛾雄虫为对照。按照组织质量(g)：提取液体积(ml)为 1∶10 的比例，冰浴中匀浆。8000rpm，4℃离心 10min，取上清，置冰上待测。实验设 5 组重复，每组 50 头试虫。

测定时设置测定管与对照管，每一测定管均设置一个对照管。在两管中均加入 30μl 待测样品，在测定管中加入 50μl 试剂一，在对照管中加入 50μl 蒸馏水，混合均匀后，45℃水浴 15min，95℃水浴 5min 后终止反应，得到混合液。分别取测定管与对照管中的混合液上清 20μl，分别加入 180μl 工作液，混匀后置于 25℃保温 15min，测定样品在 505nm 波长下的吸光度。

10. 麦蛾雌虫交配前后海藻糖酶活性

试虫处理方法同上。所用样本为麦蛾雌虫整虫。测定方法同上。

11. 麦蛾海藻糖酶基因表达量

1) RNA 提取

(1) 试虫处理方法同上。将麦蛾放入液氮预冷的研钵中，加入液氮，快速研磨组织，期间不断加入液氮，直至研磨成粉末状。实验设 3 组重复，每组 10 头试虫。

(2) 将粉末迅速转移至含有 1000μl Trizol 的无酶离心管中，涡旋振荡 5s，室温静置 5～15min。

(3) 吸取 500μl 上清至新的无酶离心管。

(4) 加入 200μl 氯仿，剧烈振荡 15s，充分混匀，室温静置 5min。

(5) 4℃，12000rpm 离心 15min，吸取 500μl 无色上清至新的离心管中。

(6) 加入等体积异丙醇，上下颠倒，充分混匀，4℃，12000rpm，离心 10min。

(7) 弃上清，加入 1000μl，−20℃预冷的 75%乙醇，上下颠倒，清洗沉淀，12000rpm，4℃，离心 5min。重复一次。

(8) 弃上清，4℃，12000rpm，离心 1min，用枪头吸取残液，将离心管置于通风橱中室温干燥 3min。加入 50μl RNase free ddH_2O 水溶解沉淀。

(9) 检测 RNA 浓度，琼脂糖电泳检测 RNA 提取质量，−80℃保存 RNA。

2) 反转录 cDNA

采用翊圣生物科技有限公司的反转录试剂盒。操作步骤如下。

(1) 残留基因组 DNA 去除。

RNase free ddH_2O	To 10μl

5×gDNA digester Buffer	2μl
gDNA digester	1μl
模板 RNA	1ng

42℃孵育 2min

(2) 反转录反应体系。

第一步的反应液	10μl
2×Hifair™2 II superMix plus	10μl

(3) 反应程序。

42℃	15min
85℃	2min

3) 麦蛾海藻糖酶基因 *Treh* 表达量测定

基于本实验室建立的麦蛾无参转录组数据，筛选注释为麦蛾海藻糖酶的 Unigene 序列，利用 Primer Premier 5.0 软件设计引物，将反转录得到的 cDNA 稀释 25 倍作为模板，对海藻糖酶基因 *Treh* 表达量进行 qRT-PCR 分析，每个样品重复 5 次，以鳞翅目昆虫甘油醛-3-磷酸脱氢酶基因（glyceraldehyde-3-phosphate dehydrogenase，GAPDH）为内参基因。

(1) 引物序列。

Treh-F：CGATGCTGCGATTACTGCAC

Treh-R：AAGTCTCCACGATGTCGCAC

GAPDH-F：CCATCAAGCAAAAGGTAAGGGAGG

GAPDH-R：TTGATGAGTGCGTGTCACCGAT

(2) 荧光定量 PCR 体系为 10μl。

SYBR Premix Ex Taq II (2×)	5μl
上游引物 (10μM)	0.5μl
下游引物(10μM)	0.5μl
DNA 模板(25×)	1μl
dH2O	3μl

(3) 两步法 PCR 扩增标准程序。

Stage 1：预变性

95℃ 3min；1Cycle

Stage 2：扩增反应

95℃ 5s，60℃ 30s；40Cycle

Stage 3：融解曲线

55℃ 30s；每个循环增加 0.5℃，一直增加到 95℃。

(四) 数据处理

qRT-PCR 数据采用 $2^{-\Delta\Delta CT}$ 法进行处理，数据处理使用 SPSS 19.0 数据统计分析软件，进行独立样本 t 检验方法分析、One-Way ANOVA 分析，作图使用 GraphPad Prism 5。

二、结果与分析

(一) 麦蛾雄虫交配前后蛋白含量

以蛋白标准品进行测定，标准曲线为 $y=0.0002x+0.0674$，(x 为蛋白含量，单位为 μg/ml，y 为测得的吸光度，$R^2=0.9967$)，通过标准曲线计算样品的蛋白浓度值。

对麦蛾整虫蛋白含量进行分析发现(图 6-19)，经亚致死浓度 DT 熏蒸处理后，雄虫整虫蛋白含量为(171.34±8.62)μg/头，极显著高于未处理雄虫[(125.10±4.00)μg/头，$P=0.001$]。交配结束后，两组雄虫的蛋白含量均出现了大幅上升，且同一处理组交配前后蛋白含量差异极显著($P<0.01$，$P=0.001$)。交配后，DT 处理组雄虫整虫蛋白含量为(220.52±3.68)μg/头，仍显著高于 CK 雄虫[(192.05±9.49)μg/头，$P=0.023$]。

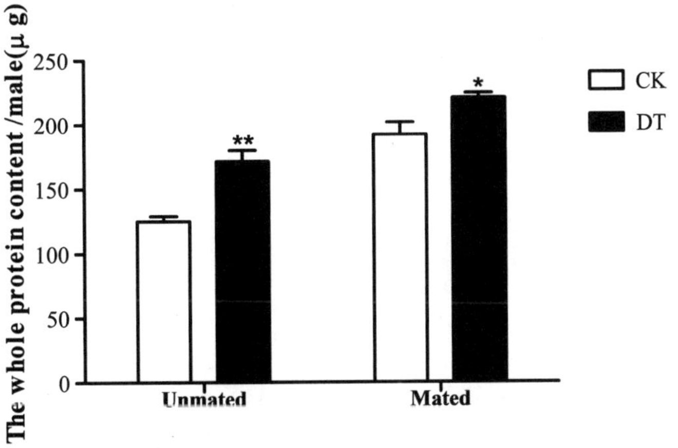

图 6-19　麦蛾雄虫交配前后整虫蛋白含量

注：CK：对照组；DT：大蒜精油活性物质处理组；图中数值均为均值±标准误；* 表示 $P<0.05$，** 表示 $P<0.01$(t 检验)。

同时测定雄虫内生殖器蛋白含量(图 6-20)，结果表明：DT 熏蒸处理后，雄虫内生殖器蛋白含量大幅增加，达到了(27.32±1.48)μg/头，显著高于 CK 雄虫[(21.40±1.16)μg/头，$P=0.020$]；交配后，雄虫内生殖器蛋白含量均有所下降：其中，CK 雄虫交配后内生殖器含量为(18.72±0.95)μg/头,与交配前差异不明显($P=0.129$);DT处理雄虫交配后内生殖器蛋白含量为(21.04±0.39)μg/头,交配前后差异显著($P=0.043$)。但交配后,DT处理雄虫和CK雄虫的内生殖器蛋白含量水平较为接近,无明显差异($P=0.066$)。

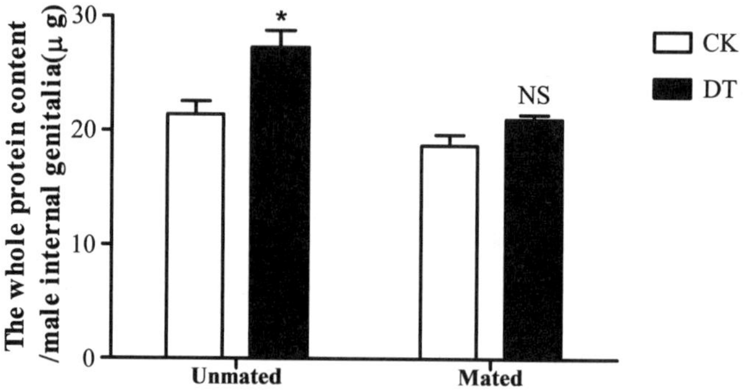

图 6-20　麦蛾雄虫交配前后内生殖器蛋白含量

注:CK:对照组;DT:大蒜精油活性物质处理组;图中数值均为均值±标准误;NS表示无显著差异,* 表示 $P<0.05$(t 检验)。

(二)麦蛾雌虫交配前后蛋白含量

麦蛾雌虫交配前后蛋白含量的变化趋势如图6-21所示。交配前,处女雌虫整虫蛋白含量为(177.56±10.40)μg/头。交配后,各组雌虫蛋白含量均略有增加:与CK雄虫交配后雌虫整虫蛋白含量为(223.87±18.31)μg/头,而与DT雄虫交配后雌虫整虫蛋白含量则为(209.78±4.36)μg/头,交配前后的三组雌虫间差异不显著($F=3.655$,df=2,$P=0.069$)。

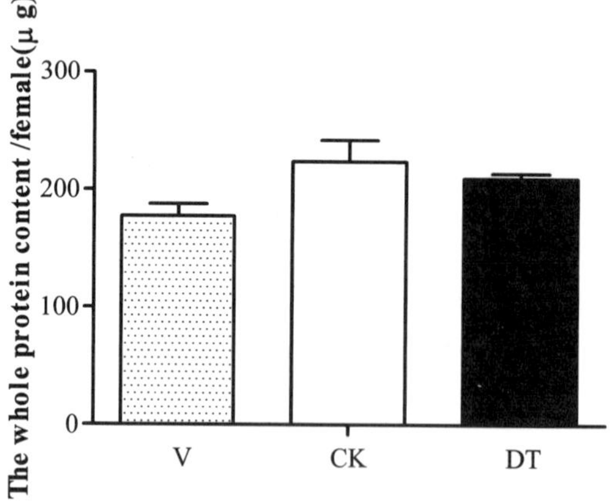

图 6-21　麦蛾雌虫交配前后整虫蛋白含量

注:V:处女雌虫;CK:与对照雄虫交配的雌虫;DT:与大蒜精油活性物质处理雄虫交配的雌虫;图中数值均为均值±标准误。

交配前处女雌虫内生殖器蛋白含量为(46.77±0.94)μg/头。交配后雌虫内生殖器蛋白含量上升(图 6-22),与 CK 雄虫交配之后,雌虫内生殖器蛋白含量为(52.87±1.69)μg/头;而与 DT 处理的雄虫交配之后,雌虫内生殖器蛋白含量则上升到了(60.12±0.71)μg/头,交配前后三组雌虫间差异极显著($F=26.879$,df=2,$P<0.001$)。

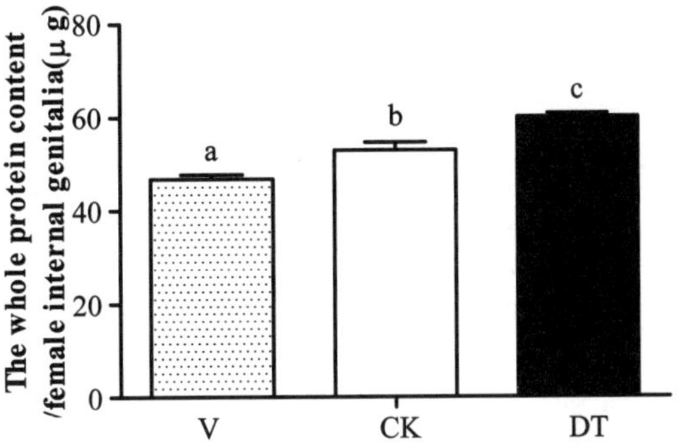

图 6-22 麦蛾雌虫交配前后内生殖器蛋白含量

注:V:处女雌虫;CK:与对照雄虫交配的雌虫;DT:与大蒜精油活性物质处理雄虫交配的雌虫;图中数值均为均值±标准误;不同字母表示不同处理间经 One-way ANOVA 分析差异显著($P<0.05$)。

(三) 麦蛾雄虫交配前后可溶性总糖含量

测定葡萄糖标准品绘制标准曲线为 $y=0.0027x+0.1155$,其中 x 为葡萄糖标准品的浓度(μg/ml),y 为其在 628nm 波长下的吸光度,相关系数 R^2 为 0.9958。

麦蛾雄虫交配前后整虫可溶性总糖含量的变化如图 6-23 所示。经 DT 熏蒸处理后,麦蛾雄虫整虫可溶性总糖含量上升,达到了(81.68±5.74)μg/头,显著高于 CK 雄虫[(61.84±5.78)μg/头,$P=0.041$]。在与雌虫交配后,各处理雄虫的可溶性总糖

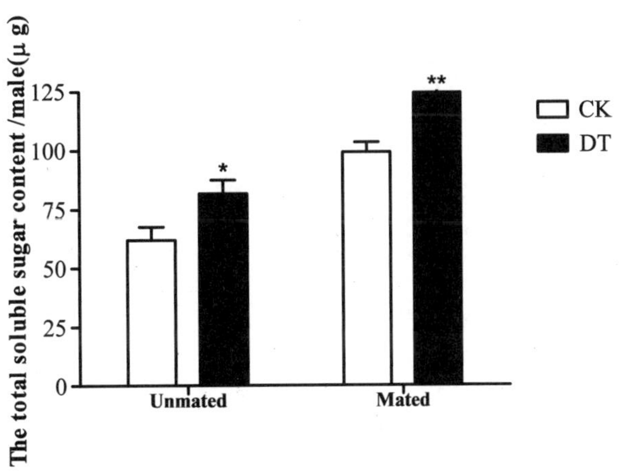

图 6-23 麦蛾雄虫交配前后整虫可溶性总糖含量

注:CK:对照组;DT:大蒜精油活性物质处理组;图中数值均为均值±标准误;* 表示 $P<0.05$,** 表示 $P<0.01$(t 检验)。

含量均显著上升,CK 雄虫交配后,整虫可溶性总糖含量为(99.20±4.20)μg/头,上升了 61.56%(P=0.001),DT 雄虫交配后整虫可溶性总糖含量为(124.36±4.85)μg/头,上升了 52.25%(P<0.001)。交配后,DT 雄虫整虫可溶性总糖含量极显著高于 CK 雄虫(P=0.004)。

麦蛾雄虫交配前后内生殖器可溶性总糖含量如图 6-24 所示。交配前:CK 雄虫内生殖器可溶性总糖含量为(6.11±0.25)μg/头,经 DT 熏蒸处理后极显著上升,达到了(8.42±0.34)μg/头(P<0.001)。与雌虫交配后,两组雄虫内生殖器可溶性总糖含量均显著降低:CK 雄虫内生殖器可溶性总糖含量为(3.83±0.21)μg/头,下降至交配前的 62.68%(P<0.001),而 DT 雄虫含量则为(6.60±0.28)μg/头,下降至交配前的 78.38%(P<0.001),且极显著高于 CK 雄虫(P<0.001)。

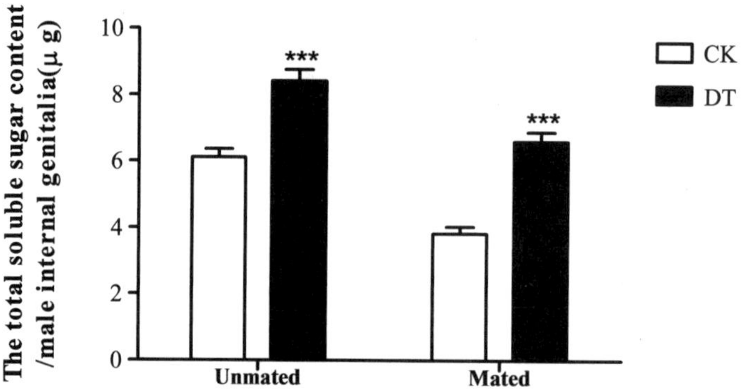

图 6-24 麦蛾雄虫交配前后内生殖器可溶性总糖含量

注:CK:对照组;DT:大蒜精油活性物质处理组;图中数值均为均值±标准误;*** 表示 P<0.001(t 检验)。

(四)麦蛾雌虫交配前后可溶性总糖含量

麦蛾雌虫整虫可溶性总糖含量如图 6-25 所示。处女雌虫整虫可溶性总糖含量为(173.41±4.28)μg/头,交配后其可溶性总糖含量几乎不变:与 CK 雄虫交配后,雌虫整虫可溶性总糖含量为(164.54±6.88)μg/头,与 DT 雄虫交配后,可溶性总糖含量为(158.04±6.56)μg/头,交配前后三组雌虫整虫可溶性总糖含量无显著差异(F=1.633,df=2,P=0.225)。

麦蛾雌虫交配前后内生殖器可溶性总糖含量变化如图 6-26 所示。交配前,处女雌虫内生殖器可溶性总糖含量为(8.27±0.38)μg/头,交配结束后,各组雌虫可溶性总糖含量均出现了大幅上升:麦蛾雌虫与 CK 雄虫交配之后,其内生殖器可溶性总糖含量为(15.13±0.66)μg/头;与 DT 处理雄虫交配之后,雌虫内生殖器可溶性总糖含量更是达到了(18.73±0.73)μg/头,并且显著高于与 CK 雄虫交配的雌虫。处女雌虫、与 CK 雄虫交配的雌虫、与 DT 处理雄虫交配的雌虫,三者间内生殖器可溶性总糖含量差异极显著($F=62.563$, df=2, $P<0.001$)。

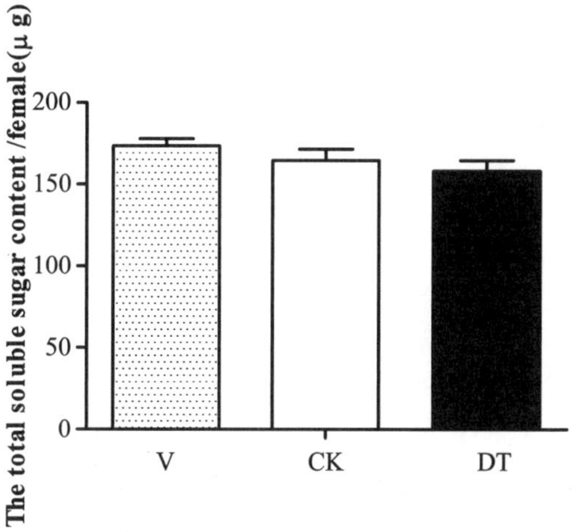

图 6-25　麦蛾雌虫交配前后整虫可溶性总糖含量

注：V：处女雌虫；CK：与对照雄虫交配的雌虫；DT：与大蒜精油活性物质处理雄虫交配的雌虫；图中数值均为均值±标准误。

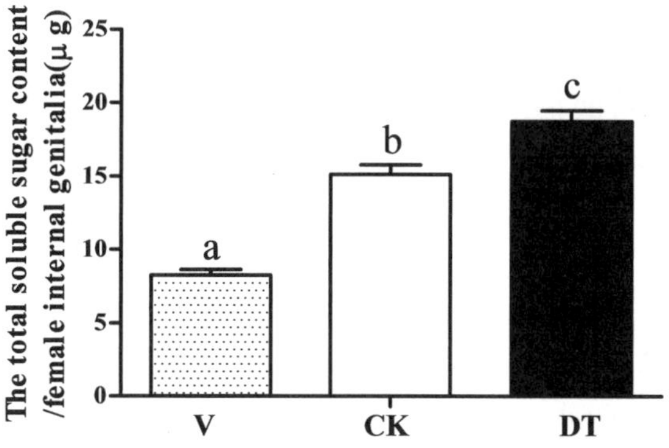

图 6-26　麦蛾雌虫交配前后内生殖器可溶性总糖含量

注：V：处女雌虫；CK：与对照雄虫交配的雌虫；DT：与大蒜精油活性物质处理雄虫交配的雌虫；图中数值均为均值±标准误；不同字母表示不同处理间经 One-way ANOVA 分析差异显著($P<0.05$)。

(五)麦蛾雄虫交配前后糖原含量

通过对葡萄糖标准品的测定绘制了标准曲线，方程为 $y=0.0054x+0.1119$，其中 x 为葡萄糖标准品的浓度(μg/ml)，y 为其在 620nm 波长下的吸光度，相关系数 R^2 为 0.9979。

麦蛾雄虫交配前后整虫糖原含量变化如图 6-27 所示。交配前，经过亚致死浓度 DT 熏蒸处理后，麦蛾雄虫整虫糖原含量下降至(32.60±1.68)μg/头，显著低于未处理组雄虫的糖原含量[(44.79±1.68)μg/头，$P<0.001$]。与雌虫交配后，两组麦蛾雄虫整虫糖原含量均有所下降，但是 CK 雄虫的整虫糖原含量仍极显著高于 DT 处理雄

虫($P<0.001$);CK 雄虫整虫糖原含量为(35.13±1.19)μg/头,下降至交配前含量的 78.43%($P<0.001$);DT 雄虫整虫糖原含量为(24.22±1.09)μg/头,下降至交配前含量的 74.29%($P=0.001$)。

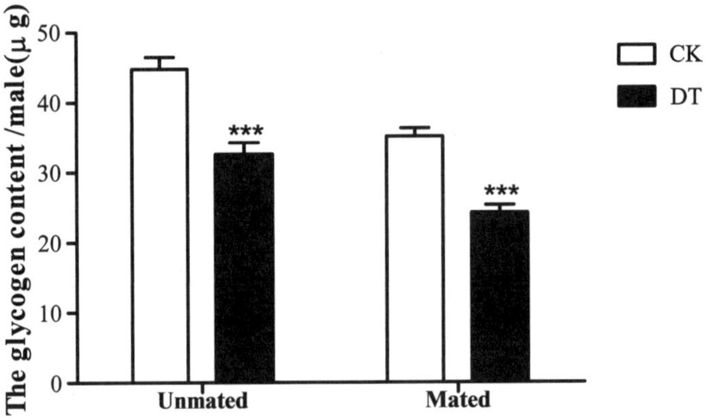

图 6-27 麦蛾雄虫交配前后整虫糖原含量

注:CK:对照组;DT:大蒜精油活性物质处理组;图中数值均为均值±标准误;*** 表示 $P<0.001$(t 检验)。

(六) 麦蛾雌虫交配前后糖原含量

麦蛾雌虫交配前后整虫糖原含量变化如图 6-28 所示。交配前,处女雌虫整虫的糖原含量为(52.08±1.20)μg/头,交配后,各组雌虫糖原含量均有所下降:与 CK 雄虫交配后,雌虫体内糖原含量下降为(31.44±0.76)μg/头,而与亚致死浓度 DT 处理雄虫交配后,雌虫整虫糖原含量为(41.05±1.84)μg/头,交配前后三组雌虫间差异显著($F=76.004$,df=2,$P<0.001$)。

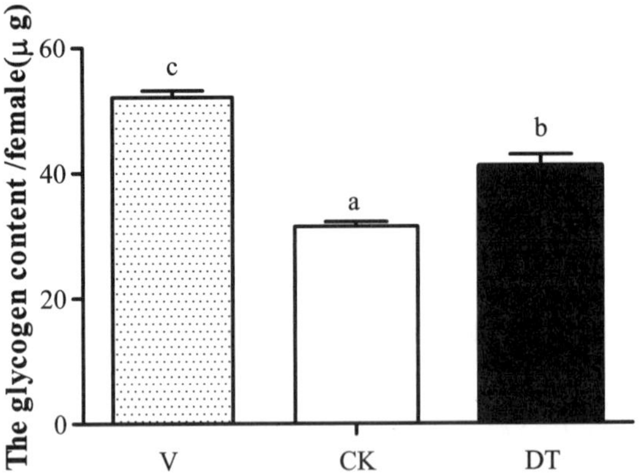

图 6-28 麦蛾雌虫交配前后整虫糖原含量

注:V:处女雌虫;CK:与对照雄虫交配的雌虫;DT:与大蒜精油活性物质处理雄虫交配的雌虫;图中数值均为均值±标准误;不同字母表示不同处理间经 One-way ANOVA 分析差异显著($P<0.05$)。

(七) 麦蛾雄虫交配前后海藻糖含量

海藻糖含量标准曲线为 $y=0.0045x+0.0729$,其中 x 为海藻糖标准品的浓度(μg/ml),y 为其在 620nm 波长下的吸光度,相关系数 R^2 为 0.9968。

麦蛾雄虫交配前后整虫海藻糖含量变化如图 6-29 所示。交配前,经亚致死浓度 DT 熏蒸处理的麦蛾雄虫整虫海藻糖含量为(26.70±0.97)μg/头,显著低于 CK 雄虫[(38.00±1.14)μg/头,$P<0.001$]。与雌虫交配后,CK 雄虫与 DT 雄虫海藻糖含量均有所下降,两组雄虫间的差异未达到显著水平($P=0.433$):CK 雄虫整虫海藻糖含量下降至(25.07±0.99)μg/头,仅为交配前含量的 65.97%,交配前后差异极显著($P<0.001$);DT 雄虫整虫海藻糖含量下降至(23.88±1.10)μg/头,为交配前含量的 89.44%,无显著差异($P=0.068$)。

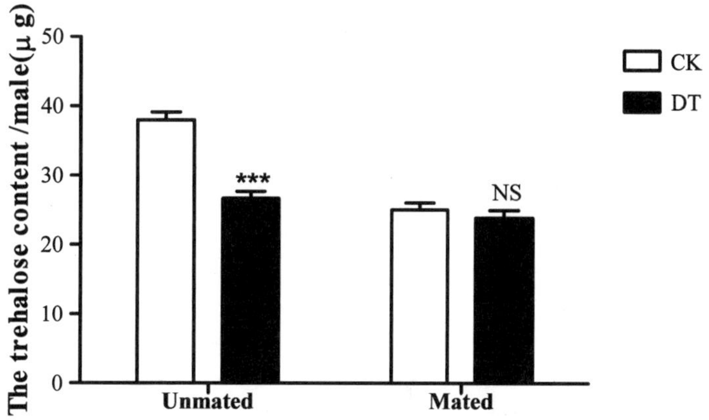

图 6-29　麦蛾雄虫交配前后整虫海藻糖含量(均值±标准误)

注:CK:对照组;DT:大蒜精油活性物质处理组;图中数值均为均值±标准误;NS 表示无显著差异,*** 表示 $P<0.001$(t 检验)。

(八) 麦蛾雌虫交配前后海藻糖含量

麦蛾雌虫交配后整虫海藻糖含量变化如图 6-30 所示。交配前,处女雌虫整虫海藻糖含量为(49.62±1.22)μg/头,交配后各组雌虫海藻糖含量均显著下降:与 CK 雄虫交配后,雌虫体内海藻糖含量为(28.48±0.90)μg/头,而与 DT 雄虫交配后雌虫海藻糖含量为(39.51±1.55)μg/头,交配前后三者之间的差异极显著($F=80.933$,df=2,$P<0.001$)。

(九) 麦蛾雄虫交配前后海藻糖酶活性

交配前 DT 雄虫整虫海藻糖酶活性为(4215.57±48.07)μg/min/g(图 6-31),显著高于对照[(3352.5±51.81)μg/min/g,$P<0.001$]。交配后,两组雄虫海藻糖酶活

性较为接近,无明显差异($P=0.615$);CK 雄虫海藻糖酶活性显著提高,为(4051.19±40.41)μg/min/g($P<0.001$);而 DT 雄虫的海藻糖活性为(4092.57±69.56)μg/min/g,与交配前的活性无显著差异($P=0.163$)。

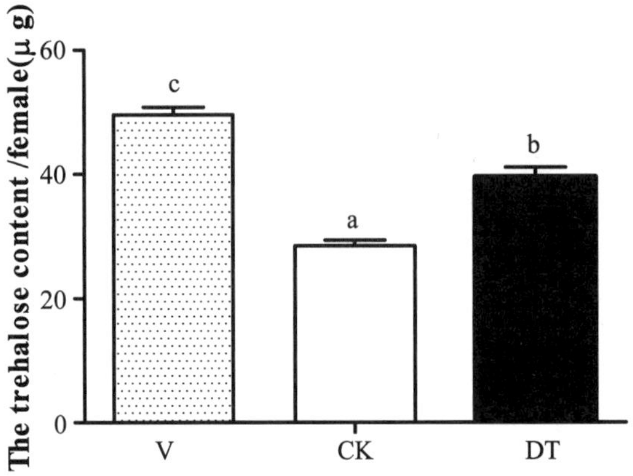

图 6-30 麦蛾雌虫交配前后整虫海藻糖含量

注:V:处女雌虫;CK:与对照雄虫交配的雌虫;DT:与大蒜精油活性物质处理雄虫交配的雌虫;图中数值均为均值±标准误;不同字母表示不同处理间经 One-way ANOVA 分析差异显著($P<0.05$)。

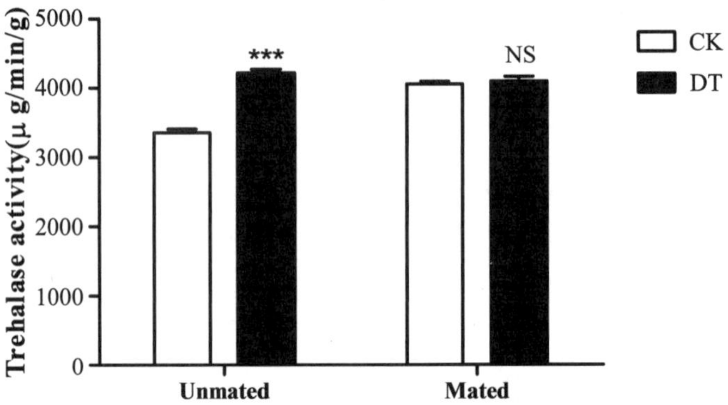

图 6-31 麦蛾雄虫交配前后整虫海藻糖酶活性

注:CK:对照组;DT:大蒜精油活性物质处理组;图中数值均为均值±标准误;NS 表示无显著差异,*** 表示 $P<0.001$(t 检验)。

(十) 麦蛾雌虫交配前后海藻糖酶活性

麦蛾雌虫交配前后整虫的海藻糖酶活性如图 6-32 所示。处女雌虫海藻糖酶活性为(4856.21±66.14)μg/min/g,交配后的两组雌虫海藻糖酶活性均显著增强($F=5.965$,df=2,$P=0.008$):与 CK 雄虫交配的雌虫海藻糖酶活性显著上升至(5275.06±142.64)μg/min/g,而与亚致死浓度 DT 处理雄虫交配后,雌虫的海藻糖酶活性上升为(5178.06±62.27)μg/min/g，略低于与CK雄虫交配的雌虫。

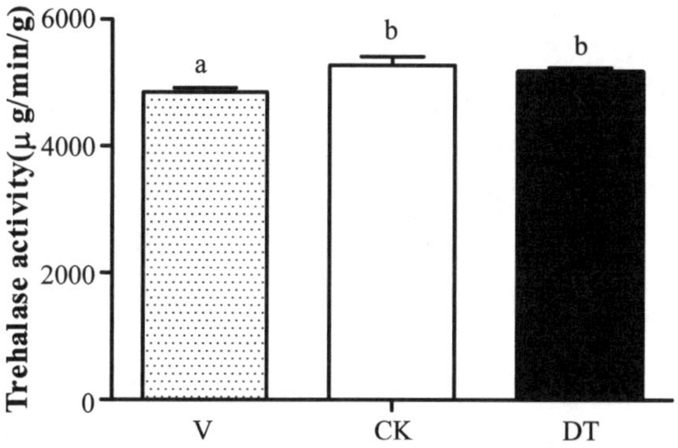

图 6-32　麦蛾雌虫交配后整虫海藻糖酶活性

注：V：处女雌虫；CK：与对照雄虫交配的雌虫；DT：与大蒜精油活性物质处理雄虫交配的雌虫；图中数值均为均值±标准误；不同字母表示不同处理间经 One-way ANOVA 分析差异显著($P<0.05$)。

(十一) 麦蛾海藻糖酶基因 *Treh* 表达量

提取麦蛾 RNA 样品，琼脂糖电泳检测显示各样品 28S rRNA、18S rRNA 和 5SrRNA 条带均清晰可见，无拖带现象，说明提取的 RNA 质量较好(图 6-33)。

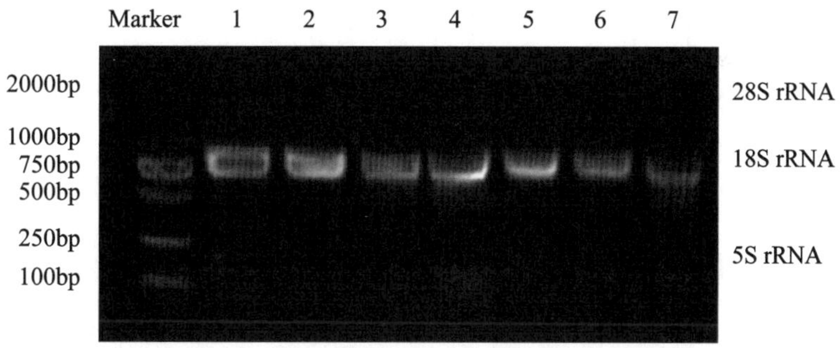

图 6-33　麦蛾 RNA 样品琼脂糖凝胶电泳图

Marker：DL 2000 marker；1：未交配雌虫；2：与 CK 雄虫交配的雌虫；3：与 DT 雄虫交配的雌虫；4：未交配的 CK 雄虫；5：交配后的 CK 雄虫；6：未交配的 DT 雄虫；7：交配后的 DT 雄虫

利用 qRT-PCR 技术检测海藻糖酶基因 *Treh* 在麦蛾雄虫经亚致死浓度大蒜精油活性物质处理前后及雌雄虫交配前后的相对表达水平。结果显示(图 6-34)：交配前，DT 处理的雄虫体内 *Treh* 表达量比对照高出了 10 余倍($P=0.009$)；交配后，CK 雄虫 *Treh* 表达量上升了 10 余倍($P=0.007$)，而 DT 雄虫交配前后 *Treh* 相对表达量无明显变化($P=0.370$)。交配后两组雄虫 *Treh* 相对表达量相当，无显著差异($P=0.901$)。

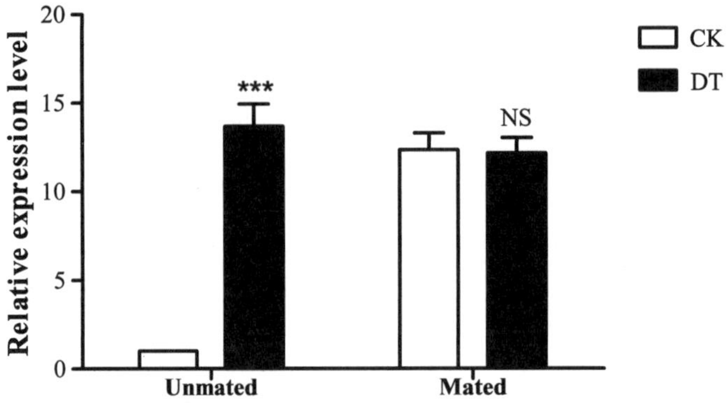

图 6-34　麦蛾雄虫海藻糖酶基因 *Treh* 相对表达水平

注：CK：对照组；DT：大蒜精油活性物质处理组；图中数值均为均值±标准误；NS 表示无显著差异，*** 表示 $P<0.001$（t 检验）。

麦蛾雌虫 *Treh* 表达量和交配与否以及配偶有关：与 DT 雄虫交配的雌虫 *Treh* 相对表达量仅略高于处女雌虫，差异未达到显著水平；与 CK 雄虫交配的雌虫 *Treh* 表达量比处女雌虫高了近 10 倍，差异极显著（$F=26.468$，df=2，$P=0.001$）。（图 6-35）

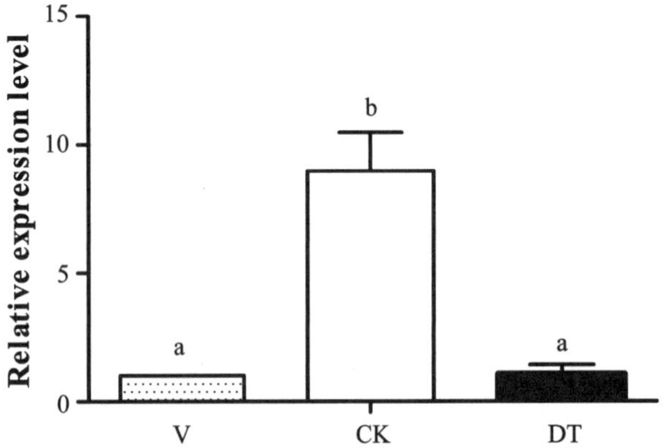

图 6-35　麦蛾雌虫海藻糖酶基因 *Treh* 相对表达水平

注：V：处女雌虫；CK：与对照雄虫交配的雌虫；DT：与大蒜精油活性物质处理雄虫交配的雌虫；图中数值均为均值±标准误；不同字母表示不同处理间经 One-way ANOVA 分析差异显著（$P<0.05$）。

三、小结与讨论

本章节测定了麦蛾雄虫经亚致死浓度大蒜精油活性物质熏蒸处理后、雌雄虫交配前后整虫蛋白含量、可溶性总糖含量、糖原含量、海藻糖含量、海藻糖酶活性，探究了海藻糖酶基因 *Treh* 的表达水平，并对交配前后雌雄虫内生殖器的蛋白含量、可溶性总糖含量进行测定，结果表明：

亚致死浓度 DT 熏蒸处理会显著增加麦蛾雄虫整虫蛋白含量，雄虫内生殖器蛋白含量也表现出相同的变化规律。推测可能是麦蛾雄虫体内合成积累了大量抗逆蛋白以应对 DT 熏蒸的胁迫。蛋白质是昆虫生命活动的重要能量物质，在应对杀虫剂处理时昆虫可能会积累蛋白从而增强抗逆性。

有研究报道用不同亚致死浓度杀虫剂处理不同害虫时，也观察到了蛋白含量增加的现象，例如张洁等（2011）采用稻茎浸渍法，以亚致死浓度 LC_{10}、LC_{30} 的烯啶虫胺分别处理褐飞虱成虫、5 龄若虫 12h，成虫体内蛋白含量显著高于对照，5 龄若虫体内蛋白含量显著上升，LC_{30} 组尤为显著。张天澍等（2016）报道用亚致死浓度氟啶脲、甲氧虫酰肼通过浸叶法处理甜菜夜蛾幼虫后，在一段时间内，会导致幼虫血淋巴内蛋白质含量显著增加，且该作用具有一定的持续性。

交配后，麦蛾雄虫整虫蛋白含量均显著上升，且 DT 雄虫蛋白含量仍显著高于 CK 雄虫。高洁（2008）发现在交配后 2h 内桑天牛雄虫总蛋白质含量略有上升，可能是交配过程中将大量游离氨基酸合成蛋白质，并将生殖相关的蛋白分泌进入雄虫内生殖器中以转移至雌虫体内。而交配会使麦蛾雄虫内生殖器蛋白含量下降，短时间内无法恢复，特别是 DT 雄虫，交配前后内生殖器蛋白含量差异显著。交配结束后，各组雄虫内生殖器蛋白含量接近，不存在显著差异。雄虫内生殖器可能是积累或合成部分生殖蛋白的特异性场所，这些蛋白可以通过交配伴随着射精转移至雌虫体内，导致交配后雄虫内生殖器蛋白含量显著低于未交配雄虫。研究发现亚致死浓度三唑磷和溴氰菊酯处理会显著增加褐飞虱雄虫附腺蛋白含量，并在交配时大量传递至雌虫体内，交配后的雄虫附腺蛋白含量显著降低（Wang et al.，2010，Ge et al.，2010）。杀虫剂对雄虫生殖的影响可以通过交配传递至配偶的体内，从而调控雌虫的交配行为和生殖行为。

麦蛾雌虫成功交配后整虫总蛋白含量均略有增加，但各组间差异并不显著；然而雌虫的内生殖器蛋白含量普遍升高，且与 DT 处理雄虫交配的雌虫内生殖器蛋白含量远高于与对照雄虫交配的雌虫。雌虫内生殖器蛋白含量测定的结果与本文测定的雄虫内生殖器蛋白含量的结果相对应，麦蛾雄虫很可能在遭受 DT 熏蒸的逆境后，通过增加传递至雌虫体内的蛋白含量进行生殖补偿。

未交配的 DT 雄虫整虫可溶性总糖含量显著高于对照雄虫，且其内生殖器可溶性总糖含量也显著高于对照。交配后两组雄虫整虫可溶性总糖含量明显增加，且 DT 雄虫含量显著高于 CK 雄虫。雄虫内生殖器可溶性总糖含量在交配结束后均显著下降，DT 雄虫可溶性总糖含量依旧显著高于 CK 雄虫。这是在求偶过程中雄虫追逐雌虫等活动以及交配过程中剧烈的器官活动消耗能量，导致体内的储存性糖大量水解转化为单糖，使得可溶性总糖含量上升（田铃等，2008）。

交配过后，麦蛾雌虫内生殖器可溶性总糖含量显著上升，这与上文测定得到的麦蛾雄虫内生殖器的可溶性总糖含量显著下降的现象相对应，可能是在交配过程中，伴随着射精过程,雄虫将部分能量物质转移到了与之交配的雌虫体内。王甜甜等(2013)研究发现3日龄棉铃虫 *Helicoverpa armigera*、烟夜蛾 *Heliothis assulta* 雌虫交配后,其内生殖器官中的蛋白含量和可溶性总糖含量均明显高于未交配的同日龄雌虫。

为了进一步明确麦蛾体内糖类物质变化规律,本章还对麦蛾整虫交配前后的储存性糖(主要是糖原和海藻糖)的含量进行了测定。海藻糖几乎遍布昆虫各个组织,可经海藻糖酶分解为葡萄糖并为昆虫的生命活动提供能量。糖原主要存在于脂肪体中,葡萄糖和糖原可以相互转化参与昆虫的能量代谢。当虫体葡萄糖含量较高时,可转化为糖原储存;葡萄糖含量较低时,糖原可水解生成葡萄糖。

经DT熏蒸处理后,雄虫整虫糖原、海藻糖含量均显著低于对照雄虫,可能是DT熏蒸处理会促进雄虫储存性糖水解,最终导致可溶性总糖含量上升。该推测与本文测定的雄虫可溶性总糖含量的变化趋势相呼应。交配后,两组雄虫糖原含量均显著下降,且消耗幅度相近,DT雄虫糖原含量仍显著低于CK雄虫;CK雄虫海藻糖含量显著下降,DT雄虫变化不明显,两者间无显著差异。

麦蛾雌虫交配后整虫糖原、海藻糖含量均显著低于处女雌虫,这可能是雌虫在求偶、交配过程中消耗了大量的能量,由糖原、海藻糖等储存性糖水解所提供(田铃等2008)。其中,与CK雄虫交配的雌虫体内糖原、海藻糖含量下降幅度较大,显著低于与DT雄虫交配的雌虫。

同时我们还对麦蛾体内海藻糖酶活性进行了测定,并基于本课题组获得的三代转录组数据,从中筛选出注释为海藻糖酶基因的Unigene序列,利用qRT-PCR技术对该基因在麦蛾体内的表达水平进行检测。

综合麦蛾雄虫海藻糖酶基因相对表达量、海藻糖酶活性、海藻糖含量及可溶性总糖含量等指标分析,DT雄虫体内海藻糖酶基因 *Treh* 表达量比对照高出了10余倍,海藻糖酶活性显著高于对照,海藻糖含量显著低于对照,且整虫可溶性总糖含量显著高于对照,此外,DT雄虫内生殖器可溶性总糖含量也显著高于对照。其他害虫接受杀虫剂处理时也表现出这一趋势,赵克非(2011)用三唑磷、溴氰菊酯以及吡虫啉处理褐飞虱成虫及5龄若虫后,观察到海藻糖酶的活性增加,海藻糖含量下降。海藻糖酶特异性地将海藻糖水解为葡萄糖,随着酶活性增强,海藻糖水解生成大量的葡萄糖,导致褐飞虱可溶性总糖含量显著增加。印建莉等(2008)的试验结果表明经褐飞虱的可溶性糖含量在经过吡虫啉处理后显著增加;褐飞虱成虫体内可溶性糖含量因取食溴氰菊酯和三唑磷处理的水稻而显著增加(Yin et al.,2008),这与本次实验的结果也较为一致,即低剂量杀虫剂处理会提高昆虫体内可溶性总糖水平。

交配后,CK雄虫海藻糖酶基因 *Treh* 表达量比交配前高出了10余倍,但DT雄虫 *Treh* 相对表达量几乎不变,交配后两组雄虫 *Treh* 相对表达量无显著差异。同时,海藻糖酶活性的检测结果也表明交配会增强CK雄虫海藻糖酶活力,但对DT雄虫无明显影响，两组雄虫交配后海藻糖酶活性无显著差异。交配后，CK 雄虫海藻糖含量显著下降，DT 雄虫变化不明显，差异不显著。交配后雄虫整虫可溶性总糖含量增加，DT 雄虫可溶性总糖含量依旧显著高于对照。我们推测交配可能会加快麦蛾雄虫海藻糖的水解和利用，但在 DT 处理雄虫中并无明显的促进作用，可能是大蒜精油活性物质熏蒸处理已经增加了雄虫体内海藻糖酶基因的表达，提高了海藻糖酶的活力，加快了海藻糖的代谢速率，因此交配对 DT 雄虫海藻糖代谢无显著的促进作用。

交配后麦蛾雌虫海藻糖酶基因 *Treh* 表达量升高，海藻糖酶活力显著提高，促进海藻糖水解，海藻糖含量显著降低。其中，雌虫与 DT 雄虫交配后，其体内海藻糖酶基因 *Treh* 相对表达量和海藻糖酶活力略高于处女雌虫，但显著低于与 CK 雄虫交配的雌虫，导致其海藻糖含量显著高于与 CK 雄虫交配的雌虫，同时其糖原含量也显著高于对照。由此我们可以推测交配会促进雌虫储存性糖的水解代谢，但与 DT 雄虫交配可能会削弱这一促进作用。此外，海藻糖含量也与昆虫的抗逆能力息息相关，作为蛋白质稳定剂，在低温、高温、失水干燥等逆境中，在昆虫细胞的表面形成一层保护膜从而保护其分子结构。随着海藻糖含量的上升，昆虫对逆境会具有更强的适应性。本文测定结果中，与 DT 雄虫交配的雌虫的海藻糖含量高于对照，可能也与雌虫抗逆性的增强相关。

第三节　总结与展望

一、总结

本章以储粮害虫麦蛾为研究对象，探究了亚致死浓度大蒜精油活性物质（0.010μl/L）对雄虫生殖能力的调控，通过与之交配的雌虫的交配后效应，主要是生殖行为和能量代谢变化两个指标来反映。本研究的主要结果为：

（1）确定了大蒜精油活性物质（DT）不影响麦蛾雄虫的交配行为（5 天内交配率、交配次数），但能抑制与之交配雌虫产卵的熏蒸浓度为亚致死浓度为 0.010μl/L。与 DT 处理雄虫有过交配经历的雌虫，与未处理雄虫再交配的交配率、交配次数显著高于对照组，但多次交配的雌虫产卵量无显著差异。DT 处理雄虫成功交配一次后，与处女雌虫再交配的交配率、交配次数、雌虫产卵量与对照均无显著差异。交配会抑制雌虫求偶行为，与 DT 雄虫交配的雌虫求偶率高于与对照交配的雌虫。在不同的再交配雌雄比例中，雌雄比例为 1∶3 时，与 DT 雄虫交配过的雌虫再交配次数最多，产卵量最多，但雄虫比例较高的两组雌虫的产卵量间无明显差异。在雌雄比例为 1∶1 时，与 DT 雄虫的交配行为对雌虫产卵的抑制效果最为明显。初步推测与 DT 雄虫交配对雌虫产卵的抑制作用,在雄虫进行的首次交配中最为明显,随着时间推移或是雌虫的多次交配,其后续抑制效果不再显著。

(2) 明确了亚致死浓度大蒜精油活性物质熏蒸处理对雄虫体内总蛋白、可溶性总糖、糖原、海藻糖含量、海藻糖酶活性、海藻糖酶基因相对表达量的影响,以及交配后雌雄虫体内上述物质的变化。同时测定了交配前后雌雄虫内生殖器总蛋白、可溶性总糖含量的变化。0.010μl/L 的大蒜精油活性物质熏蒸处理显著提高了麦蛾雄虫体内海藻糖酶基因 *Treh* 表达量,增强了海藻糖酶活性,降低其糖原、海藻糖含量,从而导致其可溶性总糖含量上升,蛋白含量也相应增加,其内生殖器蛋白含量、可溶性总糖含量也随之显著增加。

交配后,DT 雄虫 *Treh* 相对表达量、海藻糖酶活性、海藻糖含量与对照无显著差异。交配后,两组雄虫整虫糖原含量均显著下降,且 DT 雄虫糖原含量显著低于 CK 雄虫;两组雄虫可溶性总糖、蛋白含量均有所增加,且 DT 雄虫含量均显著高于 CK 雄虫。此外,交配后,两组雄虫内生殖器蛋白含量、可溶性总糖含量均显著低于交配前:DT 雄虫内生殖器蛋白含量交配后下降尤为显著,其含量与和 CK 雄虫无显著差异,但可溶性总糖含量显著高于 CK 雄虫。

交配后两组麦蛾雌虫 *Treh* 相对表达量有所升高,海藻糖酶活力显著提高,海藻糖、糖原含量显著降低。其中,雌虫与 CK 雄虫交配后,其海藻糖酶基因 *Treh* 相对表达量提高了近 10 倍,其体内储存性糖的水解代谢加剧;雌虫与 DT 雄虫交配后,其体内海藻糖酶基因 *Treh* 相对表达量和海藻糖酶活力略高于处女雌虫,但低于与 CK 雄虫交配的雌虫,其糖原含量、海藻糖含量显著高于与 CK 雄虫交配的雌虫。由于剧烈的交配活动需消耗大量的能量,即使雌虫体内糖原和海藻糖大量水解用于补充,两组雌虫可溶性总糖含量也并未因此增加,仅蛋白含量略有上升。交配后两组雌虫内生殖器蛋白含量、可溶性总糖含量显著增加,且与 DT 雄虫交配的雌虫含量显著高于与 CK 雄虫交配的雌虫。

二、展望

本研究仅对麦蛾求偶、交配行为进行观察分析,未在分子水平对相关调控基因进行深入研究;仅对海藻糖酶基因相对表达量进行检测,但未对其他能量代谢过程中的相关基因表达模式进行分析。后续建议对调控麦蛾雌雄虫生殖行为、能量代谢相关基因进行深入研究,探讨能量代谢与雄虫精子形成发育、雌虫卵子形成发育以及雌雄虫交配生殖行为的关系,明确大蒜精油活性物质抑制雌虫产卵的作用机制。

(马 敏 何 昕)

参考文献

[1] 程晓东. 棉铃虫和烟夜蛾生殖生物学特性比较研究[D]. 郑州:河南农业大学,2011.

[2] 冯从经,陆剑锋,董秋安,等. 亚致死剂量双氧威和虫酰肼对亚洲玉米螟幼虫生长发育的影响[J]. 植物保护学报,2008,35(2):175-180.

[3] 高洁,嵇保中,刘曙雯,等. 昆虫雄性附腺功能蛋白研究进展[J]. 生命科学,2008,20(04):618-624.

[4] 高洁,嵇保中,刘曙雯,等. 桑天牛雄性附腺内容物组分分析[J]. 四川林业科技,2008,29(6):58-62.

[5] 高勇,康乐. 交配状态对雄性短翅鸣螽(Gampsocleis gratiosa)交配投资的影响[J]. 中国科学C辑:生命科学,2006,36(2):180-183.

[6] 顾建华. 褐飞虱海藻糖酶特征分析及外源化合物的抑制作用[D]. 南京:南京农业大学,2010.

[7] 何建平,奚耕思,路健,等. 黄胫小车蝗受精囊内含物研究[J]. 昆虫学报,2006,49(1):38-40.

[8] 贺媛. 亚剂量氟铃脲对昆虫免疫的干扰机制及血细胞高通量药物筛选[D]. 上海:华东理工大学,2011.

[9] 华荣胜,戚志良,时连根. 昆虫交配因子的研究进展[J]. 科技通报,2010,26(4):556-559.

[10] 金朝阳,丁兆兵,龚和. 昆虫雄性生殖附腺生理功能及其生殖因子研究进展[J]. 科学通报,2001,46(14):1151-1155.

[11] 李国平,封洪强,梁双双,等. 四种杀虫剂亚致死剂量对中黑盲蝽发育和繁殖的影响[J]. 昆虫学报,2008,51(12):1260-1264.

[12] 李会仙,郝赤,王利英,等. 高效氯氰菊酯和溴氰菊酯对棉铃虫的亚致死效应[J]. 山西农业大学学报(自然科学版),2005,25(3):231-233.

[13] 刘孝纯,李巧丝,刘芹轩. 杀虫剂对朱砂叶螨扩散行为及繁殖力的影响[J]. 植物保护学报,1998,25(2):156-160.

[14] 穆兰芳,董双林. 昆虫雄性生殖腺分泌物的功能[J]. 生物技术通报,2006(S1):151-157.

[15] 司胜利,杜家纬. 昆虫交配因子及其分子基础[J]. 生命科学,1999,11(1):41-44.

[16] 唐斌,魏苹,陈洁,等. 昆虫海藻糖酶的基因特性及功能研究进展[J]. 昆虫学报,2012,55(11):1315-1321.

[17] 田铃,嵇保中,刘曙雯,等. 桑天牛成虫交配后血淋巴和生殖系统内可溶性总糖和蛋白质含量的变化[J]. 昆虫学报,2008,51(1):96-101.

[18] 王摆,汝少国,王蔚. 久效磷对细小色矛线虫胚胎发育和繁殖的影响[J]. 中国环境科学,2009,29(5):543-547.

[19] 王甜甜,宋鹏飞,程晓东,等. 棉铃虫和烟夜蛾内生殖器官发育和营养物质含量变化的研究[J]. 河南农业大学学报,2013,47(1):43-48,54.

[20] 王荫长. 昆虫生理学[M]. 北京:中国农业出版社,2004:391-395.

[21] 徐海伟.杀虫剂诱导下褐飞虱再猖獗的生理生化机制及对非目标物种酶活性的影响[D].扬州:扬州大学,2008.

[22] 杨洪,申智慧,张帆,等.异色瓢虫雌虫多次交配的利益[J].贵州科学,2012,30(2):40-44.

[23] 杨智化,杜家纬.两种亚致死剂量的农药对亚洲玉米螟化学通讯系统的干扰作用[J].植物保护学报,2003,30(2):181-186.

[24] 印建莉,胡君欢,徐海伟,等.杀虫剂胁迫下褐飞虱迁飞虫和本地虫后代体内粗脂肪、可溶性糖及氨基酸含量的比较[J].昆虫学报,2008,51(11):1103-1112.

[25] 于彩虹,卢丹,林荣华,等.海藻糖-昆虫的血糖[J].昆虫知识,2008,45(5):832-837.

[26] 张洁,秦小娃,袁凤辉,等.亚致死剂量烯啶虫胺对褐飞虱体内脂肪、蛋白质、可溶性糖及游离氨基酸含量的影响[J].中山大学学报(自然科学版),2011,50(6):88-93.

[27] 张倩,鲁鼎浩,蒲建,等.灰飞虱海藻糖酶基因的克隆及 RNA 干扰效应[J].昆虫学报,2012,55(8):911-920.

[28] 张天澍,常晓丽,滕海媛,等.氟啶脲对甜菜夜蛾蛋白质和糖类代谢的影响[J].上海农业学报,2016,32(5):87-91.

[29] 张天澍,常晓丽,滕海媛,等.亚致死浓度甲氧虫酰肼对甜菜夜蛾蛋白质和糖类含量的影响[J].上海农业学报,2016b,32(6):87-91.

[30] 赵克非,戈林泉,程耀,等.三种杀虫剂对褐飞虱海藻糖含量和海藻糖酶活性的影响[J].昆虫学报,2011,54(7):786-792.

[31] 赵克非.几种农药对褐飞虱飞行能力、能量物质及生殖的影响[D].扬州:扬州大学,2011.

[32] 周鹏,杨洪,金道超.实蝇科昆虫交配行为的研究进展[J].山地农业生物学报,2015,34(4):62-69.

[33] 庄永林,沈晋良,陈峥.三唑磷对不同翅型稻褐飞虱繁殖力的影响[J].南京农业大学学报,1999,22(3):21-24.

[34] GAGE AR, BARNARD CJ. Male crickets increase sperm number in relation to competition and female size [J]. Behavioral Ecology and Sociobiology, 1996, 38(5):349-353.

[35] GAGE MJG. Risk of sperm competition directly affects ejaculate size in the Mediterranean fruit fly [J]. Animal Behaviour, 1991, 42(6):1036-1037.

[36] GE LQ, WANG LP, ZHAO KF, et al. Mating pair combinations of insecticide-treated male and female *Nilaparvata lugens* Stål (Hemiptera: Delphacidae) planthoppers influence protein content in the male accessory glands (MAGs) and vitellin content in both fat bodies and ovaries of adult females [J]. Pesticide Biochemistry and Physiology, 2010, 98(2):279-288.

[37] HAYNES KF. Sublethal effects of neurotoxic insecticides on insect behavior. Annual Review of Entomology, 1988, 33(1): 149-168.

[38] HOSKEN DJ, STOCKLEY P. Benefits of Polyandry: A Life History Perspective [J].

Journal of Evolutionary Biology, 2003, 33(1):173-194.

[39] KERNS DL, GAYLOR MJ. Biotic control of cotton aphids (Homoptera: Aphididae) in cotton influenced by two insecticides. Journal of Economic Entomology, 1993, 86(6): 1824-1834.

[40] KIMBARIS AC, KIOULOS E, KOLIOPOULOS G, et al. Coactivity of sulfide ingredients: a new perspective of the larvicidal activity of garlic essential oil against mosquitoes [J]. Pest Management Science, 2008, 65(3): 249-254.

[41] KLOWDEN MJ. Physiological Systems in Insects [M]. 2nd ed. Burlington: Elsevier Inc, Academic Press, 2007: 293-356.

[42] MA M, CHANG MM, LEI CL, et al. A garlic substance disrupts odorant-binding protein recognition of insect pheromones released from adults of the angoumois grain moth, *Sitotroga cerealella* (Lepidoptera: Gelechiidae) [J]. Insect Molecular Biology, 2016, 25 (5): 530-540.

[43] MARREWIJK WJ, BROEK AT, BEENAKKERSAM. Regulation of glycogenolysis in the locust fat body during flight [J]. Insect Biochemistry, 1980, 10(6): 675-679.

[44] MAYER RJ, CANDY DJ. Changes in energy reserves during flight of the desert locust, *Schistocerca gregaria* [J]. Comparative Biochemistry and Physiology, 1969, 31(3): 409-418.

[45] MOSCARDINI VF, GONTIJO PDC , CARVALHO GA, et al. Toxicity and sublethal effects of seven insecticides to eggs of the flower bug *Orius insidiosus* (Say) (Hemiptera: Anthocoridae)[J]. Chemosphere, 2013, 92(5):490-496.

[46] PARKER GA. Sperm competition and its evolutionary consequences in the insects [J]. Biological Reviews, 2010, 45(4):525-567.

[47] REGNAULT-ROGER C. The potential of botanical essential oils for insect pest control [J]. Integrated Pest Management Reviews, 1997, 2(1):25-34.

[48] RIDLEY M. Mating frequency and fecundity in insects [J]. Biological Reviews, 2010, 63(4):509-549.

[49] WANG LP, SHEN J, GE LQ, et al. Insecticide-induced increase in the protein content of male accessory glands and its effect on the fecundity of females in the brown planthopper *Nilaparvata lugens* Stål (Hemiptera: Delphacidae) [J]. Crop Protection, 2010, 29 (11):1280-1285.

[50] WHEELER D. Therole of nourishment in oogenesis [J]. Annual Review of Entomology, 1996, 41(1):407-431.

[51] WOLFNER MF. Tokens of love: functions and regulation of Drosophila male accessory gland products [J]. Insect Biochemistry and Molecular Biology, 1997. 27(3): 179-92.

[52] YANG FL, LI XG, ZHU F, et al. Structural characterization of nanoparticles loaded with garlic essential oil and their insecticidal activity against *Tribolium castaneum*

(Herbst) (Coleoptera: Tenebrionidae) [J]. Journal of Agricultural and Food Chemistry, 2009. 57(21): 10156-10162.

[53] YANG FL, LIANG GW, XU YJ, et al. Diatomaceous earth enhances the toxicity of garlic, *Allium sativum*, essential oil against stored-product pests [J]. Journal of Stored Products Research, 2010. 46(2): 118-123.

[54] YANG FL, ZHU F, LEI CL. Insecticidal activities of garlic substances against adults of grain moth, *Sitotroga cerealella* (Lepidoptera: Gelechiidae) [J]. Insect Science, 2012, 19(2): 205-212.

[55] YASUI Y. The genetic benefits of female multiple mating reconsidered [J]. Trends in Ecology & Evolution, 1998, 13(6):246-250.

[56] YIN JL, XU HW, WU JC, et al. Cultivar and insecticide applications affect the physiological development of the brown planthopper, *Nilaparvata lugens* (Stål) (Hemiptera: Delphacidae) [J]. Environmental Entomology, 2008, 37(1): 206-212.

[57] ZEH JA, ZEH DW. The evolution of polyandry I: intragenomic conflict and genetic incompatibility [J]. Proceedings of the Royal Society B-Biological Sciences, 1996, 263 (1377):1711-1717.

第七章　大蒜精油活性物质对麦蛾精子质量的影响

导　　论

民以食为天，粮食是人类赖以生存的物质基础，是国民经济的命脉，是治国安邦的必要条件。粮食储备是连接生产与消费，保障粮食安全的一个重要环节。在粮食储藏过程中虫蛀、鼠食以及发热霉变等现象普遍发生，造成储粮质量下降和数量损失严重，全球每年的粮食损失大约占10%(Kumar and Kalita，2017)。在中国，粮食储存过程中因储粮害虫造成的损失达到7%～13%(Nadeem et al.，2012)。麦蛾是我国三大贮粮害虫(玉米象、谷蠹、麦蛾)之一，目前麦蛾等储粮害虫的防治手段主要以使用磷化氢等化学熏蒸为主，前期效果较好，但是由于长期单一使用，许多主要储粮害虫的抗性严重，而且化学药剂的使用对环境及人类身体健康具有较大的副作用。植物精油作为一种环境友好型植物源农药，以其高效、低残留、低毒等优点而受到广泛关注。我们前期研究发现大蒜精油主要活性物质二烯丙基三硫醚(diallyl trisulfide，DT)会影响麦蛾气味结合蛋白和性信息素的结合，干扰雄虫对雌虫的精确定位和识别能力，降低麦蛾的交配行为，最终抑制麦蛾种群的发生(详见第二章和第三章)。总之，结合我们前期的研究结果，我们发现大蒜精油活性物质对储粮害虫麦蛾的防控具有较大的应用潜力。

一、大蒜对生殖的影响

大蒜对于哺乳动物的生殖能力也有一定的影响，但是大蒜对雄性生殖系统的影响尚未明确界定。有研究表明大蒜能改善雄性生殖功能，对睾丸功能的恢复有一定的作用(Kasuga et al.，2001)。然而，其他研究者也已证明，大蒜会损害睾丸功能(抑制睾丸激素的产生)，有杀精作用(Chakrabarti et al.，2003)。用大蒜喂养小鼠后，会显著增加生精小管空泡数，抑制精子发生(Hammami et al.，2008)。

我们前期研究发现，用LC_{20}(0.015μl/L)的大蒜精油活性物质处理麦蛾成虫可对其交配行为和生殖力造成影响，生殖力方面的影响主要表现为产卵量的下降(见第二章)。同时,我们对 LC_{20} 的大蒜精油活性物质处理的雄虫转录组进行分析,发现该浓度的大蒜精油活性物质会影响麦蛾生殖相关基因的表达(Ma,2017)。有意思的是,我们还发现当大蒜精油活性物质浓度降低时($LC_{10}=0.010\mu l/L$),其仍能在不影响雌雄交配行为的前提下,抑制该虫的生殖能力(见第六章)。目前,大蒜精油活性物质影响麦蛾产卵的具体机制尚不明确。产卵量的下降可能是多个因素造成的,包括雌雄虫定位、抑制求偶行为、抑制再交配和生理调节,如影响精子的形成和释放、降低精子活性、影响卵子的形成、排卵以及卵子受精等方面(Haynes,1988)。

二、鳞翅目昆虫精包

(一) 精包的形成

雄性昆虫在和雌虫交配时会通过射精将附腺内容物、精子和精液蛋白等交配内容物传递到雌虫的交配囊中形成精包,多数鳞翅目昆虫使用精包暂时储存精液和精子。精包交配内容物进入雌虫的受精囊和受精囊中的分泌物混合,从而促进雌虫排卵,激发卵子受精等生殖活动,促进雌虫产卵。也有研究发现大袋蛾 *Clania vartegata* Snellen 在交尾过程中,雄虫将精子束注入了雌虫体内,在雌虫体内未发现精包,精子束直接出现在雌虫的受精囊中(赵博光和贺亦斌,1995)。昆虫从水生到陆生不断的进化过程中,精包也在不断地进化,雌虫体内逐渐出现了交配囊。Davey(1960)提出昆虫精包进化的两个方向:一是继续保留精包;二是雄虫阳具发育得更好,更长,能够直接伸长到雌虫受精囊中,从而将精液直接传递到雌虫受精囊。而无精包的大袋蛾 *Clania vartegata* Snellen 出现可能是证明了精包进化的方向是朝着第二种的方式进行。

(二) 精包的结构和功能

关于鳞翅目昆虫精包结构的研究均比较早,周祖琳(1989)通过麦蛾半离体交配囊交配实验,观察了麦蛾精包的形成,并将这一过程分为 5 个时期:交配前期,准备期;交配初期,精包颈形成期;交配中期,精包体形成期;交配后期,精包释放期;交配末期,交配结束期。同时对雌虫交配囊的结构进行了划分,交配囊整体分为交配囊囊颈和交配囊囊体,交配囊囊体里面包裹着精包,精包又分为精包颈、精包体外壁形成物、精包体内膜形成物和精液。

雄虫在交配时通过精包将交配内容物传递给雌虫,精包中除精子外还含有一些雄性附腺分泌物、营养物质和从环境中获得的化学物质,这些物质中有的能够促进卵巢发育,有的成为卵的一部分,由此提高雌虫生殖力(Wedell,2002);有的则能抑制雌虫再次交配,延缓雌虫再交配时间,从而减少精子竞争(Whittington et al. ,2015)。家

蚕 *Bombyx mori* 的精包还可以作为有核和无核精子成熟的位点（Osanai et al.，1989）。此外，在少数昆虫中，有的交配内容物还具有保护功能，如黄瓜十一星叶甲亚种 *Diabrotica undecimpunctata howardi* Barber 的雄虫在葫芦上取食获得四环三萜化合物，通过交配将其传递给雌虫，此后该物质被结合在卵粒中，保护卵粒免受其他昆虫捕食（Tallamy et al.，2000）。烟芽夜蛾 *Heliothis virescens* 雄虫射精量的多少与有核精子的数量呈正相关（Lamunyon，2000），此外，射精量也和精包的大小呈正相关，所以通过雄虫精包的大小，我们可以预测雄虫射精量以及精子的多少。

三、鳞翅目昆虫的精子

（一）精子的形态

大部分的鳞翅目昆虫都可以产生两种类型的精子：有核精子和无核精子。目前报道的只有小翅蛾科（*Micropterigidae*）和小微蛾科（*Elachistidae*）的某些种（*Epimartyria and Micropteryx*）只有一种有核精子（Friedländer，1983；Hamon and Chauvin，1992）。与有核精子相比，无核精子较短、较细，线粒体含量较低（Friedländer，1997）。在两种精子的大样本中都发现了无核（短）和有核（长）精子长度的显著差异。在蝶类中，无核精子的长度在 216～756μm，而有核精子的长度在 345～1545μm（Gage，1994）。在蛾类中无核精子的长度在 106～883μm，有核精子的长度在 110～12675μm（Morrow and Gage，2000）。而有关麦蛾的精子目前则没有相关的文献报道。

（二）精子的发生

有核精子的发生过程包括四个阶段：精原细胞囊、初级精母细胞囊、次级精母细胞囊和精细胞囊，形成过程包括三个阶段：精细胞囊伸长、精子囊发育和精子束成熟。而无核精子在发生过程中除无初级精母细胞囊期阶段，在形成过程无伸长阶段，其余均和有核精子相同（王荫长等，1996）。精子的发生和个体发育相互关联，有核精子的发生始于幼虫期（有些种类始于幼虫二龄期，有些种类在幼虫后龄期），在化蛹期结束，而无核精子的发生始于化蛹期（Friedländer，1997）。

两种类型的精子虽然来源于相同的精原细胞，但在形态、精子数量以及功能等方面存在显著差异（Hamon and Chauvin，1992）。而且鳞翅目雄性昆虫中，有核精子和无核精子数量之间差异显著，如烟草天蛾 *Manduca sexta* 的无核精子数量占整个射精量的 96%，杨柳大天蛾 *Pachysphinx modesta* 的无核精子数量则占整个射精总量的 99%（Whittington et al.，2015；Friedländeret al.，2005）。其中，有核精子携带完整的遗传信息，在配子融合、受精和二倍体合子形成中发挥重要作用（Sahara and Kawamura，2002）。虽然无核精子无法和卵子结合形成受精卵，但是也有研究报道家

蚕 *Bombyx mori* (Linnaeus)的成功受精,有核精子和无核精子共同存在是至关重要的(Sahara and Takemura,2003)。

(三) 精子的功能

这些数量庞大的无核精子比有核精子先从交配囊中的精包转移到雌虫受精囊,它的作用究竟是什么,到目前为止并没有确切的证据,但是根据研究目前提出了几种假说:

一是无核精子的存在可以降低雌虫的再交配率。雄虫产生无核精子比有核精子所需的资源少,无核精子可以通过充当"廉价的填充物"填充雌虫受精囊从而降低再接受雄虫的能力,降低精子竞争,为第一次交配的雄虫精子提供潜在的适应优势(Swallow and Wilkinson,2002)。但是目前也有研究表明印度谷螟 *Plodia interpunctella* 雌虫的再交配率与有核精子相关(Thorburn et al.,2018)。

二是无核精子在有核精子的转运中有重要作用。有核精子从雄性睾丸的生产部位运送到雌性生殖道的受精部位需要无核精子的帮助(Watanabe et al.,2000)。运动力较强的无核精子会刺激雌虫的生殖道,从而提高雌虫对于有核精子的吸收、利用和储存,大大提高有核精子的利用效率。

三是无核精子能够帮助有核精子成功获能。在雄虫射精和精包形成之前,所有的精子形态都是不固定的。一种多功能的肽链内切酶-Initiatorin(熟精内肽酶)能够启动和激活无核精子运动性,同时也能产生一种级联反应,激活有核精子的运动性(Osanai et al.,1989)。

四、节律钟控系统对精子的调控

近年来在哺乳动物中大量的钟基因被发现,如 *Clock*,*Cry*,*Tim*,*Cycle*,*Per* 等,人们对节律钟控系统才有了一个较为清楚的认识。生物钟系统在哺乳动物体内除了调节行为、新陈代谢和生理等各种过程的昼夜节律外,还可以通过调节胰岛素代谢,进一步维持糖代谢系统的稳态(张艾等,2016)。*Clock* 突变小鼠和敲除胰腺 *BMAL*1 基因的小鼠表现出高血糖、低胰岛素和葡萄糖不耐受,揭示了胰岛生物钟基因对胰岛素的分泌和糖尿病的发展具有重要的作用(Marcheva et al.,2010;Lee et al.,2011)。同样生物钟系统对于动物发情周期、卵巢卵泡发育与排卵、睾丸精子发生、受精和胚胎着床等生殖过程也发挥着重要的作用。目前大量的研究表明,哺乳动物生物节律基因与生殖功能存在一定的关系。在小鼠的睾丸中,*Clock* 作为结构蛋白表达在精子细胞核外的顶体,参与了顶体酶的部分功能或顶体的形成和发育(Sassone,1997),通过 RNAi 成功干扰小鼠 *Clock* 基因的表达,小鼠的胎仔数显著降低(叶珊 2007)。隐花色素(*Cry*)对于在中心振荡器和外周振荡器中产生昼夜节律是必不可少的。当敲

除掉小鼠的 *Cry* 基因后，小鼠的睾丸生殖细胞凋亡，精子数量显著减少，说明生物钟 *Cry* 基因在维持正常睾丸功能起关键作用(Li *et al.*，2018)。

生物钟基因在昆虫生殖组织也存在着明显的节律性，并控制精子节律性的释放。研究发现精子束从睾丸释放到输精管的过程受生理时钟控制，在暗光周期中，精子释放遵循两个步骤：在亮光之前精子从睾丸中释放，在暗光阶段保留在输精管中，在亮光之后转移到精囊中(Polanska et al.，2009)。睾丸是一个重要的蜕皮激素来源，斜纹夜蛾 *Spodoptera litura*(Fabricius)内源性的节律钟控系统通过调节睾丸中的蜕皮激素的表达控制精子的节律性释放(Polanska et al.，2009)。舞毒蛾 *Lymantria dispar* 睾丸精管复合体中包含一个光敏感的昼夜节律起搏器，控制精子从睾丸中节律性释放(Giebultowicz et al.，1989)。雄性黑腹果蝇 *Drosophila melanogaster Per* 和 *Tim* 突变体(Per°、tim°)与野生型比较，精子释放量减少，其生殖力下降约 40%(Beaver et al.，2003)。干扰棉铃虫 *Helicoverpa armigera* (Hübner)*Per* 基因后，精子释放的时间延迟了且精子数量也减少(Kotwica et al.，2009)。干扰蝗虫 *Schistocerca gregaria* 的 *Per* 或 *Tim* 基因后，并没有影响雄虫生殖器官的发育，但雌虫的产卵量仍然下降，可能是雄性生殖器官中受昼夜节律调节的精子转移受到干扰，或精子从睾丸释放时不够成熟从而导致产卵量下降(Tobback et al.，2012)。

五、脂类对昆虫生殖的影响

三酰甘油、海藻糖、脯氨酸是昆虫重要的代谢原料，三酰甘油在三酰甘油脂肪酶(triacylglycerol lipase，TGL)的作用下分解二酰甘油，最终逐步分解成甘油和脂肪酸，而脂肪酸则通过 β-氧化产生大量的腺苷三磷酸(adenosine triphosphate，ATP)和乙酰辅酶 A，用于合成海藻糖和脯氨酸(Arrese and Soulages，2010)。激素敏感性酯酶(hormone-sensitivetriglayceridelipase，HSL)是哺乳动物体内经典的脂肪分解限速酶，HSL 的作用底物包括甘油三酯，甘油二酯、甘油一酯和胆固醇酯等(Zimmermann et al.，2004)，除了在脂类代谢过程中发挥作用，同时在雄性生殖系统中也发挥重要作用。*HSL* 基因缺失型小鼠胆固醇酯大量积累，成熟精子数量显著减少，并且运动性能也大大降低(Osuga et al.，2000)，但在昆虫中关于 HSL 的研究则未见报道。

脂肪酸以甘油三酯的形式储存在昆虫脂肪体的脂滴中。它在细胞组成、器官发育和能量代谢过程中起着重要作用，包括为昆虫飞行提供能量、促进卵巢和精巢的发育、促进性激素的合成等，同时脂类也是精子的主要成分，在精巢中对于细胞膜重塑、精子发育、精子分化等都发挥重要作用(Canavoso et al.，2001；Arrese and Soulages，2010；Ng et al.，2015)。

果蝇精子发生过程中，磷脂酰肌醇(phosphatidylinositol，PI)、脂肪酸和胆固醇等多种脂类的代谢调节因子在各个阶段发挥着重要作用。例如：细胞质膜上的 PIP2 对于胞质分裂过程和精子细胞分化至关重要(Fabian et al.,2010)。Wei(2008)等研究表明 PIP2 在协同膜融合和微管组织形成鞭毛具有重要作用。脂肪酸延伸过程中一个重要的酶是脂肪酸延伸酶(fatty acid elongase,NOA),它是哺乳动物脂肪酸延伸酶(Elovl6)的同系物。Jung 等(2007)通过 RNAi 沉默 *NOA* 基因的表达发现其对果蝇精子分化有影响,并且在胞囊细胞和生殖细胞之间的信息传递过程中充当信使的作用。胆固醇转运蛋白(Niemann-Pick type C1,NPC1)和氧化固醇结合蛋白(oxysterol-binding protein,OSBP)缺失型果蝇表现为雄性不育(Wang et al.,2011;Ma et al.,2010)。黄志伟(2005)研究表明印楝素处理玉米螟 *Pyrausta nubilalis* (Hubern)和斜纹夜蛾 *Spodoptera litura* (Fabricius),脂肪酸含量显著降低且脂肪酸成分也发生了改变,亚油酸的含量显著下降,蛋白质含量也显著降低,与生殖相关的氨基酸成分也发生了很大的变化,这可能是导致成虫生殖能力降低的原因。

六、本章节的目的与意义

本章以麦蛾雄虫为研究对象,探究大蒜精油活性物质($LC_{10}=0.01\mu l/L$)熏蒸处理对麦蛾精包和精子质量的影响;同时,通过分析该浓度处理的雄虫转录组数据并结合脂类代谢,阐明大蒜精油活性物质影响精子质量的原因,以期为明确大蒜精油活性物质对麦蛾雄虫生殖能力的调控机制提供理论依据。

第一节　大蒜精油活性物质处理对麦蛾雄虫生殖的影响

雄虫通过交配将交配内容物以精包形式储存在雌虫的交配囊中,而精包中除精子外还含有一些雄性附腺分泌物、营养物质等。已有文献表明大蒜对哺乳动物的精子质量有影响,而对昆虫的研究则鲜有报道。Dixit and Joshi (1982)研究发现成年大鼠长期服用大蒜粉会导致精子在初级精母细胞期发生停滞。Qian 等(1986)发现使用二烯丙基三硫化合物(大蒜提取物)饲喂小鼠后,可导致小鼠的精子活力大大被降低。但也有研究表明大蒜对小鼠的生殖能力有保护作用(Kasuga et al.,2001)。

我们前期研究发现:大蒜精油活性物质在 LC_{10} 浓度下虽然不影响麦蛾雄虫的交配行为,但仍能影响其生殖能力,最终导致雌虫产卵量下降(见第六章),但其作用机制并未明确。本研究在此基础上,以雄虫为研究对象,分析了大蒜精油活性物质在该浓度条件下对麦蛾精子质量和精包影响,为进一步明确大蒜精油活性物质对麦蛾雄虫生殖能力的调控机制奠定了基础。

一、材料与方法

(一) 供试昆虫

实验所用麦蛾为本实验室长期饲养品系，于圆底透明玻璃瓶内饲养(高 10cm，半径 4cm)，在瓶内装约 2cm 厚干净麦粒，置于温度(28±1)℃，相对湿度 75%±5%，光周期为 14L∶10D 的人工气候箱饲养。每天挑选含有蛹的麦粒于指形管中单独饲养，逐日检查，取初羽化处女蛾，区分雌雄后备用。

(二) 仪器设备及主要试剂

1. 仪器设备

Neofuge 13R 台式高速冷冻离心机(上海力申科学仪器有限公司)；Spark 酶标仪(上海帝肯贸易有限公司)；OLYMPUS IX71 倒置荧光显微镜(日本奥林巴斯)；维纳斯剪 54138B(苏州六六视觉科技股份有限公司)；直平台系结镊 53320A(苏州医疗器械总厂)；智能人工气候培养箱 HP 400 GS(武汉瑞华仪器设备有限责任公司)；电热恒温鼓风干燥箱 DGH 140(武汉瑞华仪器设备有限责任公司)；SZM 系列体视显微镜(舜宇仪器有限公司)；病理切片机 LEiCA RM2016(上海徕卡仪器有限公司)；包埋机 JB-L5、组织摊片机 JK-6(武汉俊杰电子有限公司)。

2. 主要试剂

大蒜精油活性物质：二烯丙基三硫醚(diallyl trisulfide，DT)(成都西亚化工股份有限公司，纯度 98%)；丙酮(国药集团化学试剂有限公司)；三酰甘油检测试剂盒(南京建成生物工程研究所)；胆固醇检测试剂盒(南京建成生物工程研究所)；DAPI 染色液(上海生工生物合成有限公司)；SYBR14/PI LIVE/DEAD™ Sperm Viability Kit (ThermoFisher Invitrogen)；HE 染液(上海经科化学科技有限公司)；二甲苯、中性树胶(国药集团化学试剂有限公司)。

(三) 实验方法

1. 试虫处理

根据第六章中筛选到的亚致死浓度(LC_{10} =0.01μl/L 空气)作为本章节中的处理浓度，具体方法如下：将总量 10μl 用丙酮稀释的大蒜精油活性物质滴加在滤纸条上，自由挥发 2min 后(此时溶液中的丙酮已经完全挥发)，黏贴在广口瓶(直径 10cm，高 13cm，总体积 1L)盖子的内壁，并取羽化 12h 雄性麦蛾放入广口瓶中，盖好瓶盖，将其放在温度(28±1)℃,湿度75%的人工气候箱内黑暗熏蒸7h,以空白处理作为对照。熏蒸结束后将每只雄性麦蛾单独移入玻璃管中,并挑选初羽化处女雌蛾备用。

2. 精包形态观察

处理后的雄蛾与未处理的羽化4h的处女雌蛾交配,交配结束后,立即解剖并取其精包,测定精包直径,以雄虫未处理组的精包为对照组,每个处理取20个精包,3个重复。

精包石蜡切片方法:

(1) 取材固定。取精包固定于4%多聚甲醛24h以上。

(2) 脱水透明。依次将组织放入50%酒精5min→70%酒精5min→80%酒精5min→95%酒精5min→100%酒精5min→100%酒精5min,进行脱水。透明:1/2二甲苯+1/2无水乙醇(2h)→纯二甲苯1.5h→纯二甲苯1.5h。

(3) 浸蜡包埋切片。将已透明的组织置于已溶化的石蜡中,待石蜡完全浸入组织块后进行包埋,包埋好的组织块变硬,在切片机上进行切片。

(4) 脱蜡。依次将石蜡切片放入二甲苯Ⅰ20min→二甲苯Ⅱ20min→无水乙醇Ⅰ5min→无水乙醇Ⅱ5min→75%酒精5min脱蜡→水洗。

(5) 苏木素染色。苏木素染液染3~5min,自来水洗净多余染液,1%盐酸水溶液分化数秒,自来水漂洗,然后0.6%~0.7%氨水水溶液返蓝,流水冲洗数秒。

(6) 伊红染色。石蜡切片酒精(85%乙醇→95%乙醇)脱水,放入伊红染液中染色5min。

(7) 脱水封片。石蜡切片依次放入无水乙醇Ⅰ5min→无水乙醇Ⅱ5min→无水乙醇Ⅲ5min→正丁醇5min→二甲苯Ⅰ5min→二甲苯Ⅱ5min透明,将切片从二甲苯拿出来稍晾干,中性树胶封片。

(8) 结果判读。细胞核为蓝色,细胞质为红色。

3. Hayes缓冲溶液的配置

配置方法:600ml蒸馏水中溶解NaCl 7.2g,KCl 0.16g,$CaCl_2$ 0.16g,$NaHCO_3$ 0.08g,调节pH至7.0左右,加水定容至800ml,121℃,高压灭菌30min。

4. 荧光染色液的配置

4′,6-二脒基-2-苯基吲哚(4′,6-diamidino-2-phenylindole,DAPI)用无菌水配成浓度为0.0022mM的母液,−20℃保存备用;SYBR 14母液浓度为10mM;碘化内啶(propidium iodide,PI)母液浓度为0.48mM的母液,−20℃保存备用。使用时DAPI用磷酸缓冲盐溶液(phosphate buffered saline,PBS)稀释,终浓度为220nM,SYBR 14用二甲基亚砜(dimethyl sulfoxide,DMSO)稀释,终浓度为100nM,PI无需稀释,终浓度为12μM。

5. 精包内精子形态观察和数量统计

雌蛾交配结束后，立即取雌虫进行解剖，在 PBS 缓冲液里把精包表面的脂肪粒摘净，用大头针把精包戳破，用镊子分离精包内容物，使其均匀分布在 PBS 缓冲液里，吸取含有内容物的 PBS 缓冲液于 1.5ml 离心管内，每管放 3 个精包，用研磨杵缓慢研磨，充分混匀精包中的精子，加 PBS 缓冲液定容至 80μl，加入 20μl，4℃预冷的 DAPI，室温黑暗条件下染色 10～15min，吸取 2μl 混合液于玻片上，制成玻片，每个玻片随机画 10 个 2mm×3mm 的长方形，每管放入 3 个精包，制成 3 个玻片，置于荧光倒置显微镜下，紫外荧光激发，拍照统计 10 个正方形里面的精子数量，然后根据公式计数：

$$\text{一个精包精子数}=24\times2410\times2\times3\times A\times503$$

A：10 个正方形内总精子数

6. 精包内精子活性统计

雌蛾交配结束后，立即取雌虫进行解剖，取下精包至 Hayes 缓冲液，将精包表面的脂肪粒摘净后，用大头针把精包戳破，用镊子分离精包内容物，使其均匀分布于缓冲液，吸取含有内容物的 Hayes 缓冲液于 1.5ml 离心管内，定容至 500μl，用研磨杵缓慢研磨，充分混匀精包中的精子，加入 5μl SYBR 14 混合均匀，36℃，5～10min，再加入 5μl PI 混合均匀，室温黑暗条件下染色 5～10min，吸取 2μl 混合液于玻片上，制成玻片，每个玻片随机画 10 个 2mm×3mm 的长方形，每管放 3 个精包，共制作 3 张玻片，然后置于 OLYMPUS IX71 倒置荧光显微镜下，蓝光激发，观察拍照统计精子存活率，每个处理统计 300 个精子，每 100 个精子为一个重复，每组 3 个重复。

$$\text{精子存活率}(\%)=\frac{\text{活精子}}{\text{总精子}}\times100$$

7. 交配后不同时间精包中精子数量统计

在雄虫与雌虫交配结束后，解剖雌虫，分别取交配结束后 4h、6h、8h 和 12h 雌虫交配囊内的精包，通过 DAPI 染色对精子数量进行统计，并区分有核精子和无核精子，统计总精子、有核精子以及无核精子数量，染色及精子数量统计方法同本节一（三）5。以不处理雄虫为对照组。

8. 双射精管内精子形态和数量统计

羽化 12h 的雄性麦蛾用大蒜精油活性物质处理 7h，熏蒸方法同本章第一节。熏蒸结束后，解剖取其双射精管，3 个处理，每个处理取 5 个双射精管，以未处理组雄性麦蛾的双射精管作为对照，染色及精子观察方法同上。

9. 双射精管中精子活性统计

羽化 12h 的雄性麦蛾用大蒜精油活性物质处理 7h，熏蒸方法同上。熏蒸结束后，解剖取其双射精管,每个处理取 5 个双射精管,以未处理雄性麦蛾的双射精管作为对照组,染色及精子活力统计方法同上。

10. 交配后不同时间双射精管中精子数量统计

在雄虫与雌虫交配结束后,解剖雌虫,分别取交配结束后 4h、6h、8h 和 12h 雌虫交配囊内的精包,通过 DAPI 染色对精子数量进行统计,并区分有核精子和无核精子,统计总精子、有核精子以及无核精子数量,染色及精子数量统计方法同上。以不处理雄虫为对照组。

(四) 数据处理

利用 SPSS 19.0 数据统计分析软件对精子长度、精子数量和精子活性、精包直径进行独立样本 t 检验方法分析、One-Way ANOVA 分析,作图使用 GraphPad Prism 5,精包图片使用 Lightool's 拍照软件拍摄。

二、结果与分析

(一) 大蒜精油活性物质对麦蛾精包形态的影响

麦蛾交配完成后会在雌虫交配囊中形成乳白色饱满的球状物—精包,精子和其他交配内容物储存在精包中,射精量的多少和精包的大小密切相关,因此我们首先检测了精包的形态。未处理雄虫与雌虫交配后,形成的精包较饱满,呈现乳白色球状,而经 DT 处理的雄虫与雌虫交配后在雌虫交配囊中的精包较小,形态不饱满(图 7-1);未处理组交配后雌虫交配囊中的正常精包率较高(88%±2.60%),而 DT 处理后有效精包率显著降低(75%±2.70%),和 CK 组相比差异显著(P=0.008, df=8,F=0.031)。(图 7-2)

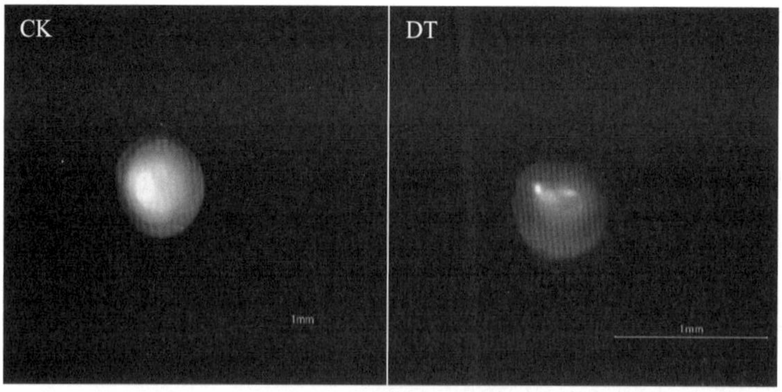

图 7-1 精包形态比较图

注:CK:与 CK 雄虫交配后雌虫的精包;DT:与 DT 雄虫交配后雌虫的精包。

对交配囊进行解剖后测量精包的直径，发现 DT 组的精包直径[(0.46±0.0073)mm]和CK 组的精包直径[(0.52±0.01)mm]相比差异显著，DT 处理组的精包直径显著小于 CK 组(P=0.000，df=126，F=0.69)(图 7-3)，上述结果说明 DT 处理会影响雄虫的射精量，导致精包变小。

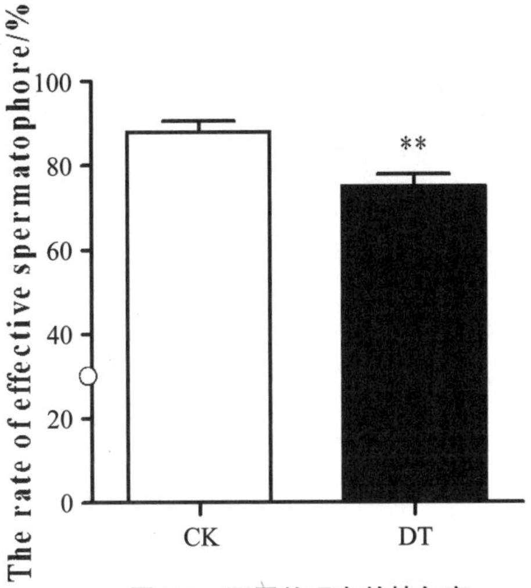

图 7-2　不同处理有效精包率

注：CK：未处理雄虫与未处理处女雌虫交配后形成的精包；DT：DT 处理雄虫后与未处理处女雌虫交配后形成的精包；图中数据均为均值±标准误；** P<0.01(t 检验)。

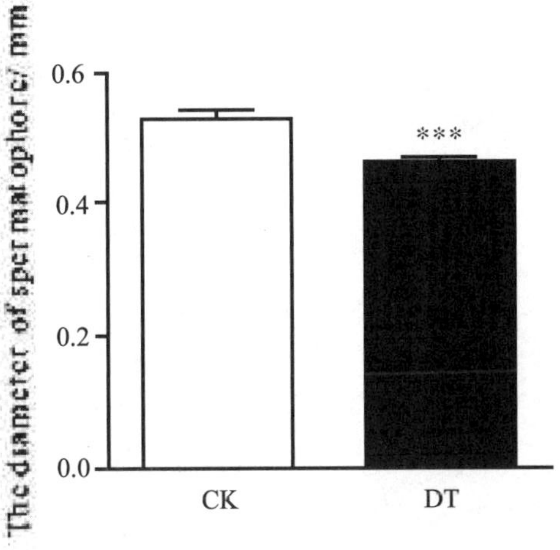

图 7-3　精包直径比较图

注：CK：未处理雄虫与未处理处女雌虫交配后形成的精包；DT：DT 处理雄虫后与未处理处女雌虫交配后形成的精包；图中数据均为均值±标准误；*** P<0.001(t 检验)。

对精包进行石蜡切片观察，比较处理组和对照组的精包形态，结果显示 CK 组精液里面的精子束呈深紫色线条状，紧密排列，且数量较多，而 DT 处理后精液里面的精子束数量和 CK 组相比较少。(图 7-4)

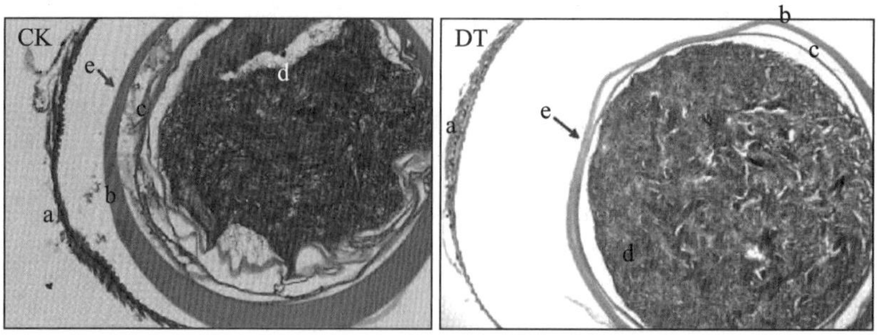

图 7-4　精包石蜡切片比较图(200 倍镜)

注:CK:未处理雄虫与未处理处女雌虫交配后形成的精包;DT:DT 处理雄虫后与未处理处女雌虫交配后形成的精包;a. 雌虫交配囊壁;b. 精包体外壁形成物;c. 精包体内壁形成物;d. 精液;e. 精包。

(二) 大蒜精油活性物质对麦蛾精包中精子质量的影响

1. 精包中的精子形态

通过检测精包的质量,我们发现 DT 处理会减少精子束的数量,为了进一步探究精子质量,首先检测了精子形态。通过倒置荧光显微镜的观察,结果表明:精子经 DAPI 染色后呈蓝色,有核精子头部发出较亮荧光,尾部细长成波浪线形(图 7-5A),而无核精子因为没有头部所以没有亮荧光(图 7-5B)。

图 7-5　精子染色图

A. 有核精子;B. 无核精子(20 倍镜)

为了明确 DT 对精子长度的影响,我们分别测量了对照组和 DT 处理组精包中的有核和无核精子长度,结果显示,有核精子的长度在 DT 组[(596.67±4.64)μm]和 CK 组[(584.10±5.38)μm]之间无明显差异($P=0.085$,df=48,$F=0.297$),无核精子的长度在 DT 组[(442.88±6.78)μm]和 CK 组[(459.00±11.99)μm]之间也没有明显的差异($P=0.222$,df=51,$F=3.548$)(图 7-6)。但 CK 组内和 DT 组内的有核精子均显著长于无核精子($P<0.001$)。

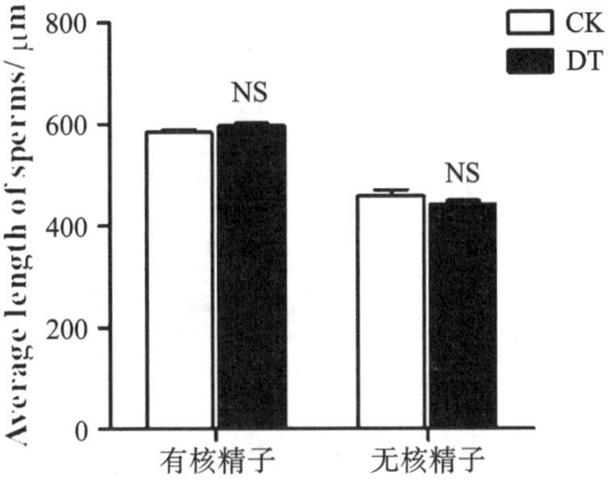

图 7-6　精包精子长度的比较

CK:空白对照组,DT:大蒜素处理组;图中数据为平均值±标准误,NS 表示各列之间无显著差异(*t* 检验)

2. 精包中的精子活性

精子存活率直接影响到后代的数量,通过精子的存活率可以判断精子的质量。SYBR 14 和 PI 双染后活精子整体呈绿色,死精子头部被 PI 染成红色(图 7-7)。通过统计精包中的精子存活率结果表明:DT 组的精子存活率(66%±5.80%)和对照组(87%±1.40%)相比显著降低($P=0.017$,df=4,$F=7.561$)(图 7-8)。上述结果说明 DT 处理会降低精包中的精子存活率,导致精子质量下降。

图 7-7　麦蛾死精子(红色头部)和活精子(绿色头部)图(20 倍镜)

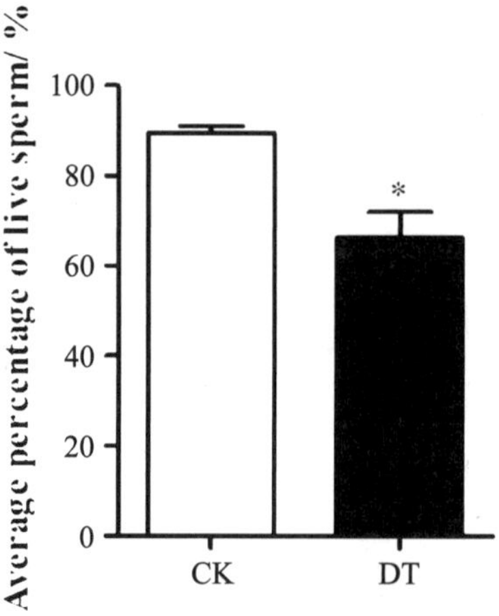

图 7-8　精包中精子存活率比较图

注:CK:空白对照组,DT:大蒜素处理组;图中数据为平均值±标准误,* $P<0.05$(t 检验)。

(三)麦蛾精包内精子数量的动态变化

精子数量是直接关系到子代多少的重要因素之一,为此,我们统计了雌雄虫交配后不同时间精包的精子数目的动态变化,结果如图 7-9:DT 处理会显著降低精包中的总精子数目(0h)。交配后随着时间的延长 DT 组和 CK 组精包中的精子都在不断减少,但 CK 组的精子集中在交配后 6～8h 内骤减,而 DT 组的精子在交配后 4～6h 骤减,交配后 12h 精子数量都基本趋于 0。

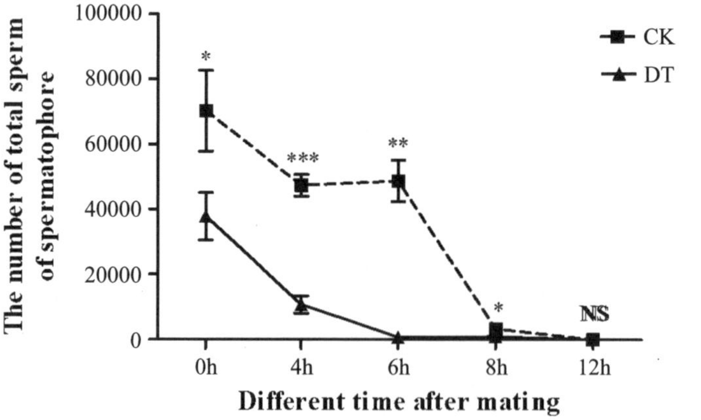

图 7-9　精包内精子总数变化图

注:CK:空白对照组,DT:大蒜素处理组;图中数据为平均值±标准误,

* $P<0.05$; ** $P<0.01$; *** $P<0.001$;NS,$P>0.05$(t 检验)。

麦蛾的精子包括有核精子和无核精子两种类型,DT 处理后精包中的两种类型精子数量均显著少于 CK 组($P<0.01$):DT 组精包内的有核精子在交配后 4h 基本趋于

0，而CK组精包内的有核精子在交配后8h基本趋于0。同样，无核精子在精包中的释放趋势和有核精子基本相同(图7-10和图7-11)。上述结果说明精子在精包中的释放是一个缓慢的过程，DT处理不仅会显著降低精子总数($P<0.05$)，无论是有核精子还是无核精子的总数均显著下降($P<0.01$)，也会加速精子的释放速度，DT组的有核精子数量在交配后4h基本趋于零，无核精子数量则在交配后6h趋于0。

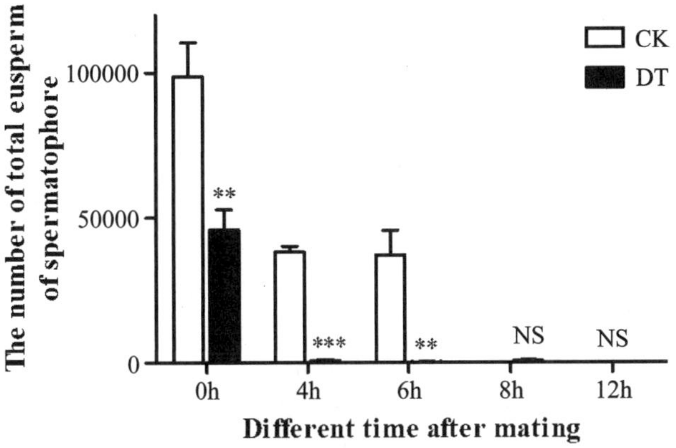

图7-10　精包中有核精子的数量变化图

注：CK：空白对照组，DT：大蒜素处理组；图中数据为平均值±标准误，

** $P<0.01$； *** $P<0.001$；NS，$P>0.05$（t检验）。

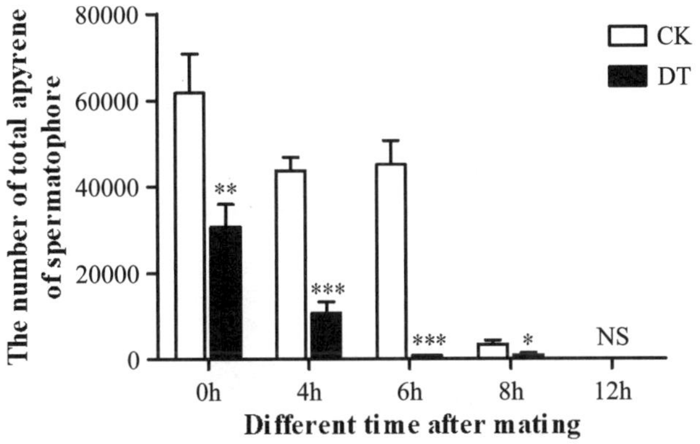

图7-11　精包中无核精子的数量变化图

注：CK：空白对照组，DT：大蒜素处理组；图中数据为平均值±标准误，

* $P<0.05$； ** $P<0.01$； *** $P<0.001$；NS，$P>0.05$（t检验）。

(四) 大蒜精油活性物质对麦蛾双射精管中精子质量的影响

1. 交配前雄虫双射精管中精子数量

DT处理会导致精包中精子质量下降，精包中的精子来源于雄虫，因此，我们继而探究了雄虫双射精管中的精子质量。首先检测了交配前雄虫双射精管中的精子数量,结果表明:CK 组的精子总数为(54998.93±5397.84)个,DT 组的精子总数为(27462.93±6795.62)个,两组之间差异显著(P=0.01,df=10,F=1.086)(图 7-12)。同时,比较两组间有核和无核精子数量,可知 CK 组和 DT 组之间无论是有核精子(P=0.002,df=10,F=1.065)还是无核精子(P=0.012,df=10,F=1.133)间的数量差异均达显著水平(图 7-13)。上述结果说明 DT 处理会显著下降麦蛾交配前双射精管中的有核精子和无核精子的总数,导致麦蛾总精子数量显著下降。

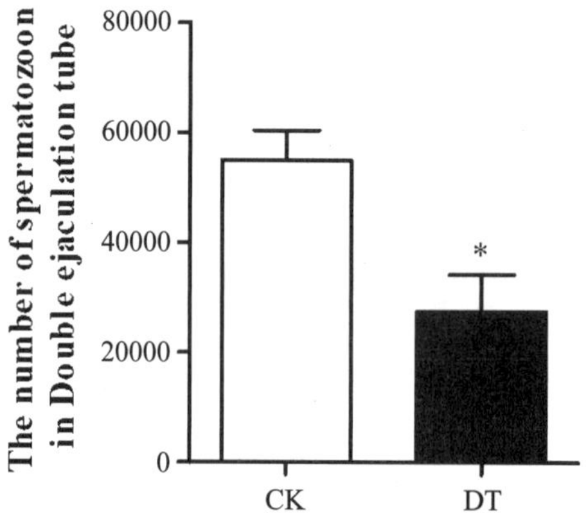

图 7-12 双射精管总精子数的比较

注:CK:空白对照组,DT:大蒜素处理组;图中数据为平均值±标准误,* $P<0.05$(t 检验)。

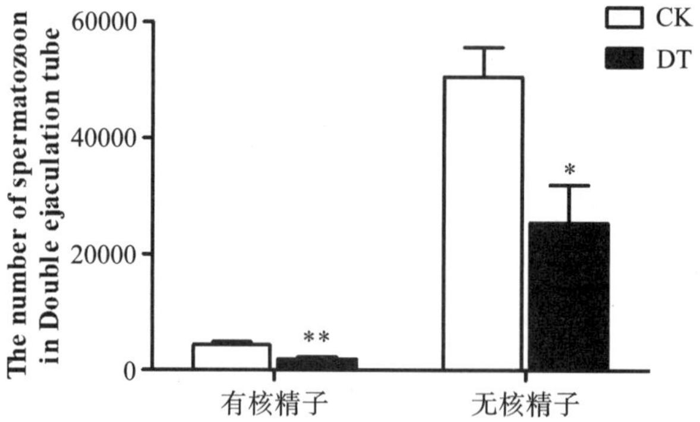

图 7-13 双射精管中有核/无核精子数的比较

CK:空白对照组,DT:大蒜素处理组;图中数据为平均值±标准误,* $P<0.05$;** $P<0.01$(t 检验)

2. 雄虫双射精管中精子形态

通过统计双射精管中的有核和无核精子长度可知,有核精子的长度在 DT 组(615.01μm±3.48μm)和 CK 组(630.87μm±7.38μm)间无明显差异(P=0.057,df=57.140,F=7.011),无核精子的长度在 DT 组(497.88μm±11.93μm)和 CK 组(515.49μm±13.00μm)之间也没有明显的差异(P=0.323,df=48,F=0.043)。但

两组内有核精子长度均显著长于无核精子($P<0.001$)(图 7-14)。同时，为了探究交配前后的精子长度是否有变化，我们分别比较了双射精管和精包中的有核精子和无核精子长度，结果表明双射精管中的精子(无论是有核精子还是无核精子)长度均长于精包内的，其差异均显著($P<0.01$)。上述结果表明 DT 处理对精子的长度无影响(图 7-14)。

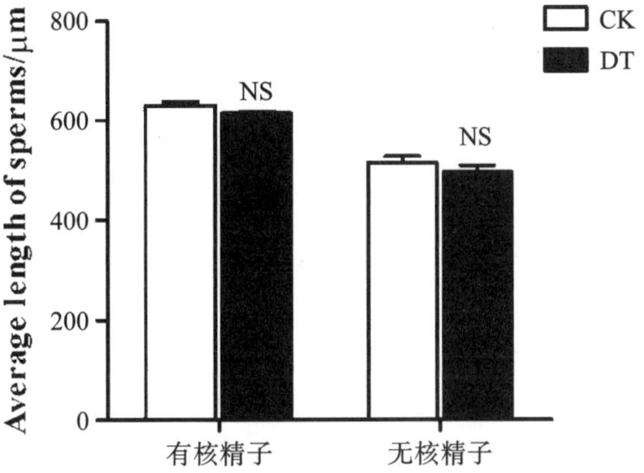

图 7-14　双射精管精子长度

注：CK：空白对照组，DT：大蒜素处理组；图中数据为平均值±标准误，NS，$P>0.05$(t 检验)。

3. 交配前雄虫双射精管中精子活力

前期我们已明确了 DT 可影响交配后精包内精子活力，为了明确这种影响发生在交配前还是交配后，因此我们统计了交配前雄虫双射精管中的精子存活率。结果表明 DT 处理后的雄蛾双射精管内精子存活率为 74%±1.50%，CK 组的精子存活率为 87%±1.00%，两组之间差异显著($P<0.001$，df=6，$F=0.99$)(图 7-15)。由此可初步断定 DT 处理雄虫后可影响精子的活力。

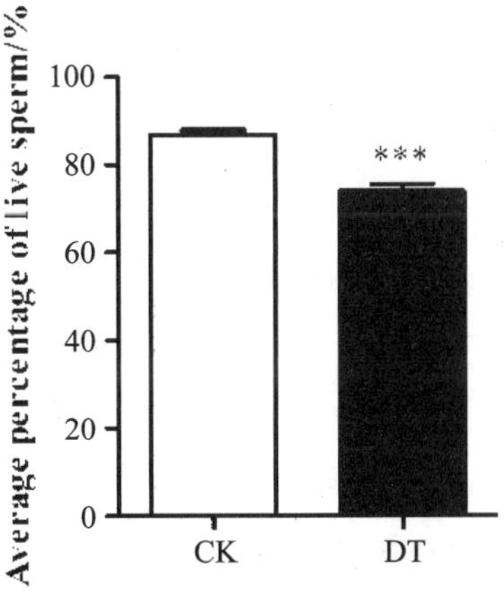

图 7-15　双射精管中精子存活率的比较

注：CK：空白对照组；DT：大蒜素处理组；图中数据为平均值±标准误，*** $P<0.001$(t 检验)。

(五)交配后双射精管中精子数量的动态变化

前期结果表明 DT 处理会降低精包中精子的数量,且会加速精子的利用。为了明确 DT 的这种作用是否会有时效性,我们统计了交配后雄虫的双射精管在不同时间内的精子数量,结果如图 7-16 所示:双射精管中的精子数量在交配后会随着时间的延长而逐渐恢复,DT 处理组和 CK 组间的恢复情况不一样。在每个观察的时间点,DT 组的总精子数均显著高于 CK 组,DT 组的总精子数在交配结束后 8h [(39926.00±6015.34)个]即可恢复到 DT 组未交配前[(39130.00±4610.04)个]的水平($P=0.918$),在交配后 12h[(59996.50±2961.30)个]可达到 CK 组未交配前[(58332.17±2436.34)个]的水平($P=0.673$),并且在交配刚结束时(0h),DT 组的总精子数[(17486.83±1213.89)个]显著多于 CK 组[(980.50±274.09)个]($P<0.001$)。而 CK 组的精子数量和交配前相比显著降低($P<0.01$),随着时间的延长恢复缓慢,最终的精子数量显著低于 DT 组($P<0.001$)和未交配前($P<0.01$)。

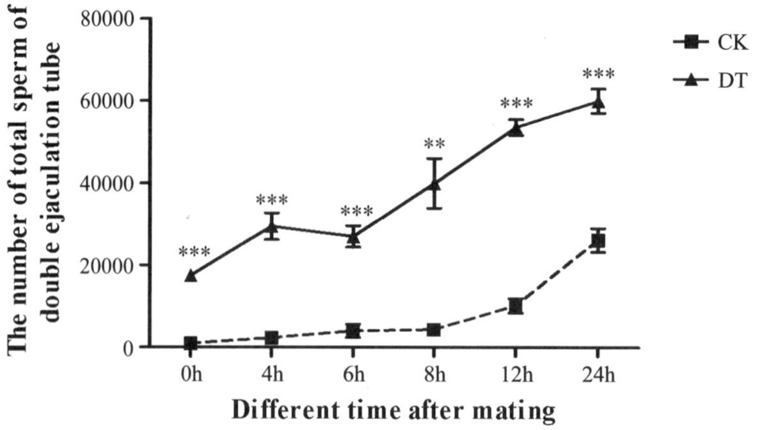

图 7-16 交配后双射精管中总精子数量变化图

注:CK:空白对照组,DT:大蒜素处理组;图中数据为平均值±标准误,** $P<0.01$;*** $P<0.001$(t 检验)。

无论是有核精子还是无核精子,DT 组均显著多于 CK 组,但是有核精子的数量均显著少于未交配前(图 7-17 和图 7-18)。即在交配后 DT 组的精子并没有完全输送给雌虫,导致在交配后 0h 时精子数量比 CK 组多。并且随着时间延长,DT 的精子在双射精管内恢复得很快,最终的总数量比未交配前的 DT 组多。可能是 DT 处理后双射精管中留存一部分精子,导致总精子数升高。但 CK 组的双射精管中的精子总数比未交配前少。即正常情况下,交配后的双射精管的精子不会恢复到交配前的状态。同时两组之间的有核精子数量和交配前相比均较少,交配后不会合成大量的有核精子。

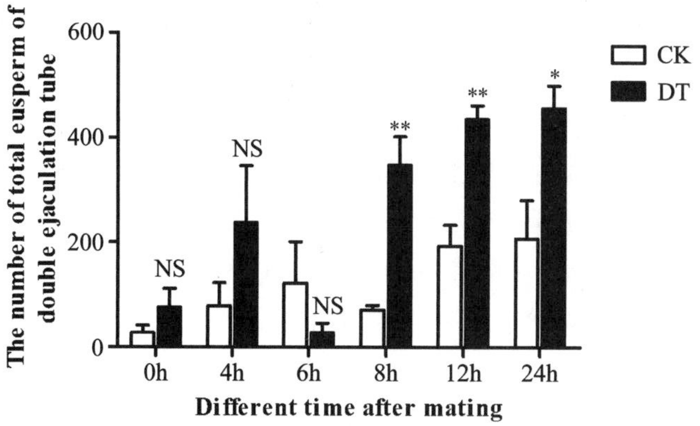

图 7-17 交配后双射精管中有核精子数量变化图

注：CK：空白对照组，DT：大蒜素处理组；图中数据为平均值±标准误，

* $P<0.05$；** $P<0.01$；NS，$P>0.05$（t 检验）。

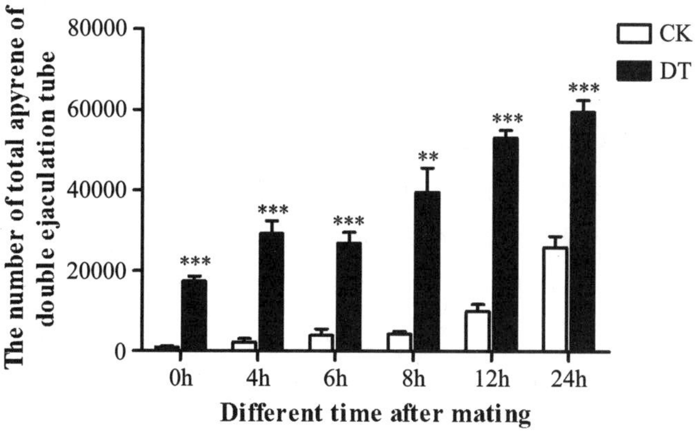

图 7-18 交配后双射精管中无核精子数量变化图

注：CK：空白对照组，DT：大蒜素处理组；图中数据为平均值±标准误，

** $P<0.01$；*** $P<0.001$（t 检验）。

三、小结与讨论

前期研究发现 0.01μl/L 的大蒜精油活性物质处理会导致雄虫生殖能力下降，其与雌虫正常交配后仍然会抑制雌虫的产卵（第六章）。雄蛾生殖能力下降，最直接的原因就是精子质量的下降。精子形态与精子活力、密度和运动参数有密切关系，精子形态正常，精子活力显著较高（冯播，2014）。精子活力与生殖密切相关，精子活力较低，卵受精率和孵化率均显著下降（Turner，2006）。因此我们从雄蛾精子角度出发，探究了大蒜精油活性物质导致麦蛾雄虫生殖能力下降的原因。

麦蛾交配时，雄蛾精子和附腺内容物等组成精液内容物，通过双射精管输入至雌蛾交配囊中形成精包,精液的射入量决定着精包的大小。因此本研究首先检测了处理前后的雄蛾在和未处理雌虫交配后的精包的大小,结果表明 DT 处理导致麦蛾精包变小,精包中的精子束变少。通过大蒜精油活性物质处理麦蛾雄虫会显著降低雄虫的附腺蛋白含量,同时附腺内容物也显著减少(第五章)。附腺内容物的减少可能是导致交配后精包变小的原因。

同时我们也检测了精包中的精子质量以及在交配后不同时间精子的动态变化,我们发现 DT 处理后精包中的精子质量显著下降,并且 DT 组精包中的精子较早被雌虫利用完。

雌虫精包中的精子直接来源于雄虫,所以精包中的精子质量下降可能是因为雄虫本身精子质量被削弱。因此我们检测了刚处理完的雄虫双射精管中的精子质量,发现 DT 处理后雄虫双射精管中的精子质量也显著下降,但双射精管中的精子比精包中的精子较长,可能是因为精子在从双射精管到达精包的过程中不断游动而消耗能量导致尾巴变短,精包中精子质量的下降可能是因为双射精管中精子质量下降导致的。

影响精子质量的因素有很多,包括环境因素、农药处理、自身发育不良等。例如氨基甲酸类、氰戊菊酯类以及拟除虫菊酯类杀虫剂对哺乳动物(人类、大鼠、小鼠)的精子具有致畸作用或者影响精子的生成从而导致生殖能力的下降(Amer and Ibrahim,2000;Arena et al.,2008)。除了哺乳动物以外,农药对鱼类、昆虫的精子也有生殖毒性。房燕(2007)的研究发现久效磷处理会推迟金鱼精巢的发育并且会导致精子头部变形、线粒体和质膜溶解以及鞭毛断裂等精子质量下降。Chaimanee 等(2016)发现亚致死浓度的有机磷杀螨剂或者新烟碱类杀虫剂会抑制蜜蜂的 P450 家族基因的表达,抑制其抗氧化和免疫能力导致精子活力下降。而本文亦表明大蒜精油活性物质处理雄虫后会导致精子质量下降,但具体的分子机制目前还不明确。有研究表明在斜纹夜蛾 *Spodoptera littoralis* 中昼夜节律系统能够通过调控蜕皮激素在血淋巴和睾丸的水平从而控制精子节律性的释放(Polanska et al.,2009)。蜕皮激素在雄蜂生殖系统的分化中起负调控作用,能够刺激精原细胞有丝分裂以及减数分裂,促进附腺成熟(Tozetto et al.,2007)。蜕皮激素对附腺的成熟也起到负调控作用,在成虫阶段注射 20-E 能够抑制附腺蛋白含量的增加(Colonello and Hartfelder,2003)。除了激素对生殖的调控影响外,雄性附腺蛋白对精子也具有保护、储存、活化等重要作用,附腺内容物成分或者含量的变化,对精子的质量至关重要。前期研究发现大蒜精油活性物质处理会显著下降雄虫附腺蛋白的含量,因此推测雄虫生殖力下降的另一个原因可能是大蒜精油活性物质导致雄虫激素水平紊乱,继而导致合成的附腺内容物不足,从而导致精子质量下降。

本章节研究发现麦蛾在交配后的不同时间内,DT 会使得精包中的精子总数少于 CK 组,且较快被雌虫利用完。双射精管中的精子在交配后会随着时间的延长而逐渐恢复，但是DT组的总精子数一直显著高于CK组，结合前期研究结果我们猜测，DT处理加速雄虫能量代谢过程，消耗过多能量，导致雄虫在交配时并没有把交配内容物完全传递给雌虫，所以DT组双射精管中的精子在刚交配结束时仍有部分残余，导致DT组双射精管中的精子数总是多于CK组。精包中的精子较快利用完可能是因为DT组精包中的精子总数比CK组少，因而在相同时间内较快被雌虫利用。

精子除和卵子形成受精卵外，也可能会调节雌虫的交配后效应，减少精子竞争，抑制雌虫再交配（Wedell，2002；Swallow and Wilkinson，2002）。我们从精子的动态变化也可以猜测DT处理后导致雌虫精包中的精子数量较少且较快被利用完，雌虫可能会更早进入再交配的状态，接受其他雄虫的精子来弥补第一次交配的不足。麦蛾雄虫的精子中存在大量的无核精子约占总精子数量的90%～95%，而有核数量显著少于无核精子，约占总精子数量的5%～10%。无核精子虽然不参与受精，但在鳞翅目昆虫体内占总射精量的10%～99%（Swallow and Wilkinson，2002；Whittington et al.，2015；Friedländeret al.，2005），这些数量庞大的无核精子对雌虫的功能目前还没有明确的结论，仍需探究。以上结果表明DT会降低雄虫的精子数，但随着第一次交配后，雄虫的精子数会逐渐恢复，雄虫可能会通过多次交配输送给雌虫更多的精子增加产卵量维持种群数。因此我们在用DT防治麦蛾时，应通过多次熏蒸的方法抑制雄虫恢复精子数。

第二节　转录组数据分析

目前高通量转录组测序技术在昆虫上应用广泛，Kukutla等（2013）利用RNA-Seq，检测了不同发育阶段的蚊子肠道微生物群落的变化情况。王登杰等（2015）通过对球孢白僵菌感染烟粉虱若虫的转录组分析，探究了其免疫应答机制。利用高通量测序技术研究昆虫在不同发育时期的基因转录的动态变化，有助于了解基因在不同发育阶段的功能及其调控机制，危害虫的综合治理以及益虫的生态保护提供分子依据（杨帆等，2014）。

前面的研究在表观层次上探究了大蒜精油活性物质对精子质量的影响，本节主要通过对转录组数据进行分析并结合脂代谢，从分子角度探讨其机理。

一、材料与方法

（一）供试昆虫

同本章第一节。

(二) 实验方法

1. 转录组测序样本采集

试虫处理方法同第本章第一节。在处理结束后,立即置于液氮中保存备用。每个样本 50 只虫,3 个生物学重复,对照组(CK)分别命名为 CK1,CK2,CK3,处理组(DT)分别命名为 DT1,DT2,DT3。样品液氮速冻后送公司测序。无参转录组测序采用 PacBio Sequel 测序仪 Illunima HiSeqTM 2000 测序技术,由武汉博越致和生物科技有限公司完成。

2. 总 RNA 的提取

(1) 将麦蛾放入无酶的 1.5ml 离心管中,用液氮处理后,快速研磨组织,期间不断加入液氮,直至研磨成粉末状。

(2) 加入 500μl Trizol 到离心管中,用研磨棒混匀,再加 500μl Trizol 清洗研磨棒,涡旋振荡 5sec,室温静置 5~15min。

(3) 加入 200μl 氯仿,剧烈振荡 15s,充分混匀,室温 5min。4℃,12000r/min 离心 15min,这时会分为 3 层,(无色 RNA,白色蛋白层,有色的 DNA),吸取上清至新的离心管中。

(4) 加入等体积的异丙醇(500μl),上下颠倒,充分混匀(可放在-20℃),4℃,12000r/min,离心 10min。

(5) 弃上清,加入 1000ul,-20℃预冷的 75%乙醇,上下颠倒,清洗沉淀,12000r/min,4℃,离心 5min。(此步骤可重复一次)。

(6) 弃上清,会有少许残余,离心 1min,用枪头吸取残液,至室温干燥,2~5min(不宜过长,一般为 3min,在通风橱中进行)。

(7) 加入适量的 RNase free ddH_2O 溶解沉淀。

(8) 检测 RNA 浓度,琼脂糖凝胶电泳检测 RNA 质量,-80℃保存。

3. RNA 样品检测

本实验采用以下方法检测 RNA 样本是否合格:①RNA 样本的外观性状是否含有异物或者颜色;②Nanodrop 检测 RNA 纯度(OD 260/280 在 2.0~2.2,OD 260/230 在 1.8~2.1);③Qubit 精确地对 RNA 进行定量;④Aglient 2100 生物分析仪检测 RNA 的完整性(RIN≥8)。

4. RNA 文库构建及质量检测

使用 PacBio 官方推荐的 Iso-seq 建库方法,用 Clontech SMARTer PCR cDNA Synthesis Kit 和 PrimerSTAR GXL DNA Polymerase 完成 cDNA 文库的构建,用 BluePippin Size Selection System 完成样本的片段筛选,并使用建库试剂 SMRTbell

TM Template prep kit 1.0-SPv3 完成该样本标准两文库(<4kb,>4kb)的构建工作。文库构建完成后,使用测序试剂 Sequel Building Kit 2.0,Sequel Sequencing Kit 2.0 和 Sequel™SMRT Cell 1M v2 Tray 进行测序。

5. 测序策略

采用第三代测序系统 PacBio Sequel 对文库进行测序,试剂选用目前最佳的 2.0 测序试剂,获得高质量、超长序列的原始测序数据。

6. 测序数据质量控制

高通量测序得到的原始图像数据文件经碱基识别分析转化为原始测序序列,我们称之为 Raw Reads。测序结束后为了保证质量,需要对碱基进行质量评估。

(1) 碱基质量值。测序过程中会存在一定的错误率,测序数据碱基质量值 Qphred 检测可以反映测序数据的质量,如果测序错误率用 e 表示,则有:Qphred=−10log10(e)。质量值 Q 与错误率,准确率的对应关系见表 7-1。

表 7-1　碱基质量值与碱基识别出错的概率的对应关系表

Phred Quality Score	Probability of Incorrect Base Call	Base Call Accuracy
Q0	1/1	0
Q10	1/10	90%
Q20	1/100	99%
Q30	1/1000	99.9%
Q40	1/10000	99.99%

碱基质量值越高说明碱基识别越可靠,碱基出错的可能性就越小,例如,对于碱基质量值为 Q30,表明在 1000 个碱基中可能会有 1 个碱基识别错误。

(2) 测序质量控制。测序得到的原始测序序列(Sequenced Reads)或者 raw reads,里面含有接头序列以及低质量的 reads。为了保证信息分析质量,需要对 raw reads 过滤,得到 clean reads,后续分析都基于 clean reads,采用 Trimmomatic v0.36 进行质量过滤,保证所有序列在 36bp 以上。

7. 转录组测序数据组装

在获得 Clean Reads 后,需要对 Clean Reads 进行拼接以获取后续分析的参考序列。通过 Trinity 对 Clean Reads 进行拼接,其整合了 3 个独立的软件模块依次对大量的 RNA-seq 数据进行了处理拼接,分别为 Inchworm(茧)、Chrysalis(蛹)、Butterfly(蝶)。主要过程如下:①Inchworm:分解 reads,构建 k-mer(默认 $k=25$)字典,选择种子 k-mer 并进行两边延伸,形成 contig。②Chrysalis:将有重叠的 contigs 聚类,构成

components,每个 component 就成为一组可变剪切 isoform 或同源基因可能的表征的集合。每个 component 会有相应的 de Bruijn graph。③Butterfly:化简每个 component 的 de Bruijn graph,输出可变剪切亚型的全长转录本,并梳理对应于旁系同源基因的转录本,最终得到拼接结果文件,得到最终的 Unigenes。

8. Unigenes 功能注释

将组装获得的转录组序列与六大数据库:NR(Non-redundantGenBan),Swiss-Prot(Swiss-Prot Protein Sequence Databas),Pfam(Protein famil),COG(Eukaryotic Ortholog GroupsCluster of Orthologous Groups of protein),GO(Gene Ontology) 和 KEGG(Kyoto Encyclope)数据库进行比对,获得在各数据库的注释信息,并对其在各数据库的注释情况进行统计。

9. 差异表达基因分析

获得基因的 Read Counts 数后,可对样本进行样本间基因的差异表达分析,鉴定出样本间差异表达基因,进而研究差异基因的功能。使用基于负二项分布的 DESeq2 软件对 raw counts 进行统计分析,基于一定的筛选条件获得比较组间表达差异的基因,默认参数:P adjust$<$0.05 & $|\log2FC|\geq 1$;通过将 CK 组和 DT 组的数据结果进行差异表达基因筛选,获得差异表达基因。对于差异表达基因,当其 Log2 Fold Change$>$0 时,认为该差异表达基因是上调表达的,反之,若 Log2 Fold Change$<$0,则认为该差异表达基因是下调表达的。对于差异表达基因建立基因集,然后进行表达模式聚类分析,GO 和 KEGG 功能注释,以及功能富集分析,包括 GO 富集和 KEGG 富集。采用软件 Goatools 进行 GO 富集分析,从而获得该基因集中的基因主要具有哪些 GO 功能。使用方法为 Fisher 精确检验,当经过校正的 P 值 P adjust$<$0.05 时,认为此 GO 功能存在显著富集情况。对基因集进行 KEGG PATHWAY 富集分析,计算原理同 GO 功能富集分析,当经过校正的 P 值 P adjust$<$0.05 时,认为此 KEGG PATHWAY 功能存在显著富集情况,统计基因在每个途径中的富集程度。

10. 定量 PCR 检测差异基因

将测序公司返回来的 RNA 样品进行反转录,反转录试剂盒采用 TAKARA 公司的 Primerscript™ RT reagent Kit with gDNA Eraser (Perfect Real Time)。

(1) 残留基因组 DNA 去除(10μl)。

模板 RNA	1ng
5x gDNA digester Buffer	2μl
gDNA digester	2μl
RNase free ddH_2O	To 10μl

混匀后 42℃孵育 2min

(2) 逆转录反应体系(20μl)。

第一步的反应液	10μl
5xPrimerScript Buffer 2	4μl
Primer Mix	4μl
PrimerScript RT Enzyme Mix	1μl
RNase free ddH_2O	1μl

(3) 反应程序。

37℃	5min
85℃	5s
−20℃	保存

11. 引物特异性检测

利用 Primer Premier 5.0 软件设计的定量基因引物，将反转录得到的 cDNA 依次稀释 5^{-1}，5^{-2}，5^{-3}，5^{-4}，5^{-5}倍作为模板，对基因进行 qRT-PCR 分析，检测引物特异性，每个样品重复 4 次，以 *GAPDH* 作为内参基因。

荧光定量 PCR 体系(10μl)如下。

c DNA 模板	2μl
引物 F	0.5μl
引物 R	0.5μl
SYBR Premix Ex Taq II (2×)	5μl
ddH_2O	2μl

PCR 扩增标准程序：

Stage 1：预变性

95℃ 5min

Stage 2：扩增反应

95℃ 5s，60℃ 30s，40Cycle

Stage 3：融解曲线

55℃ 30s，每个循环增加 0.5℃，一直增加到 95℃。

12. qRT-PCR 检测基因表达量

根据已经验证过的引物，cDNA 模板稀释 25 倍，利用本节一(二)11 的定量体系和扩增程序，每个样品重复 4 次，以 GAPDH 作为内参基因检测基因表达量。

13. 脂肪体形态观察

(1) 取样。DT 处理羽化 12h 雄虫 7h 后，解剖取其体内脂肪体，每一个脂肪体单独分开，未处理雄虫脂肪体为 CK 组。

(2) 染色。新鲜组织冰冻切片复温,组化笔在组织周围画圈防止液体流走。

(3) 用 PBS 稀释尼罗红储存液,稀释比 1∶1 000,在避光条件室温孵育 10min。

(4) 染细胞轮廓。玻片置于 PBS(pH 7.4)中在脱色摇床上避光晃动洗涤 3 次,每次 5min。切片稍甩干后滴加 DAPI 染液,染出组织轮廓,室温避光 10min。

(5) 封片。玻片置于 PBS(pH 7.4)中在脱色摇床上避光晃动洗涤 3 次,每次 5min。切片稍甩干后用抗荧光淬灭封片剂封片。

(6) 镜检拍照。

14. 三酰甘油和胆固醇含量测定

BCA 蛋白浓度测定试剂盒(biosharp)、甘油三酯(TG)测定试剂盒、总胆固醇(T-CHO)测定试剂盒(南京建成生物试剂有限公司),按试剂盒说明书测定。

蛋白浓度测定方法。

将样品按照 1g∶9ml 的比例,加入 9 倍体积的匀浆介质,冰水浴条件下机械匀浆,2 500r/min,离心 10min,取上清液待测。

匀浆介质:无水乙醇

BCA 工作液配制。

将试剂 A 和试剂 B 按照体积比 50∶1 比例混合,配置成 BCA 工作液。

蛋白标准溶液的配置:室温完全溶解蛋白标准品,取 20μl,5mg/ml BSA 蛋白标准溶液,用 PBS 稀释至 100μl,使其终浓度为 1.0mg/ml。

将样品取 40μl 加入 400μl 工作液中混匀,水浴 37℃放置 30min,每个样品重复 3 个,每孔点样 140μl。

测定 562nm 处吸光度,并记录读数。

三酰甘油(TG)含量测定方法。

组织样本:准确称取组织样本,将样品按照 1g∶9ml 的比例,加入 9 倍体积的匀浆介质,冰水浴条件下机械匀浆,2 500r/min,离心 10min,取上清液待测。

匀浆介质:无水乙醇

操作见表 7-2。

表 7-2　三酰甘油含量测定操作

项目	空白孔	标准孔	样本孔
蒸馏水	2.5		
标准品		2.5	
样本			2.5
工作液	250	250	250

混匀,37℃孵育 10min,波长 510nm,酶标仪测定各孔吸光度值。

胆固醇(T-CHO)含量测定方法：

取样及测定步骤同三酰甘油含量测定方法。

(三) 数据分析

数据处理使用SPSS 19.0，进行独立样本 t 检验方法、One-Way ANOVA分析，作图使用GraphPad Prism 5。

二、结果与分析

(一) 测序数据质控结果

转录组测序原始数据分析表明无论是原始数据还是质量控制后的数据，各样品测序结果错误率均小于0.02%，Q20和Q30的结果均较高(Q20是100个碱基出错1个的概率，Q30是1000个碱基出错一个的概率，碱基质量值越高说明碱基识别越可靠，碱基出错的可能性就越小)，GC含量均在43%～46%，说明测序结果可靠。(表7-3)

表7-3 原始数据质量统计表

Sample	Raw reads	Raw bases	Clean reads	Clean bases	Errorrate (%)	Q20 (%)	Q30 (%)	GC (%)
CK1	54 250 862	7 777 586 123	53 065 818	7 632 550 609	0.0129	98.28	94.46	44.00
CK2	61 400 268	8 811 152 539	59 985 774	8 640 312 744	0.0130	98.27	94.42	43.46
CK3	88 936 870	12 862 790 964	87 415 478	12 672 144 127	0.0122	98.55	95.20	44.20
DT1	67 407 690	9 702 358 531	66 319 878	9 564 529 425	0.0122	98.58	95.28	44.28
DT2	52 591 132	7 523 291 667	51 773 722	7 416 900 789	0.0122	98.59	95.28	45.03
DT3	63 143 002	9 078 977 844	61 866 574	8 921 798 813	0.0125	98.45	94.91	44.70

注：CK1、CK2、CK3分别为3个对照组；DT1，DT2，DT3分别为3个DT处理组。

(二) 测序数据组装

1. 组装结果

我们通过质控获取高质量测序数据后，接着对所有Clean reads进行从头组装，并需要对组装结果进行质量评估，得到后续所需的参考序列。组装结果的好坏取决于Unigene的组装数据，包括组装出的数目和N50值。我们的测序数据通过组装后共获得了50334条Unigene，平均长度为3285.37bp(最长15337bp，最短268bp)，N50

值为4443(表7-4)。Unigene整体的长度分布平均偏长,大于1000个碱基的Unigene占94%,序列长度大于4500bp的基因占28%(表7-5),说明测序数据的组装结果较好。

表7-4 组装结果统计表

Type	Resource
Totalunigenes num	50 334
Total sequence base	165 365 579
Largest	15 337
Smallest	268
Average length	3 285.37
N50	4 443
E90N50	2 605
GC percent	41.53
Mean mapped reads	3 394.011943
TransRate score	0.05529
BUSCO score	45.4% (16.0%)

表7-5 Unigene长度分布表

Length	Number of Seq	Percent of Seq
0～500	959	2%
501～1 000	1 930	4%
1 001～1 500	9 661	19%
1 501～2 000	4 584	9%
2 001～2 500	4 989	10%
2 501～3 000	3 178	6%
3 001～3 500	1 909	4%
3 501～4 000	2 718	5%
4 001～4 500	6 184	12%
>4 500	14 222	28%

2. 测序数据与组装结果的比对统计

在我们得到clean reads后,继续组装得到Unigene,回帖率就是组装成Unigene的片段在总的clean reads所占的比率,不同样本中的回帖率均在60%～65%(表7-6),对于无参转录组,样本整体的回帖率在这个范围内是正常的。

表 7-6　测序数据与组装结果的比对统计表

Sample	Clean reads	Mapped reads	Mapped ratio
CK1	26 532 909	16 832 774	63.44%
CK2	29 992 887	18 740 712	62.48%
CK3	43 707 739	28 473 898	65.15%
DT1	33 159 939	20 047 329	60.46%
DT2	25 886 861	15 554 357	60.09%
DT3	30 933 287	18 884 251	61.05%

(三) Unigene 功能注释

1. NR 数据库功能注释

将组装得到的 Unigene 进行 6 大数据库（NR、Swiss-Prot、Pfam、COG、GO、KEGG)的功能注释，共注释了 39 129 条，注释率为 77.74%，其中 NR 数据库注释了 38 872 条，注释率最高达到了 77.23%(表 7-7)。同时对组装得到的 50 334 个 Unigene 进行 NR 注释分析，其中 NR 数据库注释到的物种集中在鳞翅目占 92.87%，如：斜纹夜蛾 *Spodoptera litura*、棉铃虫 *Helicoverpa armigera*、烟芽夜蛾 *Heliothis virescens*、家蚕 *Bombyx mori*、脐橙螟 *Amyelois transitella*、偏瞳蔽眼蝶 *Bicyclus anynana* 和柑橘凤蝶 *Papilio xuthus* 等(图 7-19)。麦蛾隶属于鳞翅目麦蛾科，和 NR 注释到的物种亲缘关系较近。从图 7-20 可知 81.38%的 Unigene(E-value<10～30 时)能够注释上 NR 数据库；从图 7-21 可知 98.98%的 Unigene 的比对相似度在 40%以上，说明通过转录组测序后得到的麦蛾的基因序列能够大部分注释到鳞翅目昆虫上，和已知序列相似度也较高，序列可靠。

表 7-7　Unigene 注释统计表

	Unigene number	Percentage(%)
NR	38 872	77.23
Swiss-Prot	29 182	57.98
Pfam	26 410	52.47
COG	5 218	10.37
GO	21 945	43.6
KEGG	22 793	45.28
Total_anno	39 129	77.74
Total	50 334	

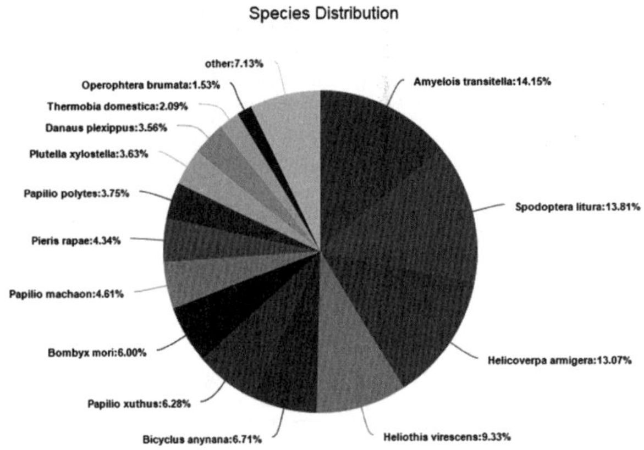

图 7-19　NR 注释物种分布图

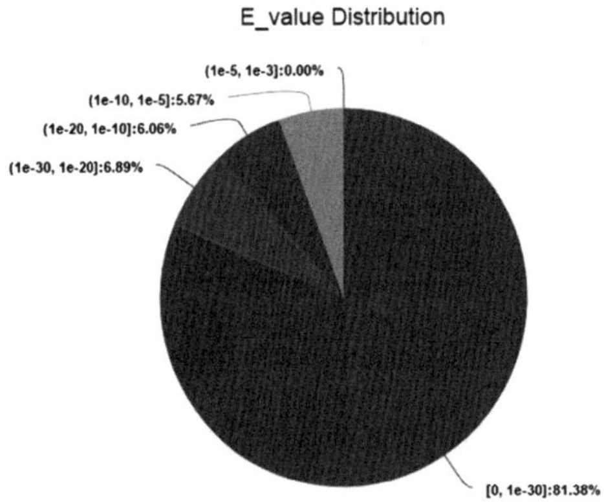

图 7-20　E-value 分布饼图

注:每一个扇形表示一个 E-value,E-value 越小说明匹配结果的可靠性越高,扇形的面积越大表示在此区间的 Unigene 数量越多。

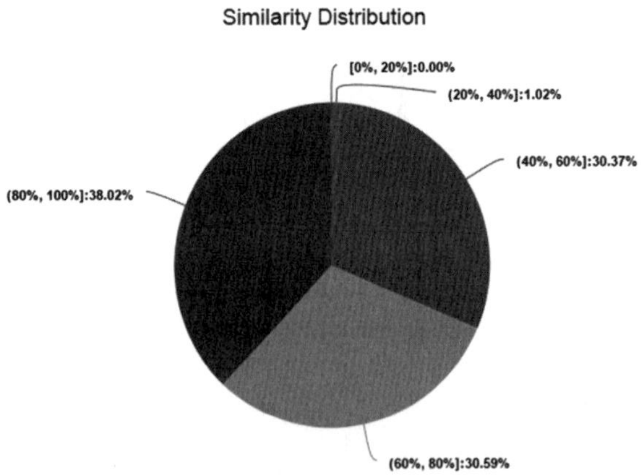

图 7-21　相似度分布饼图

注:每一个扇形表示一个相似度区间,扇形的面积越大表示在此相似度区间内的 Unigene 数量越多。

2. GO 和 KEGG 数据库功能注释

GO 数据库注释结果如图 7-22，所有基因均被分到生物学过程、细胞组分和分子功能这三组中。其中生物学过程分组中，主要注释到“代谢过程”、“细胞过程”和“信号转导过程”这几类；在细胞组分分组中主要注释到“细胞组分”、“细胞膜组分”和“细胞”中；在分子功能分组中主要注释到“结合”、“催化活性”和“转运活性”这几类中。从 KEGG 数据库我们可知，有 6 021 个 Unigenes 注释到“代谢类”KEGG 信号通路、3 494 个 Unigenes 注释到“基因信息过程”KEGG 信号通路、4 545 个 Unigenes 注释到“环境信息过程”KEGG 信号通路，此外还分别注释到“细胞过程”“器官系统”等信号通路上。（图 7-23）

（四）差异基因表达及富集分析

通过比较 CK 和 DT 两组基因的表达水平，共筛选出了 1 218 个差异基因，其中在处理组上调基因有 521 个，下调基因有 697 个。（图 7-24）

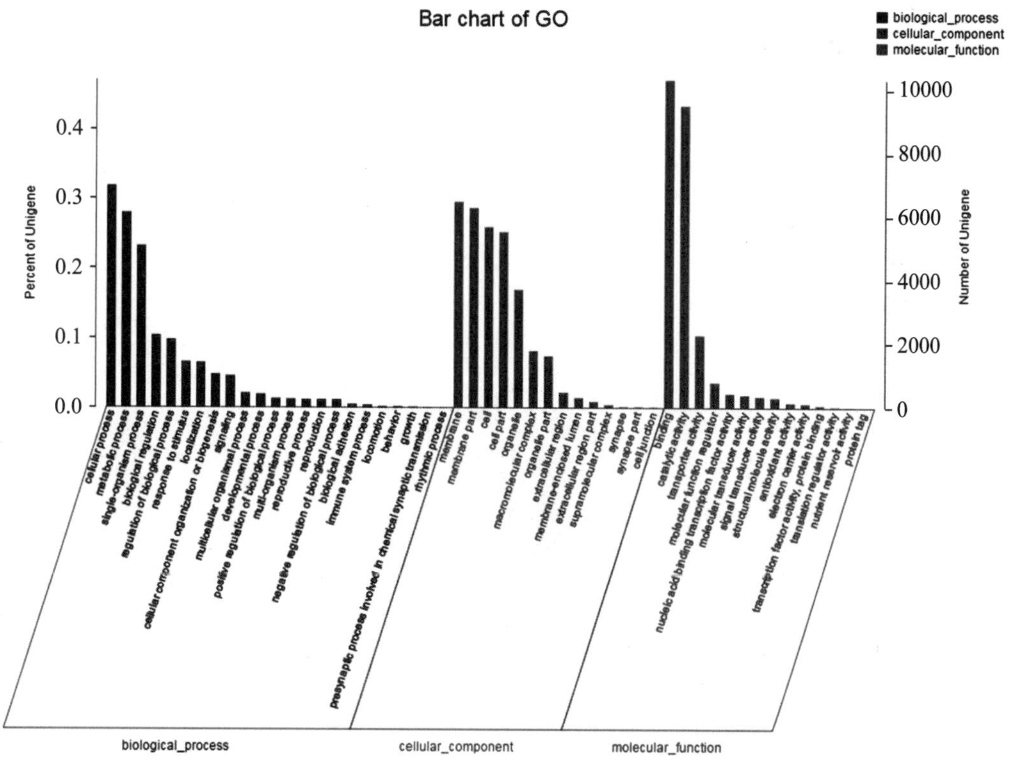

图 7-22　GO 数据库注释

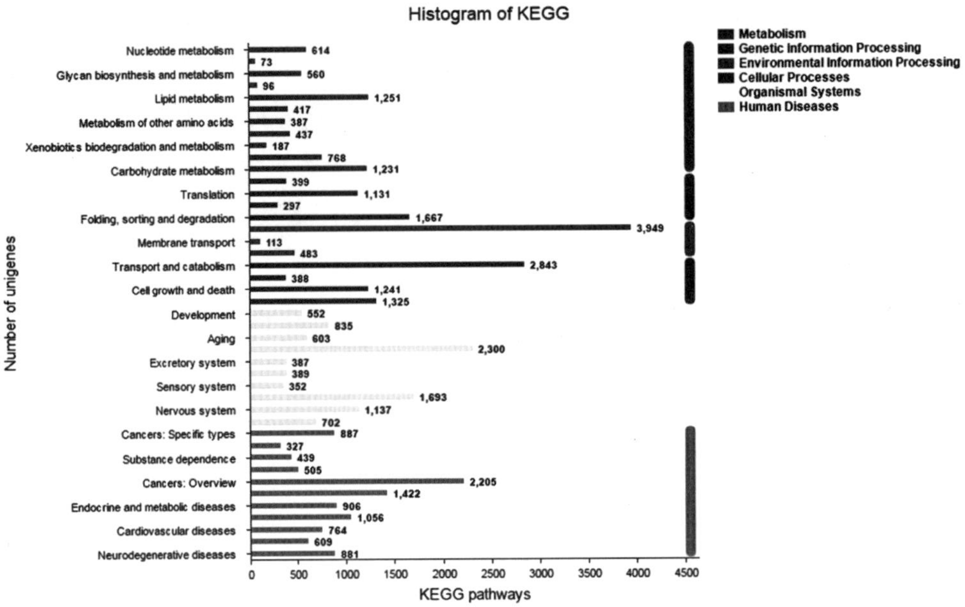

图 7-23　KEGG 数据库注释

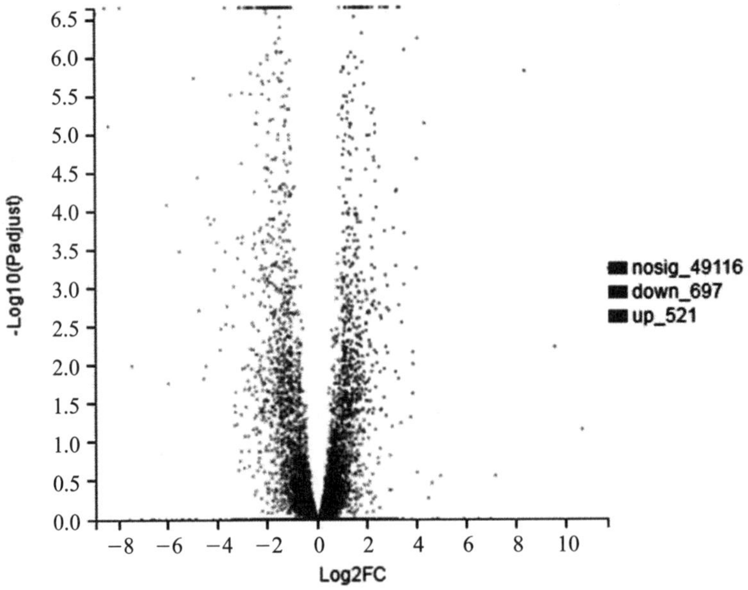

图 7-24　差异表达基因火山图

对差异表达基因进行功能富集分析,其中 FDR＜0.001 的显著富集条目有 20 条,在 GO 通路上差异基因主要富集在蛋白酶体复合物(proteasome complex)、蛋白质分解代谢(protein catabolic process)、调节 DNA、RNA 代谢过程(regulation of DNA/RNA metabolic process)和调节初级代谢过程(regulation of primary metabolic process）等（图 7-25）。在 KEGG 通路上主要富集在昼夜节律通路（Circadian rhythm、Circadian rhythm-fly）、组氨酸代谢过程（Histidine metabolic）、脂肪酸生物合成通路（Fatty acid biosynthesis）和 MAPK 信号通路（MAPK signaling pathway）等。（图 7-26）

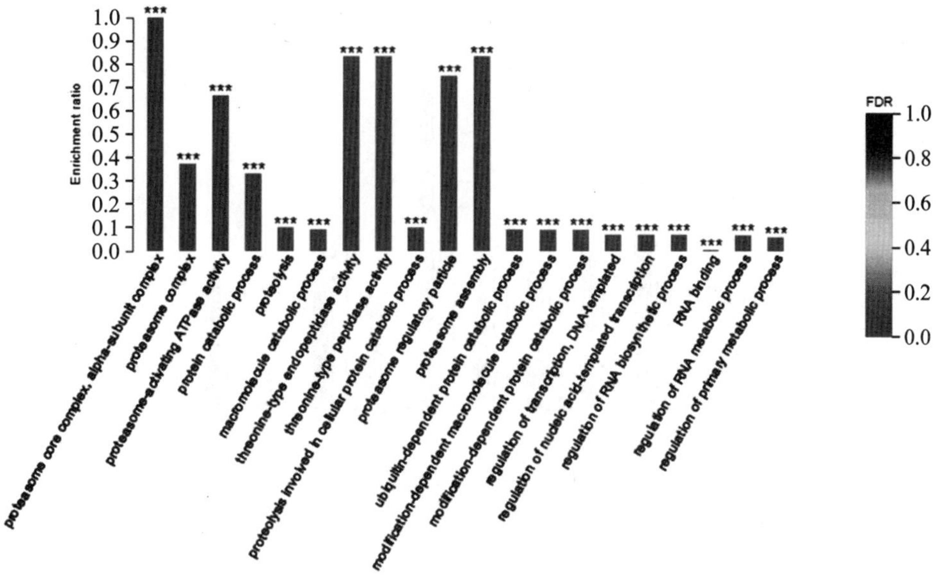

图 7-25　差异表达基因 GO 富集分析

注：横坐标表示 GO term，纵坐标表示富集率，*** FDR＜0.001；** FDR＜0.01；* FDR＜0.05。

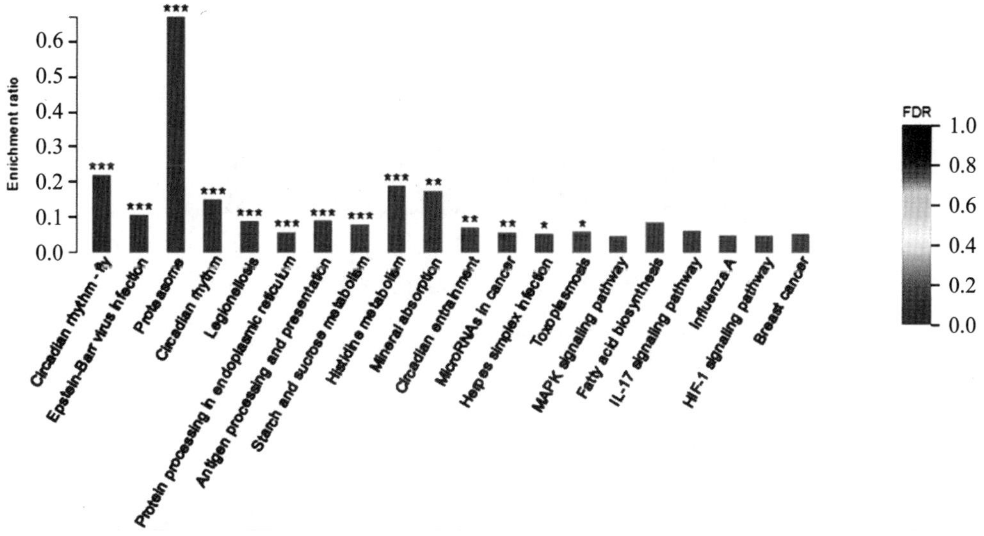

图 7-26　差异表达基因 KEGG 富集分析

注：横坐标表示 pathway 名称，纵坐标表示富集率，*** FDR＜0.001；** FDR＜0.01；* FDR＜0.05。

(五) 转录组测序结果验证

我们从差异表达基因中随机挑选了 10 个基因进行表达量分析,结果表明这 10 个基因的表达趋势和测序数据中的表达趋势一致,说明转录组测序数据是可靠的,可用于下一步的分析使用(图 7-27 和 7-28)。

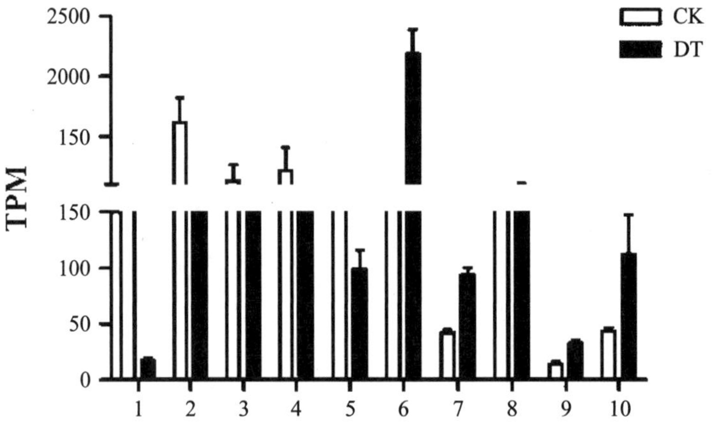

图 7-27　差异基因表达量

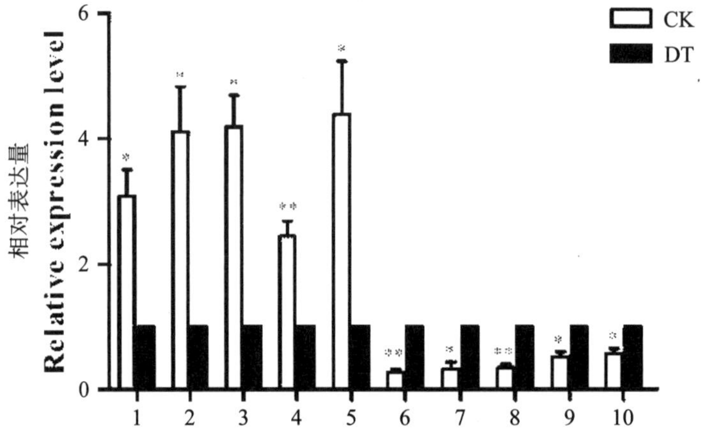

图 7-28　差异基因相对表达量

注:图中数据均为均值±标准误; * 表示 $P<0.05$; ** 表示 $P<0.01$(t 检验)。

(六) 靶标基因表达模式分析

通过查阅文献,发现生物钟代谢通路和脂代谢通路分别参与了精子的发生、发育和活化以及调节精子释放等过程,因此我们从差异表达基因中筛选了这两条代谢通路上的 4 个基因,发现 DT 处理后表达量均上调(图 7-29),并分析了这 4 个基因的表达模式，*TGL* 和 *HSL* 在脂肪体中的表达量相对较高，*TIM* 和 *CRY* 在精巢中表达量相对较高（图 7-30）。*TGL* 和 *HSL* 是脂代谢通路上的基因，在脂肪体中高表达，说明其在分解代谢脂类中发挥着重要作用。有意思的是，这些基因在麦蛾雄虫生殖器官中均表达，暗示这几个基因可能参与了雄虫生殖能力的调节。此外这 4 个基因在雄虫发育的各个时期均表达，*TGL* 和 *HSL* 在幼虫期和成虫期表达量相对较高，*TIM* 和 *CRY* 则无明显规律性（图 7-31）。通过表达模式分析暗示了这 4 个基因可能直接或间接对麦蛾的生殖有调节作用。

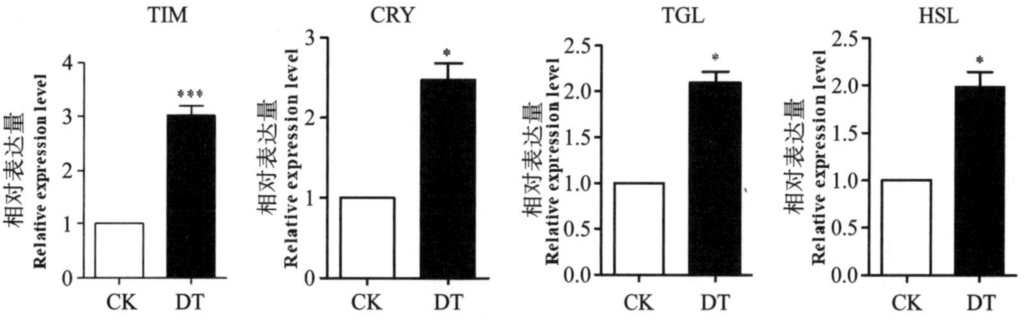

图 7-29　不同处理靶标基因相对表达量

注：图中数据均为均值±标准误；* 表示 $P<0.05$；*** 表示 $P<0.001$（t 检验）。

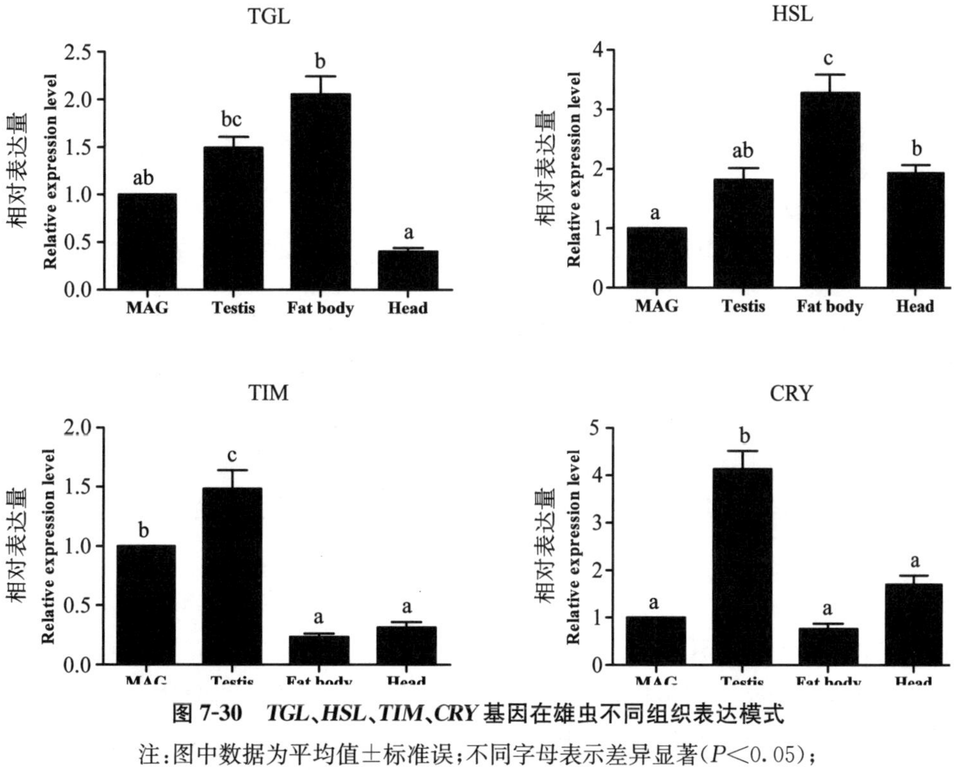

图 7-30　*TGL*、*HSL*、*TIM*、*CRY* 基因在雄虫不同组织表达模式

注：图中数据为平均值±标准误；不同字母表示差异显著（$P<0.05$）；

MAG：附腺；Testis：精巢；Fat body：脂肪体；Head：头

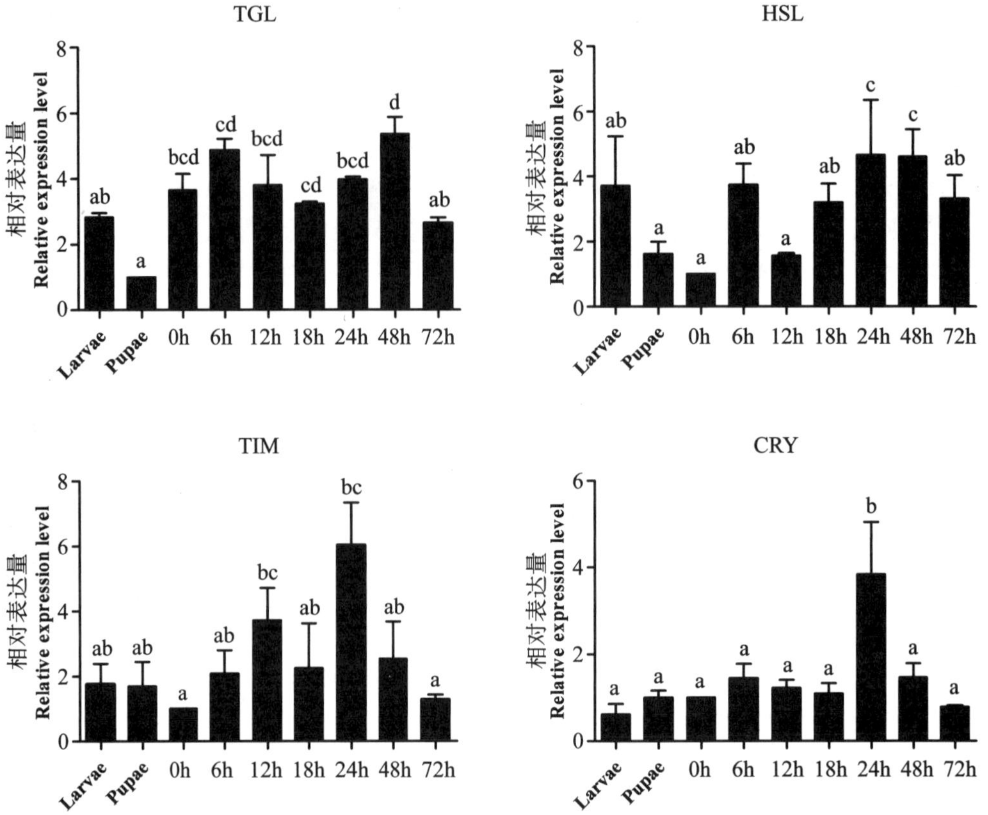

图 7-31 *TGL*、*HSL*、*TIM*、*CRY* 基因在雄虫不同发育时期表达模式

注:图中数据为平均值±标准误;不同字母表示差异显著(P<0.05);

Larvae:幼虫;Pupae:蛹;0h:羽化 0h;6h:羽化 6h;12h:羽化 12h;48h:羽化 48h;72h:羽化 72h

(七)大蒜精油活性物质对麦蛾雄虫脂滴及脂类含量的影响

通过对转录组数据分析,我们发现脂代谢通路上的基因表达量相对较高,而脂代谢除了能够调节机体生长发育之外,其也与精子活力密切相关,因此我们检测了脂肪体中脂滴的形态,结果如图 7-32 所示,取脂肪体进行尼罗红和 DAPI 双染色观察,CK 组的脂肪体(A1)在用尼罗红染色后整体呈现红色,脂肪体小颗粒排列紧密且饱满,细胞核遗传物质被 DAPI 染成蓝色(B1),尼罗红和 DAPI 混染后呈现出红蓝相间(C1),DT 处理后,脂肪体小颗粒基本被消耗且空瘪(A2)。

通过对牛血清蛋白(蛋白标准品)进行蛋白含量测定,得到的蛋白含量标准曲线为 $y=0.0003x+0.0693$(x 表示蛋白含量(μg/ml),y 表示吸光度,$R^2=0.9921$),通过标准曲线可以得到样本的蛋白含量,通过蛋白含量计算三酰甘油的含量。雄虫经 DT 熏蒸处理后,三酰甘油含量显著下降(DT=74.28mmol/gprot±5.58mmol/gprot),同 CK 组(CK=111.20mmol/gprot±11.00mmol/gprot)相比差异显著(P=0.032,df=4,

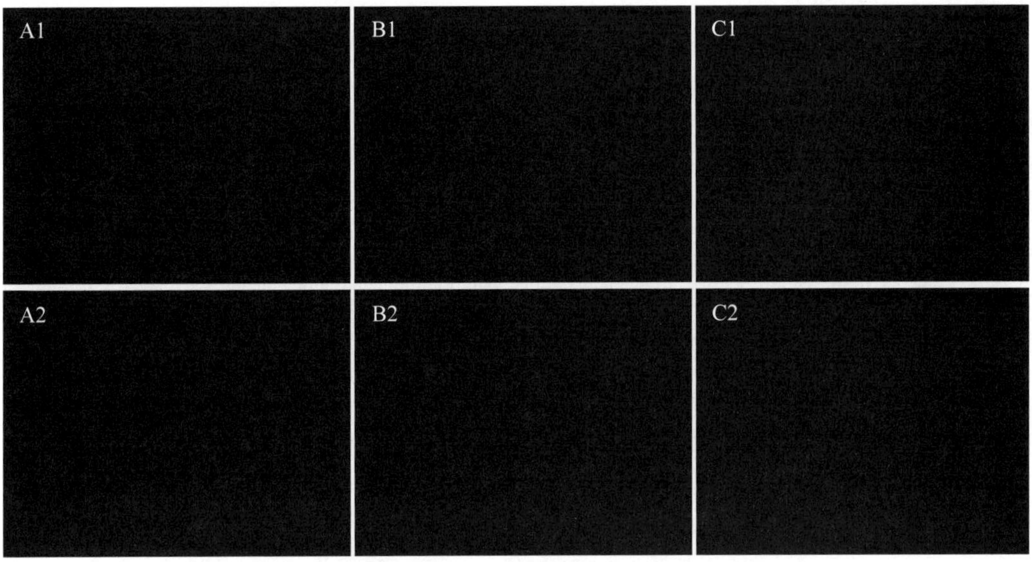

图 7-32　尼罗红/DAPI 双染脂肪体形态图(400 倍镜)

注:A 表示尼罗红染色;B 表示 DAPI 染色;C 表示混染(merge);1:CK;2:DT。

F=2.489)(图 7-33)。而胆固醇含量在 DT 处理组(9.28mmol/gprot±0.52mmol/gprot)和未处理组(8.97mmol/gprot±0.44mmol/gprot)之间无明显差异(P=0.690,df=5,F=0.383)(图 7-34)。以上结果说明 DT 处理会加速脂类代谢过程,加速脂的分解代谢,所以脂滴在处理后空瘪,且三酰甘油含量也显著下调。

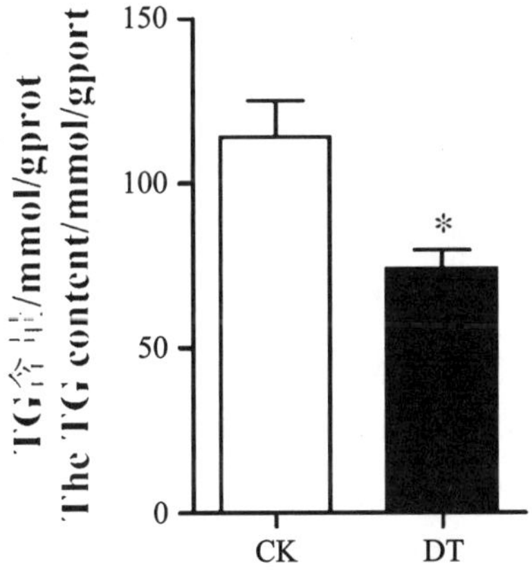

图 7-33　不同处理三酰甘油含量

注:CK:空白对照组,DT:大蒜素处理组;图中数据为平均值±标准误,*,P<0.05(t 检验)。

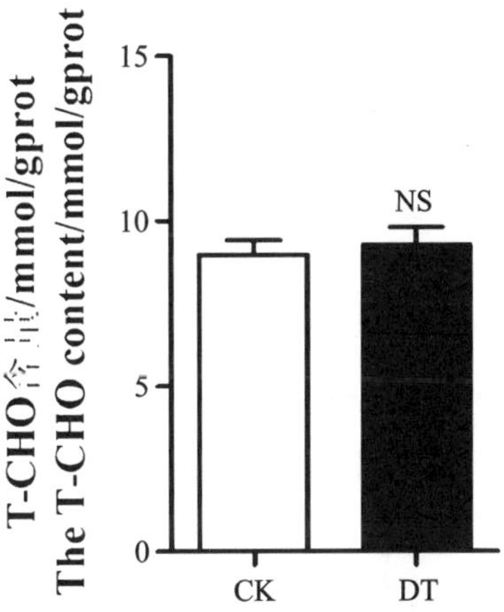

图 7-34　不同处理胆固醇含量

注:CK:空白对照组,DT:大蒜素处理组;图中数据为平均值±标准误,NS,P>0.05(t 检验)。

三、小结与讨论

转录组测序技术被广泛应用于动物、植物、微生物以及昆虫等,是研究基因表达、结构与功能的一个新型手段。本实验通过用亚致死浓度的大蒜精油活性物质熏蒸处理麦蛾雄虫,进行转录组测序。通过数据分析,共得到1 218个差异表达基因,其中有697个基因上调,521个基因下调。目前大量的研究已经表明杀虫剂对昆虫的代谢有明显的刺激作用,引起生理和机体功能紊乱,导致幼虫无法正常生长,影响成虫交配率、寿命及产卵量等(Wang et al.,2010;张洁等,2011)。而我们通过转录组测序发现,差异基因富集在各种主要代谢物的代谢通路、信号转导通路、昼夜节律通路、抗原加工过程等通路上。

在前期的研究中,我们发现大蒜精油活性物质会导致精子质量下降,结合转录组数据我们发现,差异基因大量富集在昼夜节律通路。有大量的文献报道干扰生物钟基因后,精子的数量显著下降,生殖力显著下降(Kotwica et al.,2009)。关于生物钟具体如何调控精子的释放,还没有明确的结论,目前研究最多的是生物钟基因可以通过调控雄虫睾丸中的蜕皮激素的水平控制精子节律性的释放(Polanska et al.,2009)。本章节研究发现,转录组中的*Tim*和*Clock*基因经DT处理之后表达量显著升高,同时在成虫各个阶段均表达,在精巢中也相对高表达。生物钟基因在精巢中高表达,可能是因为在雄虫生殖系统中存在节律钟控系统,与雄虫生殖密切相关,DT处理雄虫之后导致生物钟系统紊乱,精子释放量减少,所以造成生殖力下降。

同时精子活力也与脂类代谢等密切相关,很多脂类都参与了精子发生、成熟、转移等过程,脂代谢紊乱也会造成精子存活率下降。李秋佳(2017)发现果蝇脂肪存储减少时,精子存活率也显著下降。三酰甘油在细胞形成和能量代谢中起重要作用,包括向飞行肌提供代谢燃料,促进卵巢发育,性激素合成和精子发育等(Canavoso et al.,2001;Arrese and Soulages,2010;Ng et al.,2015)。三酰甘油在生物体内的利用需要TAG酯酶(TAG ligase,TGL)的参与(Yen et al.,2008),在哺乳动物体内,HSL和ATGL在三酰甘油分解代谢上发挥重要作用,ATGL是催化三酰甘油水解第一步的重要脂肪酶(Zimmermann et al.,2004)。而在昆虫体内,昆虫取食时,脂肪酸以甘油三酯的形式储存在脂肪体的脂滴中,同时为昆虫非进食期提供能量(Arrese and Soulages,2010)。TGL作为脂代谢通路上的限速酶,对于脂类分解成脂肪酸和甘油至关重要,是昆虫生命活动(如精子和卵子活化发育)必不可缺的物质。但目前对于昆虫*TGL*基因功能研究较少,具体机制仍不明确。本研究发现DT处理之后会加速雄虫体内的脂代谢过程,脂滴空瘪,且三酰甘油含量也显著下降,但是胆固醇含量无明显差异。可能是因为麦蛾成虫不取食,而胆固醇的合成主要靠外源食物,所以整体胆固醇含量较低。在转录组里发现*TGL*和*HSL*基因表达量也显著升高。因此DT

可能是通过调控脂代谢通路上的基因表达，加速利用成虫体内存储在脂滴中的三酰甘油，导致三酰甘油含量显著下调，进而导致脂代谢失调，造成精子存活率下降，精子质量下降，最终导致生殖能力下降。

第三节　总结与展望

一、总结

本章研究以麦蛾雄虫为研究对象，探究了大蒜精油活性物质(0.01μl/L)对麦蛾雄虫精子质量的影响，通过检测精包的形态(精包的形态、精包直径以及精包切片)、精子的质量(有核/无核精子数量、形态、活力、交配前后不同时间精子的动态变化)，并结合转录组的数据，检测了脂代谢过程中的三个重要指标(脂滴、三酰甘油、胆固醇含量)。主要结果为：

(1) 麦蛾雄虫在与雌虫交配完成后，其输送到雌虫体内的物质会以精包的形式存在于雌虫交配囊中。研究结果表明 DT 处理后不仅影响到精包的饱满度，而且还减少了精包中精子束的数量。

(2) DT 处理后精包中的精子束减少，且精包和双射精管中的精子数均显著减少，精子活力也显著降低，但 DT 对精子长度无明显影响。同时随着交配后时间的延长，两组精包中的精子均在不断的减少，但 DT 组比 CK 组的精子较早利用完。交配后双射精管中的精子可逐渐恢复，但 DT 组的精子数一直显著高于 CK 组，这可能是 DT 组的精子在交配时并没有完全输送给雌虫，从而导致双射精管中精子数量多于 CK 组的原因。

(3) 通过转录组数据分析，我们发现，差异基因富集在代谢物的代谢通路、信号转导通路、昼夜节律通路、病毒和细菌感染通路等通路。这些通路均与机体新陈代谢，自身免疫相关，用于抵抗外界不良环境。而昼夜循环即生物钟信号通路在调节精子释放有重要作用，脂代谢通路与精子活力密切相关。所以从昼夜节律通路和脂肪酸代谢通路上各挑选了两个基因分别是 *TIM*、*CRY* 和 *HSL*、*TGL*，对四个基因进行表达模式分析，发现它们在生殖器官中均表达，暗示了其在雄虫生殖中可能发挥重要作用，同时 DT 处理加速了雄虫三酰甘油的利用导致三酰甘油含量显著下调。

总之，大蒜精油活性物质可造成雄虫脂代谢和生物钟系统紊乱，并影响双射精管中精子的质量，导致雄虫在和雌虫交配过程中，输入至雌虫体内的交配内容物不足(射精量不足)，导致精包较小，最终影响雌虫的产卵量。

二、展望

后续建议对雄虫附腺、精包内容物组分进行深入分析，探讨 DT 对交配内容物的影响。同时需要对转录组数据进行深入分析，利用基因敲除或者 RNA 干扰等手段研究差异基因对雄虫生殖能力的影响，并结合差异基因富集通路，探讨 DT 对雄虫其他可能的影响。

（马　敏　张泽波）

参考文献

[1] 房燕. 久效磷对雄性金鱼的生殖毒性研究[D]. 青岛：中国海洋大学，2007.

[2] 冯播. 精子形态与精子活力、精子运动参数之间的关系[J]. 中国妇幼保健，2014，29(28)：4592-4594.

[3] 黄志伟. 印楝素对亚洲玉米螟和斜纹夜蛾的生长调节机制研究[D]. 上海：中国科学院研究生院（上海生命科学研究院），2005.

[4] 李秋佳. *PLA2* 在橘小实蝇免疫和生殖中的功能研究[D]. 武汉：华中农业大学，2017.

[5] 王登杰，吴圣勇，雷仲仁，等. 感染球孢白僵菌的烟粉虱若虫免疫应答转录组分析[J]. 应用昆虫学报，2015，52(1)：47-55.

[6] 王荫长，陈长琨，卢中建，等. 高温对小地老虎和东方粘虫精子发生和形成的影响[J]. 昆虫学报，1996，39(3)：253-257，259.

[7] 杨帆，黄立华，张爱兵，等. 高通量转录组测序技术及其在鳞翅目昆虫上的应用[J]. 昆虫学报，2014，57(8)：991-1000.

[8] 叶珊. RNAi 干扰技术在生物节律相关基因 hper1 和 clock 研究中的应用[D]. 四川大学，2007.

[9] 张艾，詹晓蓉，杨馥铭，等. 生物钟基因与胰岛功能的研究进展[J]. 医学研究杂志，2016，45(4)：171-173.

[10] 张洁，秦小娃，袁凤辉，等. 亚致死剂量烯啶虫胺对褐飞虱体内脂肪、蛋白质、可溶性糖及游离氨基酸含量的影响[J]. 中山大学学报（自然科学版），2011，50(6)：88-93.

[11] 赵博光，贺亦斌. 大袋蛾雄成虫内部生殖系统的形态学和组织学[J]. 南京林业大学学报（自然科学版），1995，19(4)：21-26.

[12] 周祖琳. 麦蛾交配过程中精包的形成[J]. 昆虫学报，1989，32(4)：501-502，507.

[13] AMER SM，IBRAHIM AAE. Effect of the insecticidelannate on spermatocytes and sperm-head abnormalities in the treated mice [J]. Bulletin of the National Research Centre，Egypt，2001(25)：95-104.

[14] ARENA AC，FERNANDEZ CDB，PORTO EM，et al. Fenvalerate，a pyrethroid insecticide，adversely affects sperm production and storage in male rats [J]. Journal of Toxicol-

ogy and Environmental Health, Part A, 2008, 71(23):1550-1558.

[15] ARRESE EL, SOULAGES JL. Insect fat body: energy, metabolism, and regulation [J]. Annual Review of Entomology, 2010(55):207-225.

[16] BEAVER LM, RUSH BL, GVAKHARIA BO, et al. Noncircadian regulation and function of clock genes period and timeless in oogenesis of *drosophila melanogaster* [J]. Journal of Biological Rhythms, 2003, 18(6):463-472.

[17] CANAVOSO LE, JOUNI ZE, KARNAS KJ, et al. Fat metabolism in insects [J]. Annual Review of Nutrition, 2001(21):23-46.

[18] CHAIMANEE V, EVANS JD, CHEN Y, et al. Sperm viability and gene expression in honey bee queens (*Apis mellifera*) following exposure to the neonicotinoid insecticide imidacloprid and the organophosphate acaricide coumaphos [J]. Journal of Insect Physiology, 2016(89):1-8.

[19] CHAKRABARTI K, PAL S, BHATTACHARYYA AK. Sperm immobilization activity of Allium sativum L. and other plant extracts [J]. Asian Journal of Andrology, 2003, 5 (2):131-135.

[20] COLONELLO NA, HARTFELDER K. Protein content and pattern during mucus gland maturation and itsecdysteroid control in honey bee drones [J]. Apidologie, 2003, 34(3): 257-267.

[21] DAVEY KG. The evolution of spermatophores in insects [J]. Physiological Entomology, 1960, 35(7-9):107-113.

[22] DIXIT VP, JOSHI S. Effects of chronic administration of garlic (*Allium sativum* Linn) on testicular function [J]. Indian Journal of Experimental Biology, 1982, 20(7): 534-536.

[23] FABIAN L, WEI HC, ROLLINS J, et al. Phosphatidylinositol 4, 5-bisphosphate directs spermatid cell polarity and exocyst localization in *Drosophila* [J]. Molecular Biology of the Cell, 2010, 21(9):1546-1555.

[24] FRIEDLÄNDER M, SETH RK, REYNOLDS SE. Eupyrene and apyrene sperm: dichotomous spermatogenesis in Lepidoptera [J]. Advances in Insect Physiology, 2005(32): 206-308.

[25] FRIEDLÄNDER M. Control ofeupyrene-apyrene sperm dimorphism in Lepidoptera [J]. Journal of Insect Physiology, 1997, 43(12):1085-1092.

[26] FRIEDLÄNDER M. Phylogenetic branching of Trichoptera and Lepidoptera: An ultrastructural analysis on comparative spermatology [J]. Journal of Ultrastructure Research, 1983, 83(2):141-147.

[27] GAGE MJG, COOK PA. Sperm size or numbers? Effects of nutritional stress uponeupyrene and apyrene sperm production strategies in the moth *Plodia interpunctella* (Lepidoptera, Pyralidae) [J]. Functional Ecology, 1994, 8(5):594-599.

[28] GIEBULTOWICZ JM, RIEMANN JG, RAINA AK, et al. Circadian System Controlling Release of Sperm in the Insect Testes [J]. Science, 1989, 245(4922):1098-1100.

[29] HAMMAMI I, NAHDI A, MAUDUIT C, et al. The inhibitory effects on adult male reproductive functions of crude garlic (*Allium sativum*) feeding [J]. Asian Journal of Andrology, 2008, 10(4):593-601.

[30] HAMON C, CHAUVIN G. Ultrastructural analysis of spermatozoa of *Korscheltellus Lupulinus* L. (Lepidoptera: Hepialidae) and *Micropterix calthella* L. (Lepidoptera: Micropterigidae) [J]. International Journal of Insect Morphology and Embryology, 1992, 21(2):149-160.

[31] HAYNES KF. Subleethal effects of neurotoxic insecticides on insect behavior [J]. Annual Review of Entomology, 1988, 33(1):149-168.

[32] JUNG A, HOLLMANN M, SCHAFER MA. The fatty acidelongase NOA is necessary for viability and has a somatic role in *Drosophila* sperm development [J]. Journal of Cell Science, 2007, 120(16): 2924-2934.

[33] KASUGA S, UDA N, KYO E, et al. Pharmacologic activities of aged garlic extract in comparison with other garlic preparations [J]. The Journal of Nutrition, 2001, 131(3): 1080-1084.

[34] KOTWICA J, BEBAS P, GVAKHARIA BO, et al. RNA interference of the period gene affects the rhythm of sperm release in moths [J]. Journal of Biological Rhythms, 2009, 24(1):25-34.

[35] KUKUTLA P, STERITZ M, XU J. Depletion of ribosomal RNA for mosquito gut metagenomic RNA-seq [J]. Journal of Visualized Experiments, 2013 (74): e50093.

[36] KUMAR D, KALITA P. Reducing postharvest losses during storage of grain crops to strengthen food security in developing countries [J]. Foods, 2017, 6(1):8.

[37] LAMUNYON CW. Sperm storage by females of the polyandrous noctuid moth *Heliothis virescens* [J]. Animal Behaviour, 2000, 59(2):395-402.

[38] LEE J, KIM MS, LI R, et al. Loss of Bmal1 leads to uncoupling and impaired glucose-stimulated insulin secretion in β-cells [J]. Islets, 2011, 3(6):381-388.

[39] LI C, XIAO S, HAO J, et al. Cry1 deficiency leads to testicular dysfunction and altered expression of genes involved in cell communication, chromatin reorganization, spermatogenesis, and immune response in mouse testis [J]. Molecular Reproduction & Development, 2018, 85(4):325-335.

[40] MA M, YING YY, HE ZY, et al. Comparative transcriptome analysis reveals potential gene targets for ovipositional inhibition by diallyl trisulfide against female *Sitotroga cerealella* [J]. Agri Gene, 2017(5):12-18.

[41] MA Z, LIU Z, HUANG X. OSBP- and FAN-mediated sterol requirement for spermatogenesis in *Drosophila* [J]. Development, 2010, 137(22):3775-3784.

[42] MARCHEVA BL, RAMSEY KM, BUHR ED, et al. Disruption of the clock components CLOCK and BMAL1 leads to hypoinsulinaemia and diabetes [J]. Nature, 2010, 466(7306):627-631.

[43] MORROW EH, GAGE MJG. The evolution of sperm length in moths [J]. Proceedings of the Royal Society B: Biological Sciences, 2000, 267(2000):307-313.

[44] NADEEM M, IQBAL J, KHATTAK MK, et al. Management of *Tribolium castaneum* (Hbst.) (Coleoptera: Tenebrionidae) using neem (*Azadirachta indica* A. Juss) and tumha (*Citrullus colocynthis* (L.)) [J]. Pakistan Journal of Zoology, 2012, 44(5): 1325-1331.

[45] NG WC, CHIN JSR, TAN KJ, et al. The fatty acid elongase Bond is essential for Drosophila sex pheromone synthesis and male fertility [J]. Nature Communications, 2015, 6 (1): 8263.

[46] OSANAI M, KASUGA H, AIGAKI T. Induction of motility ofapyrene spermatozoa and dissociation of eupyrene sperm bundles of the silkmoth, *Bombyx mori*, by initiatorin and trypsin [J]. Invertebrate Reproduction & Development, 1989, 15(2):97-103.

[47] OSUGA JI, ISHIBASHI S, OKA T, et al. Targeted disruption of hormone-sensitive lipase results in male sterility and adipocyte hypertrophy, but not in obesity [J]. Proceedings of the National Academy of Sciences, 2000, 97(2):787-792.

[48] POLANSKA MA, MAKSIMIUK-RAMIREZ E, CIUK MA, et al. Clock-controlled rhythm of ecdysteroid levels in the haemolymph and testes, and its relation to sperm release in the Egyptian cotton leafworm, *Spodoptera littoralis* [J]. Journal of Insect Physiology, 2009, 55(5):426-434.

[49] QIAN YX, SHEN PJ, XU RY, et al. Spermicidal effect in vitro by the active principle of garlic [J]. Contraception, 1986, 34(3):295-302.

[50] SAHARA K, KAWAMURA N. Double copulation of a female with sterile diploid and polyploid males recovers fertility in *Bombyx mori* [J]. *Zygote*, 2002, 10(1):23-29.

[51] SAHARA K, TAKEMURA Y. Application of artificial insemination technique to eupyrene and/or apyrene sperm in *Bombyx mori* [J]. Journal of Experimental Zoology Part A: Comparative Experimental Biology, 2003, 297A(2):196-200.

[52] SASSONE P. Transcriptional checkpoints determining the fate of male germ cells [J]. Cell, 1997, 88(2):163-166.

[53] SWALLOW JG, WILKINSON GS. The long and short of sperm polymorphisms in insects [J]. Biological Reviews, 2002, 77(2):153-182.

[54] TALLAMY DW, GORSKI PM, BURZON JK. Fate of male-derivedcucurbitacins in spotted cucumber beetle females [J]. Journal of Chemical Ecology, 2000, 26(2): 413-427.

[55] THORBURN DMJ, KNELL RJ, PARRETT JM. Sperm morph and remating frequency

in the Indian meal moth, *Plodia interpunctella* [J]. Biology Letters, 2018, 14(8):20180304.

[56] TOBBACK J, BOERJAN B, VANDERSMISSEN HP, et al. Male reproduction is affected by RNA interference of period and timeless in the desert locust *Schistocerca gregaria* [J]. Insect Biochemistry & Molecular Biology, 2012, 42(2):109-115.

[57] TOZETTO SDO, BITONDI MMG, DALLACQUA RP, et al. Protein profiles of testes, seminal vesicles and accessory glands of honey bee pupae and their relation to the ecdysteroid titer [J]. Apidologie, 2007, 38(1):1-11.

[58] TURNER RM. Moving to the beat: a review of mammalian sperm motility regulation [J]. Reproduction Fertility and Development, 2006:18(1-2):25-38.

[59] WANG C, MA Z, SCOTT MP, et al. The cholesterol trafficking protein NPC1 is required for *Drosophila* spermatogenesis [J]. Developmental biology, 2011, 351(1):146-155.

[60] WANG JJ, ZHAO ZM. Accumulation and utilization of triacylglycerol and polysaccharides in*Liposcelis bostrychophila* (Psocoptera, Liposcelididae) selected for resistance to carbon dioxide [J]. Journal of Applied Entomology, 2010, 127(2):107-111.

[61] WATANABE M, BON'NO M, HACHISUKA A. Eupyrene sperm migrates to spermatheca after apyrene sperm in the swallowtail butterfly, *Papilio xuthus* L. (Lepidoptera: Papilionidae) [J]. Journal of Ethology, 2000(18):91-99.

[62] WEDELL N. Ejaculate size inbushcrickets: the importance of being large [J]. Journal of Evolutionary Biology, 2002, 10(3):315-325.

[63] WEI HC, ROLLINS J, FABIAN L, et al. Depletion of plasma membrane PtdIns (4, 5) P2 reveals essential roles for phosphoinositides in flagellar biogenesis [J]. Journal of Cell Science, 2008, 121(7):1076-1084.

[64] WHITTINGTON E, ZHAO Q, BORZIAK K, et al. Characterisation of the *Manduca sexta* sperm proteome: Genetic novelty underlying sperm composition in Lepidoptera [J]. Insect Biochemistry and Molecular Biology, 2015(62):183-193.

[65] YEN CLE, STONE SJ, KOLIWAD S, et al. DGAT enzymes and triacylglycerol biosynthesis [J]. Journal of Lipid Research, 2008, 49(11):2283-2301.

[66] ZIMMERMANN R, STRAUSS JG, HAEMMERLE G, et al. Fat mobilization in adipose tissue is promoted by adipose triglyceride lipase [J]. Science, 2004, 306(5700):1383-1386.

附　　录

表 1　麦蛾基因定量表达引物

Table 1 Quantitative expression primers for genes of*sitotroga cerealella*

Primer (5'～3')	
1-1-F：ATAACCGCAACTGCTGAT	1-1-R：TCGACCAGGAACTTTAGC
2-1-F：ATAACCGCAACTGCTGAT	2-1-R：TCGACCAGGAACTTTAGC
3-1-F：TTAGGGATAACAGCGTAA	3-1-R：AAACCAACCTGGCTCACA
4-1-F：TCTGACAGCCTCAGTGTTG	4-1-R：CACAATGTAGCCGTCCAG
5-1-F：TGACAGTGTTGCCATCCTCA	5-1-R：GGCAGTGACGTTCGAGATTC
6-1-F：CTGGGTCTGTAGGTAGCC	6-1-R：CGAAATGCGTGCTCTAAT
7-1-F：AAGCCTTCAATGACCTTCGT	7-1-R：CTGGCAACACTCCAACAA
8-1-F：GCCACTCCAAGCTTGTCAAG	8-1-R：CGGCATAGGGGTAAAGCATG
9-1-F：ATTTCAGCGGTTCATCGACG	9-1-R：GCTGGAATAACTGGCGAAGG
10-1-F：AGGAAGGAGCTCGACGAGATG	10-1-R：GATCTTGCCCTCGTCGTCGTAGA
QTGL-F：GACGGTGCAGTTGGTTT	QTGL-R：CATTTCGTTGTTCGGTAA
QHSL-F：ATTGACCCAGAGATGAGGGC	QHSL-R：GCTTGGCACGCGTTTCATTA
QCRY-F：CCGGAGACTTTGGAGGAGTT	QCRY-R：TCCCACAGAGTATGCGAGAC
QTIM-F：TGTGGCTCGAGACTTCACTT	QTIM-R：AGAATTGGGCTCATCGTTGC
GAPDH-F：CCATCAAGCAAAAGGTAAGGGAGG	
GAPDH-R：TTGATGAGTGCGTGTCACCGAT	